高分子材料与工程专业系列教材

高分子材料成型加工
（第三版）

唐颂超　主编

唐颂超　潘泳康　董擎之　编

中国轻工业出版社

图书在版编目（CIP）数据

高分子材料成型加工/唐颂超主编；潘泳康，董擎之编. —3 版. —北京：中国轻工业出版社，2024.1

普通高等教育"十二五"规划教材. 高分子材料与工程专业系列教材

ISBN 978-7-5019-9174-7

Ⅰ.①高… Ⅱ.①唐… ②潘… ③董… Ⅲ.①高分子材料 – 成型 – 工艺 – 高等学校 – 教材 Ⅳ.①TQ316

中国版本图书馆 CIP 数据核字（2013）第 035597 号

责任编辑：林 媛 杜宇芳
策划编辑：林 媛 责任终审：滕炎福 封面设计：锋尚设计
版式设计：王超男 责任校对：燕 杰 责任监印：张京华

出版发行：中国轻工业出版社（北京鲁谷东街 5 号，邮编：100040）
印 刷：三河市万龙印装有限公司
经 销：各地新华书店
版 次：2024 年 1 月第 3 版第 16 次印刷
开 本：787×1092 1/16 印张：22.75
字 数：562 千字
书 号：ISBN 978-7-5019-9174-7 定价：50.00 元
邮购电话：010-85119873
发行电话：010-85119832 010-85119912
网 址：http://www.chlip.com.cn
Email：club@chlip.com.cn

谨以此书

献给华东理工大学建校 60 周年
（1952—2012）

高分子材料与工程专业系列教材
编审委员会名单

主　任：励杭泉

副主任（按汉语拼音为序）：

方少明　冯　钠　顾　凯　李齐方　李青山　卢秀萍　彭响方
钱　欣　唐颂超　肖小亭　徐伟箭　杨　彪　姚金水　余　强

委　员（按汉语拼音为序）：

崔永岩　方少明　冯　钠　励杭泉　刘　斌　卢秀萍　彭响方
钱　欣　唐颂超　邬素华　项爱民　姚金水　余　强　曾　威
张桂霞

出 版 说 明

　　本系列教材是根据国家教育改革的精神，结合"十一五"期间院校教育教学改革的实践和"十二五"期间院校高分子材料与工程专业建设规划，根据院校课程设置的需求，编写的高分子材料与工程专业系列教材，旨在培养具备材料科学与工程基础知识和高分子材料与工程专业知识，能在高分子材料的合成、改性、加工成型和应用等领域从事科学研究、技术和产品开发、工艺和设备设计、材料选用、生产及经营管理等方面工作的工程技术型人才。本系列教材架构清晰、特色鲜明、开拓创新，能够体现广大工程技术型高校高分子材料工程教育的特点和特色。

　　为了适应高分子材料与工程专业"十二五"期间本科教育发展的需求，中国轻工业出版社组织相关高分子材料与工程专业院校召开了"'高分子材料与工程'专业'十二五'规划教材建设研讨会"，确定了"高分子材料与工程"专业的专业课教材，首批推出的是：《高分子物理》《高分子科学基础实验》《高分子材料加工工程专业实验》《高分子材料科学与工程导论》（双语）、《高分子材料成型加工》（第三版）、《高分子材料成型工程》《聚合物制备工程》《聚合流变学基础》《聚合物成型机械》《塑料模具设计》《高分子化学与物理》《塑料成型 CAE 技术》《塑料助剂及配方》《涂料与黏合剂》《材料导论》。

　　本系列教材具有以下几个特点：

　　1. 以培养高分子材料与工程专业高级工程技术型人才为目标，在经典教学内容的基础上，突出实用性，理论联系实际，适应本科教学的需求。

　　2. 充分反映产业发展的情况，包括新材料、新技术、新设备和新工艺，把基本知识的教学和实践相结合，能够满足工程技术型人才培养教学目标。

　　3. 教材的编写更注重实例的讲解，而不只是理论的推导，选用的案例也尽量体现当前企业技术要求，以便于培养学生解决实际问题的能力。

　　4. 为了适应现代多媒体教学的需要，主要教材都配有相关课件或多媒体教学资料，助学助教，实现了教学资源的立体化。

　　本系列教材是由多年从事教学的一线教师和具有丰富实践经验的工程技术人员共同编写的，首批推出的十五本教材是在充分研究分析"十二五"期间我国经济社会发展和材料领域发展战略的基础上，结合院校教学特色和实践经验编写而成的，基本能够适应我国目前社会经济的迅速发展和需要，也能够适应高分子材料与工程专业人才的培养。同时，由于教材编写是一项复杂的系统工程，难度较大，也希望行业内专家学者不吝赐教，以便再版修订。

第三版前言

本书为高等学校高分子材料与工程专业及相关专业本科生使用的教材。2000年5月《高分子材料成型加工》第一版出版后受到了多方面的关注和欢迎，2005年对该书进行了修订，该书在国内被广泛采用，第二版出版至今7年中已印刷10次，深受广大师生和高分子材料领域中的同行的好评。2007年该书获得上海市优秀教材一等奖。

第二版教材出版至今，编者一直担任本课程的主讲，在教学实践过程中，发现教材中的一些问题，听取了全国相关学校教师和学生等各方面的意见和建议，感到需要对教材进行修编。

在编写过程中，根据教育部高分子材料与工程专业教学指导委员会制定的《高分子材料与工程专业指导性规范》对本课程知识体系和知识点的要求，秉承了前两版的编写初衷，保持其综合性、系统性、科学性。在体现"高分子材料－成型加工－材料制品性能"这条高分子材料成型加工的主线的基础上，对基本知识、基本理论、基本概念的陈述部分进行精简，体现叙述简洁。在部分章节上对内容的编排进行了较大的调整，删除了部分章节，更加体现精简、实用。同时，增加了部分高分子材料及制品生产的实例及案例分析，以培养学生的工程能力和分析问题的能力。

第三版由华东理工大学唐颂超主编；第1、2、4、6、7、8、9、10、11、12章由唐颂超编写；第3章由华东理工大学潘泳康编写，唐颂超修改；第5章由潘泳康编写；华东理工大学董擎之编写了第8章及第12章中纤维纺丝加工的部分内容；全书由唐颂超统稿、定稿。

本书前两版的部分编写者由于各种原因不再参与第三版的工作，对他们在以往工作中所做出的贡献和成绩，编者谨表示深切的感谢。在编写过程中，我的几位研究生参与了图表的编绘工作，还得到了华东理工大学教材建设立项的支持，在此一并表示感谢。

限于编者水平，疏漏不当之处，敬请同行和广大读者批评指正。

唐颂超

2012年10月于上海

目　　录

第1章　绪　　论

1.1　高分子材料及成型加工

材料是人类赖以生存和发展的物质基础，是工业革命的先导。进入 21 世纪，新材料、生物技术和信息技术被认为是构成现代文明的三大支柱，而新材料又是高新技术发展的重要基础平台。

材料是具有一定性能，可用于制作有用物品的物质。材料的成分/结构、制备/合成/加工、性质和使用效能是材料科学与工程的四个基本要素。这四个要素是相互关联、相互制约的，如图 1－1 所示。根据材料的组成结构，可分为金属材料、无机非金属材料、有机高分子材料和复合材料；根据材料的性能特征，又可分为以力学性能为其应用基础的结构材料和以物理及化学性能为其应用基础的功能材料两大类。

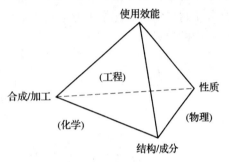

图 1－1　材料四要素的关系

不管是何种材料，在材料的制备（加工）方法上、在材料的结构与性能关系的研究上、在材料的使用上，都具有通性，是可以相互借鉴、相互渗透、相互补充的。即各种材料，都具备如下特点：

① 一定的组成；② 可加工性；③ 形状保持性；④ 使用性能；⑤ 经济性；⑥ 再生性。

1.1.1　高分子材料

高分子材料是以高分子化合物为主要组分的材料。高分子化合物系指分子量很高的物质，有时简称高分子、大分子或聚合物。高分子（Macromolecule，Polymer）是指以化学键相连接的大量有机小分子的聚集体，常用高分子的相对分子质量高达 $10^4 \sim 10^6$，而一般有机化合物相对分子质量都在 500 以内，少数高于 500，但也在 1000 以下。因此，相对分子质量高是高分子化合物的基本特征，也正是由于其相对分子质量高，它才具有许多与低分子化合物截然不同的性质和性能。通常所说的高分子材料是从应用的角度对高分子进行归类，如分类为塑料、橡胶、纤维、涂料、黏合剂、功能高分子、聚合物基复合材料等。而所谓的三大合成材料则是指合成塑料、合成橡胶、合成纤维。

高分子材料学科的内涵是，以材料的共性为基础，研究高分子材料的基本特性，研究高分子材料制备、加工、应用中的科学问题和工程问题，及与其他材料的复合问题。因此，当今高分子科学与工程学科呈现出在化学和材料科学与工程两个学科中并肩发展的新局面，显示出朝气蓬勃的青春活力。

高分子材料一般具有以下五个条件：

（1）高分子材料是以聚合物为主体，即高分子材料的性质主要由聚合物来决定。

（2）高分子材料属多相复合体系，即是由两种或两种以上组分组成，形成宏观均相、微观或亚微观分相的形态结构。

（3）高分子材料必须具有可加工性。

（4）具有良好的使用性能和适当的使用寿命。

（5）具有工业化生产规模，自从1869年第一个人工半合成的高分子材料——赛璐珞问世以来，100多年来，高分子材料已发展到成百上千个品种，但最常用的、具有工业化生产规模的品种仅数十种，却占到总产量的95%以上。

1.1.2　高分子材料成型加工

高分子材料及其制品的最初原料来自于天然的石油、煤、天然气等，经过一系列的原料加工、化学合成和聚合反应得到聚合物，再通过成型加工制得高分子材料制品。图1-2为高分子材料学科在化学工业学科中的位置以及高分子材料成型加工在高分子材料科学与工程体系中的位置。

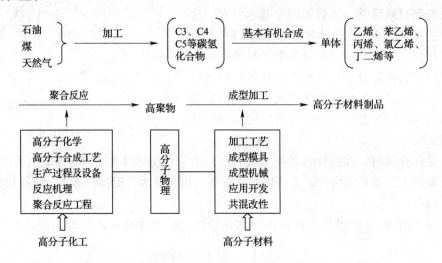

图1-2　高分子材料科学与工程体系（Polymer Material Science & Engineering）

高分子材料成型加工定义为：高分子材料（由高分子化合物和添加剂组成）是通过成型加工工艺得到具有实用性的材料或制品过程的工程技术。研究内容包括：高分子材料如何通过成型加工制成具有一定性能的制品；材料的不同品种与成型加工方法的关系；同样的材料用不同的加工工艺方法或加工工艺条件，所得制品的性能为何不同；制品的性能与材料本身的性质有何关系，等等。

传统的、狭义的高分子材料成型加工工艺过程，如挤出成型、注射成型、压缩模塑、吹塑成型，以及混合和分散等过程被当作聚合物加工的"单元操作"。而广义的成型加工工艺组成中，在考虑加工操作的范畴时，熔融、成型、固化以及加工阶段的化学变化、物理变化都是加工工艺的组成要素。因此，高分子材料成型加工进一步定义为，要求通过共混、反应及分子组装等聚合物加工方法获得新的性能及功能，要求利用外场、温度、时间等组合控制材料非平衡态结构以获得特殊性能及功能。

因此，高分子材料成型加工并不是简单的工艺操作过程或由各个"单元操作"所组成，而是聚合物材料的外形控制与内部结构演变（结构化）的过程。其与传质、混合、力学、流变学、高分子化学、高分子物理等工程原理和科学基础密切相关。见图1-3。

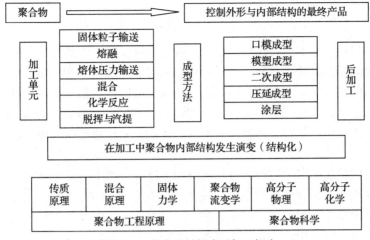

图 1-3 高分子材料成型加工概念

1.2 高分子材料工程特征

1.2.1 高分子材料特征

表 1-1 列出了具有代表性的金属材料、无机非金属材料、高分子材料（塑料）的主要物性。

与其他材料相比，高分子材料（以塑料为例）具有以下特性：

① 质轻，密度低；② 拉伸强度和拉伸模量较低，韧性较优良，但有些塑料的比强度（强度与密度之比）接近或超过金属材料；③ 传热系数小；④ 电气绝缘性优良；⑤ 成型加工性优良；⑥ 减震、消音性能良好；⑦ 具有优良的减磨、耐磨和自润滑性能；⑧ 耐腐蚀性能优良，有较好的化学稳定性；⑨ 透光性良好；⑩ 着色性良好；⑪ 可赋予成品各种特殊的功能；⑫ 长期使用性能较差；⑬ 热膨胀系数大；⑭ 耐热性较差；⑮ 易燃烧。

高分子材料的这些特性主要是由聚合物的结构决定的，同时也与高分子材料成型加工工艺有关。

表 1-1　　　　　　　　　　各种材料的主要物性

性质	金属		塑料		无机非金属材料	
	钢铁	铝	PP	玻纤增强 PA-6	陶瓷	玻璃
熔点/℃	1535	660	175	215	2050	—
相对密度	7.8	2.7	0.9	1.4	4.0	2.6
拉伸强度/MPa	460	80~280	35	150	120	90
拉伸模量/$\times 10^{-4}$ MPa	21	7	0.13	1	39	7
热变形温度/℃	—	—	60	210	—	—
线膨胀系数/$\times 10^{-5}$（1/K）	1.3	2.4	8~10	2~3	0.85	0.9
传热系数/$\times 10^{4}$ [W/（$m^2 \cdot K$）]	4019.3	20096.6	11.7	24.3	175.8	83.7
韧性	☆	☆	○	☆	×	×
体积电阻率/$\Omega \cdot cm$	10^{-5}	3×10^{-6}	$>10^{16}$	5×10^{11}	7×10^{4}	10^{12}
燃烧性	不燃	不燃	燃烧	难燃	不燃	不燃
耐药品性	△	△	○	○	○	○

注：☆-优，○-良，△-可，×-差。

1.2.2　高分子材料的工程特征

由于高分子材料结构上的特殊性，使得其性能是可变的，因此高分子材料成型加工方法具有多样性。即同样的高分子材料，通过不同的成型加工过程（包括加工工艺条件），制得高分子材料制品的性能是不一样的。例如：塑料薄膜可以由吹塑、压延、挤出拉幅、流延四种成型加工方法生产，不同成型工艺生产的薄膜具有不同的特性，因此应用于不同的场合。也正是由于四种工艺生产的塑料薄膜具有不同的性能，才使薄膜四种成型加工方法的同时存在具有可能。

高分子材料的性能决定于材料本身及成型加工过程中产生的附加性质，而成型加工过程中产生的附加性质有些是有目的产生的（如橡胶交联等），有些是自发产生的，自发产生的附加性质有些对制品是有利的（如结晶、取向、交联等），有些是不利的（如降解等）。对有利的附加性质要加以利用，不利的要限制、减缓。

高分子材料不同，应选用不同的加工方法、工艺条件，而同样的高分子材料，若对其制品性能要求不同，也应选用不同的加工方法、工艺条件。由此可见，高分子材料成型加工不仅仅是简单的工艺操作，高分子材料－成型加工工艺－材料和制品性能是相互关联的，高分子材料及制品的性能很大程度上随加工工艺过程和条件而变。

高分子材料成型加工课程将依"高分子材料－成型加工－材料制品性能"这条主线展开教学内容，重点介绍高分子材料、成型加工工艺、材料及制品性能三者的关系，强调成型加工对制品性能的重要性，即高分子材料制品的性能既与材料本身的性质有关，又很大程度上受成型加工过程所产生的附加性质的影响，这就是本课程的主题思想－高分子材料的工程特征。

1.2.3　高分子材料及制品性能

高分子材料制品性质包括外观性质、使用性质和耐久性质，其决定于材料的内在性质和成型加工中产生的附加性质。材料的内在性质与选择的材料有关，而成型加工往往使材料发生实质性变化，对制品性能的影响极为重要。

高分子材料成型加工是一个复杂的物理－化学变化过程，成型加工中产生的附加性质引起形状、结构和性质等多方面的变化。形状的变化主要是指粒状、粉状或溶液状的物料经成型加工过程而制成各种型材和制品，这是使用上的要求；结构的变化包括分子结构上的变化（如交联、硫化）和聚集态结构上的变化（如微观结晶、取向等）；性质的变化反映出制品宏观性能的改变，涉及物理机械性能、热性能、电性能、耐腐蚀性能、耐候性，等等，如：结晶使材料刚性提高，取向使材料各向异性，交联使材料弹性、强度提高。

影响高分子材料及制品性能的因素包括高分子化合物的性质（化学结构、物理结构）和成型加工过程（添加剂的作用、混合过程、成型工艺及工艺条件），相关内容将在后面各章节介绍。

1.3　高分子材料制造及成型加工程序

1.3.1　高分子材料的制造

高分子材料的主要原材料来自石油、煤、天然气、矿物和农副产品等。高分子材料的生产由高分子化合物的制造和高分子化合物与配合剂的混合配制两大部分组成，图 1-4 所示为高分子材料的制造框图。

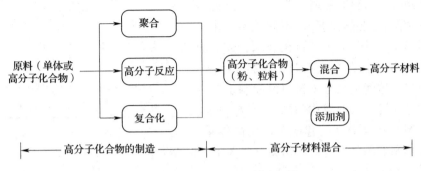

图 1-4 高分子材料的制造框图

1.3.1.1 高分子化合物的制造

获取高分子化合物的方法大致可分为三种：聚合反应、高分子反应和复合化。

（1）聚合反应 聚合反应是制造高分子化合物的主要手段。迄今为止，聚合技术已进入成熟期，催化剂的改进（如茂金属催化剂等）和更节约成本的聚合方法（如本体聚合、气相聚合等）是发展方向。表 1-2 所示为主要的聚合反应方法及其应用实例。

（2）高分子反应 利用高分子化合物的化学反应性使之改性也是一种获取预期性能高分子化合物的方法，见表 1-3。其中羟基化、氯化、酯化、硝化等可引入功能性官能基，加氢可制得耐候性和耐热性优良的热塑性弹性体。这种方法也已进入成熟期。今后的工作重点是功能性高分子的开发。

表 1-2 聚合反应的方法及其应用实例

分 类	实 例
加成聚合	
（1）自由基聚合	LDPE、PS、PVC、SBR
（2）阳离子聚合	IIR
（3）阴离子聚合	POM、SBS
（4）络合配位聚合	HDPE、PP、PER
缩聚	PA-66、PET、PLA、PC、UP、PF、UF
逐步加成聚合	PU
开环聚合	PA-6、POM 共聚、PLA
氧化耦合	PPO

表 1-3 高分子反应及其实例

分 类	实 例
交联	橡胶、热固性树脂、离聚物
皂化	EVOH
氯化	PE-C、PVC-C
氯磺化	CSM
酯化	CA
硝化	CN
加氢	加氢 NBR、SEBS
醚化	甲基纤维素
其他	聚乙烯醇缩甲醛、聚乙烯醇缩丁醛、羧甲基纤维素

（3）复合化 复合化是制造高分子化合物的又一种方法。近年来有了显著的发展。采用接枝反应、反应性增容等技术制备的高分子合金，可以获得均聚物无法具备的性能，并具有功能性；高分子化合物/无机物填充中偶联剂和浸润剂的使用改善了两组分间界面的亲和能力，提高了材料的力学性能。如何使超细填充剂聚集体分散成初级粒子，并均匀分散在聚合物中是一个重要的课题，采用原位混合聚合技术是解决分散问题的有效方法，超细颗粒的填充将有可能带来材料性能突破性的发现，引发材料革命。外增塑技术亦已基本成熟。表1-4 是复合化及其应用实例。

1. 3. 1. 2　高分子化合物与配合剂的混合配制

高分子材料是由高分子化合物与配合剂所组成的，生产高分子材料制品时，先要按配方把高分子化合物和配合剂混合均匀。不同成型工艺对高分子材料形态（状态）有不同的要求，成型加工前，要将高分子材料制成粉料、粒料、溶液、分散体或胶料。这就是高分子材料的配制工艺过程，其关键是靠混合来形成均匀的混合物，把高分子材料各组分相互混在一起成为均匀的体系，生产出各种形态的高分子材料。相关内容将在第6章介绍。

表 1-4　复合化及其应用实例

分类	实例
高分子合金	ABS、PPO/PS
高分子化合物/无机物填充	PA-6/玻璃纤维、PP/滑石粉
超细颗粒填充	PA-6/蒙脱土混合物
外增塑	软质PVC、赛璐珞

1.3.2　成 型 加 工

通常是使固体状态（粉状或粒状）、糊状或溶液状态的高分子材料熔融或变形，获得流动性，通过模具形成所需的形状，并以相应的方法保持其已经取得的形状，最终得到制品的工艺过程。其制造过程见图 1-5。

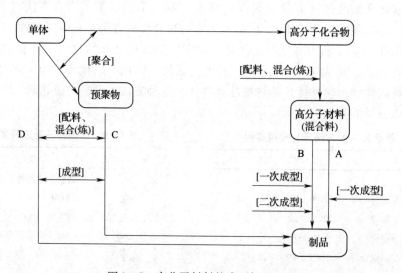

图 1-5　高分子材料的成型加工过程

高分子材料成型加工是一个复杂的物理-化学变化过程，其中，流动性是必要条件。成型加工技术从高分子化合物（高聚物）形变性质出发包括以下几种：

（1）高聚物熔体成型　是利用高聚物的塑性形变，成型加工温度为高聚物的 $T_{f(m)} \sim T_d$，多数属于一次成型，如图 1-5 中流程 A；

（2）高聚物类橡胶态成型　是利用高聚物的弹性形变（残余形变），成型加工温度为高聚物的 $T_g \sim T_f$，多用于在一次成型基础上进行的二次成型，如图 1-5 中流程 B；

（3）高聚物溶液态成型　将高聚物溶解于溶剂获得流动性，主要有浸渍、湿法或干法纺丝等，属于图 1-5 中流程 A；

（4）高聚物分散体（悬浮体、溶胶、胶乳）成型　固体高聚物稳定地悬浮在液体介质中形成分散体而获得流动性，如糊状PVC的搪塑成型等，也属于图 1-5 中流程 A；

（5）高聚物单体或预聚体直接成型　利用单体或预聚体的相对分子质量低而获得流动

性，其成型是通过单体或预聚体的聚合和固化完成，属于化学加工，如反应挤出（REX）、反应注射（RIM）、单体浇铸（MC）等，见图 1-5 中流程 C 和 D；

（6）高分子材料机械加工 是属于高分子材料的二次加工，多数是对高分子材料制品进行的后处理。

表 1-5 介绍了四种流程成型加工工艺过程及其应用实例。

表 1-5 常见的成型加工流程

类 型	方 法	实 例
流程 A	高分子材料一次成型生产制品的方法	• 注射成型生产各种零部件 • 挤出成型生产 PVC 管、波纹板
流程 B	高分子材料经一次成型后再进行二次成型生产制品的方法	• 挤出、注射吹塑成型瓶类 • 片、薄板的真空成型品
流程 C	低聚物混合料一步法生产制品的方法	• 浸渍热固性树脂低聚物的固化制品 • PMMA 流延浇铸板
流程 D	由单体混合料一步生产制品的方法	• 单体流延生产 PA 成型品 • RIM 法制备 PU、双环戊二烯成型品 • REX 法硅烷交联 PE 管

高分子材料在成型加工过程中所表现出来的性质和行为主要是由其本身结构决定的，其中成型加工性能是极为重要的特性。所谓成型加工性能是指可挤压性，可模塑性、可延展性和可纺性等，其含义及其影响因素见表 1-6。

表 1-6 高分子材料加工性能及其影响因素

加工性能	含 义	发生场合	制约因素
可挤压性	材料受挤压作用形变时，获取和保持形状的能力	挤出机、注射机的机筒、压延机的辊筒间及模具中	熔体黏度、加工设备结构、熔体流变性、熔体流动速率
可模塑性	材料在温度和压力作用下，产生形变和在模具中模制成型的能力	注射机、挤出机、模压机作用下模塑成型过程	流变性、热性能及其他物理机械性能、高聚物的化学反应性
可延展性	材料在一个或两个方向上受到压延或拉伸的形变能力	压延或拉伸成型过程	材料的塑性能力和应变硬化作用
可纺性	材料通过成型而形成连续固态纤维的能力	挤出成型时的喷头	流变性、熔体黏度和强度、热稳定性和化学稳定性

1.3.3 高聚物特性与成型加工的关系

高聚物有三种物理状态：玻璃态、高弹态、黏流态，每种高分子材料都有其特定的玻璃化转变温度（又称玻璃化温度，T_g）、黏流温度（T_f）或熔融温度（T_m）和分解温度（T_d）。高聚物处在哪种物理状态，或从一种状态向另一种状态转变，其影响因素为：① 高聚物的分子结构，② 高聚物体系的组成，③ 材料所受的应力，④ 环境温度。高聚物及其组成一定时，在一定外力作用下，高聚物的物理状态的转变主要与温度有关。处在不同聚集态下高聚物的主价键和次价键决定了其内聚能不同，表现出成型加工性能不同，因此，高分子材料的成型加工主要与材料的温度特性有关。图 1-6 是高分子材料热-机械特性与成型加工的关系图。

在 T_g 以下，高分子材料处于玻璃态，为坚硬的固体，大分子链上仅键长、键角发生形变，模量高，受外力作用形变（普弹形变）很小，一旦外力消失，形变立即恢复。因此不宜进行大形变成型加工，只能进行机械加工。

在 T_g 以上，高分子材料处于高弹态（又称橡胶态），体积膨胀，大分子不能移动，但链段有足够活动空间、能移动，只要有外力就可使其发生较大的形变（高弹形变），但这种形变是可逆的。

当达到 T_f（T_m）时，高分子材料处于黏流态（又称流动态），此时，整个大分子能移动，呈塑性，模量降至最低，只要较小外力就可使其发生宏观流动，而且这种形变是不可逆的，外力除去后，仍将继续保持。

达到 T_d，则高分子材料开始分解。

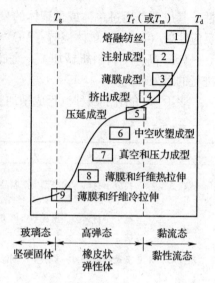

图 1-6　高分子材料热-机械特性与成型加工的关系

综上所述，在 T_g 以下，对高分子材料不能进行形变较大的成型，只能进行机械加工，如车、铣、削、刨等。T_g（对非晶态聚合物，又称无定形聚合物）或 T_m（对结晶聚合物）是选择和合理使用高分子材料的重要温度参数，也是大多数高分子材料成型的最低温度。因此：

（1）对非晶态聚合物在其脆化点（T_x）和 T_g 之间使用；而结晶聚合物则在 T_x 和 T_m 之间使用。

（2）对于结晶聚合物可在 $T_g \sim T_m$ 之间进行薄膜和纤维的拉伸。非晶态聚合物一般在 T_g 以上不高的温度下进行拉伸。热收缩薄膜就是在此温度附近进行拉伸、急冷定型，因此具有热收缩性。

（3）绝大多数高分子材料是在 T_f（对结晶聚合物是 T_m）附近进行加工的，T_f（或 T_m）是高分子材料成型的重要参数。

表 1-7 为各种成型方法的适应性，由表可知，各种高分子材料都有其相适应的成型加工方法，究竟采用哪种成型方法，除取决于高聚物的特性外，还与制品的形状尺寸和成型加工机械有关，经济成本及再生性也是必须考虑的因素。

表 1-7　　　　　　　　各种成型方法的适应性

	成型方法	成型时剪切速率范围/s^{-1}	成型时的压力/MPa	制品实例
一次成型	挤出成型	$10^2 \sim 10^3$	几～数十	片、薄板、薄膜、管、棒、网、异形材、电线电缆
	注射成型	$10^3 \sim 10^4$	高压：$50 \sim 200$	齿轮、日用品、保险杠、浴缸、型框
			低压：< 30	
	模压成型	$1 \sim 10$	几十	MF 餐具、连接器件
	传递模型成型		$10 \sim 20$	电器制品（零件）
	层压成型		高压 > 5，低压 $0 \sim 5$	化妆板、安全帽
	压延成型	$10 \sim 10^2$		PVC 人造革
	发泡成型		零点几～几	隔热材料、PS 泡沫、托盘
	其他（浇铸成型、回转成型、RIM 等）	~ 10		

续表

成型方法		成型时剪切速率范围/s⁻¹	成型时的压力/MPa	制品实例
二次成型	真空成型		~0.1	容器、罩、托盘、广告牌
	加压成型		零点几	
	吹塑成型		几	瓶、罐、鼓状物
	拉伸			PET 膜、OPP
二次加工	装配（焊接、粘接、机械连接、其他）			
	机械加工（车削、铣削、钻削、锯削、冲切、穿孔、弯曲等）			
	表面修饰（锉削、磨削、抛光、涂饰、表面硬化、静电植绒、印刷等）			

1.4 高分子材料的发展历史与未来

高分子材料是一门古老而年轻的学科。古老，指的是使用方面，从远古时期开始，人类就已经学会使用天然高分子材料，如存在于自然界的树脂、橡胶、皮毛、蚕丝、棉花、纤维素、木材，等等；年轻，指的是从科学和工程的意义上研究高分子材料，从半合成和合成高分子材料出现之后，才不过一个半世纪。而高分子学科的建立，至今不到 80 年。

高分子概念的形成和高分子科学的出现则始于 20 世纪 20 年代末，随后高分子科学正式诞生。"高分子化学"是高分子科学的基本内涵，它脱胎于有机化学，以 Staudinger 的大分子链概念和 Carothes 等人的缩合聚合和自由基加成聚合的概念为最初的理论基础。由于大批新合成高分子的出现及其应用和性能表征、结构与性能关系研究的需要，20 世纪 40～50 年代逐渐形成"高分子物理"的研究领域，杰出的高分子物理学家 Flory 在高分子物理化学的理论与实验方面的基础研究作出了巨大的贡献。随着高分子化学、高分子物理研究工作的深入及高分子材料制品向着人类生活各个领域的迅速扩展，高分子材料成型加工原理及技术研究、高分子化合物生产中工程问题的出现，又形成了涉及高分子成型加工及聚合反应工程的"高分子工程"领域。

高分子学科一经建立即表现出它与高分子工业密切联系的特征。由 Backeland 制造的第一种完全人工合成塑料 – 酚醛树脂的工厂是 1907 年问世的。然而，直到 20 世纪 30 年代高分子学科建立后，高分子材料工业才步入真正的发展阶段，聚氯乙烯、尼龙、聚苯乙烯、聚甲基丙烯酸甲酯、聚乙烯、聚丙烯、聚酯、聚碳酸酯、聚甲醛等聚合物及改性品种层出不穷，尤其是 20 世纪 50 年代 Ziegler 和 Natta 发明了配位定向聚合，极大地推动了高分子材料工业的发展。经历半个多世纪的持续发展，从农业、建筑、汽车、机械、电子、电器、包装、轻工、纺织、航空航天到国防军工等各个领域，从传统产业，到高新技术产业，高分子材料渗透了人类社会生活的方方面面，极大地促进了社会进步、国民经济发展和人民生活条件的改善，在人类文明发展过程中发挥了不可替代的作用。

进入 20 世纪下半叶以后，高分子学科在科学研究和工业生产方面又取得了一系列突破性的进展。茂金属催化剂的应用不仅使聚丙烯、聚苯乙烯等聚烯烃实现了间同聚合，又突破了齐格勒 – 纳塔催化剂的局限，实现了聚烯烃的多元共聚，获得了新型的聚丙烯材料和乙丙类热塑性弹性体。发展了原子转移自由基聚合方法；设计、合成了不同种类的树枝状/及支化、超支化高分子、嵌段聚合物。高分子光电信息材料与器件也取得重大进展，包括导电高分子、高分子半导体和超导体，发光材料、场效应、非线性光学材料、磁性材料等。其中，基于发光共轭聚合物的显示器件已进入实际应用的阶段。超分子高分子的研究极大地推动了分子自组装技术的发展，从而为"由下到上"实现纳米信息材料与器件提供了可操作的途径。在生物医学高分子领域发展出具有生物活性的物质或与细胞相结合的生物高分子材料－生物活性物质的复合体，它已具备了可以替代、修复人体组织或器官中有缺损或坏死的活组织或器官的功能，成为在生理环境中能与活体细胞相互作用、产生特殊的细胞响应，从而能诱导、发展成有生命力的新生组织的生物材料。

　　采用可控、高效、节能、环境友好的聚合方法制备具有不同应用性能的高性能高分子材料是 21 世纪高分子科学发展的重要方向之一，也是新时期国民经济可持续发展、社会进步和国家安全的一个重要保证。主要涉及以下几个领域：高分子材料合成的新方法、新高效催化体系、绿色高分子合成化学，生物高分子物质的分子化学与物理机制、生物活性的高分子材料的制备和功能化，高聚物凝聚态物理及软物质特性，光、电、磁信息功能高分子材料的合成与新型器件、超分子与自组装高分子材料，通用高分子材料的高性能化及加工过程，天然高分子材料作为可再生资源在能源、材料领域的综合利用以及生物可降解材料。

习题与思考题

1. "高分子材料"的定义。
2. 高分子材料成型加工的定义。
3. 高分子材料工程特征的含义。

第 2 章　高分子材料学

高分子材料的性能（包括成型加工性能和制品性能）决定于材料内在性质及成型加工中产生的附加性质。材料内在性质是由构成该材料的高分子化合物的化学结构（分子结构）及其物理结构（聚集状态）和组成该材料的各种成分之间的混合程度决定的。材料各种成分之间的混合程度受到加工工艺及加工设备的影响，而材料在成型加工中是否产生附加性质或产生怎样的附加性质又决定于材料内在性质（尤其是高分子化合物的化学结构及其物理结构）。因此，要获得优良的高分子材料制品，必须对高分子化合物及其制品的特性、结构与性能之间的关系加以研究。

2.1　高分子化合物

高分子化合物（聚合物）是高分子材料的主体，它通过粘接各种配合剂成为一整体，从而具有一定的力学性能，并具有良好的加工性能。

本书中将根据学术界和工业界的定义和准确性，区分高分子化合物（聚合物、高聚物、高分子）、高分子材料、高分子材料制品这三个术语，相对应的有树脂、塑料、塑料制品，生胶、混炼胶（胶料）、橡胶制品。高分子材料是由高分子化合物与配合剂组成的，高分子材料制品是高分子材料通过成型加工制得的，三者有相互联系，但有区别。这种区别往往在实际使用中被忽略，读者应在阅读学习过程中体会这些差别。然而习惯上仍常将合成树脂、合成生胶称为塑料、橡胶。

无论是新的高分子材料及制品的开发和生产，还是进行高分子材料配方设计，首先要根据高分子材料制品的性能要求和生产制品的成型加工性能要求来选择高分子化合物。因此，要了解聚合物的种类、分子结构、聚合方法、主要的特征及其原理（结构与性能的关系）。

2.1.1　聚合物种类

高分子材料通常指塑料、橡胶、化学纤维、涂料、黏合剂等。塑料、橡胶、化学纤维是当今最重要的三大高分子材料。塑料和橡胶的差别主要在于它们的玻璃化转变温度，前者的玻璃化转变温度高于室温，在室温下通常处于玻璃态，呈现塑性，后者的玻璃化转变温度低于室温，在室温下通常处于高弹态，呈现弹性。

2.1.1.1　塑料（合成树脂）

从分子结构角度来看，作为塑料用的合成树脂必须是线形或支化聚合物。塑料的分类方法很多。如按来源分，可将其分为改性天然材料和合成材料，后者又可按聚合方法分为加聚物、缩聚物、逐步加成物，见表 2 - 1；按化学结构分，有聚烯烃类（PE、PP、PS、EVA 等）、聚酰胺类（PA）、乙烯基类（PVC、CPVC 等）、丙烯酸酯类（PMMA 等）、聚苯醚酯类（PET、PBT、PC、PPO 等）；按化学结构和加热效应，可以将塑料分为热塑性塑料和热固性塑料，两者的比较见表 2 - 2；按结晶能力可分为结晶性塑料（如 PE、PP、PA、POM、PET 等）和非晶态塑料（如 PS、PVC、PC、PSF 等）；按用途和性能，又可将塑料分为通用塑料和工程塑料，见表2-3，工程塑料具有较好的力学性能，拉伸强度大于50MPa，冲击强度大于6kJ/m²，长期耐热温度超过100℃的、刚性好、蠕变小、自润滑、电绝缘、耐腐蚀可作为结构材料，其中通用工程塑料主要有聚酰胺、聚碳酸酯、聚甲醛、聚苯醚、热塑性聚酯等。特种工程塑料，使用温度在150℃以上，力学性能更好，主要用于要求质量轻、力学性能高，能代替金属材料在航空、航天等领域中使用，主要有聚酰亚胺、聚芳酯、聚苯酯、聚砜、聚苯硫醚、聚醚醚酮、氟塑料等。但这种分类并不十分严格，随着通用塑料工程化技术的进展，通过改性或合金化的通用塑料，已可在某些应用领域替代工程塑料。

表2-1　　　　　　　　　　　按来源、聚合方法分类的塑料

来源	聚合方法	举例
合成材料	缩聚物	聚酰胺（PA）、聚碳酸酯（PC）、聚酯（PET、PBT等）、聚苯醚（PPO）、聚砜（PSF）、酚醛树脂（PF）、脲醛树脂（UF）、三聚氰胺甲醛树脂（MF）、不饱和树脂（UP）、醇酸树脂、烯丙基树脂（PDAP）、聚酰亚胺（PI）、聚苯并咪唑（PBI）、硅树脂
	加聚物	聚乙烯（PE）、聚丙烯（PP）、聚丁烯-[1]（PB-1）、聚4-甲基戊烯-[1]、离子聚合物、聚氯乙烯（PVC）、聚醋酸乙烯酯（PVAC）、聚偏二氯乙烯（PVDC）、聚甲基丙烯酸甲酯（PMMA）、聚丙烯腈（PAN）、聚苯乙烯类聚合物（PS、HIPS、ABS、AS）、聚甲醛（POM）、氟塑料（PTFE、PVTFE、PVDF、PVF等）、聚乙烯醇（PVA）、聚对二甲苯
	逐步加成物	聚氨酯（PU）、氯化聚醚（CP）、环氧树脂（EP）、聚氨酯（PU）
改性天然材料		硝酸纤维（CN）、醋酸纤维素（CA）、纤维素混合酯、纤维素酯类、酪蛋白塑料

表2-2　　　　　　　　　　　热塑性塑料和热固性塑料

项目	热塑性塑料	热固性塑料
加工特性	受热软化、熔融、塑制成一定形状，冷却后固化定型	未成型前受热软化，熔融可塑制成一定形状，在热或固化剂作用下，一次硬化定型
重复加工性	再次受热，仍可软化、熔融，反复多次加工	受热不熔融，达到一定温度分解破坏，不能反复加工
溶剂中情况	可溶	不溶
化学结构	线型高分子	由线型分子变为体型分子
举例	PE、PP、PVC、ABS、PMMA、PA、PC、POM、PET、PBT等	PF、UF、MF、EP、UP等

表2-3　　　　　　　　　　　通用塑料和工程塑料

分类	举例
通用塑料	PE（HDPE、LDPE、LLDPE）、PP、PVC、PS、PMMA、PF、UF、MF、EP、UP、PU
工程塑料	PA、PET、PBT、POM、PC、PPO、ABS、PSF、PTFE、PCTFE、PI、CP

2.1.1.2　橡胶（生胶）

从分子结构角度来看，作为橡胶的生胶必须是大分子链具有足够的柔顺性，玻璃化转变

温度要比室温低得多，未拉伸时应为非晶态或结晶度很小的聚合物。橡胶按其来源可分为天然橡胶和合成橡胶两大类。天然橡胶是从自然界的植物中采集出来的一种高弹性材料，合成橡胶是各种单体经聚合反应合成的聚合物。按用途和性能，可分为通用橡胶和特种橡胶，见表 2 - 4。前者是指性能与天然橡胶相近，物理性能和加工性能较好，可广泛用作轮胎和其他一般橡胶制品的橡胶。后者指具有特殊性能，可用于制备各种耐热、耐寒、耐油、耐溶剂、耐化学腐蚀、耐辐射等特殊使用要求的橡胶制品。

表 2 - 4　　　　　　　　　　　　　　　　通用橡胶和特种橡胶

分类	举例
通用橡胶	丁苯橡胶（SBR）、氯丁橡胶（CR）、顺丁橡胶（BR）、异戊橡胶（IR）、丁基橡胶（IIR）、乙丙橡胶（EPR）、三元乙丙橡胶（EPDM）、天然橡胶（NR）
特种橡胶	丁腈橡胶（NBR）、硅橡胶（MQ）、氟橡胶（FPM）、聚氨酯橡胶（UR）、聚硫橡胶、聚丙烯酸酯橡胶（ACM）、氯醚橡胶（CO、ECO）、氯磺化聚乙烯（CSM）、氯化聚乙烯（CPE）、丁吡橡胶等

热塑性弹性体的分子结构中一部分或全部由具有橡胶弹性的链段所组成，大分子链之间存在化学或物理交联而成的网状结构，起补强作用，常温下显示橡胶的弹性，而高温下，受热的作用这种网状结构消失，呈现塑性，可按热塑性塑料的成型方法塑化成型，冷却下这种网状结构又复原。由于其具有塑料和橡胶的加工性和使用性，极具特点，在很多场合取代了橡胶的应用，其主要品种有苯乙烯 - 丁二烯 - 苯乙烯（SBS）、苯乙烯 - 异戊二烯 - 苯乙烯（SIS）、氢化 SBS（SEBS）等的苯乙烯嵌段共聚物、聚烯烃共混物热塑性弹性体、弹性体合金、热塑性聚氨酯、热塑性共聚酯和热塑性聚酰胺弹性体等。

2.1.1.3　化学纤维（成纤聚合物）

化学纤维是人造纤维和合成纤维的总称，用以替代天然纤维制造各种织物。天然纤维是从动、植物和矿物中得到；人造纤维是以天然聚合物（纤维素和蛋白质等）为原料，并经过化学处理与改性而成；合成纤维是由合成的聚合物制得。见表 2 - 5。从分子结构来看，能成纤的线型聚合物应有足够大的相对分子质量，且分子量分布较窄，聚合物分子间有较强的作用力，具有适当的结晶度，易于取向，聚合物成纤后的熔点须高于 200℃，大分子有亲和性和亲水基，使纤维易于染色。

表 2 - 5　　　　　　　　　　　　　　　　纤维的分类

来源	种类	举例
天然纤维	动物纤维	蚕丝、羊毛等
	植物纤维	棉花、麻等
	矿物纤维	石棉等
化学纤维	人造纤维	再生蛋白纤维
		再生纤维素纤维：黏胶纤维、铜铵纤维
		纤维素酯纤维：二乙酯纤维、三乙酯纤维
	合成纤维	杂链纤维：聚酰胺纤维（锦纶，又称尼龙）
		聚对苯二甲酸乙二醇酯纤维（聚酯，涤纶）
		聚氨酯弹性体纤维（氨纶）
		其他：聚脲、聚甲醛、聚酰亚胺、聚酰胺 - 酰肼、聚苯并咪唑等

续表

来源	种类	举 例
化学纤维	合成纤维	碳链纤维：聚丙烯腈纤维（腈纶） 聚乙烯醇缩甲醛纤维（维纶） 聚氯乙烯纤维（氯纶） 聚乙烯纤维（乙纶）、聚丙烯纤维（丙纶） 含氟纤维

在选择高分子化合物时，应了解各种聚合物的主要成型工艺性能，包括温度热效应，如脆化温度（T_b）、玻璃化转变温度（T_g）、黏流温度（T_f）或熔融温度（T_m）和分解温度（T_d），流变特性，结晶性，加工性（熔体强度、吸水率、成型收缩率等），加工温度与使用温度等。

2.1.2 聚合物制造方法的影响

高分子化合物合成时，由于采用不同的原料单体、聚合引发体系，不同的聚合实施方法或聚合工艺条件，会导致所得同一种高分子化合物的结构形态、加工性能和制品性能上出现差异，作为高分子材料成型加工技术人员，在聚合物选用和成型加工过程中，必须充分重视这些因素的影响。以下通过列举加以讨论。

2.1.2.1 聚乙烯（PE）

通常包括低密度聚乙烯（LDPE）、高密度聚乙烯（HDPE）、线性低密度聚乙烯（LL-DPE），由于采用的单体组成、聚合引发（催化）体系、聚合工艺条件各不相同，其分子结构形态、性能、加工方法和应用也不尽相同。

（1）高压法聚乙烯 是在反应温度 150~300℃，反应压力 150~300MPa 条件下，乙烯气相本体聚合，采用 O_2 或过氧化物作引发剂的自由基聚合。由于反应温度较高，增长链被活化，容易发生分子内或分子间的链转移反应，形成带较多长短不一的支化的线性分子，其密度较低，常称低密度聚乙烯（LDPE）。其聚合实施方法有釜式法和管式法，前者常采用过氧化物引发剂，后者以 O_2 作引发剂，两者的长支链和凝胶微粒多少不一，适于生产的产品也不同。

（2）中压法聚乙烯 系在反应温度 130~270℃，反应压力 1.8~8MPa 条件下，乙烯溶于烷烃溶剂中的溶液聚合，采用载于 $SiO_2-Al_2O_3$ 上的 CrO_3 为催化剂或载于 $\gamma-Al_2O_3$ 上的 MoO_3 为催化剂的离子聚合方法。其所得产物支链较少，分子链等规度较高，属高密度聚乙烯（HDPE）。

（3）低压法聚乙烯 系在反应温度 85~100℃，反应压力常压~2MPa 条件下，采用 Zeigler-Natta 催化剂，乙烯络合配位聚合，由于支链少而短，分子等规度高，密度较高，称高密度聚乙烯（HDPE）。其聚合实施方法有传统的环管淤浆法和搅拌釜淤浆法、气相法、低压溶液法等，工艺不同，树脂产品的性能和用途也有所差异。

（4）线性低密度聚乙烯（LLDPE） 系乙烯与 $C_4~C_8$ 烯烃（α-烯烃）共聚，在反应温度 80~230℃，反应压力 1~4MPa 条件下，采用 Zeigler-Natta 催化剂，用低压法生产高压法产品。其分子结构与 HDPE 一样呈直链状，分子链上有许多短小而规整的支链，支链长度大于 HDPE，小于 LDPE。调节共聚单体种类和用量可获得超低密度的 PE（密度为 0.87~

$0.88 g/cm^3$）。

（5）不同方法获得的 PE 的性能和用途 表 2-6 和表 2-7 所示为不同方法 PE 的性能。不同生产方法的生产成本也不相同，同为 LDPE，如高压管式法的成本为 1，LLDPE 为 $0.92 \sim 0.57$，其建设费仅为前者的 1/2，制造所需能量仅为 1/4，而产品的性能却得到较大提高，如 100 份 LLDPE 与 100 份 LDPE 共混加工制成的农膜，可比纯 LDPE 更薄，成本下降 30%。LDPE 较柔软，机械强度较低，熔点较低，适合于制薄膜、电缆；HDPE 密度较高，刚性较大，机械强度、熔点较高，适合于制造中空容器、注射制品；LLDPE 密度接近 LDPE，物理性能却达到 HDPE 的水平，LLDPE 的熔点比 LDPE 高（同为 $d = 0.920 g/cm^3$，高 20℃；$d = 0.935 g/cm^3$，高 5℃），同一熔体流动速率时，拉伸强度比 LDPE 高 20%，同一密度时则高 50%，可制薄膜、药品容器、水管等。但其加工时熔融黏度高，熔体强度低，易拉断，不能用通常 LDPE 的加工设备成型。

表 2-6   **三种 PE 的性能比较**

性能	LDPE	LLDPE	HDPE
密度/（g/cm³）	$0.91 \sim 0.935$	$0.918 \sim 0.935$	$0.941 \sim 0.965$ （中压法 $0.94 \sim 0.98$）
熔体流动速率/（g/10min）	$0.2 \sim 70.0$	$0.2 \sim 50.0$	$0.01 \sim 80.0$
相对分子质量/ $\times 10^4$	$10 \sim 50$	$5 \sim 20$	低压法 <35，中压法 $4.5 \sim 5$
短支链长度	$C_1 \sim C_4$	C_2，C_4，C_6	C_2，C_4
短支链数/（个/1000 个碳原子）	$10 \sim 30$	$10 \sim 30$	<10
长支链数/（个/分子）	≈ 30	0	0
结晶度/%	50	两者之间	$85 \sim 95$
结晶温度/℃	108	122	130
最高使用温度/℃	$80 \sim 95$	$95 \sim 105$	$110 \sim 130$
拉伸强度/MPa	$6.90 \sim 13.79$	$20.68 \sim 27.58$	$24.13 \sim 31.03$
伸长率/%	$300 \sim 600$	$600 \sim 700$	$100 \sim 1000$
肖氏硬度	$41 \sim 45$	$44 \sim 48$	$60 \sim 70$
耐环境应力开裂	好	很好	好－低
分子形态			

表 2-7   **不同生产方法的 PE 产品指标**

生产工艺	熔体流动速率/（g/10min）	密度/（g/cm³）	备注
管式法（高压）	$0.1 \sim 100$	$0.915 \sim 0.930$	相对分子质量分布窄，支链分布宽，长支链少
釜式法（高压）	$0.2 \sim 100$	$0.915 \sim 0.930$	依反应条件，相对分子质量分布可宽可窄，支链分布窄，长支链多
气相法	$0.01 \sim 125$	$0.890 \sim 0.964$	线性结构，相对分子质量分布宽（BP 气相法相对分子质量分布窄）
溶液法	$0.8 \sim 205$	$0.890 \sim 0.964$	线性结构，相对分子质量受限制
淤浆法	$0.0 \sim 50$	$0.930 \sim 0.960$	线性结构，密度受限制，Philips 淤浆法已能生产密度 $0.920 \sim 0.925$ 树脂

2.1.2.2　聚氯乙烯（PVC）

通常采用本体聚合法、悬浮聚合法、乳液聚合法生产。

（1）本体聚合法　氯乙烯单体（VCM）在油溶性引发剂存在下，加热到一定温度后聚合。由于不用水和分散剂等各种添加剂，聚合工艺简化，颗粒形态和树脂质量大有改进，与悬浮聚合法 PVC 相比，透明性、电绝缘性能优良、吸收增塑剂较快、加工流动性好。此种聚合方法由于反应系统很难达到温度均匀，相对分子质量分布较宽。

（2）悬浮聚合法　在搅拌作用和分散剂的保护下，VCM 在以水为介质的体系中分散成稳定的液滴，然后在油溶性引发剂作用下聚合。为使聚合反应速率较均匀，有效排除反应热，常用不同活性的引发剂复合。为获得粒度分布较窄、颗粒匀称、表观密度合适的 PVC 树脂，常用两种分散剂复合。分散剂与 VCM 接枝形成包裹颗粒的皮膜，不仅影响颗粒形态、使树脂热稳定性变差，而且皮膜厚度和完整性还影响 VCM 的脱吸、增塑剂的吸收和加工性能。

（3）乳液聚合法　在乳化剂存在下，将 VCM 分散在水中形成乳状液，然后在水溶性引发剂作用下聚合。乳化剂起隔离作用，使体系稳定而不凝聚。但乳化剂的存在使树脂的质量变差。与悬浮聚合法 PVC 相比，热稳定性和电绝缘性差，不能用于透明制品和电绝缘制品。此法所得树脂颗粒较细，用作糊树脂。

不同方法生产的 PVC 树脂的特性和用途见表 2–8 所示。

表 2–8　　　　　　　　　　　不同方法生产的 PVC 树脂的比较

项目	本体聚合法	悬浮聚合法	乳液聚合法
粒径/μm	125	125	3
粒径范围/μm	70～250	70～250	0.2～100（原始粒子 0.2～2μm）
表观密度	0.55～0.67	0.45～0.60	0.25～0.45
表面形态	粒度较规整，表面不存在皮膜，聚集体和一次颗粒直接暴露在表面上，但某些表面有一层高度熔合的次表面"皮"	颗粒不规整，表面为分散剂与氯乙烯单体接枝共聚物形成的皮膜，粗糙多孔，膜厚度为 0.25～1μm	颗粒表面覆盖着低分子量的表面活性剂
树脂特性	性能优于悬浮法，树脂中杂质少，粒度分布集中，构型规整，孔隙率高且均匀，吸收增塑剂量多且快，制品透明性、热稳定性、电绝缘性好	含有分散剂–VCM 形成的皮膜，性能逊于本体法，可制成透明制品，电绝缘性较好	颗粒较细，较疏松，塑化性能好，电绝缘性、透明性差，成本高
成糊性能	在增塑剂中不能形成稳定的体系，会沉降	在增塑剂中不能形成稳定的体系，会沉降	在增塑剂中可形成稳定的体系，不沉降
加工性能	易于加工，加工设备要求高，投资高，可用压延、挤出、吹塑、注射、涂覆等多种方法成型	加工设备要求高，投资高，可采用注射、挤出、压延等多种方法成型	加工设备较简单，投资少，发泡性好，可采用涂刮、涂覆、喷涂、发泡、搪塑等多种方法成型
制品	软硬制品，如软、硬片材、管材、板材、高绝缘电线、电缆、薄膜、涂层、注射、吹塑制品、纤维等	软硬制品，如管、板、片、异型材、电绝缘制品、透明制品、建筑材料等	软制品，如壁纸、地板、金属涂层、人造革、玩具等

PVC 及其共聚物通常是以具有一定粒径及粒度分布的粉粒料进行成型加工的，此时粒子形态、表面皮膜、粒径及粒度分布对加工性能和制品性能及应用将产生影响。

由表 2-8 可见不同聚合方法生产的 PVC 树脂在颗粒形态和粒径方面有一定差别。粒径不同，表面形态不同，将影响 PVC 树脂的孔隙率、热稳定性、单体脱吸性能、吸收增塑剂的性能、发泡性能，以至透明性、电绝缘性等。

为了克服表面皮膜的影响，现已开发了表面皮膜不连续或无皮的 PVC 树脂。此外，粒子的外形同样会影响热稳定性、吸收增塑剂性能和加工性能。譬如 PVC 球形树脂，与通常树脂相比可使挤出速度提高 25%，提高了单机生产能力，能耗和成本降低，制品性能优良，是节能、高加工性能的树脂，可用于挤出大口径管材、板材和异型材。

即使是悬浮聚合法生成 PVC 树脂，随聚合时所用的分散剂不同，可得到紧密型 PVC 树脂（俗称乒乓球型树脂）或疏松型 PVC 树脂（俗称棉花球型树脂）。前者颗粒细小且分布较宽、表面光滑、表观密度较高，为内部带有小孔的、致密的乒乓球状树脂；后者颗粒较粗且分布较窄、表面粗糙、表观密度较小，为内部多孔、疏松的棉花球状树脂。两者加工性能的区别见表 2-9 所示。

粒径不同，在增塑剂中的状态不同。乳液 PVC 树脂由于粒径较小，可悬浮在增塑剂中形成类似糊状的稳定分散液。当制得的树脂粒径合适时，存放 24h 后增稠并不明显，没有后增稠现象。其适合于制作人造革、搪塑制品和发泡制品等。而悬浮 PVC 树脂粒径较大，在增塑剂中不能形成稳定的分散液，且吸收增塑剂也较乳液 PVC 树脂要慢。一般用作板材、透明片、人造革等。而且，两者加工方法也不相同，前者先受力后加热塑化成型加工，如涂刮法人造革生产中，先涂刮于布，然后受热塑化、压花、冷却得制品；后者边加热、边受力成型加工，如在辊筒上塑炼、粉粒料挤出等。

表 2-9　　　　　　　　　　疏松型和紧密型 PVC 树脂加工性能的比较

项　　目	紧密型 PVC 树脂	疏松型 PVC 树脂
捏合溶胀温度及速度	60℃以上开始溶胀，85℃以上才达到终点，溶胀慢	无明显的起始温度，65℃以上即达终点，溶胀快
筛粉和捏合粉风送	细粉多，易飞扬，风送易粘壁，输送效率低	飞扬少，干松不粘壁，输送效率高
挤出机加料	易搭桥，进料慢，干流性差	不易搭桥，进料快，干流性好
塑化性能	塑化慢，消耗功率大	塑化快，消耗功率小
热变色稳定性	初期变色大，着色制品鲜艳性差	初期变色小，着色制品鲜艳性好
制品质量	表面质量差，电气绝缘性低	表面质量好，电气绝缘性高
残留 VCM	含量高	含量低
"鱼眼"数	多	少

PVC 树脂的粒径有大有小，这就形成了粒度分布，如悬浮 PVC 树脂粒径在 100~160 目的部分约占 90%，<80 目、>160 目的不到 10%。研究发现，粒径不同，热稳定也不同，100~160 目粒径的 PVC 树脂稳定性好于<80 目、>160 目粒径树脂的热稳定性。

2.1.2.3　聚苯乙烯（PS）

通常采用本体聚合法、悬浮聚合法和乳液聚合法生产，所得 PS 树脂的性能和用途有差异，如表 2 - 10 所示。用茂金属催化剂生产的间规立构 PS（SPS）性能见表 2 - 11。

表 2 - 10 不同聚合生产的 PS 树脂比较

项 目	本体聚合法	悬浮聚合法	乳液聚合法
相对分子质量/×10⁴	11	19	70
拉伸强度/MPa	450	500	600
冲击强度/（kJ/m²）	20	27	30
热变形温度/℃	70	73	15
注射温度/℃	150 ~ 220	–	170 ~ 220
介电损耗/×10⁻⁵	2	3	6
击穿电压/（kV/mm）	55	55	50
透明度/%	88	87	75
吸水性/%	0.05	0.05	0.1
应用	透明制品，一次性餐具、玩具、包装盒、瓶、盘等。日用品、文教用品、电信电子工业器材、光学塑料透镜等	发泡制品、各种绝缘材料、仪器仪表、电视机、计算机的包装	用于微粒状 PS 制品、高相对分子质量 PS、乳胶及共聚产品

表 2 - 11 间规立构和通用 PS 的性能比较

性 能	间规立构	通用
密度/（g/cm³）	1.04	1.04
熔点/℃	270	
T_g/℃	100	100
弯曲强度/MPa	75	65
弯曲模量/GPa	3.0	2.9
缺口冲击强度/（kJ/m²）	2.0	2.2
热变形温度/℃，（1.82MPa）	96	89
维卡软化点/℃	254	104
介电常数（23℃，1MHz）	2.6	2.6

2.1.2.4 聚酰胺 - 6（PA - 6）

聚酰胺是一类性能优良的通用工程塑料，PA - 6 是其中一个重要的品种。其制造方法如下。

（1）开环聚合 在水存在下，己内酰胺在约 260℃ 的高温下通过开环、缩聚、加成反应进行聚合，得到 PA - 6 的分子量相对较低，通常采用连续法工艺生产。

（2）碱聚合法（阴离子聚合法） 此法以氢氧化钠为催化剂，N - 乙酰基己内酰胺或甲苯二异氰酸酯等为助催化剂的己内酰胺阴离子聚合，得到高分子量的 PA - 6。此法可用单体直接浇铸（称单体浇铸尼龙，MC 尼龙），也可采用反应注射成型工艺（RIM 尼龙）、反应挤出技术生产（REX 尼龙）。

不同的工艺，所得 PA - 6 的性能各不相同，如表 2 - 12 所示，因而，它们的适用场合也不同，高相对分子质量 PA－6 机械性能，尤其是冲击强度、耐磨性等卓越，耐热性优良，可适用于要求较高的工程领域，替代有色金属，但加工性能较差。

表 2－12 不同方法生产的 PA－6 性能

项目	普通 PA－6	MC 尼龙－6	REX 尼龙－6
熔点/℃	215～220	223～225	215～225
相对分子质量/×10⁴	2～3	5～10	5～10
热变形温度/℃ (1.82MPa)	55～58	150～190	
马丁耐热/℃	40～50	67～74	
拉伸强度/MPa	50～70	75～100	72～75
断裂伸长率/%	100～200	10～30	50～100
冲击强度/ (kJ/m²)	＞100 (缺口：10)	520～624	不断 (缺口：30～35)
弯曲强度/MPa	80～125	140～170	100
压缩强度/MPa	60～90	100～140	
线胀系数/×10⁻⁵/ (1/℃)	8～3	4～7	

2.1.2.5 聚碳酸酯 (PC)

为优良的工程塑料，其制造方法有：

(1) 酯交换法 采用双酚 A 和碳酸二苯酯在催化剂存在下，在约 200℃熔融状态下进行酯交换，然后在 295～300℃下缩聚得 PC，此法获得的树脂相对分子质量受到限制，一般在 (2.5～3) ×10⁴。

(2) 光气法 采用双酚 A 和光气在氢氧化钠或吡啶和溶剂存在下，反应制得 PC。此

表 2－13 不同方法生产的 PC 性能比较

项目	酯交换法	光气法
冲击强度 (缺口) / (kJ/m²)	≥45	45～55
拉伸强度/MPa	≥60	62
断裂伸长率/%	≥70	80
屈服弯曲强度/MPa	≥95	90
热变形温度/℃	126	134～135

法得到的树脂相对分子质量很高，可达 (15～20) ×10⁴，但为了便于加工，一般用分子质量调节剂，控制在 10×10⁴ 以下，且相对分子质量分布较宽。

表 2－13 为两种生产方法所得 PC 的性能比较。

2.1.2.6 酚醛树脂 (PF)

PF 耐热性和电绝缘性优良，是重要的热固性塑料。由于采用单体种类、配比和反应条件不同，其中间产物及固化条件也不相同。以最常用的苯酚－甲醛树脂加以说明。

(1) 碱法酚醛树脂 甲醛和苯酚 (醛/酚比＞1) 在碱性催化剂 (PH＞7) 存在下形成多种羟甲基苯酚：

由于醛酚比通常在 (1.2～3.0)∶1 (摩尔比)，产物中存在大量羟甲基 (—CH₂OH)、二亚甲基醚 (—CH₂—O—CH₂—) 和活泼的氢原子，受热可以进一步反应。因此，反应必须控制在一定阶段停下来，不然将形成凝胶，甚至交联。所以又称热固性酚醛树脂。

（2）**酸法酚醛树脂**　酸性催化剂（PH<3）存在下，甲醛和苯酚（醛/酚比<1）反应形成低聚物，继续反应，可形成相对分子质量 500~5000 的支化型酚醛树脂低聚物。

由于苯酚过量［通常酚/醛比（0.5~0.8）：1］，在低聚物中只有活泼的氢原子，不含羟甲基，受热后不固化，呈热塑性，可反复受热熔化。所以，又称热塑性酚醛树脂。

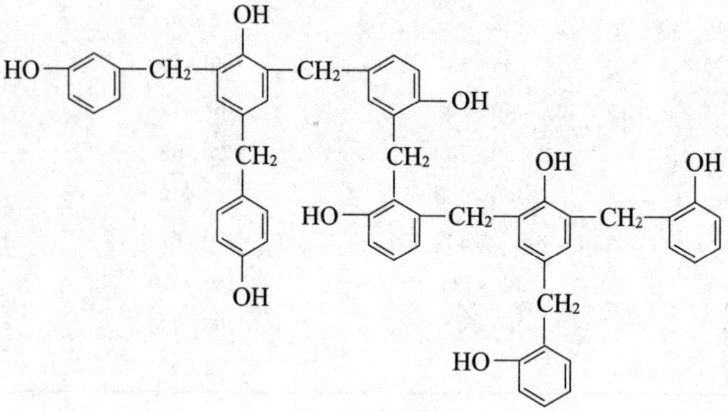

（3）**高邻位酚醛树脂**　以金属碱式盐或过渡元素氢氧化物作催化剂，在 PH=4~7 范围内，甲醛与苯酚摩尔比小于 1 的条件下反应制备得到高邻位酚醛树脂，其也属热塑性酚醛树脂，但固化速度比酸法酚醛树脂快 2~3 倍。

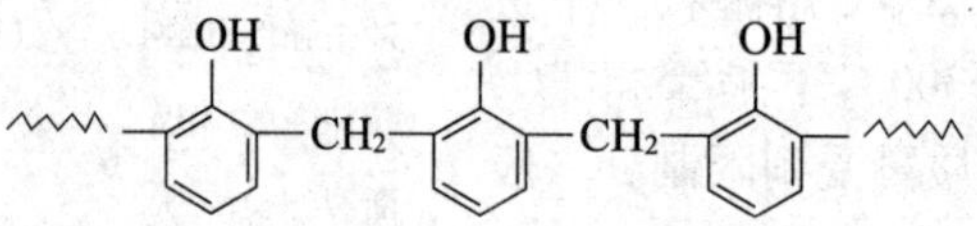

碱法酚醛树脂由于含有羟甲基、二亚甲基醚和活泼氢原子，受热或在酸性条件下，可继续反应，形成体型结构的高分子化合物；酸法酚醛树脂由于只含活泼氢原子，必须加入六次甲基四胺、多聚甲醛等可以与活泼氢原子继续反应的固化剂，才能继续反应，形成体型结构的高分子化合物。

2.1.2.7　丁苯橡胶（SBR）

SBR 由丁二烯和苯乙烯共聚而成，主要生产方法有：

（1）**高温乳液法**　采用单一的 $K_2S_2O_8$ 引发剂，在 50℃ 下聚合制备。此法已逐渐淘汰。

（2）**低温乳液法**　采用氧化 - 还原体系，在低温下聚合制备。常用氧化剂为异丙苯过氧化氢、对蓋烷过氧化氢、$K_2S_2O_8$ 等，还原剂为亚铁盐，另需加螯合剂、还原剂等。

（3）**溶液聚合法**　采用有机锂为引发剂，在有机溶剂中丁二烯和苯乙烯的阴离子发生共聚反应，反应温度 50℃。

几种不同工艺所得 SBR 的特征如表 2-14 所示。高温乳液法 SBR 支化严重，凝胶含量较高，相对分子质量分布较宽；低温乳液法 SBR，相对分子质量分布较窄，可均匀硫化，不被硫化的低相对分子质量部分较少，交联密度高，物理机械性能优于高温 SBR。乳液丁苯橡胶在多数场合可替代天然橡胶使用，主要用于汽车轮胎及各种工业橡胶制品；溶液丁苯橡胶中的通用型 80% 用于轮胎工业，其余 20% 用于制鞋和工业橡胶制品；而嵌段型主要用于制鞋业及工业橡胶制品。

表 2 – 14　　　　　　　　　　　　　不同聚合方法生产的 SBR 特性比较

项目	高温乳液法	低温乳液法	溶液法			
			低 1, 2 –	中 1, 2 –	高 1, 2 –	部分嵌段
$\overline{M}_w/\overline{M}_n$	7.5	4 ~ 6	窄，< 2	双峰	双峰	窄，< 2
苯乙烯含量/%	23.4	23.5	25	25	15	25
苯乙烯嵌段率/%	–	–	0	0	0	17
顺式 – 1, 4 – 含量/%	16.6	12	35	24	16	35
反式 – 1, 4 – 含量/%	46.3	68.5	52	40.5	27	52
1, 2 – 含量/%	13.7	19.5	13	35.5	57	13
$T_g/℃$		– 60	约 – 70	约 – 50	– 55	– 65

2.1.2.8　聚丁二烯橡胶（顺丁橡胶，BR）

顺丁橡胶是顺式 – 1, 4 – 聚丁二烯橡胶的简称，主要采用阴离子和配位阴离子反应通过溶液聚合制备。丁二烯在聚合时，采用的聚合方法不同，聚合催化剂不同（可为钴型、镍型、钛型、锂型），所得产物的结构和性能也不相同。丁二烯可以 1, 4 – 聚合，也可以 1, 2 – 聚合，分别得到 1, 4 – 聚丁二烯和 1, 2 – 聚丁二烯：

　　　　1, 4 – 聚丁二烯　　　　　　　　　　　　1, 2 – 聚丁二烯

1, 4 – 聚丁二烯主链上每个链节都有双键，故分子链非常柔顺，而 1, 2 – 聚丁二烯主链上无双键，弹性差，不能作橡胶。

即使是 1, 4 – 聚丁二烯，由于主链上含有不能内旋转的双键，故而双键上的取代基在双键两侧的不同排列方式会形成顺式和反式异构：

顺式 1, 4 – 聚丁二烯重复周期（0.86nm）比反式 1, 4 – 聚丁二烯重复周期（0.49nm）长，故前者不易结晶，常温下是良好的弹性体，可用作橡胶（顺丁橡胶）；而后者容易结晶，弹性差，只能用作塑料。

不同聚丁二烯的结构特征见表 2 – 15 所示。

在分子链中含 80% 以上 1，2 - 结构或 80% 以上反式 - 1，4 - 结构的聚丁二烯，呈树脂状特征；含 90% 以上顺式 - 1，4 - 结构的，在室温下具有良好的橡胶性能。顺式 - 1，4 - 含量增多，拉伸强度、伸长率及回弹性提高，发热量减少。通常工业上所指的顺丁橡胶主要为高顺丁橡胶（顺式 - 1，4 - 含量在 96% ~ 98%），有时也将顺式 - 1，4 - 含量 >90% 的统称为顺丁橡胶；锂系催化剂所制得的橡胶中，因顺式 - 1，4 - 含量较低，常称低顺丁橡胶；丁钠橡胶是指钠催化的橡胶。表 2 - 16 为不同微观结构聚丁二烯的物理性能。

表 2 - 15　不同聚合方法所得 BR 的结构特征

聚合方法	顺式 - 1，4 - 含量/%	反式 - 1，4 - 含量/%	间规立构 - 1，2 - 含量/%
乳液法	~70	~10	~20
溶液法 A	90 ~98	1 ~4	1 ~6
溶液法 B	35 ~40	50 ~60	5 ~10
间规立构 BR	<10		>90

表 2 - 16　不同微观结构聚丁二烯的物理性能[①]

聚丁二烯微观结构	T_g/℃	T_m/℃	密度/（g/cm³）
顺式 - 1，4 -	-102（-106）	2（4）	1.01
反式 - 1，4 -	-14（-58，-106）	Ⅰ型 96，Ⅱ型 145（148）	1.02，0.93
等规立构聚 1，2 - 丁二烯	-15	128	0.96
间规立构聚 1，2 - 丁二烯	-15（-28）	156	0.96
无规立构聚 1，2 - 丁二烯	-4	—	—

注：① 括号内数据来自不同的报道。

2.1.2.9　ABS 树脂

ABS 树脂是丙烯腈（A，用量 25% ~30%）、丁二烯（B，用量 25% ~30%）、苯乙烯（S，用量 40% ~50%）形成的共聚物，是发展最快的重要工程塑料之一。影响 ABS 性能的因素很多，如：1）橡胶相的组成、相对分子质量、粒径及粒度分布、胶粒几何形态及分散状态、胶粒内包裹的树脂量等；2）树脂相（AS）的组成及其排列方式、相对分子质量及其分布等；3）接枝高聚物的主链和分支组成及其排列方式、接枝率、接枝层厚度等。除此之外，绝不可忽视制备方法对 ABS 性能的影响。ABS 的制备方法很多，常用的有机械共混法、接枝法、接枝 - 共混法，接枝法又可分为乳液接枝法、本体接枝法、悬浮接枝法、本体 - 悬浮接枝法等。如：

（1）机械共混法　为早期开发的方法，它是首先分别制备丁腈胶乳和 AS 共聚乳胶，然后两者共混、破乳沉淀、离心分离、挤出造粒而得。

（2）乳液接枝法　是首先制取聚丁二烯乳液，然后加入 A、S 进行乳液接枝共聚，得 ABS 胶乳，再经破乳沉淀、离心分离、挤出造粒而得。

（3）本体 - 悬浮接枝法　先将顺丁胶（或丁苯胶）溶于 S 和 A 中，进行本体聚合，然后转入悬浮聚合釜中进行悬浮聚合，再经离心脱水、洗涤、干燥而得。

（4）接枝 - 共混法　先将 B 和 S 乳液聚合得丁苯胶乳，再与部分 S、A 进行乳液接枝，其余 S、A 另行乳液聚合，再将上述两种乳液混合、凝聚、水洗、离心分离、干燥、造粒而得。

不同方法制得的 ABS 性能是不同的，见表 2 - 17 所示。

表 2 – 17　　　　　　　　　　　接枝法和共混法 ABS 的性能比较

项目	AS 乳液共聚物与 BR 接枝的 ABS	AS 共聚物与 BR 共混的 ABS	项目	AS 乳液共聚物与 BR 接枝的 ABS	AS 共聚物与 BR 共混的 ABS
拉伸强度/MPa	22	28	-18℃	–	4~5
拉伸模量/GPa	1.1	1.3	-29℃	37	2.7
断裂伸长率/%	160	53	-51℃	17	–
弯曲强度/MPa	52	52	洛氏硬度/R	62	79
弯曲模量/GPa	1.6	1.8	T_g/℃	101	85
缺口冲击强度/（kJ/m²）			热变形温度/℃	78	77
25℃	46~50	80	脆化温度/℃	-60	-18

2.2　影响高分子材料性能的化学因素

高分子材料的化学结构，即聚合物的分子构成、键接结构与构型、共聚物的组成与序列分布、基团与端基、支化与交联等是决定其制品性能和加工性能的主要化学因素，而且高分子材料是否会在成型加工过程中发生化学变化，进而引起结构改变，也首先是由其化学结构决定的。因此，在为满足指定性能的高分子化合物选择原料时，必须首先考虑化学因素。

2.2.1　聚合物分子构成

2.2.1.1　共价键的形式

高分子化合物主要是由碳和氢两种元素构成，除此之外，还有氧、氮、氯、硅、氟等元素。通常这些元素之间以共价键的形式连接，表 2 – 18 为构成高分子化合物的主要共价键的键能。构成主链的共价键键能大小，决定了主链断裂的难易、成型时的稳定性和使用时的耐候性等，也与氧化、臭氧化、水解等降解性有关。通常，主链断裂的可能性较小，而由氧化、臭氧化、水解等反应并存引起的降解断裂较容易。范德华力和氢键是高分子化合物分子间的作用力，虽然并不大，但对高分子化合物及其制品的影响是很大的，如拉伸强度、弹性模量等机械性能和 T_g、T_m 等的热性能。必须指出，上述性能同样受刚性分子链的缠结行为和结晶性等的影响。

表 2 – 18　　　　　　　　　　　构成高分子化合物的主要共价键键能[1]

键的种类		键能 /（kJ/mol）	键的种类	键能 /（kJ/mol）	分子间力种类	分子间力[2] /（kJ/mol）
共价键	C—C		C—Cl	326	范德华力	4~13
	脂肪族	334	C—F	485	氢键	13~29
	芳香族	518	O—H	523	橡胶	<8
	C═C	610	N—H	385	硬质塑料	8~21
	C—H	414	O—O	268	纤维	>21
	C—O	339	Si—O	372		
	C—N	259				

注：① 由原量纲 kcal/mol 换算而来；② 按比分子凝聚能表示这种分子力大致数值。

2.2.1.2　元素

按主链的构成元素，可以将高分子化合物分为三类：

（1）碳链聚合物　主链全部由碳原子组成，大多由加聚反应制得，分子间主要以次价力（范德华力）或氢键相吸引而显示一定强度，这类高分子化合物耐热性较低，不易水解。常见的有 PE、PP、PVC、PS、PMMA 等。

（2）杂链聚合物　主链由碳原子与氧、氮或硫原子组成，主要由缩聚反应或开环聚合制得。其特点是链刚性大，耐热性和力学性能较高，可用作工程塑料，但分子中带有极性基团，较易水解、醇解或酸解。常见的有 PET、PA、PF、POM、PSF 等。

（3）元素聚合物　主链不含碳原子，由硅、硼、铝、磷、铁、锗、钛与氧、氮、硫等原子组成，具有无机物的热稳定性和有机物的弹性和塑性，高耐热性是其特征。

2.2.1.3　侧基（取代基）

虽然聚合物的性能主要由主链所决定，但侧基（取代基）的组成、数量、大小（空间位阻）对聚合物性质有一定的影响。表 2-19 所示为不同的主链结构和不同侧基对高分子化合物 T_g、T_m 的影响。引入芳基和共轭双键体系，可提高链段的刚性、增加分子间的作用力，T_g 或 T_m 提高。

表 2-19　　　　　　　　　　不同主链结构和不同侧基对 T_g、T_m 的影响

名称	结构式	T_g/℃	T_m/℃	名称	结构式	T_g/℃	T_m/℃
PE	—CH₂—CH₂—ₙ			PVC	—CH₂—CH(Cl)—ₙ	75~87	220 (结晶区)
HDPE		−123/−85	137	PVAc	—CH₂—CH(O—C=O—CH₃)—ₙ	28~31	35~50
LDPE		−	110				
PP	—CH₂—CH(CH₃)—ₙ	−20~−26	164 (176)	PVA	—CH₂—CH(OH)—ₙ	85	232
PB	—CH₂—CH₂—ₙ (CH₂—CH₃ 侧基)	−70	124/135	PAN	—CH₂—CH(CN)—ₙ	103	−
PS	—CH₂—CH(C₆H₅)—ₙ	90	225~250	PTFE	—CF₂—CF₂—ₙ	115	327
PMS	—CH₂—C(CH₃)(C₆H₅)—ₙ	105	240	PCTFE	—CF₂—CFCl—ₙ	45/52	210~232

续表

名称	结构式	$T_g/℃$	$T_m/℃$	名称	结构式	$T_g/℃$	$T_m/℃$
PET		69	267	半芳香尼龙			350
PBT		40	224	芳香尼龙			430
聚己二酸乙二醇酯		-57		PMMA			104
聚辛二酸乙二醇酯		45		PEMA			65
聚癸二酸乙二醇酯		76		PnBMA			22
PA-66			265				

2.2.2　键接结构与构型

　　聚合单体相同，但结构单元的键接次序可能不同。即同样的分子式，若分子结构不一样，则性能也不一样。如：共轭双烯类单体发生加聚反应的链结构与加成方式有关，前面所述结构对称的丁二烯的聚合有 1，4 - 加聚和 1，2 - 加聚两种方式，两种聚合物的性能完全不一样。

　　即便是聚合物结构单元的键接方式相同，但分子中由化学键所确定的原子在空间的几何排列方式可能不同，即高分子链构型不同。高分子链的构型有几何异构和旋光异构两大类。分子链中双键两侧基团的排列方式不同，形成不同的几何异构体，如前面所述的合成 1，4 - 聚丁二烯，随催化体系不同，可形成顺式或反式异构体，两者性能不一样。聚合物有三种不同的旋光异构体，即等规立构、间规立构和无规立构。不同立体构型的聚合物性能是不同的，表 2 - 20 列出了不同立体构型的 PP 的性能。

表 2 – 20　　　　　　　　　　　　　　　等规和间规立构 PP 的性能

性　能	等规立构	间规立构	性　能	等规立构	间规立构
立构规整性　r r r r（等规立构）	0.92		悬臂梁冲击强度/（J/m）		
m m m m（间规立构）		0.92	23℃	31	不断裂
M_w/M_n	6.9	2.1	–10℃	28	35
密度/（g/cm³）	0.903	0.866	热变形温度/℃，（1.82MPa）	112	115
屈服强度/MPa	37	24.8	透光率/%	82	87
断裂伸长率/%	670	402	浊度/%	77.5	47
弯曲模量/GPa	1.25	0.72			

2.2.3　共聚物的组成与序列分布

共聚物的组成及序列分布将对材料的性能产生显著影响。如：丁腈橡胶是丁二烯与丙烯腈的共聚物，其耐油性、耐热性、强度等随丙烯腈含量的增加而提高，弹性、耐寒性、加工性则随丙烯腈含量的增加而变差；ABS 是丙烯腈、丁二烯和苯乙烯形成的三元共聚物，改变其组成可得到一系列结构和性能不尽相同的材料。

以 A、B 两种单体单元所生成的二元共聚物为例，由于两种单体单元连接方式的不同，可形成不同序列分布结构的共聚物。

无规共聚物：　~~ BAAABABBAABBBBAAA ~~
交替共聚物：　~~ ABABABABABABABABA ~~
嵌段共聚物：　~~ AAAAABBBBBBBBAAAAA ~~
接枝共聚物：　~~ AAAAAAAAAAAAAAAA ~~
　　　　　　　　　　B　　　　　B　　B
　　　　　　　　　　B　　　　　B　　B
　　　　　　　　　　B　　　　　B　　⋮
　　　　　　　　　　B　　　　　⋮
　　　　　　　　　　⋮

共聚物的序列分布不同，结构单元之间的相互作用、微相分离结构以及综合性能就不同，表 2 – 21 所示为丙烯 – 乙烯共聚物的种类和特点。

表 2 – 21　　　　　　　　　　　　丙烯 – 乙烯共聚物的种类和特点

种类	特　点	用　途
无规共聚物	二元乙丙橡胶（EPR）和含二烯类第三单体的三元乙丙橡胶（EPDM），典型的乙烯含量 45%～70%（摩尔分数），非结晶性橡胶	耐热运输带、蒸汽胶管、耐化学药品腐蚀的密封制品、减震垫、防水材料、电线和电缆包覆层、汽车用橡胶配件等
无规共聚物	乙烯含量 1.5%～7%（质量分数），结晶性降低，T_g 降低，透明、柔软、光泽良好	耐寒级 PP 薄膜、低温热封性膜、透明中空容器、电视机外壳等

续表

种　类	特　　点	用　途
有嵌段的无规共聚物	性能介于无规和嵌段共聚物之间，透明性、光泽有所下降，刚性、冲击强度优于无规共聚物	耐寒性薄膜
分段嵌段共聚物	PP 部分和 PE 部分的结晶有所下降	未实际应用
末端嵌段共聚物	PP 和 PE 部分不相容，各自形成独立的相，刚性 – 耐冲击性的均衡性良好	
PP、PE、末端嵌段共聚物的混合物	PP 和 PE 部分不相容，形成独立的相。PP 和 PE 部分结晶几乎不下降。刚性 – 耐冲击性的均衡性好，耐蠕变性优，透明性和光泽差	耐冲击的 PP 制品，如啤酒瓶等容器，洗涤机内槽等

2.2.4　基团与端基

聚合物分子链中是否有可反应的活性基团或极性基团可影响高分子材料的加工和使用性能。热固性塑料和热塑性塑料最大的差别在于前者分子链中有可反应的活性基团而后者没有，造成了两种材料在成型加工性能上存在本质的区别，热塑性塑料可反复多次成型，热固性塑料成型加工时受热发生交联固化反应，故只能一次成型。

又如：顺丁橡胶和氯丁橡胶在分子结构上的区别在于后者是 1，4 – 聚丁二烯中双键旁的氢被极性基团氯所取代，使得氯丁橡胶中的双键不易活动，柔顺性、弹性、耐寒性下降，但耐老化、耐油性能提高。

聚合物的端基可来自于单体，也可来自于引发剂的残基、链终止剂、分子质量调节剂或溶剂。端基对聚合物性能的影响有时相当显著，其中热性能和光热稳定性最为主要。聚合物的热分解往往从端基开始，某些带羟基、酰氯等端基的聚合物耐热性差，易分解，通过封端反应改变端基的化学结构，可以提高聚合物的热稳定性。

例如：POM 大分子链端基为半缩醛基，在温度达到 100℃ 以上时，容易发生链式降解，放出甲醛，最终被破坏。为稳定 POM，生成均聚甲醛时，以脂环族酸酐或芳香族酸酐（通常用乙酸酐）使半缩醛基酯化或以 α – 氯代烷醚、三苯基氯代甲烷和环氧氯丙烷（三苯基氯代甲烷效果较好）在环氧烷烃或吡啶（用以除去生成的 HCl）存在下使半缩醛基醚化，使其稳定化，POM 即使被加热到 230℃ 也不会分解。也可以通过共聚进行稳定化，使三聚甲醛与二氧五环、二氧六环、环氧乙烷、环氧丙烷等进行共聚，然后经熔融处理，使降解到共聚单体结构为止，而得到 230℃ 下很少分解的、稳定化的共聚甲醛。

又如：双酚 A 与碳酸二苯酯酯交换法和双酚 A 与光气的光气法生产的 PC 的羟端基和酰氯端基都能促使其在高温下降解，导致热稳定性下降。所以，在聚合过程中往往加入苯酚类单官能团化合物进行封端，既可提高热稳定性，也可控制分子量。表 2 – 22 所示为端基与热稳定性的关系。

利用端基的化学反应活性，可使聚合物化学改性（如扩链、嵌段等）和功能化（制造相容剂）等，以实现修饰高分子结构的目的。见表 2 – 23。

表 2-22　　　　　　　　　　　　**端基与热稳定性的关系**

聚合物	端基	热稳定性	稳定化方法
PMMA	$-CH=C\overset{\displaystyle CH_3}{\underset{\displaystyle CO-O-CH_3}{}}$	聚合上限温度[①]164℃，在成型温度范围内易引起降解	加少量丙烯酸酯（聚合上限温度高）与之共聚
PMS	$-CH=C\overset{\displaystyle CH_3}{\underset{\displaystyle C_6H_5}{}}$	聚合上限温度61℃，非常容易降解	不作均聚物，作少量的共聚组分使用
POM	$-CH_2OH$	聚合上限温度126℃，易引起降解	（1）端羟基乙酰化或醚化 （2）与少量环氧乙烷共聚，形成乙二醇端基
PA-6 或 PA-66	$-NH_2$ 或 $-COOH$	熔点与开始分解温度接近	调节成型温度
PET	$-OH$ 或 $-COOH$	熔点与开始分解温度接近	调节成型温度
F-46（PFA）	$-COF$，$-CH_2OH$ 等	高温下，释放出 HF，引起设备腐蚀	以 F_2 使其完全氟化

注：① 聚合上限温度指聚合速度和解聚速度相等时的温度。

表 2-23　　　　　　　　　　　**利用端基对聚合物改性实例**

聚合物	端基	应用实例
PAN	$S_2O_8-CH_2-\underset{\displaystyle CN}{CH}-$	利用乳液聚合 PAN 引发剂残基的端基改善染色性
PET	$-OH$ 或 $-COOH$	固相聚合时，利用端基，提高聚合度
PA	两端基$-NH_2$	使与顺酐化的 PP 反应，制造超韧尼龙

　　例如：聚丙烯分子无极性基团和可反应活性基团，表现出染色性和粘结性较差，与尼龙共混相容性较差。通过熔融接枝或固相接枝技术让聚丙烯接枝马来酸酐，使聚丙烯具有极性基团或端基，提高染色性和黏结性；在聚丙烯与尼龙共混时添加 PP-g-MAH，在共混温度下 PP-g-MAH 的 -MAH 基团能与 PA 的 $-NH_2$ 端基反应，起到提高聚丙烯与尼龙共混相容性的作用。

2.2.5　支化与交联

　　线型聚合物的长链互相贯穿，彼此缠结，诸多力学性能和加工性能均受其影响。如前所述，聚合过程中分子内的链转移和向大分子链转移是引起各种短支链和长支链的主要原因。

表 2 – 24 列出了不同聚合方法得到的 PE 中所含的支链数。支化结构不同，聚合物性质会有所不同。随支链数增加，分子堆积的紧密程度下降，分子链的柔韧性增加，密度较低，拉伸强度、球压硬度和软化温度下降，断裂伸长率、冲击韧性和透气率增加。LDPE 支化度高，具有不规整的长短支链，由于支化破坏了分子的规整度，其结晶度大大降低。HDPE 虽也有支链，但支链少而短，呈线形结构，等规度高，易于结晶。图 2 – 1 是 PE 的支链与结晶度的关系。研究表明：同一种 PE，其相对分子质量不同，分子中甲基数目也不相同，随相对分子质量提高，每个分子中所含的甲基数增加。如数均相对分子质量为 19000 的 PE，其每 1000 个碳原子含 37 个甲基，每一个分子含 48.5 个甲基；当数均相对分子质量为 48000 时，对应的值分别为 20 个和 67.2 个。

表 2 – 24　不同聚合方法生产的 PE 中的支链数（个/1000 个碳原子）

品种	总数	端基	纯甲基	乙基
高压法	21.5	4.5	2.5	14
低压法	3	约 2	–	<1
中压法	1.5	约 1.5	–	(0.5)
中压法 E – P 共聚物	25	4	21	<1
中压法 E – P 共聚物	16	约 2	–	14

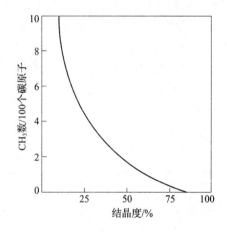

图 2 – 1　PE 支链与结晶度的关系

　　支化聚合物的支化结构，包括支链数、支链的长度、分布影响其加工性能、力学性能、应力开裂性能等。短支链对聚合物的溶液性质和熔体的流动性影响不大，对其物理力学性能影响显著；长支链的存在则对聚合物的物理力学性能影响不大，但对其溶液性质和熔体的流动性影响较大；有支链结构，特别是在高分子量部分有支链的聚乙烯，其具有较好的耐慢应力开裂性能，适合做铺设在地下的煤气管道。

　　高分子链通过化学键相互联结而形成三维空间网状大分子称为交联高分子，橡胶硫化、热固性塑料固化等就是交联高分子的典型例子。

　　由于交联聚合物形成体型网络，所以整块材料就是一个分子，加热不能熔融，也不能在溶剂中溶解，只有在交联度不高时发生溶胀。基于这一特点，对于可交联聚合物的成型加工过程必须在其发生交联反应形成网络之前进行，一经形成交联结构，制品的形状就不能改变。但交联是改善高分子材料的力学性能、耐热性能、化学稳定性能和使用性能等的重要手段。

　　未硫化的橡胶 T_g 在室温以下，常温下发黏，强度很低，基本无使用价值。通过硫化（交联），才能使用。表 2 – 25 为弹性体的交联密度与性能的关系。

　　PF、UF、MF、EP、UP 等是具有活性官能团的低相对分子质量的齐聚物，也只有通过交联，才能充分发挥它们的特性。PF 具有极性的酚羟基和醚键，易吸水，按理电绝缘性是不良的，但由于交联后形成的体型结构将极性的酚羟基包围在网状结构内，极性显现不出来。因此，表现出较好的电绝缘性，可用于电器产品。EP 可以采用有机多元胺类、有机多元酸酐类、金属化合物等潜固化剂及某些合成树脂，使环氧基开环而交联固化，制作高强度的增强塑料，优良的电绝缘材料以及优秀的黏结剂等。UP 则可利用分子中的不饱和双键，在烯类化合物交联剂和过氧化物引发剂的作用下，实现室温固化，制作性能优良的玻璃纤维增强塑料。

在 PE、PVC、PU 等泡沫塑料生产中，交联也是极为重要的工艺技术，交联有助于提高泡孔壁的强度。但应注意交联时机的把握：交联过早不利发泡，太迟，则因泡孔壁强度太低，导致穿孔。因此，使发泡剂分解速率、凝胶速率和交联速度三者相互匹配十分必要，只有如此，才能获得闭孔、轻质、高强的泡沫塑料。

交联聚合物的性能取决于交联密度。交联密度高，相邻交联点之间相对分子质量小，链段活动性受到限制，T_g 随之增高，影响交联密度的因素包括温度、时间、反应官能度、应力、交联剂用量。表 2 – 26 给出了苯乙烯聚合时加入不同质量比的二乙烯基苯后，交联 PS 玻璃化温度 T_g 的变化。

表 2 – 25　弹性体交联密度与性能的关系

性质	生橡胶	弹性体	硬橡胶
交联密度	~0	适当	极大
拉伸强度/MPa	1 ~ 10	10 ~ 30	数十
弹性模量/MPa	0.1 ~ 1	数十	~ 1000
伸长率/%	>1000	数百	~ 10
回弹率	不良	优秀	不良

表 2 – 26	交联剂用量与 T_g 的关系				
二乙烯基苯用量/%	0	0.6	2.8	1.0	1.5
交联 PS 的 T_g/K	360	362.5	365	367.5	370
交联点间平均链节数	/	172	101	92	58

2.3　影响高分子材料性能的物理因素

聚合物的相对分子质量及其分布和聚集态结构（形态结构）不仅将影响材料的成型加工性能，而且将影响其使用性能。聚合物的形态结构与其成型加工条件密切相关，成型加工过程中，聚合物的微观形态结构会发生变化，进而会影响材料的使用性能。而不同的成型加工条件将会改变其微观结构的形成，因此，作为高分子材料成型加工的技术人员，了解并自如地控制引起聚合物形态结构变化的因素，将有助于正确选用材料、制定成型加工工艺，通过成型加工条件的选择，最大限度地发挥材料固有性能，制得高质量的制品。

2.3.1　相对分子质量及其分布

聚合物的聚合度对材料的物理机械性能、热性能和加工性能有很大的影响。一般，聚合物的相对分子质量高，材料的强度、耐热性提高，但其流动性下降，加工性能变差。表 2 – 27 列出了超高分子质量 PE（UHMWPE）与普通 PE 的性能比较。前者冲击强度比 PC 高 2 倍，比 ABS 高 5 倍，比 POM 高 5 倍，耐磨性比 PTFE 高 2 倍，润滑性同 PTFE，为 PA 的 2 倍，耐低温性好。

表 2 – 27   **UHMWPE 和普通 PE 的性能比较**

项　　目	UHMWPE	普通 PE	项　　目	UHMWPE	普通 PE
密度/（g/cm³）	0.939	0.945	冲击强度，缺口/（kJ/m²）		
熔体流动速率/（g/10min）	0	0.05	23℃	81.6	27.2
M_w	2×10^6	5×10^5	–40℃	100	5.4
熔点/℃	130~131	129~130	洛氏硬度　R	38	35
热变形温度/℃（0.45MPa）	79~83	63~71	负荷下变形/%		
维卡软化点/℃	133	122	（50℃，14MPa，6h）	6.0	9.0
			耐环境应力开裂时间/h	>4000	2000

2.3.1.1　相对分子质量与制品性能

受相对分子质量影响大的性能有：拉伸强度、弯曲强度、弹性模量、冲击强度、玻璃化温度、熔点、热变形温度、熔融黏度、溶液黏度、溶解性、溶解速度等。

受相对分子质量影响较小的性能有：比热容、热传导率、折射率、透光性、吸水性、透气性、耐化学药品性、热稳定性、耐候性、燃烧性等。

图 2 – 2 为聚合度与物性的关系。表 2 – 28 为 PVC 聚合度与 T_g 的关系，图 2 – 3 为 PM-MA 和 PVC 相对分子质量与 T_g 的关系。通常，随相对分子质量提高，T_g 也会提高，

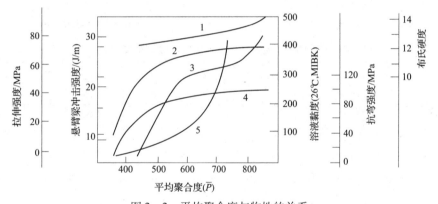

图 2 – 2　平均聚合度与物性的关系

（试样：氯乙烯 – 醋酸乙烯共聚物　溶剂：甲基异丁基酮）

1—硬度　2—拉伸强度　3—冲击强度　4—抗弯强度　5—溶液黏度

表 2 – 28　PVC 聚合度与 T_g 的关系

$\ln\eta_r/c$①	聚合度范围	T_g/℃②
0.5~0.8	450~800	75
0.8~1.0	800~1200	79
1.0~1.2	1200~2000	81
1.2~1.4	2000~2500	84

注：① 采用 0.2g PVC/100mL 环己酮溶液，温度
　　　为 30℃测定。
　　② 采用 DSC 测定。

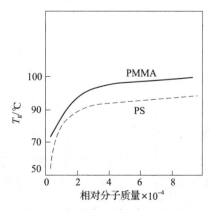

图 2 – 3　相对分子质量与 T_g 的关系

2.3.1.2 相对分子质量与成型加工性能

随相对分子质量增加，熔体黏度增加，加工流动性下降，成型困难，除可提高成型温度和成型压力之外，往往可加入改善加工性能的添加剂。图2-4和图2-5分别表示不同聚合度的PVC树脂，欲达到同一表观黏度，必须提高成型温度或同一聚合度的PVC树脂，成型温度升高，表观黏度下降，流动性能变好。表2-29为PE相对分子质量与熔体流动速率、熔体黏度的关系，熔体流动速率是工业上用以表征聚合物相对分子质量的方法之一。

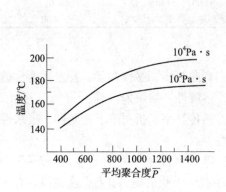 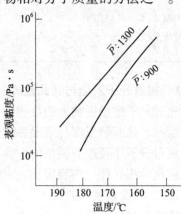

图2-4 达到指定表观黏度时，PVC聚合度与温度的关系

图2-5 指定PVC聚合度时，温度与表观黏度的关系

表2-29　　　　PE相对分子质量与熔体流动速率、熔体黏度的关系

数均相对分子质量（$\overline{M}_n$）	熔体流动速率/（g/10min）	熔体黏度/Pa·s（190℃）	数均相对分子质量（$\overline{M}_n$）	熔体流动速率/（g/10min）	熔体黏度/Pa·s（190℃）
19000	170	45	32000	1.8	4200
21000	70	110	48000	0.25	30000
24000	21	360	53000	0.005	1500000
28000	6.4	1200			

2.3.1.3 相对分子质量与成型加工方法

不同的成型加工方法，或相同的成型加工方法生产不同的制品，对聚合物相对分子质量的要求不同，表2-30所示为PP的熔体流动速率与成型方法的关系。同一类制品，选用不同的聚合物制造时，则有其相对应的熔体流动速率范围，如表2-31所示。实际上，不同成型加工方法的剪切速率不同，而不同剪切速率下，聚合物相对分子质量对其熔体黏度的影响是不同的，见图2-6，因此在选择聚合物相对分子质量时，应综合考虑制品的性能要求和成型加工方法。

表2-30　　　　PP的熔体流动速率与成型方法的关系

熔体流动速率/（g/10min）	成型方法	相应的制品	熔体流动速率/（g/10min）	成型方法	相应的制品
0.5~2	挤出成型	管、板、片、棒	0.5~1.5	中空吹塑成型	中空容器
0.5~8	挤出成型	单丝、窄带、撕裂纤维、双向拉伸薄膜	1~15	注射成型	注射成型制品
6~12	挤出成型	吹塑薄膜、T型机头平膜	10~20	熔融纺丝	纤维

表 2 – 31　PE 的熔体流动速率与成型制品的关系

制品种类	熔体流动速率/（g/10min）	
	LDPE	HDPE
管材	0.2～2	0.01～0.5
板、片	0.2～2	0.1～0.3
单丝、牵伸带		0.1～1.5
重包装薄膜	0.3～2	<0.5
轻包装薄膜	2～7	<2
电线电缆、绝缘层	0.1～2	0.2～1.0
中空制品	0.3～4	0.2～1.5
注射成型制品	范围较宽	0.5～8
旋转成型制品	范围较宽	3.0～8

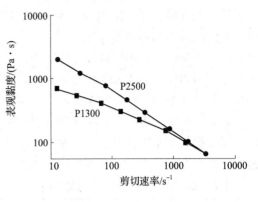

图 2 – 6　不同聚合度 PVC 体系的流变曲线

2.3.1.4　相对分子质量分布与成型性和制品性能

聚合物相对分子质量分布对材料的成型加工性能和制品性能有一定影响。一般情况下，相对分子质量分布较窄为宜，这样成型加工性和制品性能都较均一。相对分子质量分布较宽说明其中存在相对分子质量偏低和过高部分。当相对分子质量偏低部分所占比例过高（例如达 10%～15%）时，低相对分子质量部分对提高加工流动性，改善加工性能是有利的，但会使材料的力学性能、耐热性、热稳定性、电气绝缘性能和耐老化性能均有所下降；而当相对分子质量过高的部分所占比例过高时，则塑化困难，甚至会出现像"鱼眼"一样的未塑化颗粒（称晶点），特别在成型薄膜制品时，"鱼眼"状颗粒将分布于薄膜表面中，影响制品的外观质量和内在质量。对于成型加工而言，聚合物的相对分子质量分布适当宽些较好，但对制品性能而言，则要求相对分子质量分布较窄为宜。因此，在选择时，要综合考虑成型加工性能和制品性能的具体要求。理想的状况是采用双峰分布的树脂，其相对分子质量高的部分赋予制品优良的机械性能，而相对分子质量低的部分则提供足够的成型加工流动性。对于合成纤维，则希望相对分子质量分布尽可能窄些。

2.3.2　结　晶　性

聚合物的结晶性受聚合物结构和成型加工条件的影响，进而影响材料的使用性能。从某种意义上讲，成型加工过程中的各种条件对聚合物的最终结晶结构乃至材料的性能起着至关重要的控制作用。聚合物结晶性包括结晶的构造与形态、结晶的大小、结晶度、结晶温度、结晶速度等，结晶性首先与聚合物分子链的结构有关，其次也与成型加工条件、后处理方式与所添加成核剂等有关，聚合物的结晶影响材料的物性。

2.3.2.1　聚合物结晶

线型聚合物可分为结晶性聚合物（如 PE、PP、PA、POM、PET、PBT、PTFE 等）和非晶态聚合物（如 PS、PVC、PC、PMMA、PSF 等）。必须指出，聚合物即使结晶，也不是分子链的所有结构单元都参与结晶，总有一部分高分子链或链的一部分处于非晶态，即在通常条件下所获得的结晶性聚合物并不是 100% 的完全结晶的。

（1）高分子化合物链结构与结晶性　聚合物链结构是其能否结晶的重要因素，包括链的对称性，取代基类型、数量与对称性，链的规整性，柔韧性，分子间作用力等。有利于结晶性的因素有：① 链结构简单，重复结构单元较小，相对分子质量适中；② 主链上不带或只带极少的支链；③ 主链化学对称性好，取代基不大且对称；④ 链规整性好；⑤ 高分子链的刚柔性及分子间作用力适中。

如2.1节所述，不同聚合方法制备的聚合物，其分子结构形态不同，结晶能力和结晶度大小也不尽相同，表2-32列出了不同聚合方法制备的PE的结晶度。由表2-32可知：结晶度测定方法不同，测得的结晶度有区别，但不同测定方法得到的规律是一致的。

表2-33所示为不同结晶度PE的性能。由表2-33可知：结晶性不同，性能也不一样，随结晶度提高，密度、熔点、拉伸强度、硬度增高，但伸长率、冲击韧性下降。一般LDPE的结晶度在60%~70%，HDPE可达95%。

表2-32　不同聚合方法PE的结晶度

聚合方法	广角X衍射法结晶度/%	核磁共振法结晶度/%	微晶大小/nm
高压法	64	65	19
低压法	87	84	36
中压法	93	93	39
中压法E-P共聚物	70	74	26
中压法E-B共聚物	82	80	33

表2-33　不同结晶度PE的性能

项目	结晶度/%			
	65	75	85	95
密度/（g/cm³）	0.91	0.93	0.94	0.96
熔点/℃	105	120	125	130
拉伸强度/MPa	14	18	25	40
伸长率/%	500	300	100	20
冲击强度（缺口，相对值）/（kJ/m²）	54	27	21	16
球压硬度/MPa	13	23	38	70

（2）聚合物结晶过程　聚合物晶体以各种形式存在，如单晶、球晶、串晶、柱晶和伸直链晶等。在成型加工过程中，聚合物熔体冷却结晶通常生成球晶；在高应力作用下，熔体能生成纤维状晶体。

聚合物的结晶过程：首先在熔体中出现一些结晶的起始点，称为晶核。聚合物的分子链在晶核上有序排列，使晶体向四周扩大，即为晶体增长。聚合物结晶过程由成核过程和晶体增长过程组成，其中成核是结晶过程的关键步骤，它是晶体增长的前提。

（3）成核方式与结晶方式　成核过程有两类，即均相成核和异相成核。均相成核指分子链的初始集聚并达到一定的尺寸，其他的分子链可以在这些初始集聚体上进行排列增长；异相成核指体系中杂质提供分子链进行有序排列的场所。

体系中晶核的数量对结晶速率和晶体结构有重要影响。晶核越多，结晶速度越快，生成的球晶尺寸越小，球晶尺寸小可使材料的韧性提高。在高分子材料成型加工过程中，为提高结晶速度以及减小球晶尺寸，往往可以在聚合物熔体中加入成核剂，促成异相成核，起到提高结晶速度以及控制晶型等作用。

结晶方式有静态结晶过程和动态结晶过程两种，前者为等温条件下结晶，后者为非等温条件下结晶。一般成型加工过程多是非等温条件下结晶，而且材料还受到各种压力、环境的作用。

（4）结晶速度和结晶温度　结晶速率可以方便地用差示扫描量热法（DSC）测定，以结晶分数（转化率）α 对时间作图，可得到如图2-7的S形曲线。这种曲线是聚合物等温结晶的普遍形式，反映了聚合物结晶的三个不同阶段：第一阶段为曲线起始的低斜率段，代表成核阶段，又称结晶的诱导期；第二阶段曲线斜率迅速增大，为晶体放射状生长、形成球晶的阶段，称为一次结晶，也称主期结晶；曲线斜率再度变小即进入第三阶段，这一阶段大多数球晶发生相碰，结晶只能在球晶的缝隙间进行，生成附加晶片，称为二次结晶。

结晶速度与温度有关，通常在聚合物熔点 T_m 以下，玻璃化温度 T_g 以上结晶速度出现极大值。结晶过程由成核速率和扩散速率两个因素控制，成核速率控制结晶场所的多寡，而扩散速率控制分子链段的扩散。温度高于熔点 T_m 难以成核，而温度低于玻璃化温度 T_g 时分子链段无法扩散，因此结晶一定发生在 T_m 与 T_g 之间。在这两个温度之间，温度越高，扩散速率越高，成核速率越低；温度越低，成核速率越高，扩散速率越低。作为两种控制因素平衡的结果，必定会出现一个最大结晶速率温度 T_{max}。一般 T_{max} 是聚合物熔点 T_m 的 $0.8 \sim 0.85$。图 2 - 8 所示为 PA - 6 的结晶温度与结晶速度的关系。PA - 6 的 T_m 约为 220℃，T_g 约 50℃，其最大的结晶速率的温度约在 135℃。

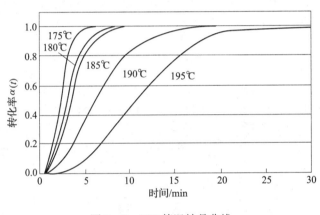

图 2 - 7　PTT 等温结晶曲线

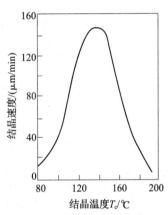

图 2 - 8　PA - 6 的结晶温度和
结晶速度的关系

2.3.2.2　成型加工与聚合物结晶

聚合物结晶强烈地依赖于结晶发生的历史，成型加工过程中诸多因素都影响到聚合物结晶结构的形成。能否得到预期的结晶结构，成型加工条件的控制至关重要。

（1）熔融温度和熔融时间　熔体中残存的晶核数量和大小与成型温度有关，也影响结晶速度。成型温度越高，即熔融温度高，如熔融时间长，则残存的晶核少，熔体冷却时主要以均相成核形成晶核，故结晶速度慢，结晶尺寸较大；反之，如熔融温度低，熔融时间短，则残存晶核，熔体冷却时会引起异相成核作用，结晶速度快，结晶尺寸小而均匀，有利于提高机械性能和热变形温度。

（2）成型压力　成型压力增加，应力和应变增加，结晶度随之增加，晶体结构、形态、结晶大小等也发生变化。如果压力高，会发生较大的压力诱导结晶，熔体的结晶速率增加，得到的晶体晶片厚，熔点高；另一方面，对熔体施加应力，会使熔体造成一定程度的取向，这种情况下的结晶称为取向结晶，会导致特殊的晶体形态，如形成串晶，甚至生成完全伸直链晶体。

（3）冷却速度　成型时的冷却速度（从 T_m 降低到 T_g 以下温度的速度）影响制品能否结晶、结晶速度、结晶度、结晶形态和大小等。冷却速度越快，结晶度越小；冷却速度慢，结晶度高，球晶尺寸大。通常，采用中等的冷却速度，冷却温度选择在 T_g 至最大结晶速度温

度 T_{max} 之间。

因此，应按所需制品的性能要求，选择合适的成型工艺，控制不同的结晶度。如用作薄膜的 PE，要求韧性、透明性较好，结晶度低；而作塑料制品使用时，拉伸强度和刚性是主要指标，结晶度应高些。又如通常情况下高结晶度的 POM 是白色不透明的，结晶度在 70%～80% 之间，强度较大；但当制作薄制品，成型后剧冷，使其在非晶性条件下固化，则可得到透明且柔韧的材料。

同一种聚合物通过成型工艺条件的控制，可使其具有不同的晶型。等规聚丙烯有 α、β、γ、δ 和拟六方五种晶型，它们的出现与成型条件有关。如表 2 - 34 所示。

表 2 - 34　　　　　　　　　　　　聚丙烯的晶型与成型条件

晶型	形态和特征
α 晶型	单斜晶系。通常成型条件主要形成此种晶型。最常见，热稳定性最好
β 晶型	六方晶系。与熔融温度、冷却方式、结晶温度有关。熔体快速冷却到 130℃ 以下，产生 β 晶型。PP 薄膜在 210℃ 加热 10min，用水或水 - 甘油迅速淬火，在 0～99℃ 主要生成 α 晶；80～90℃ 时有少量 β 晶，120℃，β 晶为主。如固定淬火温度，在 190～230℃ 间熔融，主要生成 β 晶；在 240℃，α、β 晶各占一定比例，250℃ 以上仅生成 α 晶。当采用适宜的成核剂，并等温结晶时，最多可达 95% 为 β 晶。一定条件下，β 晶可转变为密度更高、稳定性更大的 α 晶，使尺寸稳定性下降，性能变坏，冲击强度降低。 与 α 晶相比，β 晶弹性模量、屈服强度低，拉伸强度高，有明显的应力硬化现象和较高的冲击强度，在高速拉伸下表现出较高韧性和延展性，不易脆裂
γ 晶型	三斜晶系。仅在特定条件下，如相对分子质量低，但等规度较高时才能得到。在低于熔点温度下加热 α 晶不能形成 γ 晶。熔点比 α 晶低 10℃
δ 晶型	仅能在含非晶态多的试样中观察到
拟六方晶型	等规 PP 急冷或冷却后，才观察到，其结构不稳定，70℃ 以上热处理就会转变成 α 晶。这种晶型在薄膜冷加工或成型晶中常可见到，且表面为拟六方晶，而内部仍为单斜晶。形成拟六方晶后，硬度、刚度降低，冲击强度、透明性提高

2.3.2.3　制品后处理与结晶性

聚合物要达到完全结晶需很长时间，往往一次结晶还没有完成，聚合物就被冻结，但结晶在制品使用和贮存中仍在进行。这类结晶属二次结晶和后结晶。二次结晶是指一次结晶后，在一些残留的非晶区和结晶不完整的部分区域内，继续结晶并逐步完善的过程。这个过程相当缓慢，有时可达几年，甚至几十年。后结晶是指聚合物加工过程中一部分来不及结晶的区域，在成型后继续结晶的过程。在这一过程中，不形成新的结晶区域，而在球晶界面上使晶体进一步长大，是初结晶的继续。

二次结晶和后结晶会造成制品性能和尺寸发生变化，如制品脱模后在室温存放时会发生后收缩现象。PP 注射制品的收缩率可达 1%～2%，其中后收缩总量的 90% 约在制品脱模后 6h 内完成，剩下的 10% 约在 10 天内完成。

二次结晶和后结晶情况的出现，将引起晶粒变粗、产生内应力，制品翘曲、开裂，冲击韧性变差等弊病，影响制品的正常使用。因此，在成型加工后，为加速二次结晶和后结晶，消除内应力，提高结晶度，稳定结晶形态，改善和提高制品性能和尺寸稳定性，往往要对大型或精密制品进行退火处理（热处理）。退火是将试样在 T_g～T_m 温度范围内的某一温度下加热，以等温或缓慢变温的方式使结晶逐渐完善化的过程。PA 的薄壁制品采用快速冷却，得到微小的球晶，结晶度仅为 10%；对模塑制品，采用缓慢冷却再退火，可得尺寸较大的球晶，结晶度在 50% ~60%。

另一种后处理方法是淬火（又称骤冷）。淬火是指熔融状态或半熔融状态的结晶性聚合物，在该温度下保持一段时间后，快速冷却使其来不及结晶，以改善制品的冲击性能。如 PCTFE 在通常情况下的结晶度可达 85% ~90%，密度、硬度、刚性均较高，但冲击性能较差。采用淬火，可使其结晶度降低至 35% ~40% 左右，冲击韧性提高，成为较理想的化工设备防腐涂料。

2.3.2.4　成核剂与结晶性

添加成核剂可以促进异相成核，增加晶核，提高结晶速度，促进微晶生成，球晶尺寸小可使材料的韧性提高。由于形成微晶，制品透明性也提高。成核剂的熔点应比聚合物高，并与其有一定的相容性，不致使制品物性降低太大。玻纤增强的 PET 与玻纤增强的 PBT 相比，热变形温度、弹性模量高，但冲击韧性和成形性差，其最大的缺点是结晶温度高（PET 约 140℃，而 PBT 约 80℃），结晶速度慢。因此，其成型周期长、生产成本高。为此，可通过共聚合或加入成核剂等方法进行改性，可将 PET 最大结晶温度降至 80℃。

表 2-35 为成核剂的应用实例。成核剂 DBS 广泛应用于 PP 中，一般用量为 PP 的 0.2% ~0.3%。表 2-36 为各种成核剂对 PA-6 结晶速度和球晶大小的影响，可以看到熔点比 PA-6 高的 PA-66 和 PET 可有效起到成核剂的作用。除成核剂外，其他低分子化合物，如增塑剂、水、炭黑等均会或多或少影响聚合物的结晶性。

表 2-35　　　　　　　　　　　　　成核剂的应用实例

高分子化合物	成核剂
PP	滑石粉、有机羧酸盐、有机磷酸盐、二苄基山梨糖醇（DBS）及同系物
PA-6	滑石粉、陶土、PA-66、磷酸二氢钠
PET	安息香酸钠盐、滑石粉、钛白粉、陶土、二氧化硅

表 2-36　　　　　　　　　　成核剂对 PA-6 结晶速度和球晶大小的影响

成核剂	用量/%	200℃时结晶速度/min⁻¹	150℃结晶时球晶大小/μm	成核剂	用量/%	200℃时结晶速度/min⁻¹	150℃结晶时球晶大小/μm
PA-6本体		0.05	50~60	PET	0.2	0.154	10~15
PA-66	0.2	0.1	10~15		1.0		4~5
	1.0		4~5	磷酸铝	0.05	0.154	10~15
					0.1		4~5

2.3.2.5　结晶性和物性

聚合物结晶，分子链成有序的排列，聚合物体积收缩、密度增加，意味着分子链之间吸引力增加，故聚合物的力学性能和热性能等相应提高。图 2-9 至图 2-11 所示为聚合物密度和结晶度对力学性能的影响。然而聚合物的冲击强度随结晶度的提高而降低，实际上，聚合物的韧性更多的依赖于结晶尺寸和结晶结构形态，因为冲击容易沿晶体表面传播而引起破坏。

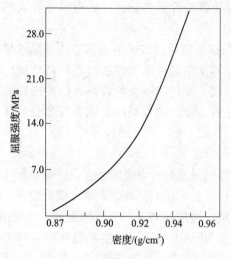

图 2-9　PE 密度与屈服强度的关系

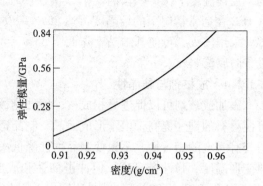

图 2-10　PE 密度与弹性模量的关系

　　另一方面，聚合物中的晶体（微晶）类似大分子的"物理交联点"，有限制链段运动的作用，也使聚合物的性能发生变化。表 2-37 为结晶度对阻隔性的影响，由表 2-37 可知：随结晶度增加，透水性、透氧性变小。结晶性高分子存在晶相和非晶相两相结构，两者的折射率是不相同的，在界面上会引起光的漫射，使透明性变差，只有当结晶尺寸小到光波长的 1/2 以下时，才具有透明性，这可以通过快速冷却，抑制结晶的生长来达到，但强度和弹性模量也随之急剧下降。表 2-38 所示为结晶性和非晶态高分子的透明性的比较。结晶性塑料成型时，由于形成结晶，成型收缩率较大（可为非晶态塑料成型收缩率的数倍）。加入玻璃纤维或无机填料可以使成型收缩率变小。结晶性塑料熔融成型时易产生缩孔状凹斑或空洞。设计精密成型的模具时，必须充分考虑这一问题。表 2-39 所示为结晶性和非晶态塑料的收缩率。

表 2-37　结晶度与阻隔性的关系

聚合物	结晶度/%	透水性/ [mL·cm/ (cm²·d·Pa× 10⁷)]	透氧性/ [mL·cm/ (cm²·d·Pa× 10¹⁰)]
PE	43	0.65	18.71
PE	74	0.12	0.38
PET	<10	0.32	0.49
PET	30	0.18	0.24
PET	45	0.12	0.14
PA-6	0	58.32	0.29
PA-6	60	11.02	0.045
PB-1	0	13.61	97.2
PB-1	60	3.89	27.2

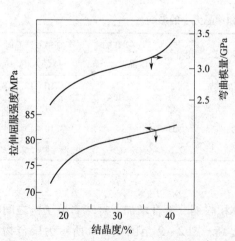

图 2-11　PA-6 的结晶度与机械强度的关系

表 2 - 38	结晶性和非晶态高分子的透明性		
种　类	透 明 性		备　注
非晶态塑料			
均聚物	透明（80%～93%）		
共混物	半透明～不透明（0%～60%）（HIPS 35%～57%）		透明 ABS，PVC/MBS 共混物的透明性属特例
结晶性塑料	半透明～不透明		微晶 PP 属例外，透明性约 80%

表 2 - 39	结晶性和非晶态塑料的成型收缩率
种　类	成型收缩率
非晶态塑料	0.1%～0.9%（通常约为 0.5%）
结晶性塑料	1.0%～2.5%（通常为 1.5%～2.0%）
加入 30% 玻璃纤维	
非晶态塑料	比上述数值减少约 0.5%
结晶性塑料	比上述数值减少约 1.0%

2.3.3　成型过程中的取向

聚合物在成型加工时，受到剪切和拉伸力的作用，聚合物分子链和结构单元按特定方向排列，发生取向。通常依受力情况，有两种取向过程。

2.3.3.1　流动取向

聚合物熔体或浓溶液中的分子链、链段或几何形状不对称的固体粒子在剪切流动时沿剪切流动的运动方向排列的现象称为流动取向。在这种情况下，一方面由于在成型管道或型腔中沿垂直于流动方向上各不同部位的流动速度不相同，存在速度梯度，卷曲的分子链受到剪切力的作用，将沿流动方向舒展伸直和取向；另一方面，由于熔体温度很高，分子热运动剧烈，也存在解取向作用。因成型制品各部位流动速度的差异和冻结时各部位的温度不同，造成如挤出管材从管壁到中心部位取向度并不相同。注射成型中聚合物的流动取向结构很复杂，取决于制品的形状尺寸，浇口位置等。图 2 - 12 为液晶聚合物流动取向后取向度分布。由图 2 - 12 可知，次表层的取向度最高。

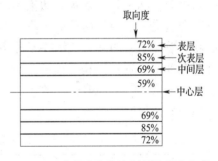

图 2 - 12　液晶聚合物注射制品的取向度

2.3.3.2　拉伸取向

聚合物的分子链、链段或微晶等受拉伸力的作用时沿受力方向作定向排列的现象称为拉伸取向。如果受一个方向作用力引起的结构单元只朝一个方向取向为单轴拉伸取向（单向拉伸）；同时受两个相互垂直方向的作用力引起的取向结构单元朝两个方向取向称双轴拉伸取向（双向拉伸）。

非晶态高分子的取向，包括链段的取向和大分子链的取向两个部分，两个过程同时进行，但速率不同。主要受高弹拉伸、塑性拉伸或黏性拉伸所致。结晶性高分子的拉伸取向包括晶区的取向和非晶区的取向，两个过程同时进行，但速率不同，晶区取向发展很快，非晶区取向发展较慢，在晶区取向达到最大时，其才达到中等程度。晶区取向包括结晶的破坏、链段的重排和重结晶以及微晶的取向等，还伴随有相变发生。随着拉伸取向的进行，结晶度会有所提高。

拉伸取向主要是由黏流拉伸、塑性拉伸或高弹拉伸所引起的。黏流拉伸是温度在 T_f 以上时的聚合物拉伸，由于温度很高，大分子活动能力强，取向很容易，但解取向发展也很快，有效取向度低，除非迅速冷却聚合物。由于液流黏度低，拉伸不稳定，易造成液流中断。熔融纺丝流出喷丝孔的拉伸属于黏流拉伸，要求拉伸速度要恒定，不停顿。温度在 $T_g \sim T_f$ 之间，近 T_g，拉伸应力大于聚合物屈服应力，并持续作用于材料时，对材料产生塑性拉伸。它迫使高弹态下大分子作为独立结构单元发生解缠和滑移，从而使材料由弹性形变发展为不可逆的塑性形变，所以塑性拉伸能获得稳定的取向结构。温度在 $T_g \sim T_f$ 之间且近 T_g，但拉伸应力小于聚合物屈服应力，只能对材料产生高弹拉伸，拉伸中的取向为链段形变和位移所贡献，故取向程度低，取向结构也不稳定。又因为温度低，解取向少，所以一旦获得取向，有效取向度大。当拉伸发生在 T_g 以上并越靠近 T_g 时，如拉伸倍数越大，拉伸速度和拉伸后冷却速度越快，则取向程度越高。

2.3.3.3 影响聚合物取向的因素

（1）聚合物的结构　链结构简单，柔性大，相对分子质量较低的聚合物有利于取向，也容易解取向；结晶性聚合物取向结构稳定性优于非晶态聚合物；复杂结构的聚合物取向较难，但解取向也难，当施以较大应力拉伸取向后结构稳定性也好。

（2）低分子化合物　增塑剂、溶剂等低分子化合物，使聚合物的 T_g、T_f 降低，易于取向，取向应力和温度也显著下降，但同时解取向能力也变大。

（3）温度　取向和解取向都与分子链的松弛有关。温度升高使熔体黏度降低、松弛时间缩短，既有利于取向，也有利于解取向。然而，两者速度并不同，高分子材料的有效取向取决于这两种过程的平衡条件。表 2-40 列出了若干常用高分子材料的拉伸取向温度。取向结构的获得关键在于将取向结构冻结下来。聚合物熔体从加工温度 T_p 降低到凝固温度 T_s，取向结构便能够冻结下来。若温度区间（$T_p \sim T_s$）宽，聚合物松弛时间长，易发生解取向。结晶聚合物的 T_s 为 T_m 以下，而非晶态聚合物的 T_s 为 T_g 以下。所以结晶聚合物较易获得取向结构。

表 2-40　　　　　　　　若干高分子材料的拉伸取向温度

高分子材料	产品形式	T_g/℃	T_m/℃	拉伸温度/℃	热定型温度/℃
PET	薄膜	67（非晶态）		78~80（非晶态）	180~230
	纤维	81（结晶）	267	80~90（结晶）	
IPP	薄膜				
	纤维	-35	165~180	120~150	150
PS	薄膜	100	-	105~155	
HDPE	纤维	-80	136	95~115	
PA-6	纤维	45	228	室温~150	100~180
PA-66	纤维	45	264	室温	100~190
PAN	纤维	90	-	80~120	110~140

（4）拉伸比　一定温度下，聚合物材料在屈服应力作用下被拉伸的倍数，即拉伸前后的长度比，称拉伸比。取向度随拉伸比增加而增大。拉伸比与聚合物的结构及物理性能有关。多数聚合物在 4~5 之间；高结晶度的 HDPE 和 PP 拉伸比为 5~10；结晶度不同的 PET、PA

在 2.5~5；非晶态的 PS 在 1.5~3.5；单轴拉伸时拉伸比 3~10；双轴拉伸两个方向各为 3~4。拉伸比不同，性能也不同。表 2-41 为不同拉伸比对 PET 性能的影响。

表 2-41　　　　　　　　　　不同拉伸比 PET 的性能

拉伸比	1	2.77	3.08	3.56	4.09	4.49
密度/（g/cm³）	1.3383	1.3694	1.3775	1.3804	1.3813	1.3841
结晶度/%	3	22	37	40	41	43
折射率差（Δn）(20℃)	0.0068	0.1061	0.1126	0.1288	0.1308	0.1420
拉伸强度/（N/tex）	1.0	2.1	2.8	3.8	4.5	5.7
断裂伸长率/%	(450)	55	39	27	11.5	7.3
T_g（动态力学法）/℃	71	72	83	85	90	89

2.3.3.4　取向对材料物性的影响

高分子材料经取向后，拉伸强度、弹性模量、冲击强度、透气性等增加。单轴拉伸时，取向方向（纵向）的强度增加，垂直于取向方向（横向）的强度减少。流动取向后，纵向的力学强度为横向的 1~2.9 倍，冲击强度为 1~10 倍；PS 拉伸取向后，纵向的力学强度比横向提高 3 倍，冲击强度可提高 8 倍。结晶聚合物拉伸取向后，结晶度增加，玻璃化温度上升，对高度取向和高结晶度的聚合物，T_g 约升高 25℃。表 2-42 为拉伸方法对 PET 薄膜机械性能的影响。表 2-43 为取向度对透气性和透湿性的影响。

表 2-42　　　　　　　拉伸方法对 PET 薄膜机械性能的影响

项目		未拉伸	纵向拉伸	双向拉伸	双向拉伸和后拉伸
拉伸模量/GPa	纵	2.47	8.95	4.58	7.04
	横	2.47	1.78	4.58	3.52
拉伸强度/MPa	纵	52.8	290	176	267
	横	52.8	49.3	176	119
断裂伸长率/%	纵	>500	48	120	52
	横	>500	445	120	250
5% 伸长时的拉伸强度/MPa	纵	–	232	102	186
	横	–	52.8	102	77.5

表 2-43　　　　　　　取向度对透气性和透湿性的影响

种类		透气性/（cm³/m²）·（24h/25μm）			透湿性/（g/m²）·（24h/25μm）
		CO_2	N_2	O_2	(40℃，相对湿度90%)
PP	无拉伸	12600	760	3800	22~34
	拉伸	8500	315	2500	3~5
PA-6	无拉伸	160~190	14	40	240~360
	拉伸	–	–	30	90

2.3.4　熔体黏度与成型性

多数聚合物是在熔融状态下成型的，因此熔融时的流动性是成型加工的必要条件，是聚合物重要的性质，而熔体黏度是表示流动性的基本物性。

2.3.4.1　影响熔体黏度的内在因素

（1）聚合物链结构与极性　聚合物分子间作用力大，极性大，具有刚性分子链和支链结构都使熔体黏度增大。

（2）相对分子质量及其分布　相对分子质量大，则熔体黏度增大（见表2-29）。相对分子质量分布宽的聚合物熔体黏度小，易流动，但制品性能变差。

（3）材料的组成　加有增塑剂、润滑剂、着色剂、稳定剂、改性剂及某些填充剂等多种添加剂的高分子材料，因为大分子链间的作用力降低，将使熔体黏度降低，但 TiO_2 会使熔体黏度增高。

2.3.4.2　影响熔体黏度的外在因素

（1）温度　温度升高，可使高分子链热运动和分子间的间距增加，从而使熔体黏度下降，见图2-13和图2-14。通常温度升高10℃，熔体黏度降低1/3～1/2。然而，不同聚合物熔体黏度敏感性并不相同，如表2-44所示。对温度敏感的聚合物，可采用温度来改变成型工艺参数，以便在最佳的工艺条件下获得高质量的制品。利用熔体黏度对温度的敏感性，获取最佳工艺条件时必须考虑：①过高的温度会引起聚合物降解，且增加能耗；②当成型过程中温度波动，将引起黏度变化，造成操作不稳定，影响制品质量。

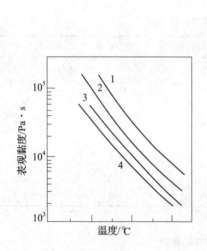

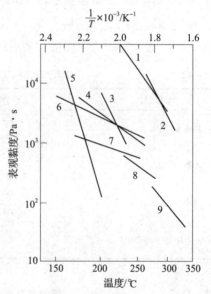

图2-13　PC的熔体黏度与温度的关系
熔体流动速率（g/10min）分别为：
1—3　2—6　3—10　4—15

图2-14　不同聚合物的熔体黏度与温度的关系
1—PS　2—PC　3—PMMA　4—PP　5—醋酸纤维素
6—HDPE　7—POM　8—PA　9—PET

表2-44　　　　高分子化合物熔体黏度与温度的关系（剪切速率：$10^3 \times s^{-1}$）

高分子化合物	温度，T_1 /℃	黏度，$\eta_1 \times 10^2$ /Pa·s	温度，T_2 /℃	黏度，$\eta_2 \times 10^2$ /Pa·s	黏度对温度的敏感性 η_1/η_2
LDPE	150	4	190	2.3	1.7
HDPE	150	3.1	190	2.4	1.3
软质PVC	150	9	190	6.2	1.45
硬质PVC	150	20	190	10	2.0
PP	190	1.8	230	1.2	1.5

续表

高分子化合物	温度，T_1 /℃	黏度，$\eta_1 \times 10^2$ /Pa·s	温度，T_2 /℃	黏度，$\eta_2 \times 10^2$ /Pa·s	黏度对温度的敏感性 η_1/η_2
PS	200	1.8	240	1.1	1.6
POM（共聚物）	180	3.3	220	2.4	1.35
PC	230	21	270	6.2	3.4
PMMA	200	11	240	2.7	4.1
PA - 6	240	1.75	280	0.8	2.2
PA - 66	270	1.7	310	0.49	3.5

（2）压力　聚合物成型时的压力一般在 10~300MPa，熔体黏度对压力也有敏感性。采用提高成型压力提高熔体流量的办法，效果是有限的。压力提高，聚合物自由体积减少，分子链间的距离缩小，分子间作用力增大，熔体黏度增高。但不同聚合物熔体黏度对压力的敏感性是不同的。例如压力从 13.8MPa 升至 17.3MPa，HDPE 和 PP 的熔体黏度增加 4~7 倍，而 PS 可增加 100 倍。在正常成型温度范围内，增加压力和降低温度对熔体黏度的影响有相似性，即所谓压力 - 温度等效性，如对多数聚合物，压力增加到 100MPa 时，熔体黏度的变化相当于温度降低 30~50℃的效应。但增大成型压力，会增加功率消耗，增加设备磨损。

（3）剪切速率　聚合物熔体属假塑性流体，因此，随剪切应力或剪切速率增加，熔体黏度下降，即所谓剪切变稀。如图 2 - 15 所示。熔体黏度对剪切作用是很敏感的，操作中应严格控制螺杆的转速或压力不变。不然，剪切速率的微小变化会引起黏度的显著改变，影响成型过程，造成制品表观质量和内在质量的下降。

综上所述，各种因素对熔体黏度的影响可用图 2 - 16 表示。

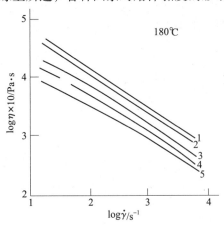

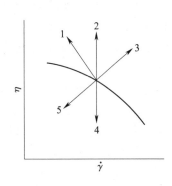

图 2 - 15　PP 剪切速率与熔体黏度的关系
熔体流动速率（g/10min）分别为：
1—0.7　2—1.4　3—5.0　4—11　5—25

图 2 - 16　各种因素对聚合物熔体黏度的影响
1—相对分子质量　2—压力　3—填充剂
4—温度　5—增塑剂或溶剂

2.3.4.3　聚合物成型性

成型性涉及热分解性、成型温度范围、熔体黏度、注射成型时的成型周期、对各种成型方法的适应性、成型收缩率、结晶温度、物料的干燥程度等，如表 2 - 45 所示。可以看出，PE 和 PS 在各个方面都体现出具有优良的成型加工性能。

表 2 - 45　　　　　　　　　　　　　　**有关成型性的各个要素**

项目	优秀的代表	不良的代表	备注
热分解困难	PE，PS	PVC，POM	
		EEA - EVA	
成型温度范围广	PE，PS	PVC，POM，PET	
成型时熔体黏度合适	PE，PS	PTFE，PVC	
		改性 PPO - PPO	
注射成型时成型周期短	PE，PS	GF 增强 PPS	长周期 PA，POM
对各种成型方法的适应性	PE，PP	PTFE	
成型前不必干燥	PE，PP，PS	PA，聚酯	
成型收缩率小	非晶态高分子	结晶性高分子	PMMA（0.1% ~ 0.4%） POM（2.0% ~ 2.5%）
结晶温度低	PE，PP	PPS	
		PBT - PET	

2.4　聚合物改性对高分子材料性能的影响

聚合物改性可使高分子材料性能大幅度提高，或赋予其新的功能，进一步拓宽了高分子材料的应用领域。聚合物改性总体上可分为化学改性、共混改性（合金化）、填充改性、表面改性等几大类。

2.4.1　聚合物化学改性

聚合物化学改性是指利用聚合物大分子链上的端基和分子链上活性点的反应性，使聚合物参与有机化学反应，对聚合物进行改性，赋予其高附加值和特定功能。其种类繁多，除大量的利用端基和基团反应性的聚合物反应外，还涉及嵌段、接枝、分子链之间的交联、互穿聚合物网络等。

2.4.1.1　聚合物的反应性

聚合物的基团反应是指聚合物的大分子链（主链和支链）上的各种各样能进行化学反应的官能团所发生的化学反应。这里举例说明聚合物的功能化反应，而端基的反应性已在其他章节涉及，将不予赘述。

（1）聚烯烃（PE、PP）的反应性　聚烯烃可以和 O_2、卤素、SO_2、顺丁烯二酸酐、（甲基）丙烯酸、乙烯基硅氧烷等反应，对其进行改性，给它们带来了新的、功能的性质，图 2 - 17 所示为聚烯烃的反应性。

（2）聚苯乙烯（PS）的反应性　PS 及其共聚物（如用于离子交换树脂的苯乙烯 - 二乙烯基苯共聚物）可发生多种反应，引入功能性基团，如图 2 - 18 所示，而这些功能性聚苯乙烯又可进一步发生反应。

（3）二烯类橡胶的氢化　SBS（苯乙烯 - 丁二烯 - 苯乙烯三嵌段热塑性弹性体）分子链中有丁二烯的残留双键，将其加氢后的 SEBS，性能有较大改善，如表 2 - 46 所示。

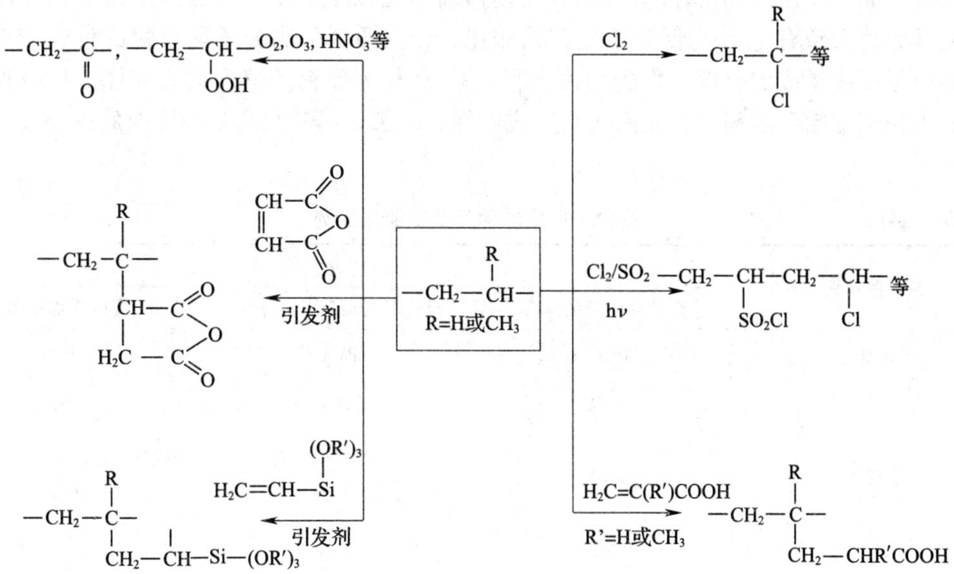

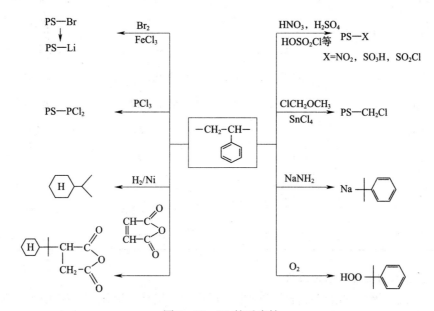

图 2 - 17 聚烯烃的反应性

图 2 - 18 PS 的反应性

表 2 - 46 **SBS 和 SEBS 的性能比较**

项目	SBS	SEBS	项目	SBS	SEBS
拉伸强度/MPa	4～16	5.5～32	热变形性能	△－〇	〇－☆
硬度	45～85A	40A～64D	耐候性	△－〇	〇－☆
使用温度/℃	50～70	105～140	耐磨耗性	△－〇	〇－☆
最高使用温度/℃	70	140	耐油性	×－〇	△－〇

注: ☆—优, 〇—良, △—可, ×—不可。

　　改性产品赋予聚合物特殊的性能，尽管对其研究已很深入，然而成功工业化的产品并不多，究其原因大致有：① 与低分子化合物相比，作为原料的高分子化合物的价格较高，因此，高分子反应生成的改性产物的价格也很高；② 作为原料的聚合物为固体，反应难以均匀，必须使用细粉和溶剂等，从而使制造成本提高。表 2 – 47 为高分子反应的种类及工业化实例。

表 2 – 47　　　　　　　　　　　高分子反应的种类及工业化实例

反应的种类	工业化实例		
	原始高分子化合物	反应后的高分子化合物	反应产物特性
皂化	PVAc	PVA	水溶性
	EVA	EVOH	气体阻隔性
缩醛化	PVA	聚乙烯醇缩甲醛 聚乙烯醇缩丁醛	合成纤维，玻璃纤维浸润剂 薄膜
氯化	PE	PE – C	弹性，相容性
	PVC	PVC – C	耐热性
氯磺化	PE	CSM	耐臭氧性，耐候性，耐热性
加氢	NBR	氢化 NBR	耐油性，耐候性
	SBS	SEBR	耐热性，耐候性
	SBR	氢化 SBR	耐候性，相容性
酯化	纤维素	醋酸纤维素	热塑性，溶解性
硝化	纤维素	硝酸纤维素	热塑性，溶解性
醚化	纤维素	甲基纤维素	水溶性
其他	纤维素	羧甲基纤维素	水溶性
	聚苯乙烯	离子交换树脂	离子交换性能
	感光敏树脂	光固化树脂	照相版，保护膜

2.4.1.2　聚合物的接枝、嵌段改性

　　接枝和嵌段共聚的方法在聚合物改性中应用广泛。接枝共聚物中，应用最为普遍的当属ABS，其有多种接枝制造方法，对 ABS 的性能有很大的影响，见 2.1.2。嵌段共聚物的成功范例之一是热塑性弹性体，这是一种既能像塑料一样成型加工又具有橡胶般弹性的新型材料。

　　接枝共聚是把一种聚合物分子链接在另一聚合物的主链上作为侧枝（支链）的反应。接枝共聚物具有主链和支链的综合性能，且与主链以及支链的化学组成、长度和接枝点密度有关，通过调节可得到不同的材料。高抗冲聚苯乙烯（HIPS）是经过接枝共聚的接枝共聚物，是一种以聚丁二烯为主链，聚苯乙烯为支链的合金材料。相对脆性的聚苯乙烯而言，引入5% ~25% 的橡胶后，其冲击强度可以提高十倍至数十倍。当然，HIPS 的相态结构也是材料增韧的关键因素。表 2 – 48 是不同抗冲击型聚苯乙烯（IPS）的性能。

表 2 – 48　　　　　　　　　　　　　　HIPS 与 PS 性能比较

性能	PS	中等 IPS	高	超高
熔体流动速率/（g/10min）	2.8 ~ 13	2.8 ~ 14	2.8 ~ 6	6.5
拉伸强度/MPa	33 ~ 42	19 ~ 35	15 ~ 20	14.5
断裂伸长率/%	< 25	25 ~ 30	35	35
悬臂梁冲击强度/（kJ/m）	0.01	0.04 ~ 0.06	0.07	0.08
维卡软化点/℃	85 ~ 99	84 ~ 97	87 ~ 94	84

嵌段共聚物是由各均聚物序列通过共价键结合的大分子，各均聚物序列的相对分子质量可由几千到十几万。嵌段共聚的链段序列结构有三种形式：$A_m - B_n$ 二嵌段共聚物，$A_m - B_n - A_m$ 或 $A_m - B_n - C_n$ 三嵌段共聚物，$(A_m - B_n)_n$ 多嵌段共聚物。此外，还有由三个或多个二嵌段从中心向外放射所形成的星形嵌段共聚物。链段序列结构对嵌段共聚物的弹性行为、熔体流变性和刚性材料的韧性有很大的影响。典型的嵌段共聚物有 SBS、SEBS 等。丁苯橡胶（SBR）和 SBS 嵌段共聚物原料单体均为苯乙烯和丁二烯，但采用聚合方法不同，产物结构也不同，两者性能差别很大，后者拉伸强度、加工性能等均有较大提高，如表 2 – 49 所示。

表 2 – 49　　　　　　　　　　　SBR 与 SBS 嵌段共聚物性能比较

项目	SBR	SBS	项目	SBR	SBS
［η］	约 2.0	1.4	拉伸强度/MPa	0.4	10.7
苯乙烯含量/%（质量分数）	25	27	伸长率/%	> 1000	660
成型温度/℃	145	140	残余变形/%	> 100	8
500% 定伸强度/MPa	0.4	5.1			

2.4.1.3　互穿聚合物网络（IPN）

互穿聚合物网络（IPN）可以看作是一种用化学方法进行的共混改性。互穿聚合物网络技术是指使聚合物链互相缠结形成相互贯穿的交联聚合物网络的制备技术。其特征是有两个聚合物网络，可以同时形成，也可以分别形成：先形成一个聚合物网络，再加入单体、交联剂等对其渗透、溶胀，然后引发交联形成第二个聚合物网络；可以是一个热塑性聚合物，一个交联的聚合物网络互相穿插、缠结；也可以是两个热塑性聚合物相互物理缠结而成。如 PU/环氧树脂、PU/不饱和聚酯、PU/POM、PU/PVC 等。表 2 – 50 为 PPO/PMMA IPN 的性能。

表 2 – 50　　　　　　　　　　　　　　PPO/PMMA IPN 的性能

组成比	PPO 的结构	PMMA 的结构	T_g/℃	组成比	PPO 的结构	PMMA 的结构	T_g/℃
100/0	交联	–	199	50/50	交联	交联	183
100/0	非交联	–	189	0/100	–	非交联	98
50/50	非交联	交联	146, 178	0/100	–	交联	155
50/50	交联	非交联	115, 183				

聚合物大多数是化学合成材料，因而也就容易进行化学改性。聚合物化学改性研究甚至比共混改性还要早，橡胶的交联是早期化学改性方法之一，相关内容将在其他章节介绍。

2.4.2 聚合物共混改性（合金化）

聚合物共混是指两种或两种以上聚合物经混合制成宏观均匀的材料的过程。聚合物共混改性包括物理共混、化学共混和物理/化学共混，其中化学共混如互穿聚合物网络（IPN）也属于化学改性。高分子合金是指多种组分聚合物经物理共混或化学改性后，形成的宏观均相、（亚）微观分相的一类材料。其中化学改性包括前述的接枝共聚、嵌段共聚和IPN。两种材料进行共混时，可以形成宏观分相型高分子共混物（其分散相的粒径 >1μm）、微观分相型高分子共混物（其分散相的粒径在 0.1～1μm 之间）和完全相容型高分子共混物（其分散相粒径在 0.01～0.1μm 之间）。高分子合金即指后两者，如图 2-19 所示。

经过合金化，原来单一聚合物性能上的某些欠缺可以相互弥补，表现出均衡的综合性能，或可以使某些性能，如机械物理性能，尤其是冲击韧性、加工性能等得到较大的改善，也可赋予材料某些特殊的功能性。表 2-51 为合金化改善的某些性能。

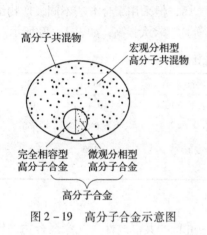

图 2-19 高分子合金示意图

表 2-51 高分子合金化预期的性能

改善的性能	实例
（1）冲击韧性	HIPS, ABS, PVC/MBS, PA/EPR
（2）耐化学药品性	PPO/PA, PBT/PC
（3）耐热性	PVC/PS-g-MAH
（4）成型性	PPO/HIPS
（5）降低成本	PPO/HIPS, PC/ABS
（6）特殊的功能性	
① 气体阻隔性	PE/特殊 PA
② 难燃性	PVC/ABS
③ 抗静电性	ABS/亲水性树脂
④ 生物降解性	特殊淀粉/PVA

研究表明，共混得到的高分子合金是完全相容型体系还是微观分相体系主要依赖于其组分间的热力学相溶性。从热力学可知：

$$\Delta G = \Delta H - T\Delta S$$

如果混合自由能的变化 $\Delta G < 0$，则共混组分是相溶的，反之，则不相溶。由于聚合物的相对分子质量很大，两种聚合物共混时熵 ΔS 的变化很小，因此共混组分的相溶性就取决于混合热焓 ΔH 的正与负。如果 ΔH 为正，体系不相溶，为负则相溶。相溶的体系得到的是均相（完全相容型体系），反之得到的是非均相（微观分相体系）。

严格来讲，$\Delta G < 0$ 是高分子热力学相溶的必要条件，但不是必然条件。实际上，高分子合金的问题要比这些复杂得多：① 聚合物组分必须有一定的相溶性，才能组成高分子合金；② 真正完全相溶的聚合物所组成的高分子合金性能并非突出；③ 即使 ΔH 为正，也可能制备出性能优异的高分子合金。由此要引入不同于热力学"相溶"概念的"相容性"，"相容"是材料学的概念，与"相溶"有本质上的区别。如果两种或两种以上的聚合物达不到热力学完全相溶，但共混得到了相-相之间没有明显界面的多相结构，就可以称这些聚合物是相容的，可以获得性能优良的高分子合金材料。一般来讲，具有部分热力学相溶的聚合

物之间具有相容性。因此，虽然高分子热力学相溶性是影响高分子合金制备的重要因素，但实际上人们追求的不是热力学完全相溶的聚合物组合，而是相容的聚合物组合。

聚合物之间的相容性可以通过聚合物共混物的形态反映出来。为了制备出具有优良性能的高分子合金材料，就要对共混物的形态作出一定的要求。其中，关键的是分散相粒径大小及其分布和共混物的相界面形态。

研究表明，为使"海－岛结构"两相体系共混物具有预期的性能，其分散相的平均粒径应控制在一定的范围内。分散相粒径在 $0.1 \sim 10\mu m$ 之间，最好应 $<1\mu m$，通常为 $0.2 \sim 3\mu m$。欲使分散相粒径小，可以采取如下措施：

（1）两相界面张力应小　图 2 – 20 所示为聚二甲基硅氧烷（PDMS）和聚氧乙烯（PEO）共混物的界面张力，由于添加 PDMS – PEO 嵌段共聚物，而使共混体系的两相界面张力有明显下降，从而有利于分散相粒径变小。

（2）基体相黏度应尽可能大　基体相黏度大，可以在高剪切流动下使分散相实现分散，使其粒径变小，体系稳定。

（3）基体相与分散相的黏度比接近于 1 时，分散相粒径最小，如图 2 – 21 所示。

（4）在高剪切速率下进行混炼，剪切速率越高，分散相粒径越小，如图 2 – 22 所示。

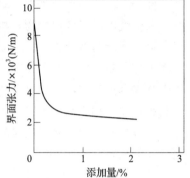

图 2 – 20　PDMS（10.3Pa·s）和 PEO（11.0Pa·s）共混物界面张力与 PDMS – PEO 嵌段共聚物（PDMS/PEO = 60/40）添加量的关系

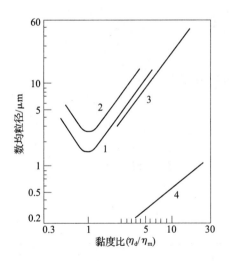

图 2 – 21　基体相与分散相的黏度比与分散相数均粒径的关系
1—PET/EPR　2—PAZ – 2/EPR
3—PAZ – 1/EPR　4—PAZ – 1/改性 EPR

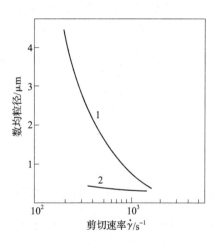

图 2 – 22　剪切速率与分散相数均粒径的关系
1—PPO/PA – 6（48/52 质量分数）
2—PP/PA – 6（30/70 质量分数）

在两组分共混体系中，完全相容型高分子合金没有中间层，形成均相；完全不相容的宏观分相型高分子共混物，两相间只有轻微的扩散，存在非常明显的、确定的相界面。因此，欲使两个互不相容组分形成性能优良的高分子合金，必须改善相容性，使两相之间形成一个过渡层，在过渡层中两组分存在一个明显的浓度梯度，如图 2-23 所示。如前所述，两相间界面张力越小，界面层的厚度越大。在不相容的两相中引入相容剂（或称增容剂），可以降低两相的界面张力，使两组分之间的扩散程度增加，相界面变得越来越模糊，界面层增厚，从而获得性能优良的高分子合金。通常界面层厚度约为数百埃，当分散相粒径在 $1\mu m$ 左右时界面层可达总体积的 20% 左右。相容剂（增容剂）一般是一种两性分子，即一个分子中同时含有与两种聚合物相容的分子链，这样就可以降低聚合物两相的界面张力，强化界面处两种聚合物分子链的缠结程度，从而使分散相粒径变小。

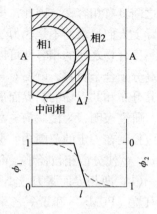

图 2-23　界面层示意图

　　除了加入非反应性共聚物的增容剂外，还有加入反应性共聚物作为相容剂和采用原位聚合的方法进行聚合物共混组分相容化的技术。

　　其中反应型相容剂分子链上具有可发生反应的基团，如羧酸基、酸酐基、环氧基、离聚物等，可以与共混聚合物中相应的基团，如氨基、羧酸基、环氧基等发生反应，从而改善两种聚合物的相容性。如 PP 与 PA 是不相容的两种高分子化合物，简单共混时，性能很差，而加入顺酐化的 PP（或顺酐化的 EPDM），如聚丙烯-马来酸酐接枝共聚物，则因酸酐基可以与 PA 分子的端氨基反应，生成 PP（或 EPDM）接枝的 PA，从而显著改善 PP、PA 两个组分的相容性，形成 PP 增韧的 PA 合金。

　　原位聚合法中的相容剂是在共混加工过程中"就地"反应产生的。例如，在过氧化物存在下，三元乙丙橡胶与甲基丙烯酸甲酯在双螺杆挤出机中挤出，将形成三元乙丙橡胶、聚甲基丙烯酸甲酯与三元乙丙橡胶接枝甲基丙烯酸甲酯共聚物三组分的共混物，其中，三元乙丙橡胶接枝甲基丙烯酸甲酯共聚物就是"就地"形成的共混物相容剂。

　　反应型相容剂和非反应型相容剂的比较见表 2-52。

表 2-52　　　　　　　　　　　反应型和非反应型相容剂的比较

项目	反应型	非反应型
优点	添加量少，效果大 对相容化操作困难的体系效果大	混炼容易 无副反应引起的物性下降 使用方便
缺点	因副反应引起物性、加工性下降 混炼、成形条件受限制 相容剂价高	用量大，效果较差

　　相容性的判断方法很多，包括玻璃化转变温度法、红外法、电镜法、浊点法、反相色谱法等，其中，测定玻璃化转变温度 T_g 是最常用最有效的方法。示差扫描量热法（DSC）和动态力学法（DMA）常被用于测定 T_g。对于宏观分相型聚合物共混物，在图谱上出现两个分别代表纯组分的 T_g；对于完全相容型高分子合金，则出现一个 T_g，这个 T_g 与两组分的组成有对应关系；对于具有一定相容性的微观分相型高分子合金，在图谱上出现两个相互靠拢的 T_g（与两个纯组分的 T_g 相比较）。可以根据两个 T_g 彼此靠拢的程度，判断两个组分的相容性。

高分子合金的制备方法主要包括化学共聚（化学改性）和物理共混两大类。如前所述的聚合物接枝、嵌段改性、互穿聚合物网络（IPN）均是属于高分子合金的化学共聚制备方法，实际上 ABS 是最典型的高分子合金，典型的嵌段共聚物 SBS 也是一种高分子合金；其他如采用多层乳液技术制成核、壳结构不同的多层乳胶微粒，用于 PVC 抗冲改性的 MBS、ACR 等也属此类。在物理共混方法中，简单共混技术对完全相容型体系有效，但对不相容体系得不到理想的性能，效果很差。为此，科技工作者开发了许多新技术，与物理共混相结合。例如，前述的相容剂技术，可制得具有稳定微观分相型结构、性能优良的高分子合金，现已广泛应用；反应挤出技术，在双螺杆挤出机中实现的单体聚合反应或在聚合物熔融共混同时实现功能化、接枝、交联（硫化）等化学反应来制备高分子合金的技术，PA/EPDM 超韧尼龙、PP/EPDM 热塑性弹性体等均可列入此类；分子复合技术，将少量刚性链聚合物均匀分散在柔性链或半刚性链的聚合物基体中，形成分子水平的复合，改善材料强度、模量和耐热性等；力化学技术，在共混时利用高剪切力将高分子链断裂，然后不同分子链相互连接而形成接枝、嵌段或交联聚合物制造高分子合金。

2.4.3　聚合物填充改性

在聚合物中添加填充剂亦属高分子复合化之一，其目的有时只是为了降低成本，但有时也可改善聚合物的性能，这就是聚合物填充改性。常用的填充剂包括玻璃纤维和碳酸钙等无机填充剂，金属纤维和金属粉等金属填充剂，木粉、橡胶粉等有机填充剂。

填充剂的化学组成、形状、粒径以及粒度分布、纤度（又称纵横比，纤维长度与直径之比）、表面组成及构造、水分含量等都将对聚合物填充复合材料的性能产生影响。要获得理想的复合材料，必须充分注意聚合物与填充剂的亲和性。通常采用偶联剂进行表面处理，以改善两者之间的界面张力。处理的关键是在填充剂表面形成单分子覆盖层，多分子覆盖层反而影响处理效果。为充分达到处理效果，在处理前必须对填充剂进行干燥，以脱除水分。常用的偶联剂有脂肪酸（$R{-}COOH$）、有机硅偶联剂 $[(R'O)_3Si{-}R]$、有机钛偶联剂 $[RO{-}Ti(OCOR')_3]$、有机铝偶联剂、氨基酸、磷酸酯等，表 2-53 为经硬脂酸处理的碳酸钙与 PP 的界面张力。

表 2-53　　　　　　　　　经硬脂酸处理碳酸钙与 PP 的界面张力[①]

种类		表面覆盖率/%	表面张力/（mN/m）	界面张力/（mN/m）	种类		表面覆盖率/%	表面张力/（mN/m）	界面张力/（mN/m）
	PP	—	33.4	—		PP	—	33.4	—
硬脂酸处理	$CaCO_3$	0	207.9	134.9	硬脂酸处理	$CaCO_3$	75	44.3	13.8
	$CaCO_3$	25	62.0	21.0		$CaCO_3$	100	41.4	13.7
	$CaCO_3$	50	47.4	13.0					

注：① $CaCO_3$ 平均粒径 3.6μm，比表面积 3.3m²/g。

近年来，开发了纳米颗粒填充的复合材料，纳米颗粒是指粒径在 1~100nm 的超细材料，由于粒径极小，其表面能很高。而且，粒子间距离很小，如表 2-54 所示，相互作用力非常大，表现出一般微米级分散体系没有的功能，可使纳米颗粒填充复合材料的拉伸强度、热变形温度、透明性等得到显著提高。如 PMMA 的弹性模量为 1.9GPa，添加

1%（体积比）粒径 1～2nm 的钯粉后，弹性模量为 5GPa，提高了约 2.5 倍。表 2－55 为 PA－6 中添加蒙脱土纳米颗粒后的性能与 PA－6 对比。超细材料的填充量通常小于 5%～7%。

表 2－54　纳米颗粒与微米颗粒的比较

种类	颗粒半径/nm	粒子间距离/nm
微米分散体系	400	1600
纳米分散体系	4	16

注：填充剂用量：体积分数为 2%。

表 2－55　PA－6/蒙脱土纳米复合材料的性能与 PA－6 的对比

性能	PA－6	PA－6/蒙脱土
熔点/℃	215～225	213～223
拉伸强度/MPa	75～85	95～105
热变形温度/℃（1.85 MPa）	65	135～160
弯曲模量/GPa	3.0	3.5～4.5
悬臂梁缺口冲击强度/（J/m²）	40	35～60

填充剂在高分子化合物中的分散程度是获得性能优良的聚合物/填充剂复合材料的关键。随着填充剂的细粉化，尤其是纳米颗粒的应用，分散问题困扰着材料成型加工技术人员。对于纳米颗粒常用的方法有：层间插入法、就地聚合法、溶胶－凝胶法和超微粒子直接分散法等。

（1）层间插入法　将聚合物插入巨大的层状分子的层间（如用单体或予聚物先插入再使之聚合），使之复合化的一种方法。

（2）就地聚合法　将纳米颗粒分散在单体中，然后加入引发剂，在其上聚合，使形成聚合物包覆的纳米颗粒或纳米复合材料的一种方法。

（3）溶胶－凝胶法　结合到聚合物末端或中间的金属醇盐形成溶胶，然后将其转变为凝胶，使复合化的一种方法。

（4）超微粒子直接分散法　将界面活性剂处理过的纳米颗粒直接与聚合物熔融共混及聚合物/液晶高分子熔融共混的技术。

2.5　高分子材料的环境问题

高分子材料应用领域之普及、覆盖面之广，可以用无处不在、无时不在来形容。与此同时，高分子材料的环境问题也提到议事日程。

在高分子材料工业发展过程中首先必须贯彻 3R 原则和减少废物优先，即减量化原则（Reduce）：要求用较少的原料和能源投入，达到既定的生产目的或消费目的，从经济活动的源头就注意节约资源和减少污染；再使用原则（Reuse）：要求产品和包装能够以初始形式使用和反复使用，减少一次性用品，延长产品使用寿命；再循环原则（Recycle）：生产出来的制品在完成其使用功能后能重新变成可以利用的资源而不是不可恢复的垃圾。

对于高分子材料的环境问题必须从生产过程、加工过程、燃烧及废弃物处理四个方面加以探讨，见表 2－56。由表可知：高分子材料的环境问题可归纳为两大类：一是生产和使用过程中的问题，主要是三废（废液、废气、废物）等有害物质的产生及其对环境和人类的影响；二是废弃物的回收利用问题，主要涉及固体废弃物的回收、处理、再生利用，这既是改善环境的需要，也是资源两次利用的必需。

表 2 - 56　　　　　　　　　　　　　　高分子材料的环境问题

项　目	实　例	项　目	实　例
生产过程中的问题	● 原材料	燃烧的问题	● 燃烧性
	● 采用有毒原料的生产方法		● 燃烧时的发烟性
	● 废液		● 燃烧时产生的有毒气体
	● 废弃物		
添加剂的问题	● 采用重金属添加剂	废弃物的问题	● 焚烧
	● 作发泡剂的氟氯烃		● 堆埋
	● 石棉的致癌性		● 回收
	● 残留单体		● 再生利用
	● 增塑剂		

2.5.1　高分子材料生产过程中的环境问题

这里所指的生产过程主要是指聚合物的制备及其成型加工过程。

2.5.1.1　聚合物制备时的环境问题

（1）原材料　用于制造聚合物的某些单体对人体是有伤害作用的。譬如用于制造 PVC 树脂的单体氯乙烯，会引起急性或慢性中毒。因此，各国对生产环境允许氯乙烯浓度及树脂中残留的氯乙烯浓度（俗称残单）均有极严格的限制。表 2 - 57 为丙烯酸酯类单体毒性一览表。由此不难得出结论，多数单体都会造成一定的环境污染和对人体健康的伤害，必须尽量避免单体的泄漏，减少聚合物中残留单体浓度。有些生产方法因采用有毒原料也会造成环境问题。如采用界面缩聚方法生产 PC 时的原料之一——光气是剧毒的有机化合物，很容易引起肺气肿，以致缺氧窒息，即使吸入微量也很危险。又如，以氰化法生产 PMMA（有机玻璃）的单体甲基丙烯酸甲酯时，所采用的原料氢氰酸是剧毒的化工原料，吸入微量也足以使人死亡。

表 2 - 57　　　　　　　　　　　　　丙烯酸酯单体毒性一览表

单体	口服毒性 LD_{50}[①]（老鼠）/（g/kg）	接触皮肤（24h）LD_{50}（兔）/（mL/kg）	连续呼吸浓蒸汽或特定浓度液体的危害（老鼠）6 只	对皮肤的症状危害（兔）	对眼睛的危害（兔）
丙烯酸	2.50	0.95	8h, 无死亡	厉害	厉害
丙烯酸甲酯	0.3			少许	弱
丙烯酸乙酯	1.02	1.95	5min, 无死亡 15min, 全部死亡 30min, 无死亡	少许	弱
丙烯酸丁酯	3.73	3.36	1h, 5 只死亡 2h, 全部死亡	少许	弱
丙烯酸 2 - 乙基己酯	5.66	8.50	8h, 无死亡	中等	少许
丙烯酸异丁酯	7.46mL	0.89	1h, 5 只死亡	弱	弱
丙烯酸异癸酯	12.46mL	3.54	8h, 无死亡	中等	少许
丙烯酸环氧丙酯	0.214	0.40	1h, 全部死亡	厉害	厉害
丙烯酸 2 - 乙氧基乙酯	1.07	1.01	2h, 1 只死亡	弱	中等
丙烯酸氰乙酯	0.18	0.22	8h, 5 只中无死亡	中等	厉害

注：① LD_{50}——两周内动物达到半数死亡的投药量，g/kg。

（2）废液　为除去、洗涤、回收、处理溶液聚合法生产各种聚合物时使用的大量有机溶剂，以及 PVC 悬浮聚合和 ABS 乳液聚合等时使用的大量水，不仅需高额的设备投资和昂贵的操作费用，而且也引起了环境问题。

（3）废弃物　聚合物制造过程中形成的粘釜物、过渡料、落地料、齐聚物等。一些聚合物不溶于其单体的聚合过程（如 PVC 树脂）会产生粘釜物，其既不利于热量传递，影响散热和聚合过程控制，又会影响下一批聚合物质量，必须清除并加以回收；过渡料产生于连续聚合过程中（如 PE、PP），当需要更换产品牌号时，在两种牌号之间会产生过渡料，必须回收利用；落地料产生于聚合物输送、包装过程中；齐聚物是生产过程中形成的某些低分子副产品，需将它们分离出来，并加以利用。

2.5.1.2　高分子材料加工过程中的环境问题

（1）添加剂　PVC 塑料中用作热稳定剂的镉系、铅系等重金属化合物具有毒性，并会引起粉尘污染问题；氟氯烃被用作制冷剂和制备 PU 泡沫塑料等的发泡剂，已经证实，氟氯烃是破坏地球高空臭氧层的罪魁祸首，属明令禁用之列；摩擦材料及密封材料中大量用作增强材料的石棉是致癌物质，在发达国家已经禁用。

（2）残留单体　如前所述，氯乙烯单体对人体有伤害作用，因此，对 PVC 中残留的氯乙烯单体含量已有明确规定，在一些发达国家甚至规定 PVC 树脂的残单含量要小于 1mg/kg；甲醛对皮肤、黏膜有强烈刺激性，长期吸入低浓度甲醛，会引起头痛、乏力、心悸、失眠等。游离甲醛主要来自 PF、UF、MF 树脂制成的硬质纤维板、胶合板及其制品中，因此，对这些制品树脂中的残留甲醛浓度也有相应的要求。

（3）增塑剂　增塑剂主要用于软质聚氯乙烯塑料以及某些涂料中，在加工过程中受热的增塑剂会以微粒形式飞溅到空气中，在使用过程中增塑剂也会通过挥发、渗出等析出，使环境变坏，危及人类，影响作物生长。某些增塑剂虽属微毒和无毒，但难以生物降解，易于生物富集，动物实验有致癌致变作用，DOP 对人体、动物内分泌干扰作用已经证实，因此，对散发出的增塑剂的烟雾必须进行捕集处理。

2.5.2　高分子材料使用过程中的环境问题

使用过程中的环境问题主要分为两大类，即高分子材料的燃烧问题及废弃高分子材料的问题。

2.5.2.1　高分子材料燃烧引起的环境问题

（1）高分子材料的燃烧性　多数高分子材料具有燃烧性。燃烧性通常以氧指数（OI）来表示。氧指数是指在规定的试验条件下通入（23 ± 2）℃氧氮混合气体中刚好能维持材料燃烧所需的以体积分数表示的最低氧浓度。通常氧指数 <22 的属易燃材料；22~27 的称难燃材料，具有自燃性；>27 的称不燃材料。因此，氧指数是高分子材料阻燃特性的重要指标。然而，氧指数不是判断高分子材料阻燃特性的唯一指标，比热容和热导率也与阻燃特性有关。

（2）燃烧时的发烟性　多数高分子材料遇火易燃，并释放大量烟雾和有毒气体，其扩散速度超过火焰蔓延速度。在火灾事故中，中毒死亡率大于燃烧死亡率。高分子材料燃烧时的分解产物为 CO、CO_2、$COCl_2$、HF、HCl、HBr、HCN、NO_2、SO_2、H_2S 等，其中水溶性产物对鼻腔有刺激作用，而非水溶性产物对动物有窒息作用，渗入肺部，导致血液中毒。由此可见，降低高分子材料燃烧时的发烟率与毒性物质的逸出量是提高高分子材料的耐燃性的重要方向。

2.5.2.2　废弃高分子材料引起的环境问题

废弃高分子材料主要有两个来源，即制品成型中形成的和高分子材料使用过程中形成的废弃高分子材料。

（1）成型过程中产生　主要指热塑性塑料制品成型过程中产生的废品和边角料，如飞边、切边料、浇口、流道以及试验料、落地料，等等，这一类废料容易回收，利用较方便，通常粉碎后以一定比例掺入新料中（一般为10% ~ 20%，最多不超过30%）加以利用。此外还有二次加工中产生的废料。

（2）使用过程中产生　这是废弃高分子材料中最主要部分，通常所指的环境污染及回收利用主要指这一类。在这一类中一般废弃高分子材料（以包装材料为主）约占55%，产业形成的废弃高分子材料约占45%。这一类废弃高分子材料主要以有机固体废弃物出现，占全部废弃物的2/5。其特点是：量大品种杂，回收、分离、处理、利用难度大。其主要分布在：农地膜和棚膜、包装编织袋、农用水利管件、塑料绳索与网具；包装袋、捆扎带、防震泡沫塑料垫、包装箱、隔层板、食品盒、饮料瓶、包装袋、盘、碟、容器等塑料杂品；饮料瓶、牛奶袋、罐、杯、盆、容器等一次性塑料制品；各类器皿、塑料鞋、灯具、文具、炊具、厕具、化妆用具等非一次性用品；汽车、电工电器、建材中易回收的有保险杠、油箱、汽车内饰件，轮胎、胶管、胶带等工业领域中的废弃高分子材料。

2.5.3　对高分子材料环境问题的对策

从改善环境、充分利用资源、有利于社会发展的角度考虑，各国对废弃高分子材料的环境问题作出了相应对策。

2.5.3.1　制定环境法规

废弃高分子材料的回收再利用率目前在10% ~ 15%，其余或焚烧处理，或掩埋处理，严重危害生态环境和人类生存。因此，各国都纷纷以法律形式对废弃高分子材料的处理作出规定，如表2 - 58。

表 2 - 58　　　　　　　　　　　国外有关废弃高分子材料的法令

国别	法令名称	制定年月	实施年月
日本	促进资源再生利用的法律（通称再生法）	1991. 4	1991. 10
	修正废弃物处理法（俗称新废弃物处理法）	1992. 6	1992. 12
	省能源再生资源法	1993	
	促进包装容器分类收集与再生商品化等法律（通称包装容器再生法）	1995. 6	1997
德国	废物管理法	1986	
	包装条例	1991. 5	1991. 12
	循环经济和废物管理法	1996	1996. 10
	包装材料法规	1999	
法国	包装废弃物法		1993. 1
欧盟	包装废弃物的回收、再利用	1993. 12 通过	

　　美国制定了《资源保护和回收法》，保证大部分废弃塑料包装得到回收利用。对饮料包装拉环、尿布衬里、包装袋、一次性食品供应用器皿、蛋托、工业容器、妇女卫生巾等制定了治理法规，要求使用降解塑料。

　　我国十分重视环境保护，陆续公布了六部环境法律（环境保护法、海洋环境保护法、大气污染防治法、水污染防治法、环境噪声污染防治法、固体废物污染环境防治法）以及九部资源管理法。近年来，针对生活垃圾中废弃高分子材料比重日益增加这一现象，对一次性塑料饭盒、蔬菜购物袋等的使用作了严格的规定，有力地推动了资源充分利用和环境保护。

　　面对日益严重的环境污染，政府部门应及早制定并完善环境法规，每一个高分子材料及其制品的生产者和使用者更应自觉遵守相应环境法规，走可持续发展的道路。

2.5.3.2　对废弃高分子材料的对策

　　（1）节约使用量　从资源节约的观点来看，节约使用量即减少废物量。通常可以从三个方面着手：一是减少过度的包装，如德国通过包装材料法规的实施，在几年内即减少塑料用量近20%；二是以高性能的塑料代替通用塑料，如用 LDPE 制棚膜，一般寿命仅为半年，若采用 HDPE、EVA 等作棚膜，寿命可延至 1~2 年，甚至 3~4 年，且可使厚度减薄；三是闲置资源及其复合技术的运用，用此法不仅可减少塑料的使用量，而且可开发出新的产品，如填充 30% ~50% $CaCO_3$ 或淀粉，相当于节省了 30% ~50% 塑料，也就减少了 30% ~50% 的塑料垃圾。见表 2–59。

表 2–59　　　　　　　　　　　　　　　节约塑料使用量的措施

方　法	措　施
抑制过度包装	去除过度包装物
以高性能塑料替代	以高强度的 HDPE 替代 LDPE，降低膜厚
	形成蜂窝状结构和波形结构，大幅度提高压缩强度和弯曲强度，减少使用量
闲置资源及复合化技术的利用	LDPE/$CaCO_3$复合薄膜
	矿渣、硅球、木粉、废纸等与塑料复合

　　（2）化学再生　即以热裂解制得燃料油品和化学合成原料–单体。包括裂解为低分子的再生，这类热解技术适合于无规自由基分解类型的塑料，如 PP、PE、PVC 等。单体的再生适宜于高温下只解聚为单体的一类高分子化合物，如 PMMA、POM、饱和聚酯、PA 等，PET 是使用此法的一个典型例子，如图 2–24。用此法所生成的单体，可用于再聚合生产高分子化合物。

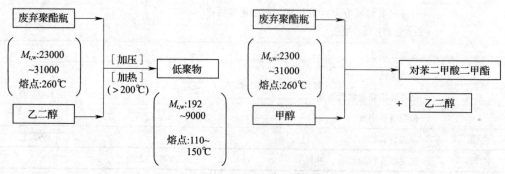

图 2–24　PET 的再生（解聚）

（3）原材料的再生　包括简单再生和复合再生。前者是对制造过程中产生的边角料或不合格品不经分选、清洗等预处理，直接破碎后掺入新料中，直接塑化成型为原来的制品，或者虽经使用，但未污染，也未混入其他杂品的商业部门回收的包装材料、防震材料等，或直接破碎后再生利用或须经清洗、干燥、破碎后造粒或直接塑化成型。后者是为改善再生制品的力学性能或赋予某些特殊性能，采用共混改性或化学接枝改性，是被推荐的一种方法，常用的方法有活性无机粒子填充，加入弹性体增韧、混入短纤维增强、并用另一种树脂等，也可以交联、接枝、氯化等化学改性。

（4）废弃塑料焚烧回收热能　此法适用于难于清洗分离、无法回收的混杂废弃塑料的处理，采用焚烧炉焚烧回收热量。据测定，聚烯烃和 PS 的燃烧热为 38～46MJ/kg，可与煤油匹敌；PA 和 PMMA 的燃烧热为 25～33MJ/kg，与煤相当；废弃橡胶的燃烧热为 27.2～33.5MJ/kg，可作焙烧水泥的燃料。表 2-60 为几种塑料的燃烧热。由表可知，回收废弃塑料的热量潜力巨大（可满足总电力需求的 4%～9%），必须充分利用。与掩埋法相比，焚烧法可最大限度减少对自然环境的污染，且只需专用焚烧设备而不需要其他再加工设备和装置；但焚烧后的气体会污染大气环境，如聚氯乙烯燃烧可产生 HCl，PAN 会产生 HCN，PU 可生成氰化物，等等，且焚烧设备的投资较高，与再生回收相比，焚烧后资源完全消耗掉了。

表 2-60　　　　　　　　　　　　几种塑料的燃烧热

名称	燃烧热/（MJ/kg）	名称	燃烧热/（MJ/kg）
PE	43.3	木材	15.0～17.0
PP	44.0	石油/燃烧油	42.0
PS	40.0	煤	29.0
PVC	18.0～26.0	纸	13.0～15.0
ABS	35.3	皮革	19.0
热固性塑料	20.0	脂类	38.0

（5）掩埋处理　即将废弃高分子材料深埋，并应不影响地表植物的生长。此法比将废弃高分子材料随手乱丢，任其随风飞扬、随波逐流，污染大地和江河湖海要好，但由于未加利用，且埋在地下可几百年不降解还会导致地表塌陷，造成空洞，某些分解产物或低分子添加剂渗出会对地下水源二次污染等，是回收处理废弃高分子材料中的下下策。

（6）废弃热固性塑料的回收处理　这类塑料不像前述的热塑性塑料那样，无法再生，通常研磨粉碎成细粉，作填料使用，如将 15%～30% 的研磨料加入纯树脂中，而对其物理性能和化学性能影响并不显著。

（7）废弃橡胶制品的回收利用　通常以生产废胶粉为再生利用的主要手段，而制造再生胶为辅。生产胶粉常用低温冷冻粉碎法（用液氮作冷冻剂，使温度降至其玻璃化温度以下粉碎之）、常温连续粉碎法、高压水冲击法等。表 2-61 为按粒度划分的胶粉种类。与生产再生胶相比，此法工艺路线较短，省去脱硫、清洗、挤水、干燥、捏炼、滤胶、精炼等工序，设备、能耗及人工有较大幅度下降。精细胶粉可直接掺入生胶中替代部分生胶，使制品成本下降；生产过程中不存在气、水的环境污染；与再生胶相比，精细胶粉掺入量大且力学性能好。工业制品的胶料中，精细胶粉可掺入 50%，而再生胶只能掺入 20% 以下；对力学性能要求甚高的轮胎胎面胶和胎侧胶，精细胶粉掺入量可达20%～30%，再生胶只能少量用于档次较低的人力车胎中。新型脱硫方法的开发成功是再生橡胶技术的关键。动态再生法（恩格尔科法）、常温再生法、低温再生法（TCR法）、低温相转移催化脱硫法、微波再生法、辐射再生法、压出法等是国际上较流行的方法。再生胶的工艺性能优于胶粉，适量掺入有利于橡胶的混炼加工。另外，还可以通过热裂解回收碳黑、液体油类和煤气等，也有将再生橡胶、胶粉、裂解所得的碳黑及回收的废弃热塑性塑料共混改性，用于生产防水卷材、铺地材料、日用品等制品。由于橡胶回收再生的发展，国外已誉之为"新型的黑金"。

表2-61　胶粉种类

胶粉种类	粒度/μm
超细胶粉	<74
精细胶粉	75～300
细胶粉	300～500
粗胶粉	500～1500

2.5.3.3　开发光降解和生物降解高分子材料

降解塑料是指在光和生物的作用下可降解的塑料，通常有农膜、棚膜和包装材料及一次性用品等。降解的方法有光降解、生物降解、同时兼有光降解和生物降解两种作用的复合降解。光降解塑料中通常添加光敏剂和光分解促进剂，生物降解塑料通常采用改性淀粉和脂肪族聚酯。无论是光降解还是生物降解，一般又可分为完全分解型和崩解型。前者可在细菌和阳光作用下最终分解为 CO_2 和水；后者则崩解成碎片，碎片或随风飘扬，或掺入土壤中，造成二次污染。表2-62所列为完全分解型降解塑料的种类。降解塑料关键的一点是价格因素，即应千方百计降低成本、提高竞争力。

表2-62　　　　　　　　　　完全分解型降解塑料的种类

分类	类别	
淀粉类	改性淀粉/PVA类（65/约30）	
	改性淀粉为主（淀粉95%以上）	
	聚乙醇酸交酯及其共聚物类	$+(O-CH_2-CO)_n$
	聚乳酸类	$+(OCH-CO)_n$ 其中 CH_3
脂肪族聚酯类	聚3-羟基丁酸酯/聚3-羟基戊酸酯共聚物类	$+(O-CH-CH_2-CO)_m(O-CH-CH_2-CO)_n$ 其中 CH_3 与 C_2H_5
	聚丁二酸乙二醇酯类	$+(OC-CH_2CH_2-CO-OCH_2CH_2-O)_n$
	聚己内酯类	$+(OCH_2CH_2CH_2CH_2CH_2-CO)_n$
其他	PVA/PVAC类	
	多糖类（纤维素类、甲壳素类、壳聚糖类等）	

总之，高分子材料的环境问题已十分严重，对其回收、再生利用任重而道远。每一个高分子材料的制造者和使用者，每一个环境保护政策的立法者和执法者，都应将废弃高分子材料回收再生当作是自己造福全人类及其子孙后代的千秋功业。

习题与思考题

1. 分别区分"通用塑料"和"工程塑料"，"热塑性塑料"和"热固性塑料"，并请各举 2~3 例。

2. 什么是聚合物的结晶和取向？它们有何不同？研究结晶和取向对高分子材料加工有何实际意义？

3. 请说出晶态与非晶态聚合物的熔融加工温度范围，并讨论两者作为材料的耐热性好坏。

4. 为什么聚合物的结晶温度范围是 $T_g \sim T_m$？

5. 什么是结晶度？结晶度的大小对聚合物性能有哪些影响？

6. 何谓聚合物的二次结晶和后结晶？

7. 聚合物在成型过程中为什么会发生取向？成型时的取向产生的原因及形式有哪几种？取向对高分子材料制品的性能有何影响？

8. 要使聚合物在加工中通过拉伸获得取向结构，应在该聚合物的什么温度下拉伸？

9. 分析并讨论影响热塑性塑料成型加工中熔体黏度的因素。

第3章 添加剂

高分子材料是以聚合物为主体的多相复合体系，即高分子材料很少由纯聚合物制造，或多或少都加有各种添加剂。加入添加剂的目的在于改善高分子材料的成型加工性能，提高其制品的使用性能，赋予某些特殊的功能性或者降低产品的成本。高分子材料添加剂的种类非常繁多，根据其主要功能或作用，通常将添加剂划分为工艺性添加剂和功能性添加剂两大类，如图3-1。工艺性添加剂有利于高分子材料的成型加工，功能性添加剂可赋予高分子材料制品一定的性能，也可使制品原有性能得到某种程度的改善。需要指出的是，这种分类方法并不是唯一的。对于某种高分子材料，其添加剂的具体种类和用量，必须根据对高分子材料及其制品的性能要求和成型加工工艺加以确定。本章将就高分子材料最常用的几类添加剂的作用、分类和选用原则加以叙述。

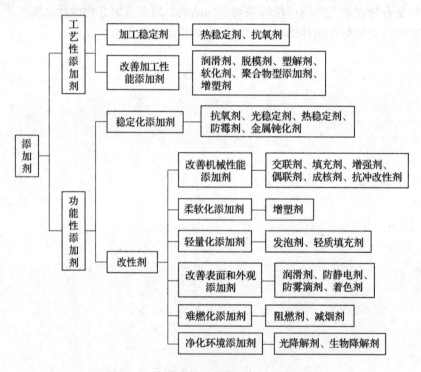

图3-1　高分子材料添加剂的功能与分类

3.1　稳 定 剂

高分子材料在制备、成型加工、存储和使用过程中，受外界物理、化学和生物等因素的影响，往往会发生外观、结构和性能上的变化。如塑料变黄、脆化、开裂，橡胶发黏、变硬、龟裂，纤维强度降低、褪色、断裂等，这些现象称为高分子材料的老化。防止或延缓高分子材料的老化，保持其原有的使用性能，这就是高分子材料的稳定化。

引起高分子材料老化的因素很多，但不外乎内因和外因两个方面。内因来自高分子材料本身，如聚合物分子结构上以及其他组分中的某些弱点等。外因如热、光、应力、电场、射线等物理因素，氧、臭氧、重金属离子、化学介质等化学因素，以及微生物、昆虫等生物因素。其中，热、氧、光为三个主要因素，会造成自动氧化和热分解反应，引起聚合物的降解。

为了防止或抑制由高分子材料老化所引起的破坏作用，可采取以下应对措施：引入某些带功能性基团的单体进行共聚改性，如将含有抗氧剂基团的单体与其他乙烯基单体共聚；对活泼端基进行消活和稳定处理，如均聚甲醛的酯化或醚化；在高分子材料中添加适当的稳定剂，此方法的使用最为普遍。稳定剂能阻止或延缓高分子材料在贮存、加工及使用过程中的老化降解和性能劣化。针对热、氧、光三个引起高分子材料老化的主要因素，可将稳定剂细分为热稳定剂、抗氧剂和光稳定剂。

3.1.1 热 稳 定 剂

热稳定剂是一类能够防止高分子材料在成型加工或使用过程中因受热而发生降解或交联的添加剂。热稳定剂主要用于热敏性聚合物［如聚氯乙烯（PVC）树脂］，是生产 PVC 塑料最重要的添加剂。由于 PVC 是一种极性高分子，分子间的作用力很强，导致加工温度超过其分解温度，只有加入热稳定剂才能实现在高温下的加工成型，制得性能优良的制品。此外，热稳定性差的氯乙烯共聚物、聚甲醛、氯丁橡胶和氯醚橡胶中，也必须添加热稳定剂。

3.1.1.1 PVC 的热不稳定性

聚合物的分子结构是影响其不稳定性的主要因素，一般主链上 C—C 键键能受侧链取代基和原子影响，分布规则且极性大的取代基能增加主链 C—C 键键能，提高聚合物稳定性，而不规整的取代基则可降低聚合物的稳定性。例如，PVC 有强极性的不对称氯原子，易与相邻的氢原子发生脱 HCl 反应，造成 PVC 的热不稳定性。研究结果表明：

（1）随着温度升高，PVC 树脂的热降解大大加速。PVC 在 100℃ 时开始分解，释放出 HCl；加热到 130℃ 时，分解已经比较显著；达到 150℃ 以上时，分解变得相当严重。与此同时，PVC 树脂的颜色也由白→微红→粉红→浅黄→褐色→红棕→红黑→黑色。

（2）氧加速了 PVC 树脂的热降解，PVC 树脂热氧降解的顺序为：氧气中 > 空气中 > 氮气中。

（3）光加速了 PVC 树脂的热降解。PVC 树脂在可见光条件（光热）下的热稳定性低于避光条件（热）下，且稳定性随光强增加而降低。在短波长紫外光的照射下，光热稳定性大大变差。

（4）随着聚合度的减小，PVC 树脂的热稳定性变差。此外，PVC 树脂中的杂质，如 Fe^{3+}、Cu^{2+} 等金属离子以及残留的引发剂，也将使其热稳定性变差。

（5）脱出的 HCl 会加速 PVC 树脂的降解（自催化现象）。

PVC 树脂的热不稳定性还与其结构缺陷有关。一般认为：在避光条件（热）下 PVC 的稳定性主要受不稳定氯原子，特别是链内烯丙基氯原子制约；而见光条件（光热）下则主要由不饱和双键，尤其是端双键决定。

3.1.1.2 热稳定剂的作用

热稳定剂的作用主要有：去除聚合物降解后产生的活性中心（如聚合物降解后产生的自由基，不稳定氯原子），抑制聚合物进一步降解；对成为降解中心的不饱和双键结构起加成作用；转变在降解中起催化剂作用的物质（如 HCl，金属杂质）等。

热稳定剂大致可分为预防型和补救型两类，前者起到中和 HCl、取代不稳定氯原子，钝化杂质、防止自动氧化等作用，后者起到与不饱和部位反应和破坏碳正离子盐等作用。

（1）中和 HCl　这类热稳定剂能够与 PVC 分解释放的 HCl 反应，通过生成无害化合物而起稳定作用。此类热稳定剂包括有机酸的金属皂类、某些无机酸的碱式盐类、环氧化合物、胺类、金属醇盐和酚盐及金属硫醇盐等。

（2）取代不稳定氯原子　这类热稳定剂能够与 PVC 分子上不稳定的氯原子发生取代反应，将其置换为对热更稳定的基团。重金属羧酸盐和硫醇盐可担当这一角色。然而，脱出的 HCl 也会与这些盐类反应，而且取代反应生成的重金属氯化物对 PVC 的降解也有促进作用。为消除这类副反应，可将重金属羧酸盐与碱金属羧酸盐或碱土金属羧酸盐、环氧化合物进行复合，依靠协同作用提高稳定效能。

（3）钝化杂质　亚磷酸酯类稳定剂具有中和或钝化某些树脂杂质、痕量金属污染物、引发剂残余物等作用，使 PVC 树脂的热稳定性提高。

（4）防止自动氧化　金属硫醇盐等还具有分解氢过氧化物的二次抗氧剂效应；酚类抗氧剂能阻滞脱 HCl，也表现出热稳定剂的作用；虽然热稳定剂可被过氧化物分解，但并用的酚类抗氧剂可捕获自由基，有利于改善稳定效能。

（5）与不饱和部位反应　金属硫醇盐与 HCl 反应生成的硫醇能够与 PVC 链上的不饱和双键发生加成反应，在 PVC 链上形成稳定的硫醚键，同时使共轭多烯序列缩短而消色。

（6）破坏碳正离子盐　碳正离子是引起 PVC 颜色变深的主要原因，通过反应除去 HCl，破坏碳正离子盐，可以使 PVC 消色，能与 HCl 结合的稳定剂或稳定体系都具有这一能力。

3.1.1.3　热稳定剂的分类

热稳定剂主要用于阻止 PVC 在成型加工和使用过程中因热的作用而引起的降解破坏，其消耗量为 PVC 树脂产量的 2%～4%。热稳定剂可分为铅盐类、金属皂类、有机锡类、有机锑类、有机辅助稳定剂、复合稳定剂、稀土类稳定剂等。

（1）铅盐类稳定剂　主要包括三盐基硫酸铅、二盐基亚磷酸铅、二盐基硬脂酸铅、二盐基邻苯二甲酸铅、三盐基马来酸铅等。具有优良的热稳定性、耐候性和电绝缘性，价格低廉并具有润滑性；毒性较大、透明性差，不能用于食药制品和透明制品；分散性差、比重大，易被硫化物污染。

（2）金属皂类稳定剂　主要包括硬脂酸、月桂酸、棕榈酸、油酸等的 Ba、Cd、Ca、Zn 金属盐。加工性能好并兼有润滑性，但相容性较差，用量多时产生喷霜；通过组合具有协同效应，Ba/Cd 是有毒组合，Ba/Zn 是低毒组合，Ca/Zn 为无毒组合，通常还需辅以有机辅助稳定剂。

（3）有机锡类稳定剂　主要包括硫醇盐型（如十二硫醇二正丁基锡、硫醇甲基锡）、马来酸盐型（如马来酸二丁基锡、马来酸二正辛基锡）和脂肪酸盐型（如二月桂酸二正丁基锡、二月桂酸二正辛基锡）。具有优良的稳定性和透明性，但是价格较高，主要用于食药包装和其他透明 PVC 制品。

（4）有机锑类稳定剂　主要包括巯基羧酸酯锑类、硫醇锑类等。热稳定性、透明性优良，初期着色性好；无毒、价廉，气味较有机锡小。

（5）有机辅助稳定剂　主要包括环氧化物（如环氧大豆油、环氧硬脂酸酯）、亚磷酸酯（如亚磷酸三苯酯、亚磷酸三壬基苯酯）、多元醇类（如季戊四醇、木糖醇）和 β–二酮等。

自身的稳定作用很小，与金属皂类或有机锡类并用时，能够发挥良好的协同作用。

（6）复合稳定剂 由金属皂类稳定剂与有机辅助稳定剂以及润滑剂复配而成，具有无毒环保、热稳定性高、润滑性好和使用方便的特点。固体 Ca/Zn 复合稳定剂可替代铅盐类，适用于硬质管材；液体 Ca/Zn 复合稳定剂可用于食药包装和增塑糊制品。

（7）稀土类稳定剂 属于镧系稀土元素的有机复合物，是一类新型高效的热稳定剂。具有无毒环保、热稳定性高、透明性好和价格低廉的特点，可用于食药包装和其他透明 PVC 制品。

3.1.1.4 热稳定剂的选择

理想的 PVC 热稳定剂应与 PVC 树脂、增塑剂的相容性良好，以易于分散，且不会与其他添加剂发生化学反应，对制品性能、成型加工性能及印刷性、焊接性等二次加工性能没有或很少影响，无色、无臭，在食品、医药包装等特定应用中应无毒，价格低廉，用量少，效果好。

对于热稳定剂的选择，首先取决于制品的性能要求，如硬质或软质制品（是否增塑）、透明或不透明制品、一般使用还是食品或医药包装（毒性要求）等；其次是制品的尺寸要求，当采用快速压延成型、薄壁型材或大表面积型材挤出成型时，PVC 分子链将因受到强的热剪切作用而产生断链，在选用热稳定剂时应加以考虑；最后是成型加工方式，对于硬质 PVC 制品的成型，应特别予以重视。如注射成型时，为了降低熔体黏度，必须提高加工温度，要求热稳定剂的效能高；而当采用流化床涂层工艺时，由于加工温度更高，对热稳定剂的选择就更为严格。

近年来，热稳定剂的生产和消费进一步向无毒、低毒、复合高效的方向发展。无毒或低毒的有机锑类、有机锡类、稀土类和钙/锌复合热稳定剂已得到越来越广泛的应用，传统的铅盐类也已经被无尘复合铅盐热稳定剂所取代。

3.1.2 抗氧剂（防老剂）

高分子材料在制备、成型加工、贮存和使用过程中，不可避免地会与空气中的氧发生接触，从而发生氧化反应。由于反应按自由基链式反应机理进行，具有自动催化的特征，故常称作自动氧化反应。自动氧化反应的内因在于聚合物本身的分子结构，而外因在于环境中的 O_2。对于不饱和橡胶，当主链中含有—C—C≡C—结构时，在双键 β 位的单键具有相对不稳定性，易受 O_2 的作用而产生降解。对于以共价键结合的塑料，当加工时提供的能量等于或大于共价键能时易产生断裂，而键能大小与聚合物的分子结构有关。一般主链上键能的大小为：伯碳原子 > 仲碳原子 > 叔碳原子 > 季碳原子。因此大分子链中与叔、季碳原子相邻的键都是不稳定的，如 PP 含有叔碳原子，其稳定性比 PE 差，易与 O_2 反应而产生降解。

3.1.2.1 自动氧化反应机理

聚合物的自动氧化反应过程可分为链引发、链增长、链转移和链终止等阶段。在光、热、氧、机械应力或具有反应活性的杂质的作用下，聚合物（以 RH 表示）首先生成大分子自由基 R·，然后自动氧化生成大分子过氧化自由基 ROO·，再与 RH 作用生成 R·和大分子过氧化氢 ROOH。而 ROOH 又会发生分解反应，生成的大分子烷氧自由基 RO·和氢氧自由基 HO·能够与 RH 作用引起新的连锁反应。最后，大分子链自由基相互结合而终止链反应。反应的一般式为：

链引发   RH ——→ R· + H·   (3-1)

链增长 　　$R \cdot + O_2 \rightarrow ROO \cdot$ 　　　　　　　　　　　　　（3-2）

　　　　　$ROO \cdot + RH \rightarrow ROOH + R \cdot$ 　　　　　　　　（3-3）

链转移 　　$ROOH \rightarrow RO \cdot + HO \cdot$ 　　　　　　　　　（3-4）

　　　　　$2ROOH \rightarrow ROO \cdot + RO \cdot + H_2O$ 　　　　　（3-5）

　　　　　$RO \cdot + RH \rightarrow ROH + R \cdot$ 　　　　　　　　（3-6）

　　　　　$HO \cdot + RH \rightarrow H_2O + R \cdot$ 　　　　　　　　（3-7）

链终止 　　$R \cdot + R \cdot \rightarrow R-R$ 　　　　　　　　　　　（3-8）

　　　　　$R \cdot + ROO \cdot \rightarrow ROOR$ 　　　　　　　　　（3-9）

　　　　　$ROO \cdot + ROO \cdot \rightarrow ROOR + O_2$ 　　　　　（3-10）

需要指出的是，链转移阶段产生的 $RO \cdot$ 易使大分子主链发生断裂，如 PP 和天然橡胶（NR）的链断裂造成聚合物分子量的下降，导致材料物理机械性能的降低；而链终止阶段则发生交联，如 SBS 和 NBR 的交联造成聚合物分子量的增大，导致材料的脆化、变硬和弹性下降等。此外，微量的 Fe^{2+}/Fe^{3+}、Co^{2+}/Co^{3+}、Mn^{2+}/Mn^{3+}、Cu^+/Cu^{2+} 等变价金属离子对 ROOH 的分解具有很强的催化作用：

$$ROOH + Me^+ \rightarrow RO \cdot + Me^{2+} + OH^- \quad\quad (3-11)$$

$$\underline{ROOH + Me^{2+} \rightarrow ROO \cdot + Me^+ + H^+} \quad\quad (3-12)$$

即 　　　　$2ROOH \rightarrow ROO \cdot + RO \cdot + H_2O$ 　　　　　（3-13）

温度和机械力对聚合物的自动氧化反应也具有重要影响。

3.1.2.2 抗氧剂的作用与分类

抗氧剂是指可抑制或延缓高分子材料自动氧化速度，延长其使用寿命的物质。习惯上将用于橡胶的抗氧剂称为防老剂。根据其作用的不同，抗氧剂可分为两大类：

（1）链终止型抗氧剂 　主要是受阻酚类和仲芳胺类化合物，其分子中都存在活泼的氢原子，能够与 $R \cdot$ 和 $ROO \cdot$ 反应生成活性较小的自由基或惰性产物，从而避免自由基从聚合物中夺取氢原子。由于消除 $ROO \cdot$ 能够抑制 ROOH 的生成和分解，所以此类抗氧剂又称为主抗氧剂。

（2）预防型抗氧剂 　可除去自由基的来源，抑制或减缓引发反应。故此类抗氧剂又称为辅助抗氧剂。这类抗氧剂又可分为两类：

① 过氧化物分解剂 　指能与过氧化物反应并使之转变成稳定的非自由基的物质，主要是有机硫化物和亚磷酸酯类。

② 金属离子钝化剂 　指能使各种变价金属离子转化为稳定的络合物，减缓氢过氧化物分解作用的物质，主要为酰胺类及酰肼类，用于以聚烯烃为绝缘材料的通信电缆。

塑料中的抗氧剂用量一般为 0.1%～1%，而橡胶中的防老剂用量一般为 1～5 份。

3.1.2.3 臭氧老化与防护

臭氧（O_3）是地球大气中的一种微量气体，大气中 90% 以上的臭氧存在于高空的平流层。近地面臭氧是由汽车尾气、石油化工等行业排放的氮氧化物，以及挥发性有机化合物在大气中进行光化学反应的产物。地面附近大气中的臭氧浓度很低（为 5～50ppb），但臭氧对聚合物的影响不可忽视。其表现为：

（1）使含不饱和双键的橡胶发生臭氧龟裂。这种龟裂只发生在橡胶受应力作用时，裂纹垂直于应力作用的方向，而且比氧化降解的裂纹要深。此外，臭氧龟裂随温度升高和增塑剂用量增加而加速。

（2）饱和橡胶受臭氧作用同样会发生臭氧老化。聚合物的取代基、空间位阻、立体化学等结构因素能够影响臭氧老化，如存在供电子基可加剧臭氧龟裂，而存在亲电子基可减轻臭氧龟裂。

抗臭氧剂是指可以阻止或延缓高分子材料发生臭氧破坏的化学物质。抗臭氧剂本质上也是一种橡胶防老剂，其作用可以概括为：抗臭氧剂扩散到橡胶制品的表面，与臭氧发生反应，避免臭氧与橡胶大分子之间发生反应；或在橡胶制品的表面生成一层氧化保护膜，阻止臭氧继续向内层渗透。与此同时，抗臭氧剂还能与橡胶大分子在臭氧老化断链后生成的醛基和酮基发生交联反应，阻止其进一步降解，从而起到保护作用。抗臭氧剂的作用与抗氧剂不同，抗氧剂是抑制扩散到制品内部的氧，而抗臭氧剂只是在制品表面上发挥作用。因此，抗臭氧剂的效率取决于其向表面的迁移性。

臭氧防护方法通常可分为两类：

① 物理防护方法　在高分子材料中添加蜡或在其表面涂上树脂（如烷基树脂、PF、PVC、PU 等），以在表面形成一层对臭氧攻击不敏感的、臭氧无法通过的保护层。此方法仅适用于防止静态环境中的臭氧破坏作用。

② 化学防护方法　添加抗臭氧剂，如喹啉类衍生物、醛胺、酮胺的缩合物、对苯二胺衍生物等。此类防护可抵抗动态环境下的臭氧破坏作用。

抗臭氧剂的用量一般为 1 ~ 5 份。抗臭氧剂在二烯类橡胶中的用量，按取代基为 Cl（CR）、H（BR）、CH$_3$（IR）的顺序增高；BR 中随反式异构体含量的增加，抗臭氧剂用量也要增加；SBR 中随 B 含量的增加，抗臭氧剂用量也应增加。

3.1.2.4　常见的抗氧剂

抗氧剂主要用于抑制高分子材料在加工和使用过程中因与氧接触而引起的降解破坏。抗氧剂的主要种类有酚类、对苯二胺类、二芳基仲胺类和酮胺类等。

（1）酚类抗氧剂　包括烷基单酚类（如抗氧剂 264、防老剂 SP）、烷基多酚类（如抗氧剂 2246、抗氧剂 1010）、硫代双酚类（如防老剂 2246 – S、抗氧剂 300）、多元酚衍生物（如防老剂 DBH）和氨基酚衍生物（如防老剂 CEA、防老剂 CMA）等。适用于塑料和橡胶，不变色、不污染，可用于白色或浅色制品。

（2）对苯二胺类抗氧剂　包括 N, N' – 二烷基对苯二胺（如防老剂 288、防老剂 4030）、N, N' – 二芳基对苯二胺（如防老剂 H、防老剂 DNP）和 N, N' – 烷基芳基对苯二胺（如防老剂 4010、防老剂 4010NA）等。主要用作橡胶防老剂，对热、氧、臭氧和有害金属有防护作用，有色污性，仅可用于深色制品。

（3）二芳基仲胺类抗氧剂　包括苯基萘胺类（如防老剂 A、防老剂 D）和二苯胺类（如防老剂 OD）。适用于橡胶和塑料，抗热、氧和屈挠老化，有毒性和色污性，不适于浅色制品。

（4）酮胺类抗氧剂　包括防老剂 RD、防老剂 AW 和防老剂 BLE。主要用作橡胶防老剂，抗热、氧老化，有色污性，不适于浅色制品。

（5）硫代酯及亚磷酸酯类抗氧剂　属于辅助抗氧剂，硫代酯类包括抗氧剂 DLTP、抗氧剂 DSTP，亚磷酸酯类包括抗氧剂 TNP、抗氧剂 ODP。适用于塑料和橡胶，不着色、不污染，可用于白色或艳色制品。

3.1.2.5　抗氧剂的选用原则

抗氧剂的加入方式有两种：一是在材料合成后立即进行防护，二是在材料成型加工中加入。一般以尽早加入为好，即应在合成阶段的物料干燥前加入。对于聚烯烃，尤其是容易发生氧化降解的 PP 更应如此。选择抗氧剂时应考虑如下问题。

（1）色污性　有些抗氧剂会发生变色而具有污染性。酚类抗氧剂属于不污染性抗氧剂，可用于无色或浅色的高分子材料制品，但有时亦会观察到泛黄的色污现象；芳胺类抗氧剂具有极高效率，广泛应用于橡胶工业中，但有较强的变色性和污染性，不适用于浅色制品；添加某种亚磷酸酯或硫醚可克服变色现象。

（2）稳定性　指抗氧剂本身对光、热氧、水的稳定性。抗氧剂应能满足合成和成型加工条件的要求，具有一定的高温热稳定性；一般胺类抗氧剂在光和氧作用下会变色，其耐氧化性和变色程度因不同胺类而异；受阻酚在加热条件下受酸性物质作用会发生脱烃反应，抗氧化效率下降；亚磷酸酯类抗氧剂较易发生水解。

（3）溶解性　当需在合成阶段投入抗氧剂时，可使其溶解于单体或溶剂后添加，也可将其溶解于亚磷酸酯或硫醚等辅助抗氧剂后添加，对于乳液聚合工艺，可将抗氧剂乳化后投入，此时应注意抗氧剂在水或其他溶剂中的溶解度。

（4）相容性　抗氧剂的相容性差时，在聚合物中会呈现过饱和状态，向制品表面迁移而产生喷霜。酚类和亚磷酸酯类抗氧剂与橡胶的相容性好，无喷霜现象；N, N'-二苯基对苯二胺在 NR 中用量达到 0.3% 时就会喷霜，但与 SBR 的相容性较好；对 LDPE 和 PU 来说，抗氧剂的喷霜现象尤为明显。

（5）挥发性　聚合物制品随使用时间的增长而加剧老化，故抗氧剂在使用后期的作用更为重要，所以应重视其挥发性。高分子量的多元酚类抗氧剂与聚合物具有良好的相容性，挥发性低。

此外，聚烯烃的热氧化降解是按自由基链式反应机理进行的，一些变价金属离子对氧化降解具有催化作用。因此，当聚烯烃与铜或含铜合金直接接触，或者其他添加剂中含有催化活性金属离子，应考虑添加铜抑制剂（金属离子钝化剂），使之与抗氧剂并用。

近年来，抗氧剂的总体发展趋势是：无毒、低毒，对人体及环境无害；无污染性，可制备白色或浅色的最终产品；高分子量，提高抗氧剂的耐挥发性及其与聚合物的相容性；专用型、复配型、多功能型，提高抗氧剂的效率并使其易于使用。

3.1.3　光 稳 定 剂

许多高分子材料制品是在户外环境下使用的，由阳光引起的光降解作用是不容忽视的。

3.1.3.1　高分子材料的光降解作用

太阳辐射在通过空间和臭氧层后，实际到达地面的辐射波长为 290～3000nm，其中波长 400～800nm（约占 40%）的是可见光，波长 800～3000nm（约占 55%）的是红外线，而波长 290～400nm（仅占 5%）的是紫外线。然而，正是这部分紫外线才是引起高分子材料降解的罪魁祸首。

光照射到高分子材料后，或被其表面反射，或被散射，或被吸收。而能导致光降解的，仅仅是被有效吸收的那部分。通常，具有饱和结构的高分子材料不能吸收波长大于 250nm 的光，所以并不会引起降解。而当高分子材料中含有不饱和结构或合成过程中夹杂了残留的微量杂质及存在结构缺陷时，则会吸收波长大于 290nm 的光而发生降解。表 3-1 和表 3-2 分别列出了某些塑料对于紫外光照射的敏感波长和各种波长光线的能量及某些化学键的键能。由表 3-2 可知，紫外波段光子的能量为 297～419kJ/E，明显高于高分子材料中典型化学键的键能。因此，到达地面的紫外光能量足以切断大多数聚合物中键能弱的部分。

表3-1 某些塑料对于紫外光照射的敏感波长

塑 料	吸收最多的波长/nm	光降解最敏感的波长/nm	塑 料	吸收最多的波长/nm	光降解最敏感的波长/nm
PE	<150	300	PVAc	<250	<280
PP	<200	310	PS	<260	318
PVC	<210	310	PC	260	295
PMMA	<240	290~315	PET	~290	290~320

表3-2 各种波长的能量和高分子材料中典型化学键的键能

波长/nm	光线的能量/(kJ/E[①])	化学键类型	化学键的键能/(kJ/mol)	波长/nm	光线的能量/(kJ/E[①])	化学键类型	化学键的键能/(kJ/mol)
290	419	C—H	380~420	350	339	C—Cl	300~340
300	398	C—C	340~350	400	297	C—N	320~330
320	375	C—O	320~380				

注：① 1E=1爱因斯坦=1mol光子=6.02×10²³个光子。

图3-2为光跃迁过程示意图。发色基团吸收了光量子后可跃迁到激发态（单线态），单线态可通过系统内穿越转变到三线态，也可通过发射荧光、磷光和非辐射衰减返回基态；而激发态（单线态和三线态）的能量传递给另一分子是能量转移的另一途径。单线态分子的寿命（荧光寿命）较短，对多数有机分子仅为 $10^{-9} \sim 10^{-6}$ s，而三线态的寿命（磷光寿命）较长，为 $10^{-3} \sim 20$ s。所以，三线态下各种化学活性点在高分子材料的光降解反应中起重要作用。

然而，由于高分子材料对光的吸收能力和吸收速度有限，而且，光量子产率（发生化学反应的高分子材料的分子数与吸收光的分子数之比）是非常低的，要切断某些高分子材料分子链所需的光量子产率在 $10^{-5} \sim 10^{-2}$ 之间，即真正吸收光的 100～100000 个分子中，仅有一个分子被降解。

光对高分子材料的降解，严格说来是光和氧共同作用的结果。具有芳香结构、主链上有不饱和基团以及仲、叔碳原子上有活泼氢的聚合物，对光氧降解是非常敏感的。如较多使用光稳定剂的聚烯烃，尤其是含有叔碳原子的PP，在催化剂残留物（往往是光敏化剂）、氢过氧化物、羰基或稠环芳烃的引发作用及在单线态氧的作用下，导致进一步的氧化降解反应。单线态氧是一种电子激发态的分子氧，有很高的化学反应活性，高分子材料中的单线态氧多数是从稳定的分

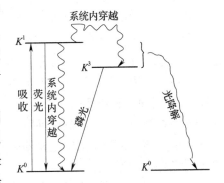

图3-2 光跃迁过程示意图
——→ 含吸收和发射光量子的跃迁
⟿→ 非辐射跃迁
K^0，K^1，K^3—发色基团 K 所处的能态：基态、单线态和三线态

子氧，经光激发过程、臭氧络合物、稠环芳烃类过氧化物分解形成的，在高分子材料的光氧化初期，单线态氧对氢过氧化物的形成具有重要作用。所以，单线态氧是高分子材料光氧化降解的一个重要引发因素。光氧降解可导致断链和交联，并形成羰基、羧基、羟基和氢过氧化物等含氧官能团，同时带来外观和物理机械性能的变化。

光的引发作用分为两类，即初级光引发（指纯聚合物、氧－聚合物络合物、臭氧－聚合物络合物或分子氧本身吸收紫外光辐射而发生的化学反应）和次级光引发（指聚合物内部光敏化杂质通过光敏化过程而导致的引发作用）。纯聚合物，如 PE、PP 仅含单键，本身不吸收紫外光，因此直接吸收能量而导致的引发作用是微不足道的。而当聚合物中含有双键（尤其是羰基）、催化剂残留物或微量的氢过氧化物、稠环芳烃等光敏物质时，才能吸收光量子而引发降解。分子氧也不至于引发光氧化反应，但臭氧、氧与聚合物的电荷转移络合物（简称 C－T 络合物）是光降解的重要因素。

必须指出，光降解还与温度、湿度、大气组成有关。温度升高，甚至可能使热降解成为主要因素；空气中的水也可通过萃取或水解作用使某些添加剂（如颜料、钛白粉等）参与光化学反应；大气中的稠环芳烃化合物、臭氧和氮氧、硫氧化物等也影响光降解。

3.1.3.2　光稳定剂的作用和分类

光稳定剂是指可有效地抑制光致降解物理和化学过程的一类添加剂。通常，其用量为 0.05% ~2% 。根据其作用机理可分四种。

（1）光屏蔽剂　指能反射和/或吸收紫外光，可屏蔽紫外光的透射能力，使之不能进入制品内部的一类物质。工业上常用的有炭黑、二氧化钛、氧化锌和锌钡白等。

（2）紫外线吸收剂　指能选择性强烈地吸收聚合物敏感的紫外光，并能够通过自身的异构转换方式，将吸收的能量以热能或无害的低能辐射形式释放或消耗的一类物质。这是目前应用最普遍的一类光稳定剂。工业上应用最多的是二苯甲酮类、邻羟基二苯甲醇类和苯并三唑类。

（3）猝灭剂　指通过分子间的能量转移，迅速而有效地将激发态分子（单线态氧和三线态物质）猝灭，使之转变成热能、荧光或磷光，辐射散失回到基态的一类物质。工业上常用的有镍、钴的有机络合物。

（4）自由基捕捉剂　指通过捕获自由基、分解过氧化物、传递激发态能量（猝灭单线态氧）等多种途径，赋予高分子材料高度光稳定性的一类物质。其特征是几乎不吸收紫外光。工业上常用的是受阻胺类衍生物。

3.1.3.3　常见的光稳定剂

光稳定剂主要用于抑制或屏障高分子材料制品在阳光或强的荧光下，因吸收紫外线而引起的降解破坏。光稳定剂的主要种类有光屏蔽类、受阻胺类、二苯甲酮类、苯并三唑类和有机金属络合物类等。

（1）光屏蔽类光稳定剂　炭黑是效能最高的光屏蔽剂，二氧化钛、氧化锌、锌钡白和铁红等无机颜料，以及酞菁蓝、酞菁绿等有机颜料也具有一定程度的光稳定作用。

（2）受阻胺类光稳定剂　产量最大的光稳定剂，防光老化效能优于光吸收型光稳定剂，工业上常用的品种有 Sanol LS－770、Sanol LS－774 和 GW－540。

（3）二苯甲酮类光稳定剂　能够吸收 290 ~400nm 的紫外光，与聚合物的相容性好，工业上常用的品种有 UV－531、UV－9 和 UV－0。

（4）苯并三唑类光稳定剂 能够吸收 300~385nm 的紫外光，广泛应用于塑料，尤其是汽车涂层的防光老化，工业上常用的品种有 UV-326、UV-327 和 UV-P。

（5）有机金属络合物类光稳定剂 主要产品是二价镍的络合物，由于其分子中含重金属镍，欧、美、日等发达国家和地区已停止使用。

3.1.3.4 光稳定剂的选用

选用光稳定剂时，除考虑其自身因素，如熔点、粒径、毒性、挥发性、热稳定性等外，应依据聚合物的结构特性、制品的特定应用要求而定，而且要特别注意光稳定剂与其他添加剂的配伍性。某些颜料可以起光敏剂作用，从而使光稳定剂的作用明显下降，当采用有机黄、有机红颜料时，这种现象特别明显；而酞菁蓝、酞菁绿等颜料则有增效作用，可起紫外线吸收剂作用。ZnO 是聚烯烃价廉、耐久、无毒的光稳定剂，但 ZnO 又是一种光活化剂，光照射后可促进过氧化氢自由基和羟基自由基的形成，引发高分子材料降解。所以采用 ZnO 作光稳定剂时，应与过氧化物分解剂并用。此外，不同光稳定剂之间也会有某些协同作用，在使用时要仔细选择。

目前光稳定剂的发展趋势主要集中在高分子量化、多功能化以及反应性等方面。高分子量化可以有效防止光稳定剂在聚合物中的挥发、迁移和抽出；多功能化是通过现有产品的复合，满足对光稳定剂的一剂多能要求；反应性则是将反应性基团引入光稳定剂分子中，使其在加工时与基础聚合物键合，从而永久地存在于高分子材料中。

3.2 增 塑 剂

高分子材料的软硬程度与其玻璃化温度（T_g）有关。在使用过程中表现柔软的高分子材料往往在加工过程中具有良好的可塑性，不仅各种添加剂易于混入，而且成型时的动力消耗较低。因此，若要使聚合物柔软，应设法降低聚合物的 T_g。凡添加到高分子材料中能使体系的可塑性增加，改进其柔软性、延伸性和加工性的物质即是增塑剂。

3.2.1 增塑作用及增塑剂分类

增塑剂一般与聚合物互溶性较好，在聚合物中添加增塑剂后，大分子间相互作用下降，材料的玻璃化转变温度（T_g）、黏流温度（T_f）或熔融温度（T_m）、脆化温度（T_b）降低，能使聚合物变软，易与配合剂混合均匀，流动性提高，有利于成型加工，制品在常温下表现柔软，耐寒性增加。

增塑剂按其作用方式，有外增塑作用和内增塑作用之分。起外增塑作用的增塑剂大多是有机低分子化合物或聚合物，通常为高沸点的油类或低熔点的固体，有极性和非极性之分。极性增塑剂的溶解度参数高，主要增塑极性聚合物，非极性增塑剂的溶解度参数低，多数用于非极性聚合物的增塑。非极性增塑剂对非极性聚合物的增塑是溶剂化作用机理，即增塑剂进入聚合物的分子链段之间，加大了大分子之间的距离，降低了聚合物分子间的作用力，其增塑效果（ΔT_g）与增塑剂的体积（V）成正比，即：$\Delta T_g = KV$，故又称"体积效应"；极性增塑剂对极性聚合物的增塑机理是"屏蔽效应"，即增塑剂分子中的极性基团与聚合物分子的极性基团互相吸引，取代了聚合物分子间的极性基团的相互作用，从而削弱了聚合物分子间的作用力，其增塑效果（ΔT_g）与增塑剂分子数（n）有关，即：$\Delta T_g = \beta n$，同时体积效应也起作用。外增塑剂的性能较全面，改变增塑剂的品种和用量就能对增塑作用进行较大范围的调节，其缺点是耐久性较差，易挥发、迁移和抽出。起内增塑作用的通常为共聚树脂，即在 T_g 较高的均聚物单体中引入 T_g 较低的第二单体进行共聚，降低聚合物的结晶度，增加聚合物的柔软性，氯乙烯－醋酸乙烯共聚树脂即为内增塑的典型。此外，在聚合物分子链上引入支链或取代基也是一种常见的方法，如氯化聚乙烯。内增塑的优点是耐久性好，不挥发、难抽出，缺点是必须在聚合过程中引入，不仅工艺复杂、成本高，而且增塑作用的可调节范围较窄。

增塑剂的塑化效果通常采用一个相对值－塑化效率来表示，即将聚合物达到某一柔软程度时的增塑剂用量定义为增塑剂的塑化效率。显然，达到某一柔软程度所用增塑剂的量越少，则塑化效率越高。通常将性能较全面、使用最普遍的邻苯二甲酸二辛酯（DOP）的效率值作为标准（即定义为1），凡系数低于1的，则为较有效的增塑剂；系数大于1的，则为较差的增塑剂。

按塑化效率可将增塑剂分为三种类型：

（1）主增塑剂　与聚合物的相容性好，凝胶化能力很强，可大量添加并单独使用。主要品种有邻苯二甲酸酯类和磷酸酯类增塑剂。

（2）辅助增塑剂　与聚合物的相容性有限，凝胶化能力较低，只能与主增塑剂并用，但往往起到功能性作用。主要品种有耐寒性增塑剂、聚酯增塑剂、环氧大豆油等。

（3）增量剂　与聚合物的相容性很差，凝胶化能力极差，不可单独使用，只可限量使用，以减少主增塑剂用量。主要品种有烷基磺酸苯酯等。

3.2.2　增塑剂的主要品种

增塑剂是能够降低聚合物的 T_g 并提高其塑性的添加剂，既可用于塑料（大多数用于PVC塑料制品中），也可用于橡胶。

3.2.2.1　塑料增塑剂

塑料增塑剂主要用于降低聚合物的熔融温度、熔体黏度和玻璃化温度，增加熔体的流动性、制品的柔软性和耐寒性，从而改善塑料的加工和使用性能。塑料增塑剂按化学结构可分为邻苯二甲酸酯类、脂肪族二元酸酯类、磷酸酯类、含氯化合物类、环氧化合物类、聚酯类和多元醇酯类等。

（1）邻苯二甲酸酯类　产量占绝对优势的PVC增塑剂，用途广泛、性能全面，是最理想的通用型主增塑剂。主要品种有邻苯二甲酸二辛酯（DOP）、邻苯二甲酸二丁酯（DBP）等。

（2）脂肪族二元酸酯类　具有突出的耐寒性，可作为PVC的辅助增塑剂。主要品种有癸二酸二辛酯（DOS）、己二酸二辛酯（DOA）等，特别适合于制备PVC增塑糊。

（3）磷酸酯类　具有阻燃性和抗菌性，与PVC相容性好，可作为主增塑剂。有毒性，常用于电线电缆、人造革和板材。主要品种有磷酸三甲苯酯（TCP）等。

（4）含氯化合物类　具有阻燃性，与PVC相容性差，可作为增量剂。常用于电线电缆和板材。主要品种有氯含量分别为42%、52%和70%的氯化石蜡。

（5）环氧化合物类　兼具稳定剂作用，与PVC相容性较差，可作为辅助增塑剂。无毒，可用于食药包装和其他透明PVC制品。主要品种有环氧大豆油（ESO）。

（6）聚酯类　聚合物型增塑剂，相容性、塑化效率较差，耐挥发性和耐迁移性优良，可作为PVC的辅助增塑剂。主要品种有癸二酸丙二醇聚酯（PPS）、己二酸丙二醇聚酯

（PPA）。

（7）多元醇酯类　具有突出的耐寒性，与 PVC 相容性较差，可作为辅助增塑剂。主要品种有一缩二乙二醇二苯甲酸酯（DEDB）、一缩二丙二醇二苯甲酸酯（DPDB）。

（8）石油酯类　相容性、耐寒性较差，成本低，一般作为增量剂。主要品种有烷基磺酸苯酯（T–50）。

3.2.2.2　橡胶增塑剂

橡胶增塑剂主要用于降低胶料的黏度、生热和收缩变形，提高胶料的可塑性和流动性，便于压延、压出等成型操作，同时还能改善硫化胶的某些物理机械性能。橡胶增塑剂按作用原理可分为物理增塑剂和化学增塑剂。物理增塑剂又称为软化剂，其作用机理和增塑效果同塑料增塑剂。化学增塑剂又称为塑解剂，能够加速橡胶分子在塑炼时的断链作用，主要包括含硫化合物、噻唑类和胍类。

物理增塑剂按来源可分为石油系、煤焦油系、松油系、合成酯类及液体聚合物类。

（1）石油系　常用的有各种操作油、重油、煤焦油、石蜡、凡士林、沥青和石油树脂等，是橡胶工业最常用的软化剂。

（2）煤焦油系　常用的有煤焦油、古马隆树脂和煤沥青等。

（3）松油系　常用的有松香、松焦油、萜烯树脂、油膏等。

（4）合成酯类　常用的有邻苯二甲酸酯类、磷酸酯类和脂肪族二元酸酯类等。

（5）液体聚合物类　主要有液体丁腈橡胶、液体聚丁二烯、液体聚异丁烯等。

3.2.3　增塑剂的选用

增塑剂是品种繁多、用量较大的一种高分子材料添加剂，其对高分子材料的成型加工和使用性能有重要的影响。选用增塑剂时应考虑如下问题。

3.2.3.1　相容性和稳定性的协调

相容性是指增塑剂与聚合物的相容性，即增塑剂能否更多的、更容易地进入聚合物中，可通过溶解度参数、相互作用参数、特性黏度、浊度等进行衡量。稳定性是指增塑剂进入聚合物中的耐久性，即增塑剂是否具有耐挥发性、耐抽出性和耐迁移性。相容性和稳定性（耐久性）往往是一对矛盾，在选用增塑剂时要协调解决。

通常极性大的聚合物与极性增塑剂的相容性良好，如邻苯二甲酸的 $C_4 \sim C_{10}$ 烷基酯与 PVC 相容性良好，可作为主增塑剂使用。而低极性的聚合物（如 BR、SBR 等）可用石油系软化剂进行增塑。相容性和耐久性与增塑剂的分子量及分子结构均有密切关系。增塑剂分子量越小，在聚合物中活动能力越大，渗透力也就大，即易混，增塑效果好，但稳定性差。增塑剂相对分子质量在 350 以上才能有良好的耐久性，相对分子质量在 1000 以上的聚酯类和苯多酸酯类增塑剂具有良好的耐久性。增塑剂分子基团体积大，增塑剂在聚合物中不易运动，稳定性增强。另外，基团也影响溶解度参数。邻苯二甲酸酯类增塑剂的塑化效率优于间（对）苯二甲酸酯类。当分子量相近时，芳香型结构的增塑剂与PVC 的相容性优于脂肪型结构的增塑剂；对于同类型酯类化合物，与 PVC 的相容性随烷基酯分子量的增加而减小。由正构醇所形成酯的塑化效率、耐挥发性、耐低温性优于异构醇所形成的酯。

当然，解决相容性和稳定性最有效的方法是采用内增塑。

3.2.3.2　对成型加工性能的影响

加工性可通过凝胶化速度、凝胶化温度、鱼眼消失速率等参数反映出来。选用相容性好的增塑剂，聚合物在加工时的凝胶化速度快，加工性能好；凝胶温度低的增塑剂，其塑化物的鱼眼消失速度较快，对改善制品外观有利。此外，加工性还受到稳定剂和润滑剂的影响。

酯类增塑剂在200℃左右成型时会发生热分解，影响热稳定性。相对而言，烷基支化程度大的增塑剂耐热性稍差。环氧类增塑剂（如 ESO）可使热稳定性有显著改善。

多件贴合制品（如轮胎内层的帘布层），宜使用煤焦油、松焦油、古马隆、沥青等具有增黏作用的增塑剂，而不宜采用石蜡油、机械油之类具有润滑作用的增塑剂。

3.2.3.3　对材料性能的影响

增塑剂的加入，能够从多方面影响材料的性能。如：

（1）玻璃化温度（T_g）和软化温度　增塑可降低制品的 T_g 和软化温度，有时为了兼顾增塑制品的机械性能和成型加工性，可使用一些塑化效率略差的增塑剂。

（2）力学性能　在聚合物中添加少量增塑剂时，拉伸强度增加、硬度增大、伸长率减少、冲击韧性降低的现象称为反增塑作用；增塑剂添加量达到临界值时，拉伸强度和硬度上升到最大值，断裂伸长率和冲击韧性下降至最小值。此后，随增塑剂添加量的增加，拉伸强度和硬度逐渐下降，而断裂伸长率和冲击韧性逐渐上升。

（3）耐老化性　增塑剂能够影响聚合物的耐老化性，其影响力大小为：脂肪族酯＞芳香族酯和聚酯＞不饱和羧酸酯＞氯代物＞磷酸酯。增塑剂的酸值越低，成型加工中越稳定。环氧类增塑剂不仅能防止制品成型时的着色，而且能使制品具有良好的耐候性。

（4）电绝缘性　随增塑剂用量的增加，电绝缘性逐渐变差。极性较低的耐寒增塑剂，如癸二酸酯类增塑的制品，体积电阻率显著降低；磷酸酯类等极性较强的增塑剂，有较好的电性能；分子内支链较多的、塑化效率差的增塑剂有较好的电性能；氯化石蜡有优良的电性能。增塑 PVC 主要用来生产低频、低电压的绝缘材料制品。

（5）阻燃性　PVC 树脂的氯含量为56.8%，氧指数为55.6，具有自熄性。但与普通的可燃性增塑剂相配合时，制品的氧指数下降，如当 DOP 用量达到35份时，氧指数降至27以下。磷酸酯类、氯化石蜡、氯化脂肪酸类等增塑剂具有阻燃性。

（6）毒性　普通的增塑剂或多或少都有一定毒性。柠檬酸酯是无毒增塑剂，某些邻苯二甲酸酯类可用于食品和医药制品，而磷酸酯类增塑剂的毒性较强。

（7）反应性　对于烯丙基酯、丙烯酸酯、环氧化合物、不饱和聚酯等增塑剂，由于其分子中含有反应性基团，在一定条件下，增塑剂本身或增塑剂与聚合物之间会发生反应，形成网状结构，使制品的强度、硬度、耐久性得到改善。这类增塑剂称为反应型增塑剂。

3.2.3.4　增塑剂用量

增塑剂的添加量应从对材料的加工性能和制品的使用性能的影响及经济成本等方面考虑。增塑剂较多用于 PVC 树脂中，如果 PVC 中不加增塑剂，仅添加稳定剂和润滑剂时，得到的是硬质 PVC 塑料制品。加入增塑剂后，削弱了 PVC 分子间的作用力，当增塑剂用量超过30份时，就可制得软质 PVC 塑料制品。通常情况下，软质 PVC 塑料中的增塑剂添加量为45~50份。表3-3为常用软质 PVC 塑料制品中增塑剂的用量。

表 3 - 3　　　　　　常用软质 PVC 塑料制品中增塑剂的用量　　　　　　单位：份

制品	人造革	壁纸	鞋	电线	软板	软管	隔板	地板	民用膜	工业用膜	窗纱
用量	~100	~80	~65	~50	~50	~45	~45	40~50	~45	~40	~20

不同填充剂、着色剂对增塑剂的吸收有较大差异，应适当增加或减少增塑剂用量。如添加重质 $CaCO_3$、轻质 $CaCO_3$、气相 SiO_2 和炭黑时，每份填料分别需增加 0.10、0.14、0.55 和 0.65 份 DOP；而添加 TiO_2 时，则每份要相应减少 0.15 份 DOP。

不同增塑剂的功效各不相同，有时为了协调相容性和耐久性，在实际使用中往往采用复合/并用的方法，调节不同增塑剂的用量，达到既取长补短又经济的最佳效果。

增塑剂的各种性能比较如表 3 - 4 所示。

国内外有研究表明：DOP 等邻苯二甲酸酯类增塑剂会干扰人体和动物的内分泌。随着各国卫生和环保要求的提高，以绿色环保的新型增塑剂替代 DOP 等传统品种已成大势所趋。近年来，安全环保的生物基增塑剂、柠檬酸酯类增塑剂、环己烷二羧酸二异丙酯增塑剂和Eastman 168 增塑剂等应运而生，已逐步应用于食品包装、医药卫生、儿童玩具和电气绝缘等领域的增塑 PVC 制品。

表 3 - 4　　　　　　　　　　　增塑剂的各种性能比较

特性	代表的品种比较
相容性	（好）DBP > DOP、TCP、DIDP > 聚酯、氯化石蜡（差）
挥发性	（大）DBP > DOA > DOP > 氯化石蜡 > TCP > 聚酯（小）
硬度	（软）DBP > DOA > DOP > DIDP > TCP > 聚酯 > 氯化石蜡（硬）
耐寒性	（好）DOA、DOS > DOP、DIDP > TOP、ED_3 > DBP > 氯化石蜡 > 聚酯 > TCP（差）
电绝缘性	（高）聚酯 > TCP > DIDP、氯化石蜡 > DOP > DOA > DBP（低）
水抽出性	（大）DBP > DOA > 聚酯 > DOP、DIDP > 氯化石蜡 > TCP（小）
石油抽出性	（大）DOA > DIDP、DOP > DBP > 氯化石蜡、TCP > 聚酯（小）
燃烧性	（大）DBP > DOP、DOA、DIDP > 聚酯 > 氯化石蜡、TCP（小）
热老化性	（差）DBP > DOA > 氯化石蜡 > DOP、TCP > DIDP > 聚酯（好）
耐热性	（好）双季戊四醇酯、TOTM、TOMP > 单季戊四醇酯 > DTDP > DNP > DIDP > DOP、TCP、DOS、M - 50（差）
毒性	（小）DIDP、DTDP、聚酯 > TOP > DHP > DOP > 三甘醇二辛酸酯 > DCHP > DIDP > DBP、DIBP > 四甘醇二辛酸酯 > TCP > DOA > DOZ > DEP > DMP（大）

3.3　润 滑 剂

高分子材料在熔融状态下进行加工时，其熔体具有高的熔融黏度，导致聚合物之间、聚合物与加工设备或成型模具之间产生较大的摩擦力。高摩擦力的存在，将导致摩擦生热，若不加以控制，熔体温度会升得很高，造成聚合物热降解；同时，高摩擦力的存在，将影响熔体流动，导致生产能力和制品质量下降。提高温度虽然可以降低黏度，改善加工性能，但控制不精确时，有可能导致热降解；增加压力虽有可能使熔体流动加快，但熔体黏度随着压力增加而上升。此外，过高的温度、过大的压力，将造成聚合物降解、断链，严重影响制品质量。因此，理想的方法是使用润滑剂。

3.3.1　润滑剂的作用与分类

润滑剂是降低熔体与加工机械（如筒体、螺杆）或成型模具之间以及熔体内部相互之间的摩擦和黏附，改善加工流动性，提高生产能力和制品外观质量的一类添加剂。润滑剂属于典型的工艺性添加剂，仅在加工时发挥作用。润滑剂较多用于 PVC 的加工过程，也用于聚烯烃、PS、ABS、PF、MF、UP、醋酸纤维素及橡胶等的加工中，用量一般在 0.5～1 份之间。

润滑剂分子结构中都含有长链的非极性基和极性基两部分，在不同的聚合物中表现出不同的相容性，具有不同的润滑作用。按作用机理可将润滑剂分为内润滑剂和外润滑剂两大类。

（1）内润滑剂　与聚合物有一定的相容性，少量润滑剂可以进入聚合物的分子链之间，能削弱分子链之间的内聚力，使聚合物在变形时分子链间或分子团间更容易产生相对滑动和转动，从而降低聚合物熔体的内摩擦和熔融黏度，防止因剧烈内摩擦而导致物料过热。

（2）外润滑剂　与聚合物的相容性极差，少量润滑剂在加工过程中很容易从聚合物内部迁移到表面，在加工设备的接触面上形成润滑界面，降低熔体与加工设备之间的摩擦，防止熔体在设备表面上黏附。

内润滑与外润滑是相对的，二者之间并无严格的界限。首先，大多数润滑剂往往同时存在两种润滑作用，只能说是以内润滑作用为主或外润滑作用为主。其次，润滑剂的润滑作用因聚合物品种而异。如极性润滑剂单脂肪酸甘油酯是 PVC 的内润滑剂，而对聚烯烃则是外润滑剂；反之非极性润滑剂聚乙烯蜡是 PVC 的外润滑剂，而对聚烯烃则是内润滑剂。再次，润滑剂的作用机理因浓度而异，如与 PVC 相容性极差的硬脂酸，低浓度时可起内润滑作用，较高浓度下则类似于外润滑作用。

优良的润滑剂应具有以下性能：与聚合物有适当的相容性，分散性良好，不引起颜色漂移；热稳定性良好，具有高温润滑性，加工温度下的挥发性较低；不分解、不变色，不影响制品强度、耐老化性和透明性；用于食品、医药等包装材料时必须无毒性。

3.3.2　润滑剂的主要品种

润滑剂主要用以降低高分子材料加工时的聚合物分子间的内摩擦，减少产生的热量及其对聚合物的降解作用，减少或避免聚合物对加工设备及模具产生黏附和摩擦，从而发挥提高生产效率、实现节能降耗和改善制品外观质量的作用。

润滑剂按化学组成和性质可分为脂肪酸及其金属皂类、酯类、醇类、酰胺类、石蜡及烃类等。

（1）脂肪酸及其金属皂类　主要品种有硬脂酸和硬脂酸皂类，硬脂酸皂类中的硬脂酸锌、钙、铅、钡都兼具热稳定作用。

（2）酯类　主要品种有硬脂酸正丁酯、硬脂酸单甘油酯、三硬脂酸甘油酯。

（3）醇类　为有效的内润滑剂，主要有高级脂肪醇、多元醇、聚乙二醇或聚丙二醇。

（4）酰胺类　具有较好的外润滑作用，主要品种是油酸酰胺、硬脂酸酰胺、乙撑双油酸酰胺和乙撑双硬脂酸酰胺。

（5）石蜡及烃类 具有优良的外润滑作用，主要品种是固体石蜡、微晶石蜡、液体石蜡、氯化石蜡、聚乙烯蜡和聚丙烯蜡。

3.3.3 润滑剂的选用

选择润滑剂品种和用量时应考虑如下问题。

（1）内、外润滑的平衡 不同材料的熔体黏度、不同加工工艺及其设备的塑化时间对润滑体系的要求是不一样的，实际是内、外润滑平衡的问题。根据加工工艺的特点，往往以一种润滑作用为主，兼顾内、外润滑作用。以 PVC 的加工为例：压延成型需防止粘辊、降低熔体黏度及提高流动性，应将内润滑剂与外润滑剂配合使用，通常以金属皂为主，并适当配以脂肪酸；挤出成型和注射成型需降低黏度、提高流动性及易于脱模，应以内润滑剂为主，通常是将酯、蜡配合使用，如以兼具内、外润滑作用的蒙旦蜡作主润滑剂，配以具有内润滑作用的脂肪酸酯；模压成型和层压成型则以外润滑作用为主，通常采用蜡类润滑剂，如聚乙烯蜡或酰胺蜡；糊制品成型应以内润滑剂为主，并以液体润滑剂为宜。

（2）物料的软硬程度 根据物料的软硬程度，调整润滑剂的用量。对于软质 PVC，所含增塑剂兼有良好的润滑性，润滑剂主要是防止物料与加工机械表面的黏附，其用量一般为 0.5% 或更低；对于硬质 PVC，润滑剂除了上述功能外，还有调节 PVC 树脂熔化速率和降低熔体黏度的作用，其用量通常在 1% 左右，特殊情况下甚至可高达 4%。润滑剂在使用中还必须防止过润滑现象出现。在某些极端情况下，润滑剂受高压作用会从配合料中被挤出，在熔体与设备壁面间形成一层隔离膜，彻底消除对壁面的必要黏附作用，妨碍物料塑化和平稳流动，使成型加工无法进行。

（3）其他添加剂的影响 应注意有些热稳定剂本身的润滑作用，充分重视稳定剂的品种和用量以及并用润滑剂的类型。当填充剂用量较大时，应适当增加润滑剂的用量。此外，橡胶加工中的软化剂也具有一定的润滑作用。

除了通常意义上的润滑剂外，脱模剂、防黏剂、滑爽剂（开口剂）、光泽剂等均属于润滑剂的范畴。脱模剂是降低高分子材料制品表面与模具表面粘附力的物质，常用脂肪酸皂、脂肪酸、石蜡、甘油、润滑油、硅油等；防黏剂、滑爽剂是防止塑料表面粘连在一起的物质，常用硅酸盐类、酰胺类、皂类等。

3.4 交联剂及相关添加剂

将线型或轻度支化型聚合物转变成二维网状结构或三维体型结构聚合物的反应过程，称为交联。在高分子三大合成材料中，橡胶和热固性塑料必须通过交联才能具有实用价值，热塑性塑料通过适当交联可以提高某些性能，而纤维不需要进行交联。高分子材料的交联需要一定的条件，除了在一定温度、压力下经过一定时间外，往往需加入交联配合剂。凡能引起聚合物交联的物质，就称为交联剂。由于历史的原因，橡胶的交联剂习惯上称为硫化剂，其交联过程称为硫化；而热固性塑料的交联剂习惯上称为固化剂，其交联过程称为固化。

3.4.1 常用的交联剂

（1）硫磺（S） 硫磺是最古老的硫化剂，适用于不饱和橡胶、含少量双键的三元乙丙橡胶和丁基橡胶。在软质橡胶制品（如轮胎、胶管、胶带、胶鞋等）中，硫磺用量一般为

0.2~5份；在半硬质橡胶制品（如胶辊、纺织皮辊等）中，硫磺用量一般为8~10份；在硬质橡胶制品（如蓄电池壳、绝缘胶板等）中，硫磺用量一般为25~40份。同类硫化剂还有硒（Se）和碲（Te），但价格昂贵，且硫化速度较慢。

（2）含硫化合物（R—S—S—R）　含硫化合物是分子中含有硫原子，能够在硫化温度下分解出活性硫使得橡胶硫化的物质，因此又称为硫磺给予体。最常用的是四甲基秋兰姆二硫化物（TMTD）和二硫代吗啡啉（DTDM），常用于电线绝缘层，其析出的硫的活性足以硫化橡胶，而不足以与铜反应生成硫化铜。

（3）有机过氧化物（R—O—O—R）　有机过氧化物受热分解产生自由基，能够引发聚合物的自由基发生交联反应。最常用的是过氧化二异丙苯（DCP）和过氧化苯甲酰（BPO），适用于氟橡胶、硅橡胶、乙丙橡胶等饱和橡胶、部分不饱和橡胶以及聚烯烃的交联，不能用于丁基橡胶和氯磺化聚乙烯橡胶。

（4）金属氧化物　常用的有ZnO、MgO和PbO，适用于含极性基团或活泼酸性基团的聚合物，如氯丁橡胶、氯醚橡胶、氯化丁基橡胶、溴化丁基橡胶的交联。需要注意，金属氧化物还可作为硫磺硫化体系中的硫化活性剂。

（5）胺类化合物　胺类化合物中含有两个或两个以上的胺基，主要用于酚醛树脂、氨基树脂、环氧树脂等热固性塑料以及氟橡胶、丙烯酸酯橡胶的交联。

（6）双官能团化合物　烯类双官能团化合物，如苯乙烯、甲基丙烯酸甲酯，可作为不饱和聚酯树脂的交联剂。

（7）合成树脂　主要为酚醛树脂，可作为不饱和丁基橡胶、乙丙橡胶的交联剂。

3.4.2　交联用其他添加剂

为了提高交联效率，改善工艺性能，提高制品质量，对橡胶的交联通常采用硫化剂与硫化促进剂、硫化活性剂和防焦剂组成的硫化体系。

3.4.2.1　硫化促进剂

凡在胶料中能够提高硫化速度、缩短硫化时间、降低硫化温度、减少硫化剂用量，并能够提高或改善硫化胶物理机械性能的物质称为硫化促进剂。促进剂的品种很多，能够按照不同的标准进行分类。

（1）按化学结构　可分为噻唑类、秋兰姆类、次磺酰胺类、胍类、二硫代氨基甲酸盐类、醛胺类、黄原酸盐类和硫脲类。

（2）按促进能力　以促进剂M（2-巯基苯并噻唑）为标准，促进能力＞M的属于超促进剂（如二硫化四甲基秋兰姆，促进剂TMTD），促进能力＝M的属于强促进剂（如二硫化苯并噻唑，促进剂DM），促进能力＜M的属于中促进剂（如二苯胍，促进剂D），促进能力＜D的属于弱促进剂（如醛胺类，促进剂H）。

（3）按与硫化氢反应的性质　可分为酸性、碱性和中性。酸性促进剂主要有噻唑类、秋兰姆类、二硫代氨基甲酸盐类和黄原酸盐类等；碱性促进剂主要有胍类、醛胺类等；中性促进剂主要有次磺酰胺类、硫脲类等，其中次磺酰胺类有N-环己基-2-苯骈噻唑次磺酰胺（促进剂CZ）、N-叔丁基-2-苯骈噻唑次磺酰胺（促进剂NOBS），属于迟效高速促进剂。

在工业上为增大促进效力，延迟焦烧或改善其他硫化特性和使用性能，提高橡胶制品质量，通常将两种或两种以上的促进剂混合使用，以取长补短。

3.4.2.2 硫化活性剂

凡能够提高胶料中硫化促进剂的活性、减少硫化促进剂的用量、缩短硫化时间的物质称为硫化活性剂，也称促进助剂。一般可以分为以下两种。

（1）无机活性剂 主要是 ZnO、MgO、CaO 和 PbO 等金属氧化物，其中 ZnO 为最重要的品种，还能够提高硫化胶的耐热性能。需要注意的是 ZnO 可作为含卤橡胶的硫化剂。

（2）有机活性剂 主要是硬脂酸、月桂酸、二乙醇胺、三乙醇胺等，其中最重要的是硬脂酸，通常是与 ZnO 并用，用量分别为 1~3 份和 3~5 份。

活性剂可使交联键的数量增加，交联键中硫原子数减少，因而硫化胶的热稳定性能得到提高。

3.4.2.3 防焦剂

焦烧是指胶料在硫化前的加工及贮存过程中发生的早期轻度硫化现象。解决焦烧问题除了采用 CZ、NOBS 等迟效性硫化促进剂外，还可添加防焦剂。防焦剂是指少量加入，即可防止或延迟胶料在加工和贮存时产生焦烧的物质，也称硫化延缓剂，其实质上是在交联初期起抑制作用，只有当防焦剂消耗到一定程度，促进剂才起作用。主要品种有以下几类。

（1）亚硝基化合物类 N–亚硝基二苯胺（防焦剂 NA）对使用次磺酰胺类、胍类促进剂的胶料特别有效，其次对使用秋兰姆类、二硫代氨基甲酸盐类、噻吩类促进剂的胶料，加工温度下的防焦效果好，但有污染性，只能用于含炭黑的深色胶料。

（2）有机酸类 为较早应用的一类防焦剂，效果不及前者，但污染小，可用于浅色制品或不污染与其接触材料的深色制品。主要品种有邻苯二甲酸酐、苯甲酸、邻羟基苯甲酸等。

（3）硫代酰亚胺化合物类 为目前广泛使用的防焦剂品种，其中 N–环己基硫代邻苯二甲酰亚胺（防焦剂 CTP）是应用最多的防焦剂，其优点是不影响硫化胶的结构和性能，硫化诱导期的长短与用量呈线性关系，生产容易控制。

防焦剂的作用是提高胶料的操作安全性和贮存稳定性。

3.4.3 交 联 机 理

硫化是橡胶制品生产中的最后一道工序。在此过程中，橡胶大分子链发生化学交联反应，橡胶分子由线型结构转变为网状结构，塑性的混炼胶转变为高弹性的硫化胶，从而获得更完善的物理机械性能和化学性能，提升并拓宽了橡胶材料的使用价值和应用范围。橡胶的交联机理随硫化体系不同而不相同，橡胶的硫化体系可划分为硫磺交联体系和非硫磺交联体系两大类。

3.4.3.1 硫磺交联机理

以由硫磺（S）、促进剂 M、氧化锌（ZnO）和硬脂酸（HSt）构成的交联体系交联不饱和橡胶（RH）为例。促进剂 M 的结构式如下，以 XSH 表示；而硫磺以八硫环的形式存在，以 S_8 表示。

① 生成自由基（促进剂分解）

$$XSH \rightleftharpoons XS\cdot + H\cdot$$

$$XSH + S_8 \xrightarrow{\triangle} XS\cdot + HS_8 \longrightarrow XSS_nH + \cdot S_{8-n}^{\bullet} \xrightarrow{\text{不稳定}} 分解$$

② 引发橡胶

③ 橡胶交联

$$R\cdot + R\cdot \longrightarrow R-R$$

$$R\cdot + RH \longrightarrow R-R + H\cdot$$

④ 自由基引发硫磺

$$R\cdot + S_8 \longrightarrow R-S_8^{\bullet} \longrightarrow R-S_n^{\bullet} + \cdot S_{8-n}^{\bullet}$$

⑤ 交联成多硫键

$$R\cdot + R-S_n^{\bullet} \longrightarrow R-S_n-R$$

在硫化胶的交联键中，有无硫键和含硫键，含硫键中，$n=1$ 的为单硫键，$n=2$ 的为双硫键，$n>2$ 的为多硫键。在硫磺交联体系中，ZnO 和 HSt 作为硫化活性剂，提高了硫化促进剂的活性、硫化胶的交联密度和耐老化性能。ZnO 在其中发挥了增加硫化胶的交联密度，减少交联键中硫原子数的作用。在橡胶硫化过程中，交联和裂解总是一对矛盾。而在交联键中，多硫键的键能 < 少硫键的键能 < 无硫键的键能。因此，硫原子数的减少有利于交联度的提高。ZnO 的作用机理如下：

① 交联键发生断裂后产生硫氢基（RS_xH），而 ZnO 能与 RS_xH 作用，使断裂的交联键再次结合为新的交联键，所以交联键的总数没有减少。

$$RS_xH + R'S_xH + ZnO \longrightarrow R-S_x-Zn-S_x-R' + H_2O$$

$$R-S_x-Zn-S_x-R' \longrightarrow RS_{2x-1}R' + ZnS$$

② 硫化过程中产生的硫化氢能够分解多硫键，使得交联键减少，而 ZnO 能与硫化氢反应，从而避免多硫键的断裂。

$$ZnO + H_2S \longrightarrow ZnS + H_2O$$

③ ZnO 能与多硫键作用，脱出其中的硫原子，将易于断裂的多硫键转化为不易断裂的少硫键，使硫化胶的热稳定性提高。

$$R-S_y-R' + ZnO \longrightarrow R-S_{y-1}-R' + ZnS$$

3.4.3.2　非硫磺交联机理

非硫磺交联体系通常包括含硫化合物交联、有机过氧化物交联和金属氧化物交联三种类型。

（1）含硫化合物　含硫化合物在硫化过程中能够析出活性硫，使得橡胶交联起来，其过程与硫磺交联相似。含硫化合物的化学结构和含硫量影响其硫化特性，硫化胶的网络结构主要为 C—C、C—S—C 和 C—S$_2$—C 键。

（2）有机过氧化物　有机过氧化物受热易分解产生自由基，引发橡胶分子链发生自由基型的交联反应，硫化胶的网络结构为 C—C 键，其主要特点是热稳定性较高。下面以乙丙橡胶（EPR）为例进行说明。

① 过氧化物分解

$$ROOR \longrightarrow 2RO\cdot$$

② 脱去橡胶分子链上的氢，形成橡胶自由基

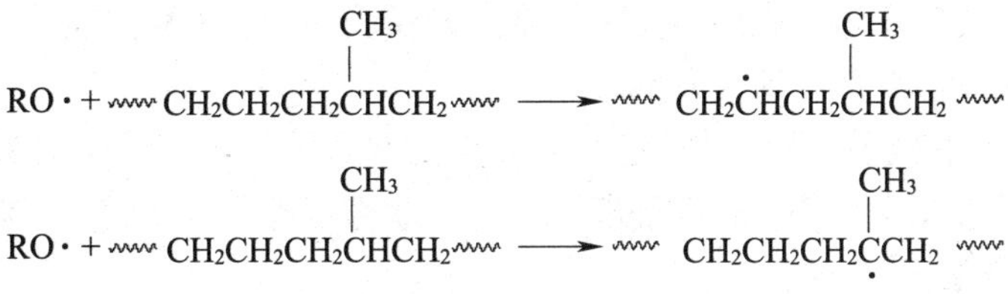

③橡胶自由基结合而发生交联

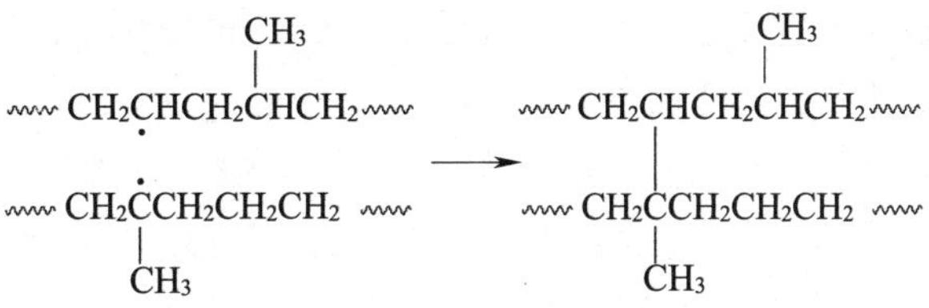

（3）金属氧化物　金属氧化物适用于含卤橡胶的硫化。以氯丁橡胶（CR）为例，ZnO 能够将氯丁橡胶 1，2 结构中的氯原子置换出来，从而使橡胶分子链发生交联。

① 双键和氯转移

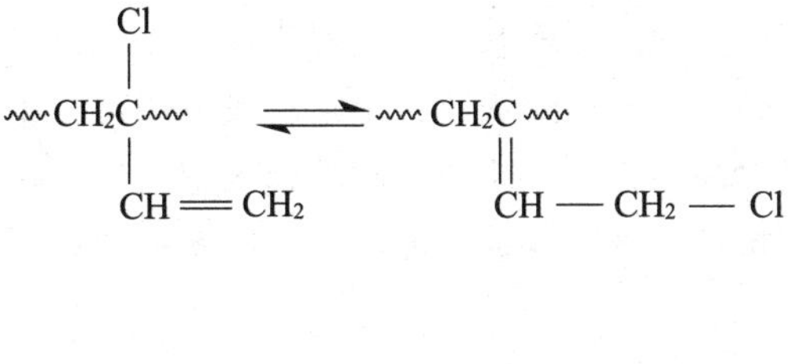

② 脱氯

③ 交联

$$\begin{array}{c}\text{~~~CH}_2\text{C~~~}\\|\\ \text{CH}\text{—CH}_2\text{—O}^- \\|\\ \text{CH}\text{—CH}_2\text{—Cl}\\|\\ \text{CH}_2\text{C~~~} \end{array} + Zn^+Cl \longrightarrow \begin{array}{c}\text{~~~CH}_2\text{C~~~}\\|\\ \text{CH}\text{—CH}_2\\ \quad\quad\quad\rangle O + ZnCl_2\\ \text{CH}\text{—CH}_2\\|\\ \text{CH}_2\text{C~~~} \end{array}$$

3.4.4 交联剂及相关添加剂的选用

交联剂与交联配合体系之间的搭配已有一个较完整的理论，交联剂及相关添加剂的选用应特别注意以下几个问题。

（1）聚合物类型 交联剂的品种很多，但与被交联的聚合物有一一对应性。不同的聚合物应选用不同的交联体系，一般不饱和橡胶选择硫磺、促进剂、活性剂组成的硫化体系，饱和橡胶选用过氧化物作为硫化剂，有极性基团的橡胶用金属氧化物交联，大多数热固性塑料和丙烯酸酯类橡胶一般用胺类交联剂。

（2）制品的使用性能 交联剂有些直接参与到网状结构中，在不同程度上它赋予材料一定性能。制品的性能、强度、软硬程度主要与交联密度和程度有关，影响因素主要为交联体系及交联剂的用量。

（3）工艺性能 从能源消耗上考虑，要求温度低；从效率上考虑，要求交联速度快。而交联速度与温度和促进剂的品种有关。为了提高交联速度，可选用超促进剂（如 TMTD），但应注意焦烧。为既保证有适当硫化速度，又防止焦烧，可调整硫化剂用量和促进剂的品种和用量，如选用低硫高促或高硫低促硫化体系。采用过氧化物交联剂时，交联时间以交联温度下半衰期的 6~7 倍为宜，此时过氧化物的分解量可达 98%~99%。

（4）其他添加剂的影响 添加剂表面性质呈酸性会导致过氧化物分解，使得交联不充分或延迟硫化，可增加过氧化物用量或加入防止氧化降解的稳定剂（如含烯丙基的三嗪类化合物）。增塑剂和增量油中 DOP 和烷基苯对过氧化物交联无影响，但芳烃油类则有显著的不良影响，环烷烃和链烷烃油类稍有影响。抗氧剂可降低交联能力，而且胺类对过氧化物的影响大于受阻酚类。另外其他添加剂用量过多会吸附或稀释某些过氧化物，会影响橡胶的充分交联。

近年来，橡胶用交联添加剂的发展趋势是：开发新型的抗黄变促进剂，如具有不喷霜、不污染、不退色特点的二烷基二硫代磷酸锌，满足对浅色橡胶制品不断增长的需求；开发新型的抗硫化返原剂，满足对高温硫化工艺和厚制品越来越高的抗硫化返原要求；开发以聚合物为载体的预分散添加剂母粒，既可改善添加剂的分散效果和加工性能，又可通过添加剂复配开发新产品。

3.5 填充剂

为了改善高分子材料的成型加工性能，赋予或提高制品某些特定的性能，或为了增加物料体积、降低制品成本而加入的一类物质称为填充剂（也称填料）。填充剂往往是高分子材料中添加量最多的一种助剂。

3.5.1　填充剂的作用与分类

填充剂一般为固体物质,根据其作用可分为增量型和补强型两大类。

(1) 增量填充剂(又称增量剂)　用于橡胶时一般没有补强作用,仅为了增加胶料体积和降低制品成本,对材料的使用性能无影响或影响很小,但往往能够改善压出、压延等工艺性能。用于塑料时虽不能提高制品的力学性能,但可改善成型加工性能或赋予制品某些新的性能。

(2) 补强填充剂(又称补强剂)　主要用于橡胶,不但能够改善胶料的工艺性能,提高硫化胶的拉伸强度、定伸强度、弹性、耐磨性等力学性能,而且能够增大胶料体积、降低制品成本。

填充剂的种类繁多,其中以粉状填料的应用最为广泛,用量较大的品种有碳酸钙、滑石粉、陶土、炭黑、白炭黑和木粉等。需要指出,补强剂和增量剂二者没有严格的界限,视具体的使用场合及对象。

3.5.2　填充剂的补强机理

3.5.2.1　增量填充剂的作用机理

填充剂主要用于塑料中,除了降低成本之外,有时也能改善塑料的某些性能,所以增量剂并非是对制品性能无影响的添加剂。由于粉状填料的加入常常不是单纯的物理混合,有时与聚合物之间存在次价力,这种次价力虽然较弱,但有加和性。如果聚合物分子量较大,其总力就较为可观。这种相互作用,能够改变聚合物分子的构象平衡和松弛时间,降低聚合物的结晶倾向和溶解度,提高聚合物的玻璃化温度和硬度,降低塑料的线膨胀系数和制品的成型收缩率。通常采用偶联剂对填充剂进行表面处理,以增强填充剂与塑料间的结合。必须指出,填充剂超过一定用量,可导致塑料的强度降低。

3.5.2.2　补强填充剂的补强机理

补强剂中最典型的是用于橡胶中的炭黑。补强理论很多,最具说服力的是"分子滑动理论":当橡胶被拉伸时,分子链被"各个击破",所以强度低。而加入的炭黑具有表面活性,炭黑与橡胶分子能够产生物理吸附。又因为炭黑的表面活性不是均匀分布的,在某些点上活性特别强,具有不配对电子,能够与橡胶分子发生化学吸附,尽管吸附力不如化学键,但强于分子间力。这种吸附的特点是橡胶分子链容易在炭黑的表面滑动,但不易和炭黑脱离。这样,橡胶与炭黑就构成了一种能够滑动的牢固的键,从而产生了两个补强效应:

(1) 当橡胶受外力作用而变形时,分子链的滑动及大量的物理作用能够吸收外力的冲击,对外力引起的摩擦或滞后形变起缓冲作用。

(2) 使应力分布均匀:当橡胶分子受力被拉伸时,炭黑在分子之间滑动,炭黑间的距离就拉长了(相当于短分子链段变长了),分子就不是各个击破,而是整体运动。

3.5.3　影响补强效果的因素

(1) 粒径大小　填充剂的粒径越细,其比表面积越大,能吸附的分子链越多,对橡胶制品拉伸强度、撕裂强度、耐磨耗性等的影响越强。粒径 <100nm 时,补强作用显著;粒径在 100~500nm 时,略有补强作用;粒径 >1000nm 后,只起填充作用。但填充剂的粒径越细,越不易被橡胶浸润,导致分散困难,从而影响混炼胶和硫化胶的性能。由此可以看出填充剂与补强剂在本质上并无明显区别。但粒子太细，不仅填充剂的工业生产成本增大，而且混合时的摩擦生热和动力消耗增大。表 3 - 5 为常用补强剂和填充剂的平均粒径。

表 3 - 5　　　　　　　　　　常用补强剂和填充剂的平均粒径

品种	平均粒径/nm	品种	平均粒径/nm
天然气槽黑	20 ~ 30	气相白炭黑	10 ~ 25
混气槽黑	28 ~ 36	沉淀白炭黑	20 ~ 40
高耐磨炉黑	26 ~ 35	陶土	2000 ~ 5000
半补强炉黑	60 ~ 130	重质碳酸钙	1000 ~ 5000
通用炉黑	50 ~ 70	轻质碳酸钙	20 ~ 100

（2）颗粒形状　有球状、立方体状的各向同性填充剂（如炭黑、白炭黑、碳酸钙）和针状、片状的各向异性填充剂（如石棉、云母、滑石粉）。对于补强效果：球状粒子 > 片状粒子 > 针状粒子。针状、片状粒子会取向，使材料呈现各向异性。与各向同性填充剂相比，各向异性填充剂能够减小混炼胶或硫化胶的收缩性，并赋予非结晶性橡胶较大的拉伸强度。

（3）颗粒表面性质　颗粒的化学性质、表面毛细管孔穴等，影响其浸润性、分散性、补强性等。酸性较大的槽法炭黑、陶土、白炭黑等会吸收碱性促进剂，延迟橡胶的硫化，而带碱性的炉法炭黑有促进硫化和焦烧的倾向。故通常将酸、碱性补强剂并用，达到既补强又不影响硫化的效果。颗粒的表面活性越大，补强效果越好（因为吸附力强），故可采用表面活性剂对固体粒子进行表面处理。

（4）填充剂的结构性　在众多补强剂中，仅炭黑具有结构性。炭黑的结构性是指炭黑在制造过程中，相邻的颗粒相互熔结在一起，并连接起来形成链状的三维空间结构，这是炭黑的一次结构。炭黑在后加工处理时，由于物理吸附而形成的松散结构称为二次结构。炭黑一次结构的牢度高，聚集状态不易在加工过程中被破坏。炭黑的结构性越高，对橡胶的补强作用越大，在胶料中的分散也越容易，橡胶的压出性能也越好。炭黑的结构性高低通常以吸油值表示（指 100g 炭黑吸附邻苯二甲酸二丁酯的毫升数），吸油值越大，炭黑的结构性越高。

（5）补强剂的用量　炭黑种类不同，补强效果也不同；对于同一种炭黑，用量不同，其补强效果也不同。若炭黑用量过大，补强效果反而下降，过量炭黑相当于稀释剂。

3.5.4　常用的填充剂

填充剂按来源可分为有机填充剂和无机填充剂，按形状可分为粉状、片状、纤维状填充剂。高分子材料的常用填充剂有以下几种。

（1）碳酸钙　最常用的填充剂，有重质碳酸钙、轻质碳酸钙和活性碳酸钙等。重质碳酸钙由石灰石经机械粉碎而制得，轻质碳酸钙由无机合成后沉降而得，活性碳酸钙是用硬脂酸等表面活性剂或偶联剂进行改性的碳酸钙。

（2）炭黑　是橡胶最常用的补强剂，习惯上按炭黑对橡胶的补强效果和加工性能来命名，如天然气槽黑、混气槽黑、高耐磨炉黑、新工艺炭黑、中超耐磨炉黑、快压出炉黑、通用炉黑、半补强炉黑、热裂法炭黑、乙炔炭黑等。有些炭黑品种也可作为填充剂和抗静电助剂。

（3）硅酸盐 白炭黑是水合二氧化硅，其补强效果仅次于炭黑，是硅橡胶的优良补强剂，也适于天然橡胶及合成橡胶，用于白色、浅色制品。白炭黑按制法分为沉淀法与气相法两种，气相法白炭黑的补强效果优于沉淀法白炭黑。陶土、滑石粉和云母粉主要作为填充剂。

（4）硫酸盐类 有硫酸钡、硫酸钙、锌钡白（立德粉）等，主要为填充剂，也有着色作用，硫酸钡可提高材料的耐腐蚀性，并减少 X 光透过度。

（5）金属氧化物 如氧化铝、氧化钛、氧化锰、氧化锌、氧化锑、氧化镁、氧化铁、磁粉等，作填充剂和着色剂。

（6）金属粉 如铝、锌、铜、铅等粉末，主要起装饰作用，也可改善导热性。铅粉可屏蔽中子及 γ 射线。

（7）纤维类 如玻璃纤维、碳纤维、硼纤维等，可作为增强剂。

3.5.5 填充剂的选用

填充剂对改善胶料的工艺性能，提高材料的力学性能，降低成本起着举足轻重的作用。填充剂选用时应根据制品性能的要求，选择合适的填充剂和加入量以达到最佳经济效果和良好的材料制品质量。为了充分发挥填充剂的补强改性效果，根据影响填充剂的作用效果的因素，应综合考虑粒子的形状、粒径、化学成分及表面处理等。

填充剂大多为无机物，其添加量会影响材料的力学性能和加工流动性。补强填充剂不能加太多，否则反而会适得其反；增量填充剂也不能为了降低成本而拼命添加。选用填充剂要考虑全面，一般要求其分散性好，吸油量小，对聚合物和其他助剂呈惰性，对加工性能无严重损害，不严重磨损设备，不因分解或吸湿而使制品产生气泡。

3.6 其他添加剂

高分子材料添加剂的种类繁多、功能各异，除上述最常用的几类外，还有一些可赋予高分子材料制品某种功能的添加剂。

3.6.1 着 色 剂

凡加入高分子材料，用以改变材料及制品颜色的物质称为着色剂。着色剂可分为染料和颜料两大类，其中颜料又分为无机和有机两类物质。染料多数是合成有机化合物，可以分子状态扩散溶解于着色的塑料中，故染料的透明性好、着色力强、色彩鲜艳。颜料是不溶于一般溶剂的有色固体物质，对着色材料没有亲和性，以分散微粒形式使材料着色，必须很好地分散才能保证着色效果良好。无机颜料的密度高，热稳定性和光稳定性优于有机颜料；有机颜料的密度小，着色力和透明性优于无机颜料。

无机着色剂一般为无机颜料，常用的有炭黑、金粉、银粉、钛白粉、锌钡白、铬黄和镉红等。炭黑在塑料中用作黑色着色剂；金粉是铜锌合金粉末，可使塑料带有黄金色；银粉即铝粉，可使塑料带有银光；钛白粉（TiO_2）和锌钡白（$ZnS \cdot BaSO_4$）是塑料的白色着色剂。有机着色剂一般是有机颜料或染料，常用的有偶氮类、酞菁类、二噁嗪类和荧光类化合物。

3.6.2　发　泡　剂

为了制造泡沫塑料、海绵橡胶等发泡高分子材料，通常在塑料或橡胶中添加一种发泡剂，当塑料或橡胶受热后，发泡剂就释放出气体，使塑料或橡胶形成细孔或蜂窝状结构。发泡剂是可使一定黏度范围内的液态或塑性状态的聚合物形成微孔结构的物质。为了帮助发泡剂分散，或提高其发气量，或降低其分解温度，通常还要加入发泡助剂。

发泡剂可分为化学发泡剂和物理发泡剂。化学发泡剂是指经加热分解后能释放出二氧化碳和氮气等气体，并在高分子材料中形成细孔的物质；物理发泡剂是其通过物理形态变化，即通过压缩气体的膨胀、液体的挥发或固体的溶解而形成泡沫细孔的物质。发泡剂又有无机发泡剂与有机发泡剂之分。无机发泡剂有碳酸铵、碳酸氢钠、亚硝酸钠等；有机发泡剂主要是偶氮化合物、磺酰肼类化合物、亚硝基化合物等。生产上最常用的是有机发泡剂，主要品种是偶氮二甲酰胺（发泡剂 AC）。

3.6.3　阻　燃　剂

在各种灾害中，火灾是最经常、最普遍地威胁公众安全和社会发展的主要灾害之一。高分子材料大多数是可以燃烧的，要将其应用于交通运输、电工器材、建筑和航空等领域，就必须解决其耐燃烧性的问题。阻燃剂是赋予易燃聚合物难燃性的物质。含有阻燃剂的塑料，可以是不燃性的，但大多是自熄性的。

阻燃剂通过物理途径和化学途径切断燃烧循环，可分为添加型阻燃剂和反应型阻燃剂。添加型阻燃剂是在塑料加工时加入的；反应型阻燃剂则是在聚合物合成时作为一个组分参与反应，或者它能与聚合物发生反应，从而在聚合物中引入阻燃基团。添加型阻燃剂主要包括无机阻燃剂、卤系阻燃剂、磷系阻燃剂和氮系阻燃剂等。反应型阻燃剂多为含反应性官能团的有机卤和有机磷的单体。阻燃剂主要用于有阻燃需求的塑料，能够延迟或防止塑料的燃烧，使其点燃时间增长、点燃自熄或难以点燃。

3.6.4　抗　静　电　剂

大多数高分子材料都具有绝缘性，易积蓄静电而产生危害。凡能导引和消除聚集的有害电荷，使其不对生产和生活造成不便或危害的化学品称为抗静电剂。抗静电剂一般都是表面活性剂，在结构上极性基团（即亲水基）和非极性基团（即亲油基）兼而有之。将抗静电剂涂覆在制品表面时，其亲油基就容易吸附在高分子材料的表面，结果在材料表面上形成一层抗静电剂的分子层；将抗静电剂添加在高分子材料内部时，在材料表面上也有一个抗静电剂分子层，当分子层受到破坏时，材料内部的抗静电剂又可以渗透到材料的表面上来。

抗静电剂按极性基团可分为阴离子型、阳离子型、非离子型和两性离子型四大类；按使用方法可分为外部涂层用和内部添加用两大类；按性能可分为暂时性和永久性两大类。抗静电剂主要用于塑料和合成纤维的加工。对于塑料制品，通常是把抗静电剂加入高分子材料内部，要求抗静电剂与聚合物具有一定的相容性，而且不影响聚合物的透明度和加工性能。

3.6.5　偶　联　剂

偶联剂用于无机物（如玻璃纤维、无机填充剂等）的表面处理，增强其与聚合物之间的黏结强度。偶联剂的分子为两性结构，一端为极性及可水解基团，易与无机物的极性表面发生化学反应而结合；另一端为活性反应基团，可与聚合物产生化学结合及物理吸附作用。在塑料和橡胶需要添加大量无机填料的场合，添加少量偶联剂，就可使聚合物与无机填料的结合更加牢固，从而显著改善高分子材料的性能。

常用偶联剂主要有硅烷类和钛酸酯类两大类型。硅烷类偶联剂适用于含硅类无机填充剂和增强剂，如白炭黑、短玻璃纤维和石英粉等；硅烷中的有机反应基团对聚合物反应有选择性，如氨基易与环氧、尼龙及酚醛树脂反应，乙烯基则易与聚酯树脂等反应。钛酸酯类偶联剂对碳酸钙与热塑性聚合物的偶联作用特别有效。

3.6.6 防 霉 剂

高分子材料由于受到生物直接或间接的影响而导致劣化的现象叫做生物劣化。在各种生物劣化中，尤以微生物劣化最为突出。塑料、橡胶等合成高分子材料，虽然对微生物侵蚀的抵抗力比较强，但材料中的添加剂往往成为霉菌滋长的养料，其中以增塑剂最为显著。另外，附着在高分子材料表面的不纯物质，也可成为霉菌赖以滋长和繁殖的场所。热带和亚热带的气候条件，最适宜于霉菌的生长与繁殖，高分子材料就容易发生微生物劣化。

由于微生物的侵蚀，高分子材料会发生生物降解，引起表面变色、产生斑点，甚至发生细微的穿孔，导致机械性能、电性能变差等问题。在这些微生物中，霉菌对高分子材料的侵害最为严重，故必须添加防霉剂。凡能保护高分子材料免受微生物不利影响的物质称为防霉剂。防霉剂的主要品种包括有机氯化合物、有机锡化合物、有机铜化合物等。有机氯化合物主要是氯代酚及其衍生物，有机锡化合物主要是三烷基锡的衍生物。

习题与思考题

1. 高分子材料中加入添加剂的目的是什么？添加剂可分为哪些主要类型？

2. 什么是热稳定剂？热稳定剂可分为哪些主要类型？其中哪些品种可用于食品和医药包装材料？

3. 哪一类热塑性聚合物在成型加工中须使用热稳定剂？为什么？对于加有较多增塑剂和不加增塑剂的两种塑料配方，应如何考虑热稳定剂的加入量？为什么？

4. 什么是抗氧剂和抗臭氧剂？其对高分子材料制品的作用机理有何不同？

5. 什么是光稳定剂？提高聚合催化剂的活性对于聚丙烯的光稳定性有何影响？

6. 什么是增塑剂？根据塑化效率可分为哪些类型？其各自的特点如何？

7. 试述增塑剂的作用机理。

8. 什么是润滑剂？为什么硬质 PVC 配方中必须添加润滑剂？

9. 橡胶硫化剂可分为哪些主要类型？其各自适用的橡胶类型是什么？

10. 橡胶硫化体系主要是由哪些添加剂组成的？其各自的作用是什么？

11. 什么是填充剂？根据其作用可分为哪些类型？其各自的作用是什么？

12. 其他可满足对高分子材料的特殊要求的添加剂，根据其作用可分为哪些类型？

第4章 高分子材料制品设计和配方设计

高分子材料已明显地改善了我们人类的生活质量，如果没有高分子材料，则汽车、电器、工业机械和办公设备、生活和文体用品将与现在大大不同，在我们的日常生活用品中，如电脑、手机、食品包装等，没有高分子材料将不会如此轻巧。高分子材料的快速发展和广泛应用导致了消费者对其需求和性能提出了更高的要求，也促进了高分子材料产品设计和成型加工技术的巨大进步。作为高分子材料产品设计人员和制造工程师，必须了解相应的信息，知道什么样的高分子材料能满足消费者的需要，必须具有关于高分子材料范畴、产品设计和加工技术方面的较广泛的知识。

高分子新材料、新产品的研制、开发、产业化是一个系统工程，所涉及的问题很多，有材料配方设计、产品结构设计、制品造型设计、生产工艺设计、设备选型设计及模具设计。从严格意义上说，应是制品设计，而配方设计是其核心部分。

4.1 高分子材料制品设计

高分子材料制品设计是在对制品形状、结构和使用性能科学的预测和判定的前提下，通过正确选用高分子材料（配方设计），制定出一套完整的制品制造过程的实施方案和程序。

实际上，新产品的开发过程在当今的商业环境下已有显著的改变，很多公司在产品设计和开发过程中遇到的主要问题在于与所有相关公司和用户间的沟通，如果所有产品开发支持链的成员（见图4-1）及早和适时介入，依靠各方协力和减少重复性工作，将可以大大缩短产品开发周期和降低成本。

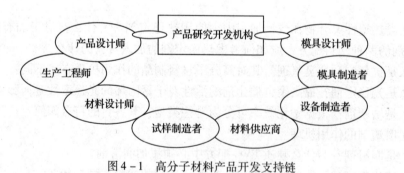

图4-1 高分子材料产品开发支持链

4.1.1 制品设计原则

制品设计必须贯彻"实用、高效、经济"的原则，即制品的实用性应强、成型加工工艺性应好、生产效率要高、成本要低，可满足人类持续发展的要求。

由于可选择的高分子化合物品种、牌号的多样性，可采用的成型加工工艺和成型设备的可变性以及高分子材料制品应用领域的特殊性，尤其是高分子材料具有其他材料所没有的独特性能，如黏弹性、受使用条件和环境影响的显著性以及静态力学性能与动态力学性能较大的差异性等，制品设计者只有透过现象，抓住本质，深刻认识制品设计与高分子化合物性能、成型加工工艺的密切相关性，利用成型加工技术对材料结构与性能进行调节，才能充分发挥材料的功能，以较小的材料和能源消耗，获得优异的材料制品。

实用是开发产品的最基本要求。需求是高分子材料研究、开发的原动力，因此开发新产品最关键的一步是确定产品的最终使用的要求，保证开发的高分子材料制品在使用期限中的功能和性能。高效对在保证高分子材料制品的功能和性能前提下所选择的合适材料具有成型加工可行性和经济性有重要意义。制品设计应充分考虑高分子化合物的流变特性和固化特征，及成型加工过程中材料形态变化对制品的影响，选择最具成本效益的成型加工方法。经济是所开发的产品具有可行性的根本，对于一个成功开发的产品来说，其经济性和使用性是同样重要的。产品的成本和对环境的影响是两个必须考虑的经济性因素，在满足性能要求的前提下，生产可盈利的产品是支配材料制品普及程度（推广）的决定因素；对环境的影响，是事关人类社会可持续发展的头等大事，同样制约了材料制品的推广应用（为人类社会乐于接受并大量使用）。

4.1.2　制品设计步骤

产品开发过程是依靠一支技术熟练的队伍共同协作的过程，高分子材料制品设计可概括为如图 4 - 2 所示的步骤。

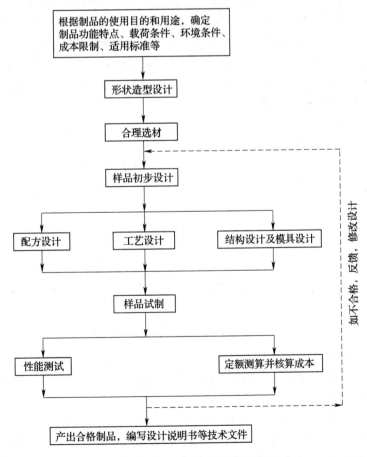

图 4 - 2　高分子材料制品设计程序

4.1.2.1　产品使用要求的确定

开发新产品最关键的一步是确定产品的技术规格和产品最终使用的要求，这是设计者和产品工程师开发产品的基础，如果这一步不完善或不准确，则会因成本增加和需要修改而延误开发时间，或产品达不到消费者的期望。

根据制品的使用目的和用途，确定应具备的性能特点、载荷条件、环境条件、成本限制、适用标准等。对于零部件，还应考虑与其他组装件之间的内在联系及在整个产品中的地位与影响。同时应做好数据收集（包括高分子化合物的性能数据、成型加工工艺的相关数据、应用数据等），制定质量要求（提出制品性能、分析影响主要性能的因素、使用环境、装配、应用等）、预测需求（需求量和时间、成本水平和市场前景等）。

4.1.2.2　形状造型设计（概念性设计）

产品性能要求确定后，即要开展产品初步概念构想，进行形状造型设计。主要考虑制品的功能、刚度、强度和成型工艺等，应力求做到形状对称、造型轻巧、结构紧凑。典型的工业设计者通常绘制三维草图或计算机辅助（CAD）设计绘图，在高度清晰的区域内呈现图形。了解哪些性能是必需的，哪些可灵活；确定哪些尺寸是规定的，哪些尺寸可变。

4.1.2.3　初步材料的选择

在分析制品使用目的和用途对材料性能要求与成型加工特点的基础上，选择多种候选材料。开始选择材料时要确定与材料有关的重要特性，特别要从材料的主体－高分子化合物的结构对制品性能和加工性能的影响因素加以考虑。通常，选择并不是唯一的，而且每种材料各有优缺点，选材时应做到在满足制品性能要求的前提下，"扬长避短、合理使用"。必须注意，在选材时应考虑与成型加工工艺的相互适应性。材料的性能信息可在各种资源中查阅，但一般传统的资源提供的性能信息是有限的，而且高分子材料中都要加入各种添加剂，这些添加剂都会在某种程度上改变材料的性能，在选择材料时应该予以考虑。

4.1.2.4　样品初步设计（设计展开）

随着对材料和制品性能要求的了解，产品设计者可以开始展开设计，包括配方设计、工艺设计、结构设计和模具设计等。

配方设计是根据制品的功能、用途、所处的环境和成型加工对性能的影响，考虑到成本因素，确定高分子化合物与添加剂的品种、规格和配比以及混合料的制备技术，配制出符合性能要求的混合料。

工艺设计是在对多种成型工艺进行探讨、比较的基础上，确定技术可行、经济合理的成型工艺条件。

结构设计及模具设计是按使用要求，利用已有的公式或计算机软件，对制品进行受力分析和结构设计，确定产品结构、形状造型和模具设计，绘出模具加工图，确定模具加工工艺条件。

4.1.2.5　制备试样

在初步设计的基础上，试制样品，作整体检验，通过试模，检验并分析样品的尺寸精度、粗糙度、成型时间、成型难易程度、设计的合理性和是否存在应力集中等，以获得多种不同方案的工艺条件和样品，供测试评价用。

4.1.2.6　性能测试/评价

每个设计都应在开发阶段进行测试或评估，这可为改进设计提供机会以保证产品性能要求和降低生产风险。通常对试制样品进行性能测试，通过比较分析，确定制品最终选用的材料。当然，最终用途的实际测试最具评估意义，在设计阶段通过可模仿使用状态的测试、加速性测试或标准的测试程序来考察产品的性能，确定技术质量指标。如不符合制品要求，则返回重新调整设计方案，再试验，一直到符合要求为止。

4.1.2.7　定额测算及成本核算

测算班（台）产量及原材料、水电煤的消耗定额、成品率，核定成本，得出理想的设计方案。应用成本是一项重要的性能，它可以造成两种不同的结果，或项目的成功给投资者以满意的回报或失败。必须鉴定、评估和综合计算对总成本有贡献的所有因素以确定其最终的成本，这些因素的确认也许比较容易，但在实际决策时则常常是很困难的。新产品的成本包括材料成本、设备成本、成型加工成本和其他费用（销售、管理和利润等）。

4.1.2.8　加工方法选择

在材料选择和样品初步设计的同时，必须考虑成型加工方法的选择。选择用哪种成型加工方法生产制品常常是比较困难的，如果选用不适宜的加工方法，则会造成代价沉重的错误。

选择成型加工方法应考虑的因素包括：

（1）制品形状　简单或复杂，实心或中空，平板或圆形。

（2）产品尺寸　大或小，厚或薄。

（3）材料特征　热塑性或热固性，柔性或刚性，泡沫或实体，单一材料或共混材料。

（4）公差精度　精密，一般，粗糙。

（5）加工成本　设备和模具的费用，生产周期，劳动力成本，自动化程度，二次加工的要求。

通过详细调查和评估候选加工工艺的特性，以确定最具成本效益的加工方法。

4.1.2.9　最终材料的选定

在完成设计前所选择的材料不一定是匹配最好的材料组合，通过对样品的初步设计，根据试样性能评价的结果和所选择的加工方法，并考虑生产成本，由产品开发支持链成员共同参与材料的最终选定，即完成能进行产品制造的材料配方设计。

4.1.2.10　生产工艺规程制定

设计制品合格后，编制设计说明书及有关生产技术文件，包括原材料标准及检验方法、生产流程、工艺操作规程、制品的企业标准及检验方法、环保及三废处理、车间布置及配套设施等。按照生产工艺规程就可以进行产品制造了，通常在完全投产之前要进行预生产以验证其功能性，在此过程中微调并监控工艺，进行整体质量工艺控制。

4.2　高分子材料配方设计

如前所述，高分子化合物的结构与性能、材料的组成及制造方法是影响材料性能的主要因素。高分子材料配方设计实际上是考虑材料的组成对材料性能的影响，但配方设计并不是材料各组分的简单搭配，而是在掌握组成材料的高分子化合物及添加剂的结构和性能的基础上，充分利用高分子化合物与添加剂、添加剂与添加剂的协同作用的系统科学工程。配方设计是高分子材料科学基本理论在实际应用中的体现，作为从事高分子材料成型加工的技术人员，应该具有扎实的高分子材料专业基础理论和各相关学科的先进技术和理论，并把理论和实际应用结合起来，设计出高技术含量的新产品。另一方面，配方设计是一个经验与理论相结合的过程，配方设计人员应在工作中不断积累经验，注意收集、汇总有关基础数据，并总结其内在规律性，这对配方设计和研究开发工作具有重要意义。

4.2.1 配方设计原则

在一个优秀的配方设计中，高分子化合物通过与添加剂的配合，以充分发挥其物理机械性能、改善成型加工性能，降低制品成本，提高经济效益。因此，配方设计必须满足以下基本原则。

4.2.1.1 制品的性能要求

如前所示，制品对性能的要求是多方面的，也是千差万别的，能够满足全部性能要求的材料是不存在的、也是不必要的，因此只能抓住主要矛盾，用其所长、避其所短。必要时也可进行共混或复合改性。表 4－1 列出了高分子材料制品的各种主要性能指标，供选择用。

表 4－1   **高分子材料制品的主要性能**

项目	主要性能
（1）外观	表面光洁度、色泽的一致性及持久性、透明性、添加剂的析出等
（2）物理性能	密度、结晶度、吸水性、透气性、透湿性、折射率等
（3）机械性能	应力－应变曲线、拉伸强度、拉伸模量、伸长率、弯曲强度、弯曲模量、压缩强度、冲击强度、泊松比、硬度、摩擦系数、耐磨耗性等
（4）热性能	熔点、耐热老化性、热变形温度、玻璃化温度、软化温度、连续使用温度、脆化温度、比热容、热导率、线膨胀系数等
（5）电性能	体积电阻率、表面电阻率、介电常数、介电损耗角正切、介电强度、耐电弧性等
（6）耐化学药品性	耐酸性、耐碱性、耐溶剂性
（7）长期使用性	耐蠕变性、耐疲劳性能、应力松弛、耐候性、耐臭氧性、期望寿命等
（8）燃烧性	闪点、自燃点、点着温度、氧指数、发烟性、有毒气体等
（9）界面特性	临界表面张力、浸润性、表面光滑性等
（10）成型性	耐热稳定性、流变性、结晶性、成型收缩率、黏结性、熔体流动速率等、允许误差和尺寸稳定性、加工工艺（方法）、装配方法、修剪和二次加工（装饰）等
（11）经济性	原材料成本、建厂投资成本：成型加工机械和模具及其数量等、操作成本、维修成本等
（12）法规	安全规定（阻燃、食品、医用等）；工业规定（汽车工业、电子工业等）；环保规定

在配方设计中，应了解掌握制品规定的各项性能指标，了解制品使用环境、使用方法、使用要求，特别是一些特殊要求如透明性、卫生性、耐老化性等，还应了解制品的市场信息、销售趋势、消费者的兴趣及爱好等。

4.2.1.2 成型加工性能的要求

高分子材料制品的成型加工方法很多，各种成型加工方法的工艺和设备各有其特点，对材料的要求不尽相同。不同的成型加工方法，或相同的成型加工方法生产不同形状尺寸的制品，对材料的流变性能要求和对材料产生的剪切作用及摩擦生热情况是不一样的。而高分子材料中的增塑剂、润滑剂和填充剂等添加剂对流动性能有较显著的影响，热稳定剂、抗氧剂的品种及添加量也极大地影响着材料在加工过程中的稳定性。

因此，在配方设计时应充分考虑成型加工方法及其设备对材料产生的不同影响和作用，如在成型设备中材料的受热经历、受热时间、受力过程和受力时间，材料在成型设备中运行状态、运行时间及停滞情况，成型加工设备的机头、模具的结构特点及其与材料流变行为的关系等。

4.2.1.3　原材料的要求

材料的主体成分 – 高分子化合物决定了材料的基本性能，添加剂对材料及其制品的性能有很大的影响。在配方设计时应了解选用的原材料的来源、质量和价格。原材料的质量一般都有相应的国家或行业标准，但不同的厂家生产的原材料有自己的牌号及各自的技术质量指标要求，并且会有其特定的用途和性能，另一方面，原材料的成本在产品的经济成本中占有很大的比例。因此，在选用原材料时要特别注意生产厂产品的牌号、技术质量指标及其检验方法，以保证原材料的质量稳定可靠，在不影响产品质量的情况下，尽可能要求原材料来源容易，产地较近，价格合理。

4.2.1.4　产品的经济成本要求

产品的生产成本主要包括原材料成本和成型加工成本。配方设计时应在满足使用性能的前提下，选用质量稳定可靠、价格低的原材料；尽量节约原材料，适当加入填充剂，降低成本；通过配方的调整，使材料适合成型加工工艺操作，有利于提高成型加工设备的生产率；必要时采用不同品种和价格的原材料复配，从中找到生产成本较低的配方。

4.2.2　配方的表示方法

材料配方的表示方法常用以下四种形式。

4.2.2.1　以质量份数表示的配方

以高分子化合物为 100 份的配方表示法，即以高分子化合物质量为 100 份，其他组分则以相对于高分子化合物的质量份数表示，此法计量容易，应用广泛，适于工业生产，也是大多数科研论文和报告中的配方表示方法。

4.2.2.2　以质量百分数表示的配方

以混合料为 100 份的配方表示法，即以高分子化合物及各种添加剂的混合料总质量为 100%，各组分以质量百分比表示。此法对计算原材料消耗、定额指标等较方便，便于财务的成本核算及定价。

表 4 – 2 以阻燃 PVC 制品为例，说明两种配方表示方法。

表 4 – 2　　　　　　　阻燃 PVC 制品配方的两种表示方法

组分	质量份数配方/份	质量百分数配方/%	组分	质量份数配方/份	质量百分数配方/%
PVC	100	$100/233 \times 100\% = 42.92$	三盐基硫酸铅	3	$3/233 \times 100\% = 1.29$
氢氧化铝	25	$25/233 \times 100\% = 10.73$	二盐基亚磷酸铅	2	$2/233 \times 100\% = 0.86$
三氧化二锑	8	$8/233 \times 100\% = 3.43$	DOP	40	$40/233 \times 100\% = 17.17$
硼酸锌	10	$10/233 \times 100\% = 4.29$	DBP	20	$20/233 \times 100\% = 8.58$
聚己内酯	25	$25/233 \times 100\% = 10.73$	总计	233	100.00

4.2.2.3　以体积百分数表示的配方

以混合料体积为 100 份的配方表示法。当已知各种组分密度时，可以高分子化合物为 100 份的配方很方便地换算出来，然后归一即可。此法便于计算体积成本及原材料仓储面积。

4.2.2.4　生产配方

生产配方是生产中实际使用的配方表示形式，即按设备的生产能力，计算出各组分每次的投料质量数。此法便于直接计量，符合生产实际。

4.2.3　配方设计步骤

配方设计是指根据材料制品的性能要求选择材料的各组分，包括选择哪些高分子化合物和添加剂、各组分的量以及各组分相互影响（有无协同效应），一般有如下步骤。

（1）确定产品的技术要求，并根据这些要求制订产品的性能指标，作为配方设计的依据。

（2）在确定产品性能和用途的基础上，详细收集高分子化合物和添加剂等各种原材料的资料，初定产品形状、尺寸及各部件的作用及其成型加工方法。如能利用已经建成的数据库，则资料将更完整，且获取也更便捷。

（3）初选材料，并进行配方设计及试验。可先针对材料制品的某个性能，设计若干个配方，进行小样压片试验，通过性能测试初定合格的配方，再根据制品的成型加工性能要求进行配方调整试验，确定材料的使用性能和加工性能。

（4）依获得的材料性能数据或凭经验，进行结构设计（壁厚及其他尺寸）。

（5）制成实物模型，进行实样试验或模拟试验。

（6）再设计与再试验。如性能不合格，需再筛选调整配方。

（7）依模型试验和制品成本，进行最终选材和配方设计。

（8）材料规范化（原材料规格、牌号、产地、验收标准、监测项目和监测方法等）。

材料添加剂种类繁多，用量不一，作用复杂，如何通过较少的试验次数尽快使制品获得最佳的综合平衡性能，这是配方设计的重要课题。前已述及，配方设计是一个经验与理论相结合的过程，对经验丰富的配方设计人员来说，配方的制订步骤是：通常先确定基本配方，再过渡到性能配方，最后到实用配方。

基本配方考虑的是主体材料–高分子化合物的选择，以及对于材料制品而言必需的添加剂（如橡胶材料中的硫化体系，PVC 材料中的热稳定体系）的选择，主要试验所添加的配合剂的合理性，包括种类、用量，要求用量稳妥，通常采用传统的使用量或规定的配方，基本配方力求尽可能的简单。

性能配方是在基本配方的基础上加上性能体系，往往针对制品的某些性能要求，专门添加能提高某一（些）性能的配合剂（如补强剂、增塑剂、防老剂等）或赋予材料某种特殊性能的改性剂（如增韧剂、阻燃剂、抗静电剂等），使材料制品的性能达到使用的要求。

实用配方是在性能配方基础上加上加工体系和成本体系，主要考虑原材料的来源、成型加工工艺的可行性以及产品经济性。根据成型加工方法、设备和工艺条件添加提高成型加工性能的配合剂（如增塑剂、润滑剂、加工助剂等）；为降低材料成本，在保证材料制品使用性能的前提下，添加价格便宜的增量填充剂等。实用配方应是综合平衡性能的最佳配方，也是最后确定的生产配方。

应该指出的是，基本配方、性能配方、实用配方是相互制约、相互影响的。配方中的各种添加剂之间往往会产生一定的相互作用，归纳起来，相互作用有协同作用、对抗作用和加合作用三类。在制订各类配方时，添加的组分均有可能改变原来配方的结果，因此，在配方设计中须全面考虑，酌情加以调整。

4.2.4　配方设计实验方法

配方设计实验方法是指通过实验确定配方中各种添加剂加入量的方法，涉及实验步骤安排、变量选择和变量范围的确定。众所周知，高分子材料各组分之间存在着复杂的化学和物理作用，因此，如何减少实验次数，节省工作量，以低的成本、高的工作效能确定理想的配方，是一项充满激情的工作。计算机辅助设计以及仪器分析测试技术的进展，使我们有可能借助先进的仪器设备了解配方体系中各组分的微观结构与性能之间的关系，研究加工和使用过程中可能发生的化学反应，在前人长期经验积累的基础上，通过建模和分析，使配方设计逐步做到科学化和计算机化，以求能更准确地预测产品的性能，简化实验程序，加速新产品开发。然而，时至今日，配方设计仍主要依赖于经验和实验。

4.2.4.1　配方设计时考虑的因素

因素（又称因子）和水平（又称位级）是配方设计中最频繁使用的两个术语。因素是指影响材料性能指标的因子，如原材料、工艺条件等；水平是指每个因素可能处于的状态。水平可以是原材料的品种、用量或工艺参数等，水平值可由经验确定，也可在确定前先做一些探索性试验。各水平值间应有合理的差距（步长）。

在高分子材料配方设计中，必须考虑如下因素。

（1）配方中往往包括高分子化合物和添加剂，而添加剂种类较多，因此，配方单因素变量设计较少，通常是多因素变量。

（2）各因素的水平数一般并不相等，有多有少，而通常正交设计试验是等水平的，因此，就出现了活用正交表的问题。

（3）各组分之间往往存在显著的交互作用（如协同作用或加和作用）。

（4）配方、工艺条件、原材料、设备、产品结构设计之间相互依存，互相制约，工艺因素的影响不可忽视，同一批试验工艺条件要保持相同，以排除其干扰。而当工艺条件起决定因素时，可将其作为独立的因素列入试验设计中。

（5）试验误差由原材料称量、加料程序、各种工艺条件、测试方法和计量等累积而成，其值有时会比较大。应对每一步骤严格控制，尽量排除试验误差。而当试验误差的影响大于配方设计中任何一个因素的影响时，整批试验只能推倒重来。

（6）统计数学、线性规划、运筹学等最优化计算的引入，为合理设计试验、减少试验次数、迅速获得理想试验结果、确定配方带来了可能。然而，如果不与材料成型加工技术人员长期积累所得到的经验规律相结合，数学工作者往往会出现一些不可思议的低级错误。只有将配方经验规律和统计数学相结合，才能发挥最佳效能。

4.2.4.2　单因素变量配方设计法

此法适用于材料制品性能只受一个因素（如某一组分）影响的配方。以往也用于多因素变量的试验，此时光改变一个因素，把其他因素固定，以求得此因素的最佳值，然后改变另一个因素，固定其他因素，如此逐步轮换，找出理想的配方。此法一般采用消去法来确定。鉴于制品的物理性能在因素区间中为单值函数，所以，在搜索区间内任取两点，比较它们的函数值，舍去一个。在缩小的搜索区间内进行下一步试验，使区间缩小到允许误差之内。采用的搜索方法有爬山法（逐步提高法）、黄金分割法（0.618 法）、平分法（对分法）、分批试验法、抛物线法及分数法（裴波那契搜集法）等。

4.2.4.3　多因素变量配方设计法

多因素变量配方是指有两个或两个以上因素（如添加剂的加入量）都影响制品性能的配方，目前多采用数理统计的方法进行设计，其中常用的有正交设计法和回归分析法。

正交设计法是一种应用数学统计原理进行科学安排与分析多因素变量的一种实验方法。其优点是可大幅度减少实验次数，因素越多，减少程度越明显。它可以在众多实验次数中，优选出具有代表性的实验，通过尽可能少的实验，找出理想的配方和工艺条件。如采用单因素轮换法（即每次改变一个因素，固定其他因素进行试验），则对三因素、三水平的实验，需进行 $3 \times 3 \times 3 = 27$ 次实验，而用正交设计法，只需 6 次即可。指标（如拉伸强度、硬度、耐热温度、冲击强度、氧指数及体积电阻率等）表示了实验目的，是用以衡量实验结果好坏的参数。通过实验分析可以分清各个因素对指标影响的主次，各个因素中最好的水平，各个因素以哪个水平组合可得最好的指标。常用的分析法有直观分析法和方差分析法。

回归分析法（中心复合试验计算法）因在中心点做许多重复试验而得名，建立描述自变量（配方组分）与因变量（制品物理性能）之间关系的一种数学表达式（回归方程式）。可以一个二次多元式表示制品性能与添加剂用量的关系，然后再求出数个回归系数，进行线性变换，按设计表安排试验，在中心点作重复试验，再进行显著性统计检验。如有问题，可改变数学模型进一步研究。此法可以确定几个特定配方因素之间的相关性，如无相关性，只能单独处理每个因素问题；如存在相关性，则可找出合适的数学式；根据几种制品性能指标值，预测出一个或几个配方因素变量的值或根据一个或几个配方因素变量值，预测性能指标的范围；指出这些因素之间的相互关系，找出主要因素、次要因素或可忽略的因素，通过方程式求出所需性能的配方因素最佳组合，画出某种性能的等高线，探讨各配方因素变量对性能的影响，从而预测物理性能。

4.2.5　高分子材料配方实例

表 4 - 3 至表 4 - 10 列举了一些高分子材料的配方实例。从这些配方中可以了解到各组分在材料中所起的作用，也可基本判断该配方材料制品的基本性能。

表 4 - 3　　　　天然橡胶、丁苯橡胶、顺丁橡胶、异戊橡胶的配方实例　　　　单位：质量份

物料	基本配方				轮胎胎面配方		
天然橡胶	100				100	70	50
丁苯橡胶		100				30	
顺丁橡胶			100				
异戊橡胶				100			
硫磺	3	2	1.5	2	2.6	2.2	1.2
促进剂 M	0.7						
促进剂 DM		3					
促进剂 CZ			0.7	0.9	0.5	0.6	0.8
硬脂酸	0.5	1.5	2	4	4	2.5	3

续表

物料	基本配方				轮胎胎面配方		
氧化锌	5	5	4	5	5	4.5	3
防老剂 D			1		1.2	1.5	1.5
防老剂 4010NA					1.3	1	1
石蜡					1.2	1.5	1
松焦油					4.5	4	
三线油							7.5
天然气槽法炭黑		40			10		
高耐磨炭黑			50	45		45	
中超耐磨炭黑					35		50

表 4-4　　丁基橡胶、乙丙橡胶、氯丁橡胶、丁腈橡胶的配方实例　　单位：质量份

物料	基本配方				轮胎内胎	电缆	水坝坝袋	密封件
丁基橡胶	100				100			
乙丙橡胶		100				100		
氯丁橡胶			100				90	
丁腈橡胶				100				100
天然橡胶							10	
硫磺	2	1.65		2	1.75	1		0.6
硒								0.5
促进剂 M				1.5	0.5	0.5		
促进剂 DM	0.65						0.3	0.5
促进剂 CZ		1.7						
促进剂 ZDC						0.5		
促进剂 TMTD	1.3				1	3		0.3
硬脂酸	2	2		1.5	1	3	1	1
氧化锌	5	5	5	5	5	5	5	1.5
氧化镁			4				4	
防老剂 D					A[1]1		0.75	
防老剂 DNP						1		A1
防老剂 4010NA							1.5	
防老剂 HP		1						
石蜡		1					1	1
磷酸三甲苯酯								5
机油		1			20		9	
古马隆							5	
高耐磨炭黑		85			25		25	30
半补强炭黑					25		15	
天然气炭黑				50				
硬质陶土							30	
碳酸钙							40	

注：① A 即防老剂 A。

表 4 – 5　　　　　　　　　　　　　几种橡胶的基本配方　　　　　　　　　　单位：质量份

物料	聚氨酯橡胶	氯磺化橡胶	氯醚橡胶	丙烯酸橡胶	硅橡胶	氟橡胶
生胶	100	100	100	100	100	100
硫磺	2					
促进剂 M	2	2				
促进剂 DM	4					
促进剂 NA – 22			1.5			
BPO				1.5	1	
硬脂酸锌			1			
硬脂酸镉	1					
活性剂 NH – 1	1					
氧化锌				10		
氧化镁		5		10		15
氧化铁					5	
一氧化铅		10				
四氧化三铅			5			
二苯基硅二醇					3	
六次甲基氨基甲基酸盐						1.3
防老剂 NBC			2			
松香		10				
高耐磨炭黑	30		50			
气相法白炭黑				50	45	

表 4 – 6　　　　　　　　　　　　　　聚氯乙烯配方　　　　　　　　　　　单位：质量份

物料	硬管	电缆绝缘层	薄膜	泡沫塑料
PVC 树脂	100	100	100	100
DBP			25	44
DOP		40	23	30
环氧大豆油				3
二盐基亚磷酸铅		3		
三盐基硫酸铅	4	3	1	
硬脂酸钡	1.2	1	1	2
硬脂酸钙	0.8			6
硬脂酸铅	0.5	0.3	1	
硬脂酸			0.3	
石蜡	0.8			
氯化石蜡			5	
硫酸钡	10			
发泡剂 AC				10

表 4 − 7　　　　　　　　　　聚乙烯、聚丙烯配方实例　　　　　　　单位：质量份

物料	PE					PP		
	管材	管材	软质泡沫座垫	高发泡钙塑板	辐射交联电缆料	管材	泡沫塑料	电缆料
LDPE	100		100	100	100	10	25	100
HDPE		100						
PP						100	100	
CPE	7							
EVA		100						
丁二烯橡胶			18			10		
聚异丁烯								20
二乙烯基苯							1.2	
抗氧剂 1010						0.5		0.4
抗氧剂 DNP					0.8			
DLTP						0.5		
UV − 531								0.2
亚磷酸酯						0.5		
DCP			1.1	0.7				
AC			6	7.5			2.4	
草酰肼								0.3
二盐					2.8			
三盐			2.5	1.5				
PbSt		0.8						
BaSt			1.3					
ZnSt				2.4				
氯化石蜡					18			
矿物油								0.1
石蜡	0.5							
HSt	0.5		0.8					0.1
三氧化二锑					12			
炭黑母粒		0.8						
高耐磨炭黑					2.6			
CaCO$_3$	60			90		30		

表 4 − 8　　　　　　　　　酚醛树脂、脲醛树脂配方实例　　　　　　单位：质量份

物料	酚醛模塑粉				脲醛模塑粉
	本色	棕色	黑色	增韧	
酚醛树脂	100	100	100	80	
脲醛树脂					100
丁腈橡胶				20	

续表

物料	酚醛模塑粉				脲醛模塑粉
	本色	棕色	黑色	增韧	
乌洛托品	1	2	12	11	
硫磺				3.8	
促进剂 M				1	
氧化钙			0.6	0.5	
氧化镁		1.2	1.8	2.4	
碳酸钙			15		15
滑石粉					37
石英粉	100				
木粉		80	100	20	
石棉绒				40	50
高岭土		80			
硬脂酸		2	2	3	
硬脂酸锌	5				2
苯胺黑		3.4	2		0.02
钛菁绿					0.02
氧化铁红		1		6	

表 4-9 不饱和聚酯树脂的配方实例 单位：质量份

物料	通用预混料	模压料	浇铸料	浸渍料
不饱和聚酯树脂	100	100	100	100
BPO	5			4
过氧化苯甲酸叔丁酯		2.5		
邻苯二甲酸二烯丙酯				5
50% 过氧化环己酮苯乙烯溶液			4	
2% 环烷酸钴苯乙烯溶液			2	
硬脂酸锌	3	3.8		
氢氧化钙		3.8		
碳酸钙	150	140		
石英粉			100	
石棉绒	23			
玻璃纤维	50	100		
丙酮				100

物料	黏合料	层压料	浇铸料	导电料	玻璃钢料
环氧树脂	100	100	100	100	100
乙二胺	8	8	8	8	
三乙烯四胺					4
三乙醇胺					6
咪唑				15	
苯乙烯					5
邻苯二甲酸二丁酯		25	25		
液体丁腈橡胶				15	
石棉粉			50		
石英粉			50		
电解银粉				250	

表 4 – 10　　　　　　　　　　　环氧树脂配方实例　　　　　　　　　单位：质量份

习题与思考题

1. 在高分子材料制品设计中，成型加工方法选择的依据是什么？

2. 试分析下列配方，要求：

(1) 指出各组分在配方中的作用；

(2) 判断制品基本性能，并说出相应的理由。

配方 1：PVC 树脂（XS – 4）100，邻苯二甲酸二辛酯 10，邻苯二甲酸二丁酯 8，环氧脂肪酸辛酯 3，液体钡 – 镉 2，硬脂酸钡 0.5，硬脂酸镉 0.3，硬脂酸 0.3，二氧化钛 3

配方 2：PVC 树脂（XS – 5）100，三盐基性硫酸铅 5，二盐基性亚磷酸铅 1.5，亚磷酸三苯酯 0.5，硬脂酸铅 0.5，硬脂酸正丁酯 0.3，石蜡 0.3，氧化锑 5

配方 3：PVC 树脂（XS – 3）100，DOP 20，DBP 20，DOS 10，氯化石蜡 5，UV – 90.1，滑石粉 1，氧化铁 0.2，二月桂酸二丁基锡 3

配方 4：丁腈橡胶 100，硫磺 1.5，促进剂 M 1.5，促进剂 TMTD 0.2，ZnO 5，硬脂酸 1，防老剂 4010NA 1，半补强碳黑 60，陶土 30，沥青 5，石蜡 1.5

3. 在生产宽 1200mm，厚 0.5mm 的聚氯乙烯软膜时，采用以下配方：

聚氯乙烯树脂 100，三盐基硫酸铅 2，硬脂酸钡 1.2，硬脂酸铅 0.8，邻苯二甲酸二辛酯 30，癸二酸二辛酯 10，环氧大豆油 5，氯化石蜡 5，硬脂酸 0.8，碳酸钙 8，钛菁蓝 0.5

问：配方中各组分的作用？配方中树脂、稳定剂、增塑剂、填充剂、润滑剂、颜料各占总量的百分之几？

4. 高分子材料进行配方设计的一般原则和依据各是什么？

5. 配方有哪几种表示方法？各有何作用？相互关系是什么？

第5章 聚合物流变学基础

聚合物成型加工技术几乎都是依靠外力作用所导致聚合物的流动与变形，来实现从聚合物材料到制品的转变。聚合物流变学正是研究聚合物熔体和溶液流动及变形规律的科学。对高分子材料成型加工而言，聚合物流变学与高分子物理学和高分子材料成型工艺原理结合在一起，成为设计和控制材料配方及加工工艺条件，以获取制品最佳的外观和内在质量的重要手段。对高分子材料成型模具及机械设计而言，聚合物流变学为设计提供了必需的数学模型和被加工材料的流动性质，是进行计算机辅助设计的重要理论基础之一。因此，掌握聚合物熔体和溶液流动与变形的基本规律，对正确分析和处理聚合物加工过程中的工艺和工程问题具有指导意义。

5.1 聚合物熔体的流动

绝大多数聚合物的成型加工都是在其熔融状态下进行的，加工力场与温度场不仅直接影响聚合物熔体的流动性，而且能够影响聚合物制品的最终结构与性能。

5.1.1 流 动 类 型

根据成型条件下的流速、外力作用形式、流道几何形状和热量传递情况的不同，聚合物熔体可表现出不同的流动类型。

5.1.1.1 层流和湍流

按雷诺准数 Re 的大小可将流体的流动形式分为层流和湍流。$Re \leqslant 2300$ 的为层流，$Re \geqslant 4000$ 的为湍流，$2300 < Re < 4000$ 时为过渡区。聚合物由于分子量大而具有较高的熔体黏度，如 LDPE 的黏度 $30 \sim 1000 \mathrm{Pa \cdot s}$，而且加工过程中的剪切速率一般不大于 $10^4 \mathrm{s}^{-1}$。因此，聚合物熔体在成型条件下的雷诺值一般小于1，呈现为层流状态。但是在某些特殊场合，如聚合物熔体经过小浇口注射进入大型腔时，由于剪切应力过大等原因会出现弹性湍流，造成熔体的破碎或不规则变形。

5.1.1.2 稳定流动与不稳定流动

凡在输送通道中流动时，流体在任何部位的流动状况及一切影响流体流动的因素不随时间而变化，此种流动称为稳定流动。所谓稳定流动，并非是流体在各部位的速度以及物理状态都相同，而是指在任何一定部位，它们均不随时间而变化。例如在正常操作的挤出机中，聚合物熔体沿螺杆螺槽向前的流速、流量、压力和温度分布等参数均不随时间而变动，该流动属于稳定流动。

凡流体在输送通道中流动时，其流动状况及影响流动的各种因素均随时间而变化，此种流动称为不稳定流动。例如在塑料注射成型的充模过程中，模腔内的流动速率、温度和压力等各种影响流动的因素均随时间而变化，因此塑料熔体的流动属于不稳定流动。

5.1.1.3 等温流动和非等温流动

等温流动是指流体各处的温度保持不变情况下的流动。在等温流动情况下，流体与外界可以进行热量传递，但传入和输出的热量应保持相等。

在塑料成型的实际条件下，由于成型工艺要求将流道各区域控制在不同的温度下，而且由于黏性流动过程中有生热和热效应，这些都使其在流道径向和轴向存在一定的温度差，因此聚合物流体的流动一般均呈现非等温状态。例如塑料注射成型时，熔体在进入低温的模具后即开始冷却降温。

5.1.1.4　拉伸流动和剪切流动

即使流体的流动状态为层状稳态流动，流体内各处质点的速度也并不完全相同。质点速度的变化方式称为速度分布。按照流体内质点速度分布与流动方向的关系，可将聚合物加工时的熔体流动分为两大类。一类是质点速度仅沿着流动方向发生变化，如图 5 - 1 (a) 所示，称为拉伸流动；另一类是质点速度仅沿着与流动方向垂直的方向发生变化，如图 5 - 1 (b) 所示，称为剪切流动。

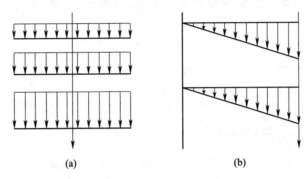

(a)　　　　　　　　　　　(b)

图 5 - 1　拉伸流动和剪切流动的速度分布

注：长箭头所指为流体流动方向

(a) 拉伸流动　　(b) 剪切流动

拉伸流动可分为单轴拉伸和双轴拉伸。单轴拉伸的特点是一个方向被拉长，其余两个方向则相对缩短，例如合成纤维的拉丝成型。双轴拉伸时两个方向被同时拉长，另一个方向则相对缩小，例如塑料的中空吹塑。

剪切流动按其流动的边界条件可分为拖曳流动和压力流动。由边界的运动而产生的流动称为拖曳流动，如旋转滚筒表面对流体产生剪切摩擦进而形成流动。而边界固定，由外压力作用于流体而产生的流动称为压力流动。例如注射成型时，聚合物熔体在流道内的流动属于压力梯度引起的剪切流动。

5.1.2　非牛顿型流动

剪切流动是聚合物加工过程中最简单的流动形式，按剪切应力 τ 与剪切速率 $\dot{\gamma}$ 的关系，可以分为牛顿型流动和非牛顿型流动。

5.1.2.1　牛顿型流动

牛顿流体流动时，内部抵抗流动的阻力称为黏度，它是流体内摩擦力的表现。这种流体的剪切流动可简化成如图 5 - 2 所示的层流模型。

可将这种切变方式的流动，看作许多彼此相邻的液层沿着外力作用方向进行着相对移动。图中 F 为外部作用于面积 A 上的剪切力，移动面 A 至固定面之间的距离为 y。外力 F 克服面积 A 以下各层流体间的内摩擦力，使以下各层流体向右流动。单位面积上的剪切力称为剪切应力，通常以 τ 表示，以 Pa 为单位，有：

$$\tau = F/A \qquad (5-1)$$

在剪切力 τ 的作用下，流体以速度 v 沿剪切力方向移动。在黏性阻力和壁面阻力的作用下，使相邻液层之间出现速度差。若假定液层对壁面无滑移，则与壁面接触液层的流动速度为零，而间距为 dy 的两液层的移动速度分别为 v 和 $(v+dv)$。dv/dy 是垂直于液流方向的速度梯度，称为剪切速率，以 $\dot{\gamma}$ 表示，其单位为 s^{-1}，有：

$$\dot{\gamma} = dv/dy \qquad (5-2)$$

理想黏性流体的流动符合牛顿流体的流变方程：

$$\tau = \eta\dot{\gamma} \qquad (5-3)$$

式中，比例系数 η 为牛顿黏度，单位为 Pa·s。它是流体流动时内部抵抗流动的阻力，是流体本身所固有的性质，其大小表征抵抗外力所引起的流体变形的能力。

剪切应力 τ 与剪切速率 $\dot{\gamma}$ 的关系曲线也称为流动曲线，如图 5-3 所示。它可以用来描述流体的流变行为。

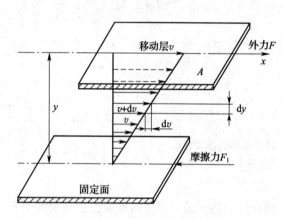

图 5-2　剪切流动的层流模型

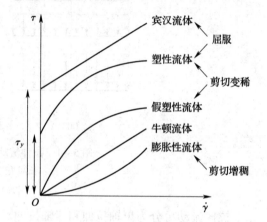

图 5-3　各种类型流体的流动曲线

牛顿型流体的流动曲线是一条通过坐标原点的直线。牛顿流体的应变是不可逆的，其黏度与温度有关。真正属于牛顿流体的只有低分子化合物的气体、液体或溶液，如水和甲苯等。聚合物的溶液、悬浮体和熔体，绝大多数都属于非牛顿型流体。然而为了分析聚合物加工过程中的流变规律，在一定的时间和剪切速率范围内，往往视其为牛顿型流体。

5.1.2.2　非牛顿型流体的流动曲线

如图 5-3 所示的流动曲线中，流体的剪切应力和剪切速率之间呈现非线性的曲线关系。凡不服从牛顿黏性定律的流体称为非牛顿型流体。这些流体在一定温度下，其剪切应力与剪切速率不成正比关系，其黏度是随剪切应力或剪切速率而变化的非牛顿黏度。非牛顿型黏性流体可分为宾汉流体、塑性流体、假塑性流体和膨胀性流体。

宾汉流体的剪切应力与剪切速率之间也呈线性关系，但在流动前存在一个剪切屈服应力 τ_y。只有当剪切应力高于 τ_y 时，宾汉流体才开始流动。因此，宾汉流体的流变方程为：

$$\tau - \tau_y = \eta_p\dot{\gamma} \quad (\tau > \tau_y) \qquad (5-4)$$

式中　η_p——宾汉黏度，为流动曲线的斜率

　　宾汉流体在静止时内部有凝胶性结构，当外加剪切应力超过 τ_y 时，这种结构才完全崩溃，然后产生形变不可恢复的塑性流动。几乎所有的聚合物浓溶液和凝胶性糊塑料，其加工流变行为都与宾汉流体相近。

　　假塑性流体是非牛顿型流体中最常见的一种，橡胶和绝大多数塑料的熔体和溶液都属于假塑性流体。该流体的流动曲线是非线性的，其剪切速率的增加快于剪切应力的增加，而且不存在屈服应力。假塑性流体的黏度随剪切速率或剪切应力的增大而降低，因而属于剪切变稀的流体。

　　膨胀性流体也不存在屈服应力，其剪切速率的增加慢于剪切应力的增加。该流体的黏度随剪切速率或剪切应力的增大而升高，因而属于剪切增稠的流体。某些含固量高的悬浮液、较高浓度的聚合物分散体、较高剪切速率下的聚氯乙烯糊和碳酸钙填充的塑料熔体属于此种流体。

　　描述假塑性和膨胀性的非牛顿流体的流变行为，可用如下的幂律函数方程：

$$\tau = K\dot{\gamma}^n \tag{5-5}$$

式中　　K——流体稠度，$Pa \cdot s$

　　　　n——非牛顿指数

　　流体的 K 值越大，流体越黏稠。非牛顿指数 n 可用于表征流体偏离牛顿型流动的程度。对于牛顿流体 $n=1$，此时 K 相当于 η。对于假塑性流体 $n<1$，对于膨胀性流体 $n>1$。

　　将式（5-5）改写为：

$$\tau = (K\dot{\gamma}^{n-1})\ \dot{\gamma} \tag{5-6a}$$

令：

$$\eta_a = K\dot{\gamma}^{n-1} \tag{5-6b}$$

则幂律方程式（5-5）可写成：

$$\tau = \eta_a\dot{\gamma} \tag{5-6c}$$

式中　　η_a——非牛顿型流体的表观黏度，单位是 $Pa \cdot s$

　　显然，在给定的温度和压力下，对于非牛顿型流体，其 η_a 不是常量，它与剪切速率有关。若是牛顿流体，其 η_a 就是牛顿黏度 η。

　　必须指出，非牛顿指数 n 与温度有关，而且 n 值随温度升高而增大。在聚合物加工的剪切速率范围内，n 不是常数。但是，对于某种聚合物加工过程，熔体流动的速率范围不是很宽广，如表 5-1 所示。因此，在较窄的剪切速率范围内，允许将 n 视为近似于常数，以便在塑料成型机械和模具流道设计时进行粗略计算。

表 5-1　　　　　　　　　　　几种成型加工方法的剪切速率

加工方法	剪切速率 $\dot{\gamma}$ 范围/s^{-1}	加工方法	剪切速率 $\dot{\gamma}$ 范围/s^{-1}
浇铸、压制	$1\sim10$	挤出、涂覆	$10^2\sim10^3$
压延、开炼、密炼	$10\sim10^2$	注射	$10^3\sim10^4$

　　在常见的聚合物成型条件下，剪切速率处在 $10\sim10^4 s^{-1}$ 范围内，大多数聚合物熔体呈现假塑性的流变行为。然而在很低的剪切速率下，剪切应力随剪切速率上升而线性升高，可呈现牛顿型流体的特征，但只有在糊塑料刮涂时，才处于此剪切速率的范围。此外在很高的剪切速率下，聚合物熔体也呈现不依赖于剪切速率的恒定黏度，但在此高剪切速率下，聚合物易出现降解，因而极少在此剪切速率区域内进行成型加工。

5.2　聚合物流体的奇异流变现象

由于聚合物具有多层次的内部结构，当聚合物流体在外力或外力矩作用下，能够表现出既非胡克弹性体，又非牛顿黏性流体的奇异流变性质。下面简单介绍几种聚合物流体的奇异流变现象。

5.2.1　高黏度与剪切变稀行为

一般低分子液体的黏度较小，在给定温度下其黏度基本不随流动状态而变化，如室温下水的黏度约为 $10^{-3}Pa\cdot s$。而大多数高分子液体的黏度一般很高，即使温度不发生变化，其黏度也会随剪切速率（或剪切应力）的增大而下降，呈现典型的"剪切变稀"行为。表 5-2 列出部分聚合物熔体的零剪切黏度 η_0 值。

表 5-2　　　　　　　　　　　　　部分聚合物的零剪切黏度

聚合物	温度/℃	$\overline{M}_w$	$\eta_0/Pa\cdot s$	聚合物	温度/℃	$\overline{M}_w$	$\eta_0/Pa\cdot s$
高密度聚乙烯	190	10^5	2×10^5	聚氯乙烯	190	4×10^4	4×10^5
低密度聚乙烯	170	10^5	3×10^3	聚乙酸乙烯酯	200	10^5	2×10^3
聚丙烯	220	3×10^5	3×10^4	聚甲基丙烯酸甲酯	200	10^5	5×10^5
聚异丁烯	100	10^5	10^5	聚丁二烯	100	2×10^5	4×10^5
聚苯乙烯	220	2.5×10^5	5×10^4	聚异戊二烯	100	2×10^5	10^5
聚氧乙烯	70	3×10^4	3×10^3	聚碳酸酯	300	3×10^4	10^4
聚对苯二甲酸乙二醇酯	270	3×10^4	3×10^3	聚二甲基硅氧烷	300	3×10^5	2×10^4
聚酰胺6	270	3×10^4	10^3				

如图 5-4 所示的长圆管中装有两种静止黏度相等的液体，一种为牛顿液体（以 N 表示），如甘油的水溶液，一种为高分子溶液（以 P 表示），如聚丙烯酰胺的水溶液。两管中液面的初始高度相同，将管底部的平板抽出后，发现装有高分子溶液的 P 管中液体流速逐渐变快，而且 P 管中的液体首先流尽。这种"剪切变稀"效应是因为高分子液体在流动过程中受重力作用而产生剪切，使得卷曲的大分子链沿着流动方向产生择优取向，从而降低了高分子溶液的流动阻力。

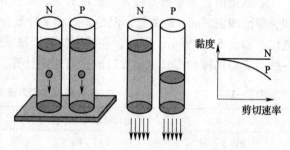

图 5-4　重力引起聚合物液体的剪切变稀现象
N—牛顿流体　P—高分子溶液

"剪切变稀"效应是聚合物流体最典型的非牛顿流动性质。在高分子材料成型加工时，随着成型工艺方法的变化以及剪切应力或剪切速率的不同，物料黏度往往会发生 1~3 个数量级的大幅度变化。

5.2.2　Weissenberg 效应

两烧杯中分别盛有低分子液体和高分子液体，当插入其中的圆棒旋转时，低分子液体由于离心力的作用，液面将形成凹形，如图 5 – 5（a）所示；但对于高分子液体，液面却是凸形的，如图 5 – 5（b）所示。此现象被称为 Weissenberg 效应，也被称为"爬杆"或"包轴"现象。这一现象缘于高分子液体是一种黏弹性液体，在外力作用下进行旋转流动时，具有弹性的大分子链沿着圆周方向取向并出现拉伸变形，从而产生一种朝向轴心的压力，迫使高分子液体沿棒向上爬升。

5.2.3　Barus 效应

当聚合物熔体从口模挤出时，挤出物尺寸大于口模尺寸、截面形状也发生变化的现象，称之为挤出胀大、出口膨胀或离模膨胀，如图 5 – 6 所示。挤出胀大主要是由被拉伸的大分子链的弹性记忆特性所致，聚合物熔体具有的这种记忆特性称为 Barus 效应。聚合物熔体在进入口模时，受到强烈的拉伸和剪切形变，这些形变在口模中只有部分得到松弛，剩余部分在挤出口模后发生弹性回复，从而出现挤出胀大现象。

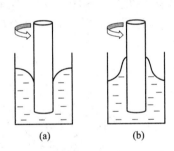

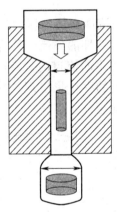

图 5 – 5　高分子液体的 Weissenberg 效应　　　图 5 – 6　Barus 效应示意图
（a）低分子液体　（b）高分子液体

5.2.4　不稳定流动与熔体破裂

聚合物熔体从口模挤出时，当挤出速率超过某一临界剪切速率，就容易出现弹性湍流，导致流动不稳定以及挤出物表面粗糙。随着挤出速率的增大，挤出物可能先后出现波浪形、鲨鱼皮形、竹节形和螺旋形畸变，最后导致完全无规则的挤出物断裂，称之为熔体破裂现象，如图5 – 7 所示。

5.2.5　无管虹吸与无管侧吸

将一根管子插入盛有聚合物流体的容器中，并将流体吸入管中。在流动过程中，将管子慢慢地从容器中提起，当管子离开液面后，仍然有液体流入管子，这种现象称为无管虹吸效应，如图 5 – 8（a）所示。还有一种如图 5 – 8（b）所示的无管侧吸效应，是将一杯高分子溶液侧向倾倒流出，若使烧杯的位置部分回复，以致杯中平衡液面低于烧杯边缘，然而高分子液体仍能沿壁爬行，继续维持流出烧杯，直至杯中的液体全部流光为止。这些现象与聚合物流体的弹性行为有关，这种液体的弹性令拉伸流动的自由表面相当稳定，容易产生拉伸流动。

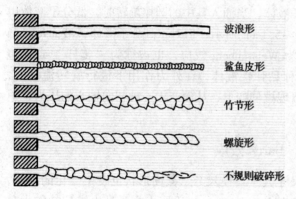

图5-7　聚合物熔体不稳定流动时的挤出物外观

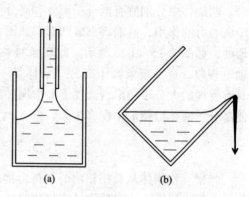

图5-8　无管虹吸与无管侧吸效应
(a) 无管虹吸　　(b) 无管侧吸

5.2.6　次级流动

当聚合物流体在均匀压力梯度下通过非圆形管道流动时，除了纯轴向流动外，还可能出现局部区域性的环流，称为次级流动或二次流动，如图5-9所示。聚合物流体在通过截面有变化的流道时，有时也发生类似的现象，如图5-10所示。实验证实，第二法向应力差的存在是出现二次流动的必要条件，第二法向应力差与聚合物大分子链被拉伸的程度相关。

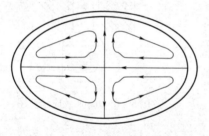

图5-9　聚合物流体在椭圆形
管内的二次流动

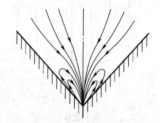

图5-10　聚合物流体在锥形口模
中的二次流流谱示意图

5.2.7　触变性和震凝性

触变性和震凝性是指某些液体的流动黏度随外力作用时间的长短而发生变化的性质。黏度变小的称为触变性，而黏度变大的称为震凝性。当流体发生触变时，可以认为液体内部有某种结构遭到破坏，或者认为流动时体系结构的破坏速率大于其恢复速率；而当流体发生震凝时，液体内部应当形成了某种结构。某些非牛顿流体的黏度不仅依赖于剪切速率，而且与剪切作用的持续时间也有关。如果剪切速率不变，流体黏度随时间的增加而减小的称为触变流体，如凝胶漆。反之，在恒定剪切速率下，流体黏度随着时间的增加而增大的则称为震凝流体，如碱性丁腈乳胶悬浮液。

触变性流体的流变曲线如图5-11（a）所示，在第一循环（t_1）中，剪切应力上升时，流体中有某种结构遭到破坏，表现出"剪切变稀"的性质。剪切应力下降时，由于触变体的结构恢复过程相当缓慢，因此下降曲线与上升曲线不重合。再进行第二循环（t_2）时，由于破坏的结构尚未恢复，上升曲线不能重复第一循环的上升曲线，反而与第一循环的下降曲线重合，剪切应力下降时，又沿新的直线恢复，形成一个个滞后圈，而作用时间越长（$t_4 > t_3 > t_2 > t_1$），流体的黏度越低。震凝性流体的流变曲线则如图 5 - 11（b）所示。

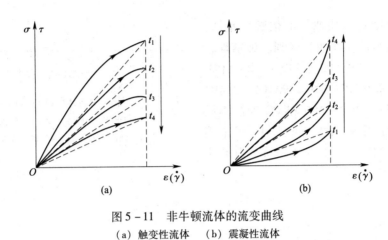

图 5 - 11　非牛顿流体的流变曲线
(a) 触变性流体　　(b) 震凝性流体

5.2.8　湍流减阻与渗流增阻

　　湍流减阻效应是指在高速的湍流管道中，若加入少许亲水性高分子物质，如聚氧化乙烯或聚丙烯酰胺等，则管道阻力将显著减小的现象。湍流减阻的机理与聚合物长链柔性分子的拉伸特性有关：具有弹性的大分子链的取向改变了管流内部的湍流结构，使流动阻力大大减小；由于亲水性高分子链在水溶液中有很大的流体动力学体积，从而减小了湍流强度；大分子在器壁上形成了一层较为光滑的新壁层，从而降低了输送能耗。渗流增阻现象可能基于另一种机理，即渗流可使流体经历拉伸流动，产生了较大的拉伸黏度，从而起到了阻流作用。

5.3　聚合物熔体剪切黏度的影响因素

　　大多数聚合物熔体属于假塑性流体，黏性剪切流动中，黏度是受各种因素影响的变量。描述聚合物熔体黏度的函数关系为：

$$\eta = F\ (\dot{\gamma},\ T,\ p,\ M,\ \cdots\cdots) \tag{5-7}$$

式中　$\dot{\gamma}$——剪切速率，它是剪切应力 τ 的函数

　　　　T——温度

　　　　p——压力，它本身是体积的函数

　　　　M——分子结构；其他影响因素包括各种添加剂等

5.3.1　剪切速率的影响

　　具有非牛顿行为的聚合物熔体，其黏度随剪切速率的增加而下降。高剪切速率下的熔体黏度比低剪切速率下的黏度小几个数量级。不同聚合物熔体在流动过程中，随剪切

速率的增加，其黏度下降的程度是不相同的。如图 5-12 所示，在低剪切速率下，低密度聚乙烯和聚苯乙烯的黏度大于聚砜和聚碳酸酯；但在高剪切速率下，低密度聚乙烯和聚苯乙烯的黏度小于聚砜和聚碳酸酯。

从熔体黏度对剪切速率的依赖性来说，不同塑料的敏感性存在明显区别。敏感性较明显的有 LDPE、PP、PS、HIPS、ABS、PMMA 和 POM；而 HDPE、PSF、PA1010 和 PBT 的敏感性一般；PA6、PA66 和 PC 为最不敏感。对于剪切速率敏感性大的塑料，可采用提高剪切速率的方法使其黏度下降，有利于注射成型的充模过程。

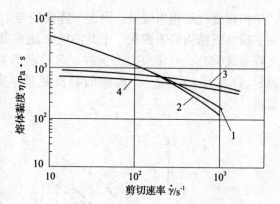

图 5-12　聚合物熔体黏度与剪切速率的关系
1—LDPE（210℃）　2—PS（200℃）
3—PSF（375℃）　4—PC（315℃）

5.3.2　温度的影响

随着温度的升高，聚合物分子间的相互作用力减弱，熔体的黏度降低，流动性增大，如图 5-13 所示。

在较高的温度（$T > T_g + 100℃$）下，聚合物熔体黏度对温度的依赖性可用阿仑尼乌斯（Arrhenius）方程来表示。根据恒定剪切速率或恒定剪切应力下的黏流活化能，黏度可分别表示为：

$$\eta = A\exp\,(E_{\dot{\gamma}}/RT) \qquad (5-8a)$$
$$\eta = A'\exp\,(E_{\tau}/RT) \qquad (5-8b)$$

式中　A、A'——与材料性质、剪切速率和剪切应力
　　　　　　　有关的常数
　　　$E_{\dot{\gamma}}$、E_{τ}——恒定剪切速率和恒定剪切应力下的
　　　　　　　黏流活化能，J/mol
　　　R——气体常数，8.314J/（mol·K）
　　　T——热力学温度，K

对于服从幂律方程的流体，经推导可得活化能 $E_{\dot{\gamma}}$、E_{τ} 与流动指数 n 的关系：

$$E_{\dot{\gamma}} = nE_{\tau} \qquad (5-9)$$

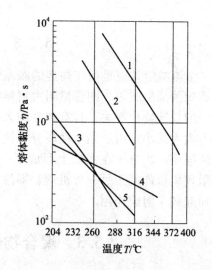

图 5-13　聚合物熔体黏度与温度的关系
1—PSF　2—PC　3—PPO
4—HDPE　5—PS（$\dot{\gamma} = 100s^{-1}$）

黏流活化能是描述材料黏度对温度依赖性的物理量，它是指分子链流动时用于克服分子间作用力，以便进行位置跃迁所需的能量，即每摩尔运动单元流动时所需的能量。材料的活化能越大，其黏度对温度越敏感；当温度升高时，其黏度下降越明显。一些聚合物熔体在某个温度下的黏流活化能见表 5-3。对于活化能较低的 PE 和 POM 等聚合物，通过升高温度来改善加工流动性的效果并不明显；而对于活化能较高的 PMMA 和 PC 等聚合物，通过升高温度能够明显提高加工流动性。

表 5 - 3　　　　　　　　　　几种聚合物熔体的黏流活化能

聚合物	$\dot{\gamma}/s^{-1}$	$E_{\dot{\gamma}}$ / (kJ/mol)	聚合物	$\dot{\gamma}/s^{-1}$	$E_{\dot{\gamma}}$ / (kJ/mol)
POM（190℃）	$10^1 \sim 10^2$	26.4 ~ 28.5	PMMA（190℃）	$10^1 \sim 10^2$	159 ~ 167
PE（MFR 2.1，150℃）	$10^2 \sim 10^3$	28.9 ~ 34.3	PC（250℃）	$10^1 \sim 10^2$	167 ~ 188
PP（250℃）	$10^1 \sim 10^2$	41.8 ~ 60.1	PS（190℃）	$10^1 \sim 10^2$	92.1 ~ 96.3

在较低的温度（$T_g \sim T_g + 100℃$）下，阿仑尼乌斯方程不再适合聚合物熔体黏度与温度的关系。在此温度范围内，聚合物熔体黏度与温度的关系需要用 WLF 方程来表示：

$$\lg\eta_T = \lg\eta_g - \left[\frac{17.44 \ (T - T_g)}{51.6 + \ (T - T_g)} \right] \tag{5-10}$$

式中　η_g——玻璃化温度 T_g 下的黏度

5.3.3　压力的影响

聚合物熔体是可压缩的流体。聚合物熔体在 1 ~ 10MPa 的压力下成型，其体积压缩量小于 1%。注射成型的压力可高达 100MPa，此时就会有明显的体积压缩。体积压缩必然引起自由体积的减少和分子间距离的缩小，将导致流体黏度的增加和流动性的降低。

通过恒定压力下黏度随温度变化和恒定温度下黏度随压力变化的测定，得知压力增加 Δp 与温度下降 ΔT 对黏度的影响是等效的。因此，压力和温度对黏度影响的等效关系可用换算因子 $(\Delta T/\Delta p)_\eta$ 来处理。对于一般的聚合物熔体，压力和温度对黏度影响的等效换算因子 $(\Delta T/\Delta p)_\eta$ 为 0.3 ~ 0.9℃/MPa。一些聚合物熔体的温度 - 压力等效关系见图 5 - 14。

挤出成型的压力比注射成型大约低一个数量级。因此，挤出压力所导致的熔体黏度增加，大致相当于加工温度下降了几度；而注射压力所导致的熔体黏度增加，大约相当于加工温度下降了几十度。

5.3.4　分子结构的影响

5.3.4.1　相对分子质量

聚合物熔体的黏性流动主要是分子链之间发生的相对位移。因此相对分子质量越大，流动性越差、黏度越高。在给定的温度下，聚合物熔体的零剪切黏度 η_0 随着重均相对分子质量 $\overline{M}_W$ 的增加呈指数关系增大，其中存在一个临界相对分子质量 M_c，如图 5 - 15 所示。零剪切黏度 η_0 与重均相对分子质量 $\overline{M}_W$ 的关系为：

$$\eta_0 \propto \overline{M}_W{}^x \tag{5-11}$$

当 $\overline{M}_W \leqslant M_c$ 时，$x = 1 \sim 1.5$；当 $\overline{M}_W > M_c$ 时，$x = 3.4$。

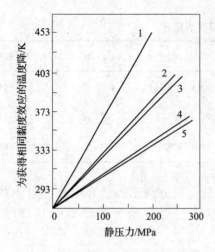

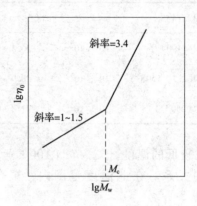

图 5 – 14　黏度恒定时的温度 – 压力等效关系
1—PP　2—LDPE　3—共聚 POM
4—PMMA　5—PA – 66

图 5 – 15　聚合物熔体黏度与
相对分子质量的关系

相对分子质量越高，则熔体的非牛顿型流动行为越强。反之，低于临界相对分子质量 M_c 时，聚合物熔体表现为牛顿型流体。表 5 – 4 为不同聚合物临界相对分子质量 M_c 的实验值。

表 5 –4　　　　　　　　　　　几种聚合物的临界相对分子质量

聚合物	M_c	聚合物	M_c	聚合物	M_c
聚乙烯	3800	聚丙烯	7000	聚乙酸乙烯酯	23000
聚酰胺6	5000	聚碳酸酯	13000	聚甲基丙烯酸甲酯	28000
聚丁二烯	5600	聚异丁烯	17000	聚苯乙烯	30000

5.3.4.2　相对分子质量分布

聚合物在相对分子质量相同的情况下，相对分子质量分布（MWD）也影响熔体的流动性，如图 5 –16 所示。相对分子质量分布宽的聚合物熔体，对剪切速率的敏感性大于分布窄的物料。在平均相对分子质量相同的情况下，相对分子质量分布宽的聚合物熔体中，一些较长分子链所形成的缠结点能够在剪切速率增大时被破坏，导致其黏度下降超过相对分子质量分布窄的聚合物熔体。从成型加工的观点来看，相对分子质量分布宽的聚合物，其流动性较好而易于加工。然而相对分子质量分布过宽，低相对分子质量的级分会降低材料的力学强度。

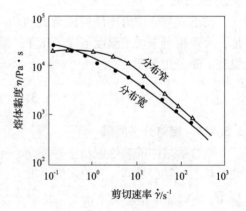

图 5 – 16　相对分子质量分布
对聚合物熔体黏度的影响

5.3.4.3　支化

聚合物分子中支链结构的存在对黏度也有很大的影响。在相对分子质量相同的情况下，短支链聚合物的黏度低于直链聚合物；支链长度增加，黏度随之上升，当支链长度增加到一定值后，其黏度有可能比直链聚合物大若干倍。此外，在相对分子质量相同的条件下，支链越多、越短，流动时的空间位阻越小，黏度越低而越容易流动。

长链支化对熔体黏度的影响较为复杂。在低于临界相对分子质量 M_c 时，相同相对分子质量的长支链聚合物的黏度低于线型聚合物。高于临界相对分子质量 M_c 时，在低剪切速率下，长支链聚合物有较高的黏度；但在高剪切速率下，长支链聚合物的黏度较低。

5.3.5　添加剂的影响

添加剂中的增塑剂、润滑剂和填充剂等对聚合物的流动性能有较显著的影响。

5.3.5.1　增塑剂

加入增塑剂能够降低成型过程中熔体的黏度。不同的增塑剂类型和用量，对熔体黏度的影响存在差异。随着增塑剂用量的增加，PVC 的熔体黏度下降，加工流动性提高；然而加入增塑剂后，其制品的力学性能及热性能会随之改变。

5.3.5.2　润滑剂

聚合物中添加少量润滑剂可以改善加工流动性。在硬质 PVC 配方中加入硬脂酸作为内润滑剂，不但能够降低熔体的黏度，还可控制加工过程中所产生的摩擦热，使 PVC 不易产生降解。在硬质 PVC 配方中加入聚乙烯蜡作为外润滑剂，能够在 PVC 与加工设备的金属表面之间形成弱边界层，使得熔体容易从设备表面剥离，不致因黏附时间过长而产生降解。

5.3.5.3　填充剂

填充剂一般能够降低聚合物的加工流动性。填充剂对聚合物流动性的影响与填充剂的粒径大小有关。粒径小的填充剂，使其分散所需的能量较多，加工时的流动性差，但制品表面较光滑，机械强度较高。反之，粒径大的填充剂，其分散性和流动性都较好，但制品表面较粗糙，机械强度较低。此外，填充聚合物的流动性还受到填充剂的类型及用量、表面性质以及填充剂与聚合物基体之间界面作用等因素的影响。

5.4　聚合物流变性能测定

随着聚合物流变学理论和测量技术的发展，流变仪以及相关的流变模拟软件也日臻完善，能够将各种边界条件下可测量的物理量（如压力、扭矩、转速、频率、线速度、流量、温度等）与描述聚合物流变性质但不能直接测量的物理量（如应力、应变、应变速率、黏度、模量、法向应力差系数等）关联起来。常用的聚合物流变仪可分为以下几种类型。

5.4.1　毛细管流变仪

毛细管流变仪可用于测定热塑性聚合物熔体的流变性能，具有较高的剪切速率范围，能够涵盖挤出、注射等成型工艺。在测试过程中，还可观察到熔体的出口膨胀以及高剪切速率下的熔体破裂现象。毛细管流变仪的基本结构如图 5 - 17 所示。其核心部分为一套精致的毛细管，具有不同的长径比（通常 $L/D = 10/1$、$20/1$、$30/1$、$40/1$ 等）；料筒周围有恒温加热套，料筒内物料的上部为可移动的柱塞。

恒速率型毛细管流变仪在测量时，柱塞以所需的恒定速度向下移动，把料筒内的聚合物熔体从毛细管中挤出。通过测量流量、压力和温度之间关系，得出聚合物熔体在某一状态下的流变曲线和表观黏度。

5.4.1.1 牛顿型流体

（1）剪切应力　在完全发展流动区，假设毛细管半径为 R，管中的流体为不可压缩的牛顿流体，在压力作用下做等温和稳定的轴向层流，并且流体在管壁面上无滑移。在无限长的圆管中取半径为 r、长度为 L、两端压力差为 Δp 的流体单元，如图 5-18 所示。流体单元受到液柱推力（$\pi r^2 \cdot \Delta p$）流动时，又受到反方向的黏滞阻力，该阻力为剪切应力 τ 与液柱表面积（$2\pi rL$）之乘积。则存在力平衡式：

$$\pi r^2 \cdot \Delta p = 2\pi rL \cdot \tau \tag{5-12}$$

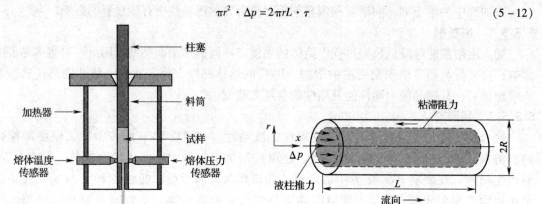

图 5-17　毛细管流变仪的基本结构　　　图 5-18　流经毛细管的单元液柱的力平衡

因此，毛细管内沿半径方向的剪切应力为：

$$\tau = \frac{\Delta p r}{2L} \tag{5-13}$$

在管中心处，由于 $r=0$，则 $\tau=0$。

在管壁面上，由于 $r=R$，则剪切应力的最大值为：

$$\tau_w = \frac{\Delta p R}{2L} \tag{5-14}$$

因此，牛顿流体在等截面圆管中的剪切应力为线性分布，如图 5-19 所示。

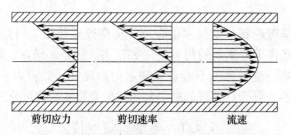

剪切应力　　　剪切速率　　　流速

图 5-19　牛顿流体在圆管中的速度和应力

（2）剪切速率　根据牛顿黏性定律，圆管中牛顿流体的剪切速率为：

$$\dot{\gamma} = -\frac{\mathrm{d}v}{\mathrm{d}r} = \frac{\tau}{\eta} = \frac{\Delta p r}{2\eta L} \tag{5-15}$$

式中　v——流体的线速度，m/s

　　　η——牛顿流体黏度，Pa·s

在管中心处，由于 $r=0$，则 $\dot{\gamma}=0$。

在管壁面上，由于 $r=R$，则剪切速率的最大值为：

$$\dot{\gamma}_w = \frac{\Delta p R}{2\eta L} \tag{5-16}$$

因此，牛顿流体在等截面圆管中的剪切速率为线性分布，如图 5-19 所示。

（3）速度分布　将式（5-15）对 r 进行积分，并代入边界条件 $v_z|_{r=R}=0$，可得到圆管中的速度分布：

$$v_{(r)} = \frac{\Delta p R^2}{4\eta L}\Big[1 - \Big(\frac{r}{R}\Big)^2\Big] \tag{5-17}$$

因此，牛顿流体在等截面圆管中的流速分布为抛物线，如图 5-19 所示。

（4）体积流量　将式（5-17）对 r 作整个截面 S 的积分，可得到圆管中的体积流量：

$$q_v = \int_0^R v_{(r)} 2\pi r \mathrm{d}r = \frac{\pi \Delta p R^4}{8\eta L} \tag{5-18}$$

将式（5-16）与式（5-18）进行比较，可得管壁上的剪切速率：

$$\dot{\gamma}_w = \frac{4q_v}{\pi R^3} \tag{5-19}$$

将熔体通过毛细管的表观剪切速率 $\dot{\gamma}_a$ 定义为：

$$\dot{\gamma}_a = \dot{\gamma}_w = \frac{4q_v}{\pi R^3} \tag{5-20}$$

5.4.1.2　非牛顿型流体

（1）剪切应力　由式（5-13）可知，剪切应力与流体性质无关，则圆管中非牛顿流体的剪切应力为：

$$\tau = \frac{\Delta p r}{2L} \tag{5-21}$$

因此，非牛顿流体在等截面圆管中的剪切应力为线性分布，如图 5-20 所示。

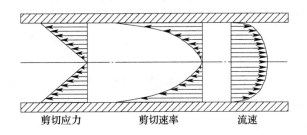

图 5-20　非牛顿流体在圆管中的速度和应力

（2）剪切速率　根据非牛顿流体的幂律方程式（5-5）和剪切应力表达式（5-21），可得到圆管中非牛顿流体的剪切速率：

$$\dot{\gamma} = -\frac{\mathrm{d}v}{\mathrm{d}r} = \Big(\frac{\tau}{K}\Big)^{\frac{1}{n}} = \Big(\frac{\Delta p r}{2KL}\Big)^{\frac{1}{n}} \tag{5-22}$$

因此，非牛顿流体在等截面圆管中的剪切速率为非线性分布，如图 5-20 所示。

（3）速度分布　将式（5-22）对 r 进行积分，并代入边界条件 $v_z|_{r=R}=0$，可得到圆管中的速度分布：

$$\begin{aligned}
v_{(r)} &= \Big(\frac{\Delta p}{2KL}\Big)^{\frac{1}{n}}\Big(\frac{n}{n+1}\Big)\big(R^{\frac{n+1}{n}} - r^{\frac{n+1}{n}}\big) \\
&= \Big(\frac{n}{n+1}\Big)\Big(\frac{\Delta p}{2KL}\Big)^{\frac{1}{n}} R^{\frac{n+1}{n}}\Big[1 - \Big(\frac{r}{R}\Big)^{\frac{n+1}{n}}\Big]
\end{aligned} \tag{5-23}$$

因此，非牛顿流体在等截面圆管中的流速分布为柱塞流动，如图 5 - 20 所示。

（4）体积流量　将式（5 - 23）对 r 作整个截面 S 的积分，可得到圆管中的体积流量：

$$q_v = \int_0^R v_{(r)} 2\pi r \mathrm{d}r$$

$$= \left(\frac{\pi n}{3n+1}\right)\left(\frac{\Delta p}{2KL}\right)^{\frac{1}{n}} R^{\frac{3n+1}{n}} \tag{5 - 24}$$

若上式中的 $n = 1$，$K = \eta$，即可得牛顿流体的体积流量式（5 - 18）。

由式（5 - 22）可推知，服从幂律方程的非牛顿流体在管壁上的真实剪切速率 $\dot{\gamma}_\mathrm{T}$ 为：

$$\dot{\gamma}_\mathrm{T} = \left(\frac{\Delta p R}{2KL}\right)^{\frac{1}{n}} \tag{5 - 25}$$

将式（5 - 24）与式（5 - 25）进行对比，可导出非牛顿流体真实剪切速率 $\dot{\gamma}_\mathrm{T}$ 与表观剪切速率 $\dot{\gamma}_\mathrm{a}$ 之间的关系：

$$\dot{\gamma}_\mathrm{T} = \left(\frac{3n+1}{n}\right)\frac{q_v}{\pi R^3} = \left(\frac{3n+1}{4n}\right)\frac{4q_v}{\pi R^3} = \left(\frac{3n+1}{4n}\right)\dot{\gamma}_\mathrm{a} \tag{5 - 26}$$

式（5 - 26）称为雷比诺维茨（Rabinowitsch）非牛顿校正。由于聚合物熔体的 $n < 1$，所以 $\dot{\gamma}_\mathrm{T} > \dot{\gamma}_\mathrm{a}$。采用管壁的最大剪切应力 τ_w，定义的表观黏度 η_a 和真实黏度 η_T 如下：

$$\eta_\mathrm{a} = \frac{\tau_\mathrm{w}}{\dot{\gamma}_\mathrm{a}} \tag{5 - 27}$$

$$\eta_\mathrm{T} = \frac{\tau_\mathrm{w}}{\dot{\gamma}_\mathrm{T}} \tag{5 - 28}$$

5.4.2　旋转流变仪

旋转流变仪可用于测定热塑性聚合物、热固性聚合物、弹性体、黏合剂、涂料等材料的黏弹性和流变性能。旋转流变仪是通过扭矩来进行测量的，根据转子的几何构造可分为锥 - 板型、平行板型（板 - 板型）和同轴圆筒型。下面通过锥 - 板型测量转子对其测量原理进行介绍。

锥 - 板型测量转子是由一个锥度很小的圆锥体和一块固定的平板所组成，被测液体充入其间（图 5 - 21），其特点是流场中的剪切速率和剪切应力处处相等。圆锥体的半径为 R，外锥角为 θ_c，转速 ω 可连续调节。

5.4.2.1　黏度测量

当圆锥体以一定的角速度旋转时，带动锥板间的液体产生拖曳流动，液体作用于圆锥体上的扭矩 M 可通过传感器测出。由于外锥角 θ_c 很小（$\leqslant 4°$），因此锥 - 板间半径 r 处物料的流动可视为在间距很小的两块平行板间的拖曳流动。采用球坐标系（r，θ，φ）进行求解时，r 处的板间距 $H = r \cdot \mathrm{tg}\theta_\mathrm{c} \approx r\theta_\mathrm{c}$，板间的流速分布为：

$$v_\varphi = \omega r \cdot \frac{r\left(\frac{\pi}{2} - \theta\right)}{r\left(\frac{\pi}{2} - \theta_0\right)} = \omega r \frac{\frac{\pi}{2} - \theta}{\theta_\mathrm{c}} \tag{5 - 29}$$

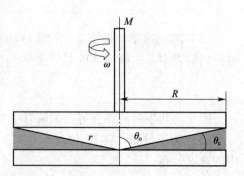

图 5 - 21　锥 - 板型测量转子的基本结构

根据速度梯度的定义，应变速率张量的剪切分量为：

$$\dot{\gamma}_{\theta\varphi} = \frac{\partial v_{\varphi}}{\partial \left[r\left(\frac{\pi}{2} - \theta \right) \right]} = \frac{\omega}{\theta_{c}} \qquad (5-30)$$

可见当角速度 ω 确定时，流场中任意一点的剪切速率，包括在圆锥体表面（$\theta = \theta_0$）处的剪切速率均为常数值。因此，圆锥体表面处的剪切应力也必为常数值。

根据扭矩等于转子表面积与应力和半径乘积之定义，可写出扭矩的数学表达式：

$$M = \int_0^R r \cdot \tau_{\theta\varphi} \cdot \mathrm{d}s = \tau_{\theta\varphi} \int_0^R r \cdot \mathrm{d}(\pi r^2) = \tau_{\theta\varphi} \int_0^R r \cdot 2\pi r \cdot \mathrm{d}r = \frac{2\pi \tau_{\theta\varphi} R^3}{3} \qquad (5-31)$$

所以转子表面的剪切应力为：

$$\tau_{\theta\varphi} = \frac{3M}{2\pi \cdot R^3} \qquad (5-32)$$

根据式（5-30）和式（5-32），可导出锥-板型测量转子测得的物料黏度：

$$\eta_{a} = \frac{\tau_{\theta\varphi}}{\dot{\gamma}_{\theta\varphi}} = \frac{3M\theta_{c}}{2\pi R^3 \omega} \qquad (5-33)$$

式中　R、θ_c——仪器常数

　　　　ω——角速率，可根据具体物料和测试条件进行调节

　　　　M——扭矩，可由仪器进行测量

需要指出的是，上述计算方法不涉及任何流体本构方程，因此无论对牛顿型流体或黏弹性流体均适用。当转子的转速很高时，应当注意离心力、边缘熔体破裂及二次流动等对测量结果的影响。

5.4.2.2　动态黏弹性测量

锥-板型测量转子还可用于测量小振幅下的动态力学性能。这时转子不再做定向转动，而是在控制系统调制下做振幅很小的正弦振荡，振荡频率 ω 可以进行调节。在线性黏弹性响应范围内，若从转子输入正弦振荡的应变，可测得正弦振荡的应力响应，两者频率相同，但有一个位相差 δ，对于黏弹性流体 $0 < \delta < \pi/2$。

实验时实际测量的只有 3 个量，即输入的应变振荡振幅（γ_0），输出的应力响应振荡振幅（σ_0）以及两者的位相差 δ，而后根据相应公式求得一定振荡频率下物料的储能模量 G'（ω）、损耗模量 G''（ω）、损耗角正切 $\mathrm{tg}\delta$、复数模量 G^*（ω）和复数黏度 η^*（ω），改变频率可求得上述物理量与振荡频率 ω 的函数关系。

5.4.3　转矩流变仪

转矩流变仪是一种多功能的组合型转矩测定仪器。其基本结构可分为三部分：流变仪主机，即电子式转矩流变记录仪；可更换的混合测量装置，可根据用户需要配备密闭式混合器（分塑料用和橡胶用多种）、行星式混合器、螺杆挤出机（有单螺杆和双螺杆之分）和各种类型的挤出口模；控制仪表系统，用于控制温度和无级调速，并记录转矩、温度随时间的变化。转矩流变仪可以模拟高分子材料的实际加工过程，其测量结果更具有工程意义。下面通过密闭式混合器对其测量原理进行介绍。

小型密闭式混合器相当于一台小型密炼机，是由上顶栓、可拆卸 ∞ 形截面的混炼室和一对相向旋转有一定速比的转子所组成的（图 5-22）。混炼室的容积只有几十毫升，因此实验用料量很小，对于配方筛选、物料加工性能评价，研究加工中物料结构的变化及影响因素十分方便。

在测试过程中，被转子高度剪切的物料产生非线性的黏弹性响应。被测试样品反抗混合的阻力与样品黏度成正比，转矩流变仪借助于转子上的反作用扭矩来测定这种阻力。密闭式混合器给出的实验结果有：转矩随时间的变化曲线、温度随时间的变化曲线、机械能随时间的变化曲线等。可借此研究聚合物的熔融塑化行为、聚合物的热稳定性和剪切稳定性、评价聚合物的分子结构、测定聚合物的黏温特性等。

图 5-23 是硬质 PVC 配方的塑化曲线，反映了 PVC 熔融塑化过程中转矩、温度和机械能随时间的变化情况。转矩随时间的变化，一方面反映了加工过程中物料黏度随时间的变化，另一方面也反映了物料混合均匀程度随时间的变化。需要指出的是，当物料在混合过程中内部结构发生某种化学或物理变化时，转矩往往会发生显著的改变。

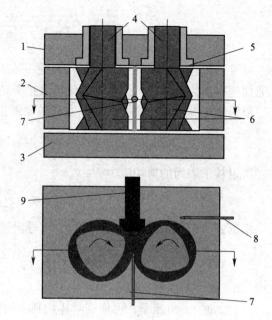

图 5-22　小型密闭式混合器示意图

1—后板　2—中间腔　3—前板　4—转轴　5—轴瓦
6—转子　7—熔体热电偶　8—温控热电偶　9—上顶栓

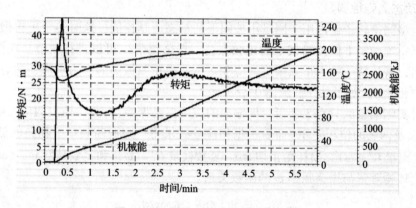

图 5-23　硬质 PVC 配方的塑化曲线

5.5　聚合物熔体的压力流动

压力作用下聚合物熔体在通道内的流动称为压力流动。聚合物成型加工过程中所使用的模具种类繁多，但常见的各种流道形状归纳起来，基本上是圆管形和狭缝形两种。由于聚合物熔体的黏度很高，且服从非牛顿流体的幂律定律，因此在通常情况下为稳态层流。

为简化分析及计算过程，可以对聚合物熔体作如下假定：属于不可压缩流体；在流道内做等温流动；无滑动边界条件成立；流体黏度不随时间变化。实践证明，以上假设在工程上是可行的，其计算结果所引起的误差很小。

5.5.1　聚合物熔体在圆管通道中的流动

聚合物在毛细管流变仪、熔融指数仪、乌氏黏度计、圆形挤出口模中的流动都属于圆管通道中的压力流动。圆管通道具有形状简单、易于加工制造的优点，聚合物熔体在其中的压力流动只是一维的剪切流动。

由于大多数聚合物熔体都是非牛顿流体，它们在圆形通道中的流动，必须考虑到非牛顿流体的特性，在流体方程式推导的过程中，须引入非牛顿指数 n。

如图 5 – 24 所示，假设圆管的内径为 R，长度为 L，两端的压力降为 Δp。流经圆管的熔体为稳态层流，服从幂律流动规律。如果管中心处的流速为 v_z 时，则流速将随着流动层任意半径 r 的增大而减小。根据剪切速率的定义，可将式（5 – 5）改写成如下形式：

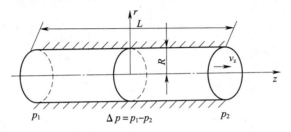

图 5 – 24　圆管通道流动模型

$$-\frac{\mathrm{d}v_z}{\mathrm{d}r} = \left(\frac{\tau}{k}\right)^{\frac{1}{n}} \tag{5-34}$$

如果假设熔体在管壁处的流速为零，将沿半径方向的剪切应力表达式（5 – 13）代入式（5 – 34）并求其积分，再代入边界条件 $v_z|_{r=R} = 0$，可得到在任意半径处的熔体流速 v_z：

$$v_z = \frac{n}{n+1}\left(\frac{\Delta p}{2KL}\right)^{\frac{1}{n}}\left(R^{\frac{n+1}{n}} - r^{\frac{n+1}{n}}\right) \tag{5-35}$$

式（5 – 35）既表示定压下圆截面上各点的流速，也表达压力降与流速的关系。对该式进行积分可得到流量的表达式：

$$q_v = 2\pi\int_0^R v_z r\,\mathrm{d}r = \frac{\pi n}{3n+1}\left(\frac{\Delta p}{2KL}\right)^{\frac{1}{n}}R^{\frac{3n+1}{n}} \tag{5-36}$$

将式（5 – 36）除以 πR^2，便得到非牛顿流体在等截面圆管中的平均流速：

$$\bar{v} = \frac{q_v}{\pi R^2} = \frac{n}{3n+1}\left(\frac{\Delta p}{2KL}\right)^{\frac{1}{n}}R^{\frac{n+1}{n}} \tag{5-37}$$

牛顿流体在圆管中的速度分布为抛物线，如图 5 – 19 所示。而非牛顿流体的速度分布为柱塞流动（Plug flow），如图 5 – 25 所示。

非牛顿流体的流动速度分布曲线形状随流动指数 n 值不同而异。将式（5 – 35）除以式（5 – 37）得：

$$\frac{v_z}{\bar{v}} = \left(\frac{3n+1}{n+1}\right)\left[1 - \left(\frac{r}{R}\right)^{\frac{n+1}{n}}\right] \tag{5-38}$$

以一系列的量纲为 1 速度曲线作图 5 – 26。

由图可知：对于 $n=1$ 的牛顿流体，速度分布曲线为抛物线形；对于 $n>1$ 的膨胀性流体，速度

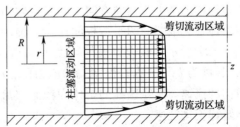

图 5 – 25　非牛顿流体在圆管内的
柱塞流动速度分布

分布曲线变得较为陡峭突起，n 值越大越接近于锥形；对于 $n < 1$ 的假塑性流体，速度分布曲线较抛物线平坦，n 值越小管中心部分的速度分布越平缓，曲线形状类似于柱塞。

　　由于最大剪切应力和最大剪切速率集中在管壁上，导致聚合物熔体在柱塞流动中受到的剪切作用很小，对于多组分物料的加工尤为不利，造成冷却固化后的制品性能低下。因此，对于呈现典型柱塞流动的多组分 PVC 物料，只有通过双螺杆挤出机才能达到满意的分散混合效果。

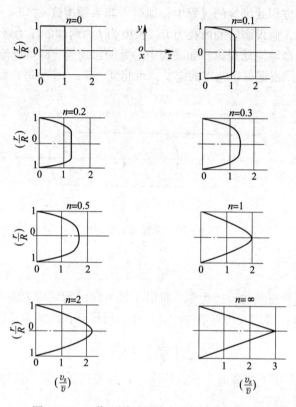

图 5 – 26　n 值不同时圆管内流体的速度分布

5.5.2　聚合物熔体在狭缝通道中的流动

　　聚合物薄壁制品的注射成型过程和片材、板材的挤出成型过程，属于聚合物熔体在狭缝通道中的压力流动。由于模具型腔的厚度比宽度要小得多，当截面的宽度 b 与厚度 h 之比 $b/h >$（10～20）时应考虑作狭缝矩形处理。狭缝通道忽略了两侧面方向上的黏性阻力，假定熔体在无限宽的两平行板间作压力流动。如图 5 – 27 所示，假设口模的宽度为 b，高度为 h，长度为 L，Δp 为口模两端的压力降，v_z 为 z 方向的流速。流经狭缝的熔体为稳态层流，服从幂律流动规律。

　　非牛顿流体在狭缝通道中流动的剪切速率为：

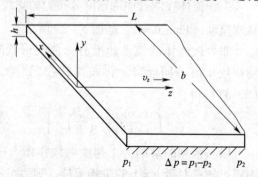

图 5 – 27　等截面狭缝通道 $b/h >$（10～20）

$$\dot\gamma = \frac{4n+2}{n}\frac{q_v}{bh^2} \qquad (5-39a)$$

当 $n=1$ 时，便得到牛顿流体在狭缝通道中的表观剪切速率：

$$\dot\gamma_a = \frac{6q_v}{bh^2} \qquad (5-39b)$$

聚合物熔体在狭缝通道中的体积流量：

$$q_v = \frac{2n}{2n+1}\left(\frac{\Delta p}{KL}\right)^{\frac{1}{n}}b\left(\frac{h}{2}\right)^{\frac{2n+1}{n}} \qquad (5-40a)$$

由上式可得到流程长度 L 的压力降计算式：

$$\Delta p = \left(\frac{4n+2}{n}\right)^n q_v{}^n \frac{2KL}{b^n h^{2n+1}} \qquad (5-40b)$$

当 $n=1$ 时，便得到牛顿流体在狭缝通道中的流量和压降计算式：

$$q_v = \frac{\Delta p b h^3}{12KL} \qquad (5-41a)$$

$$\Delta p = \frac{12KLq_v}{bh^3} \qquad (5-41b)$$

此时稠度 K 等于牛顿黏度 η。

此外，对于厚度 h 方向有线性变化的窄楔形流道，以及宽度 b 方向有线性变化的宽楔形流道，或两个方向均有线性变化的鱼尾形流道，它们各自的流量和压降计算式可参见有关参考书。

习题与思考题

1. 聚合物熔体在成型加工中有哪些流动类型？
2. 试用流变方程和流动曲线说明非牛顿型流体的类型。
3. 何谓表观黏度？试述大部分聚合物熔体呈现假塑性的原因。
4. 在宽广的剪切速率范围内，聚合物熔体的流动特性将会发生怎样的变化？
5. 聚合物流体有哪些奇异流变现象？简述其产生的原因。
6. 简述聚合物的分子量及其分布与聚合物熔体黏度的关系。
7. 试述加工温度和黏流活化能对聚合物熔体黏度的影响。
8. 常用的聚合物流变仪有哪些类型？简述其测量原理和具体用途。
9. 为了简化压力流动的分析及计算，必须对聚合物熔体作哪些假设？

第6章　高分子材料混合与制备

在高分子材料制品的生产中，很少使用纯聚合物，大部分由聚合物与其他物料混合，进行高分子材料制备后才能进行成型加工。高分子材料成型过程不同，对高分子材料形态的要求也不同。生产橡胶制品时，先要按配方把生胶和配合剂混合均匀，制成混炼胶；生产塑料制品时，先要按配方把树脂和配合剂混合均匀，制成一定几何形状的粉料，粒料，溶液或分散体。这些物料的配制工艺过程实际上是橡胶塑料制品成型前的准备工艺。合成纤维成型前的准备工艺比较简单，但溶液纺丝也要配制聚合物溶液。高分子材料的性能和形状可以是千差万别，成型工艺各不相同，但成型前的准备工艺基本相同，关键是靠混合来形成均匀的混合物。本章讨论高分子材料混合的机理、设备以及橡胶混炼胶和塑料的配制，对聚合物共混也将论及。

6.1　混合与分散

6.1.1　混　合　机　理

混合是一种操作，是一个过程，是一种趋向于减少混合物非均匀性的操作，是在整个系统的全部体积内各组分在其基本单元没有本质变化的情况下的细化和分布过程。

6.1.1.1　扩散

混合中组分非均匀性的减少和组分的细化是通过各组分的物理运动来完成的。按照Brodkey混合理论，混合涉及三种扩散的基本运动形式，即分子扩散，涡旋扩散和体积扩散。

（1）分子扩散　是由浓度梯度驱使自发地发生的一种过程，各组分的微粒子由浓度较大的区域迁移到浓度较小的区域，从而达到各处组分的均化。分子扩散在气体和低黏度液体中占支配地位。在气体与气体之间的混合过程中，分子扩散能较快地、自发地进行。在液体与液体或液体与固体间的混合过程中，分子扩散作用也较显著（虽然比气相扩散慢得多）。但在固体与固体间，分子扩散极慢，因此聚合物熔体与熔体的混合不是靠分子扩散来实现的，但若参与混合的组分之一是低分子物（如抗氧剂，发泡剂，颜料等），则分子扩散可能也是一个重要因素。

（2）涡流扩散　即紊流扩散。在化工过程中，流体的混合一般是靠系统内产生紊流来实现的，但在聚合物加工中，由于物料的运动速度达不到紊流，而且黏度又高，故很少发生涡流分散。要实现紊流，熔体的流速要很高，势必要对聚合物施加极高的剪切速率，但这是有害的，会造成聚合物的降解，因而是不允许的。

（3）体积扩散　即对流混合。是指流体质点、液滴或固体粒子由系统的一个空间位置向另一空间位置的运动，或两种或多种组分在相互占有的空间内发生运动，以期达到各组分的均布。在聚合物加工中，这种混合占支配地位。对流混合通过体积对流混合和层流对流混合两种机理发生，体积对流混合通过塞流对物料进行体积重新排列，而不需要物料连续变形，这种重复的重新排列可以是无规的，如在固体掺混机中的混合，也可以是有序的，如在静态混合器中的混合。而层流对流混合是通过层流而使物料变形，它是发生在熔体之间的混合，在固体粒子之间的混合不会发生层流混合。层流混合中，物料要受到剪切、伸长（拉伸）和挤压（捏合）。

6.1.1.2　混合过程要素

混合分散的理论基础是随着概率论和统计学理论的应用而发展起来的。混合的目的就是使原来两种或两种以上各自均匀分散的物料从一种物料按照可接受的概率分布到另一种物料中去，以便得到组成均匀的混合物。然而，在没有分子扩散和分子运动的情况下，为了达到所需的概率分布，混合问题就变为一种物料发生形变和重新分布的问题，而且如果最终物料颗粒之间不是互相孤立的，分散的颗粒就有一种凝聚的趋势。因此，要混合分散得好，必须要有外加的作用力（剪切力）来克服颗粒分散后所发生的凝聚。所以，物料分散的关键是使物料发生形变和重新分布，以及克服颗粒凝聚所需的外加作用力。

黏性流体的混合要素有剪切、分流和位置交换，按分散体系的流变特性，混合操作可分为搅拌、混合和混炼，而压缩、剪切和分配置换是混炼的三要素，见表 6 - 1，整个混炼分散操作是由这三要素多方面反复地进行完成的。

表 6 - 1　　　　　　　　　　　　分散混炼三要素

	压缩	剪切	分配置换	流动感觉
搅拌	—	—	要	流动顺畅
混合	—	—	要	流动较易
混炼	填料多，流动性差的材料必压缩	要	要	有发黏，黏糊现象

由图 6 - 1 可知，"分布"由"置换"来完成，"剪切"为进行"置换"起辅助作用，"压缩"则是提高物料的密度，为提高"剪切"作用速率而起辅助作用。

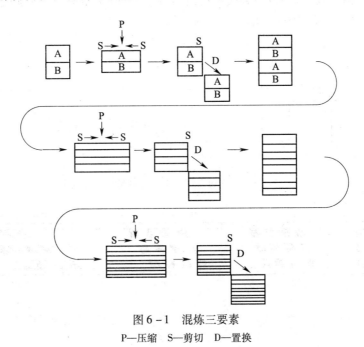

图 6 - 1　混炼三要素

P—压缩　S—剪切　D—置换

　　分散混合过程是一个动态平衡过程，在一定的剪切应力场作用下，分散相不断破碎，在分子热运动下又重新集聚，达到平衡后，分散相才得到该条件下的平衡粒径，见图6-2所示。

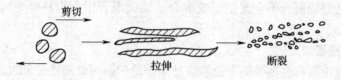

图6-2　分散混合过程示意图

　　在聚合物混合过程中，混合机理包括"剪切"、"分流、合并和置换"、"挤压（压缩）"、"拉伸"、"集聚"诸作用，而这些作用并非在每一混合过程中等程度地出现，它们的出现及其占有的地位因混合最终目的、物料的状态、温度、压力、速度等的不同而不同。

　　（1）剪切　剪切在高黏度分散相的混炼操作中是最重要的，也是"分散混炼三要素"中最重要的。剪切包括介于两块平行板间的物料由于板的平行运动而使物料内部产生永久变形的"黏性剪切"和刀具切割物料的"分割剪切"，以及由以上两种剪切合成的如石磨磨碎东西时的"磨碎剪切"。剪切的作用是把高黏度分散相的粒子或凝聚体分散于其他分散介质中。图6-3说明了平行平板混合器的黏性剪切。两种等黏度的流体被封闭在两块平行平板之间。初始，作为离散的立方体物料块的少组分流体，在上平面移动而引起的剪切作用下，物料块变形，被拉长，在这个过程中体积没有变化，只是截面变细，向倾斜方向伸长，从而使表面积增大，分布区域扩大，因而进入另外的物料块中，占有空间的机会加大，渗进别的物料中可能性增加，因而达到混合均匀的目的。高分子材料在挤出机内的混合主要是靠剪切作用来达到的，螺杆旋转时物料在螺槽和料筒间所受到的剪切作用，可以设想为在两个无限长的平行板之间进行。如图6-4（a）～（d）所示。

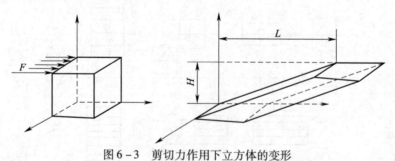

图6-3　剪切力作用下立方体的变形

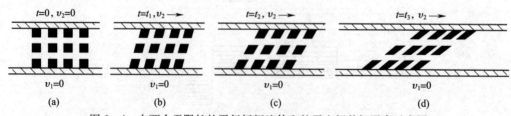

图6-4　在两个无限长的平行板间流体和粒子之间剪切混合示意图

（黑色方块代表粒子）

剪切的混合效果与剪切力的大小和力的作用距离有关，如图 6 – 3 所示。剪切力（F）越大和剪切时作用力的距离（H）越小，混合效果越好，受剪切作用的物料被拉长变形越大（L 大），越有利于与其他物料的混合。

在混合过程中，水平方向的作用力仅使物料在自身的平面（层）流动；如果作用力 F 与平面具有一定角度，在垂直方向产生分力，则能造成层与层间的物料流动，从而大大增强混合效果。在实际混合操作中最好能使物料连续承受互为 90°角度的两个方向剪切力的交替作用，以提高混合效果。通常在物料混炼中，主要不是直接改变剪切力的方向，而是变换物料的受力位置来达到这一目的。例如在双辊开炼机混炼时，就是通过机械或人力翻动的办法来不断改变物料的受力位置，从而更快更好地完成混合。

（2）分流、合并和置换　利用器壁，对流动进行分流，即在流体的流道中设置突起状或隔板状的剪切片，进行分流。分流后，有的在流动下游再合并为原状态，有的在各分流束内引起循环流动后再合并，有的在各分流束进行相对位置交换（置换）后再合并，还有以上几种过程一起作用的情况。

在进行分流时，若分流用的剪切片数为 1，则分流数为 2，剪切片数为 n 时，分流数为（$n+1$）。如果用于分流的剪切片设置成串联，其串联阶数为 m，则分流数 N 为：

$$N = (n+1)^m \qquad\qquad (6-1)$$

分流后经置换再合并时，希望在分流后相邻流束合并时尽可能离得远一些，而分流后相距较远的流束合并时尽可能接近些，也就是说分流时任取两股流束的相对距离和合并时同样的两股流束的相对距离的差别应尽可能大。

（3）挤压（压缩）　如果物料在承受剪切前先经受压缩，使物料密度提高，这样剪切时剪应力作用大，可提高剪切效率。而且当物料被压缩时，物料内部会发生流动，产生由于压缩引起的流动剪切，如图 6 – 5 所示。这种压缩作用在密炼机的转子突棱侧壁和室壁之间，及在两辊开炼机的两个辊隙之间均有发生。在挤出机中，由加料段到均化段，物料经受了压缩作用而逐渐熔化，物料在压缩段也受到剪切作用。

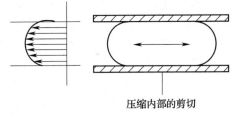

压缩内部的剪切

图 6 – 5　挤压（压缩）

（4）拉伸　拉伸可以使物料产生变形，减少料层厚度，增加界面面积，有利于混合。

（5）聚集　已破碎的分散相在热运动和微粒间相互吸引力的作用下，重新聚集在一起。对分散的粒度和均布来说，这是混合的逆过程。

6.1.2　混合的类型

6.1.2.1　非分散混合和分散混合

在制备混合物时，通常有两个基本的过程——分散和混合。混合是将两种组分相互分布在各自所占的空间中，即使两种或多种组分所占空间的最初分布情况发生变化。分散是指混合物中一种或多种组分的物理特性发生了一些内部变化的过程，如颗粒尺寸减小或溶于其他组分中。因此，混合可分为非分散混合和分散混合。

（1）非分散混合　在混合中仅增加粒子在混合物中空间分布均匀性而不减小粒子初始尺寸的过程称为非分散混合或简单混合。如图 6 – 6 所示。这种混合的运动基本形式是通过对流来实现的，可以通过包括塞形流动和不需要物料连续变形的简单体积排列和置换来达到。它又分为分布性混合和层状混合，分布性混合主要发生在固体与固体、固体与液体、液体与液体之间，它可能是无规的，如发生在将固体与固体混合的混合机中，也可能是有序的，如发生在将熔体与熔体混合的静态混合器中；层状混合发生在液体与液体之间。

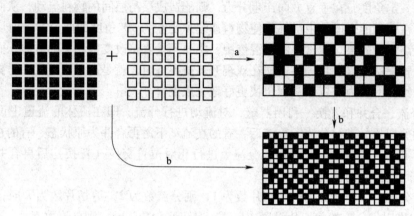

图 6-6　非分散混合和分散混合

a—非分散混合　b—分散混合

（2）分散混合　是指在混合过程中发生粒子尺寸减小到极限值，同时增加相界面和提高混合物组分均匀性的混合过程。分散混合主要是靠剪切应力和拉伸应力作用实现的。

在聚合物加工中，有时要遇到将呈现出屈服点的物料混合在一起的情况，如将固体颗粒或结块的物料加到聚合物中，例如填充或染色，以及将黏弹性聚合物液滴混合到聚合物熔体中，这时要将它们分散开来，使结块和液滴破裂。分散混合的目的是把少数组分的固体颗粒和液相滴分散开来，成为最终粒子或允许的更小颗粒或滴，并均匀地分布到多组分中，这就涉及少组分在变形黏性流体中的破裂问题，这是靠强迫混合物通过狭窄间隙而形成的高剪切区来完成的。

分散混合过程是一个复杂的过程，可以发生各种物理-机械和化学的作用，如图 6-7 所示。

① 把较大的配合剂团聚体和聚合物团块破碎为适合于混合的较小粒子；

② 在剪切热和传导热的作用下，使聚合物熔融塑化，以降低聚合物相的黏度；

③ 粉状或液状的较小粒子组分克服聚合物的内聚能，渗入到聚合物内；

④ 使较小粒子组分分散，即在剪应力的作用下，把配合剂聚结体或团聚体的尺寸减小到形成

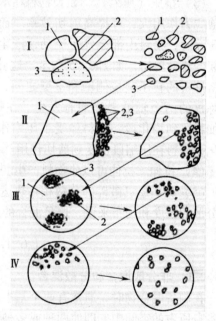

图 6-7　分散混合时，主要机械现象和流变现象示意图

Ⅰ—使聚合物和配合剂粉碎

Ⅱ—使粉末状和粒状配合剂渗入聚合物中

Ⅲ—分散　Ⅳ—分布均化

1—聚合物　2、3—任何粒状和粉状的固体添加剂

聚结体之前初始粒子的最小尺寸；

　　⑤ 固相最终粒子分布均化，使粒子发生位移，从而提高物料的熵或无规程度、随机性或均匀性；

　　⑥ 聚合物和活性填充剂之间产生力－化学作用，使填充物料形成强化结构。

　　炭黑与橡胶的混合可以作为分散混合的一例。初始的炭黑团聚体在变形应力的作用下被粉碎成微观大小的或胶体大小的粒子，增加其总的表面积和与橡胶接触的表面积，从而达到增加胶料的均匀性的目的。

　　在讨论分散混合时，主要讨论固相在液相熔体中的分散，把液相视作层流混合，把液相的黏性拖曳对固相施加的力视作剪切力。对固体结块来说，当剪切对其形成的黏性拖曳在结块内产生的应力超过某个临界值时，结块就破裂。而固体结块是由很多更小的微粒靠它们之间的互相作用力（黏附力、内聚力、静电吸引力等）而聚集在一起的。这种相互作用力有一定的作用半径，只有这些微粒被分散得使其相互间的距离超过作用半径，才不会重新集聚，否则被分散的微粒可能重新集聚在一起。

　　分散混合是通过剪应力作用减小平均离子尺寸的过程。其剪应力（τ）可由式（6－2）计算：

$$\tau = \eta \dot{r} \tag{6－2}$$

式（6－2）表明，剪应力（τ）是随物料黏度（η）或剪切速率（$\dot{r}$）的增长而增大的。

　　为了获得大的剪应力，混合机的设计应引入高剪切区（即设置窄的间隙），保证所有固体颗粒重复地通过高剪切区。分散度取决于混合器内最大有效剪切速率和通过次数，剪切速率越高，通过次数越多，分散效果越好。

　　剪切应力的大小与粒子或结块的尺寸有关，分散能力随粒子或结块的大小而变化。在混合初始，由于粒子或结块较大，受到的剪应力大，易于破裂。随着大粒子或结块黏度的降低，所受的剪应力变小，分散变得困难了，分散速度下降。当粒子或结块的黏度达到某个临界值时，分散就完全停止。

　　剪应力大小与物料的黏度有关，黏度大，局部剪应力大，粒子或结块易破裂，而黏度又与温度有关，温度越高，黏度越低，因此分散混合希望在较低的温度下进行。

　　加大混合机的转数可以提高剪切速度，因而能增加分散能力。在间歇混合机中，加大转速还可以使物料更频繁地通过最大剪切区，有利于分散混合。

6.1.2.2　混合物料的状态

　　按混合物料的状态，混合可分为固体与固体混合，液体与液体混合和液体与固体混合三种情况。

　　（1）固体与固体混合　主要是固体聚合物与其他固体组分的混合，如粉状、粒状或片状的聚合物与粉状添加剂的混合。在聚合物加工中，大多数情况下，这种混合都先于熔融混合，也先于成型。固体间的混合机理为体积扩散，它涉及通过塞流对物料进行体积重新排列，而不需要物料连续变形。这种混合通常是无规分布性混合。

　　（2）液体与液体混合　这种混合有两种情况，一种是参与混合的液体是低黏度的单体、中间体或非聚合物添加剂，另一种情况是参与混合的是高黏度的聚合物熔体。这两种情况的混合机理和动力学是不同的，前一种的混合机理主要靠流体内产生的紊流扩散机理，后一种的混合为体积扩散，即对流混合机理。在聚合物加工中，发生在熔体之间的是层流对流混合，即通过层流而使物料变形、包裹、分散、最终达到混合均匀。

（3）固体与液体混合　有两种形式，一种是液态添加剂与固态聚合物的掺混，而不把固态转变成液态，另一种是将固态添加剂混到熔融态聚合物中，而固态添加剂的熔点在混合温度之上，聚合物加工中的填充改性（加入固态填充剂）属这种混合，要借助于强烈的剪切和搅拌作用方可完成。

在聚合物加工中，液体和液体的混合、液体与固体的混合是最主要的混合形式，聚合物共混合填充改性是典型的例子。

混合过程难易程度与参与混合的各组分的物理状态和性质有关（见表6-2）。

表6-2　　　　　　　　　　　　混合难易程度的比较

物 料 状 态			混合的难易程度
主要组分	添加剂	混合物	
固态	固态	固态	易
固态（粗颗粒）	固态（细粒，粉）	固态	相当困难
固态	液态（黏）	固态	困难
固态	液态（稀）	固态	相当困难
固态	液态	液态	难易程度取决于固体组分粒子大小
液态	固态	液态（黏）	易→相当困难
液态	液态（黏）	液态	相当困难→困难
液态（黏）	液态	液态	易→相当困难
液态	液态	液态	易

6.1.3　混合状态的判定

物料各组分混合是否均匀，质量是否达到预期的要求，生产中混合终点的控制等都涉及混合状态的判定。对混合状态的判定，有直接描述和间接描述两种方法。

6.1.3.1　混合状态的直接描述法

该法是直接对混合物取样，对其混合状态进行检验，观察混合物的形态结构、各组分微粒的大小及分布情况。所用的检测分析方法可以是视觉观察法、聚团计数法、光学显微镜法和电子显微镜法以及光电法。

为了说明混合物的特性，必须引入混合物均匀性及组分粒子尺寸这两个概念，这是两个有着本质不同的衡量混合效果的指标，见图6-8。

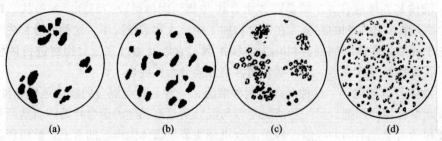

图6-8　混合状态示意图
(a)、(b) 粗粉碎的　　(c)、(d) 细粉碎的
(a)、(c) 混合不好　　(b)、(d) 混合较好

　　由图 6-8 可知衡量混合效果需从物料的均匀程度和组分的分散程度两方面来考虑。

　　（1）均匀程度　指混入物所占物料的比率与理论或总体比率的差异。但就是相同比率的混合情况也是十分复杂的。从图 6-9 可以看出，若这一混合物中甲、乙两组分各占总体含量的一半，则理想的情况为图 6-9（a）图所示，这是高度均匀分布的情况，实际生产是达不到的，而为图 6-9（b）和（c）所示的分布情况却很可能出现（图中的黑白表示甲、乙两种物料）。在取样分析组成时，若一次抽取的试样的量足够多，则图中（a）、（b）、（c）的三种试样分析结果，均可能得出甲乙两组分含量各为 50% 的结论。或者，一次取样量虽不多，但取样的次数足够多，虽然每次抽取的试样分析结果有所出入，但取多个试样分析结果的平均值时，仍可得出平均组成为 50% 的结论。因此，如果只按取样分析组成结果来看，就可能得出图中（a）、（b）、（c）的混合情况都很好的结论。然而从三种混合料中两组分的分散程度来看，则相差甚远。因此，在判定物料的混合状态时，还必须考虑各组分的分散程度。

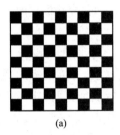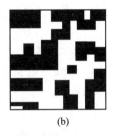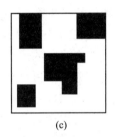

(a)　　　　　　　　　　(b)　　　　　　　　　　(c)

图 6-9　两组分固体粒子的混合情况

　　（2）分散程度　指混合体系中各个混入组分的粒子在混合后的破碎程度。破碎程度大，粒径小，其分散程度就高；反之，粒径大，破碎程度小，则分散得不好。分散程度可以用同一组分的相邻粒子间平均距离来描述，距离越短，分散程度越好。而同一组分的相邻粒子间距离的大小与各组分粒子的大小有关。粒子的体积越小，或在混合过程中不断减小粒子的体积，则可达到的均匀程度就越高。从几率的概念出发，同样重量或体积的试样，粒子越小，则相当重量的同种粒子集中于一局部位置的可能性越小，即微观分布越均匀。

6.1.3.2　混合状态的间接判定

　　混合状态的间接判定是指不检查混合物各组分的混合状态，而是检测与混合物的混合状态密切相关的制品或试样的物理性能、力学性能和化学性能等，间接地判断多组分体系的混合状态。

　　聚合物共混物的玻璃化转变温度与两种聚合物组分分子级的混合均匀程度有直接关系。若两聚合物完全达到分子级的均匀混合，呈均相体系，则只有一个玻璃化转变温度，而且这个玻璃化温度值由两组分的玻璃化温度和各组分在共混物中所占的体积分数所决定。如果两组分聚合物共混体系完全没有分子级的混合，共混物就可测得两个玻璃化转变温度，而且分别等于两种聚合物独立存在时的玻璃化温度。当两组分聚合物有一定程度的分子级混合时，共混物虽仍有两个玻璃化温度，但这两个玻璃化温度相互靠近了，其靠近程度取决于共混物的分子级混合程度，靠近程度越大，分子级混合程度越大。因此，只要测出共混物的玻璃化转变温度及其变化情况，就可推测其分子级的混合程度。

　　填充改性所得的混合物的力学性能除了与参与填充改性的聚合物种类、数量和填充剂的种类、数量以及偶联剂的使用与否和种类等一系列因素有关外，也与填充剂与聚合物的混合状态有关，一般聚合物与填充剂混合得越均匀，混合物的力学性能越好，因此，可以通过测定混合物试样或制品的力学性能来间接判定混合状态。

6.2 混合设备

混合设备是完成混合操作工序必不可少的工具，混合物的混合质量指标、经济指标（产量及能耗等）及其他各项指标在很大程度上取决于混合设备的性能。由于混合物的种类及性质各不相同，混合的质量指标也有不同，所以出现了各式各样的具有不同性能特征的混合设备。

6.2.1 混合设备的分类

混合设备根据其操作方式，一般可分为间歇式和连续式两大类；根据混合过程特征，可分为分布式和分散式两类；根据混合物强度大小，又可分为高强度、中强度和低强度混合设备。

6.2.1.1 间歇式和连续式

间歇式混合设备的混合过程是不连续的。混合过程主要有三个步骤：投料、混炼、卸料，此过程结束后，再重新投料、混炼、卸料，周而复始。捏合机、开炼机等的混合操作即属间歇式。间歇式混合设备在整个混合周期内的加料、卸料等非混合时间占相当比例，所以间歇混合设备的生产效益较低。

连续式混合设备的混合过程是连续的，如单、双螺杆挤出机和各种连续混合设备。由于是连续操作，故生产能力高，易自动控制，能耗低，混合质量稳定，劳动强度也低，尤其是配备相应装置后，可连续混合–成型，减少了成型加工的工序，所以连续式混合设备是目前的发展趋势。

6.2.1.2 分布式和分散式

分布混合设备主要是通过对物料的搅动、翻转、推拉作用使混合物中各组分扩散、位置更换，具有形成各组分在混合物中浓度趋于均匀的能力，对于熔体则可使其产生大的剪切应变和拉伸应变，增大组分的界面面积以及配位作用等达到分布混合目的。代表性设备有重力混合器、气动混合器及一般用于干混合的中、低强度混合器等。

分散混合设备主要通过向物料施加剪切力、挤压力使混合物中组分粒度减小而达到分散目的的，如开炼机、密炼机等。

分散混合能力与分布混合能力往往是混合设备同时具有的，因为任一混合过程总是同时有分散与分布的要求，只是要求的侧重点不同而已。

6.2.1.3 高强度、中强度和低强度混合设备

根据混合设备在混合过程中向混合物施加的速度、压力、剪切力及能量损耗的大小，又可分为高强度、中强度和低强度混合设备。习惯上，常以物料所受的剪切力大小或剪切变形程度来决定混合强度的高低。

6.2.2 间歇混合设备

间歇式混合设备的种类很多，就其基本结构和运转特点可分为静式混合设备、滚筒类混合设备和转子类混合设备。

静式混合设备主要有重力混合器和气动混合器，这类混合器的混合室是静止的，靠重力

和气动力促使物料流动混合，是温和的低强度混合器，适用于大批量固态物料的分布混合。

滚筒类混合设备是利用混合室的旋转达到混合目的的，如鼓式混合机、双锥混合机和 V 形混合机等，主要用于粉状、粒状固态物料的初混，如混色、配料和干混，也可适用于向固态物料中加入少量液态添加剂的混合。

转子类混合设备是利用混合室内的转动部件——转子的转动进行混合的，如螺带混合机、锥筒螺杆混合机、犁状混合机、双行星混合机、Z 形捏合机、高速混合机等。

以上这些间歇式混合设备是高分子材料的初混设备，是物料在非熔融状态下进行简单混合所使用的设备。

间歇混合设备中的另外两种最主要设备是开炼机与密炼机，从结构角度来看，应属于转子类混合器，其用途广泛，混合强度很高，主要用在橡胶的塑炼与混炼、塑料的塑（混）炼、高浓度母料的制备等，是高分子材料分散混合的设备。

在高分子材料加工过程中，间歇混合设备用得最多的是 Z 形捏合机、高速混合机、开炼机和密炼机。

6.2.2.1　Z 形捏合机

这是一种常用的物料初混装置，适用于固态物料（非润性）和固液物料（润性）的混合。它的主要结构部分是一个有可加热和冷却夹套的鞍型底部的混合室和一对 Z 型搅拌器，见图 6 - 10。混合时，物料借助于相向转动的一对搅拌器沿着混合室的侧壁上翻而后在混合室的中间下落，再次为搅拌器所作用。这样，周而复始，物料受到重复折叠和撕捏作用，从而达到均匀的混合。捏合机的混合，一般需要较长时间，约半小时至数小时不等。

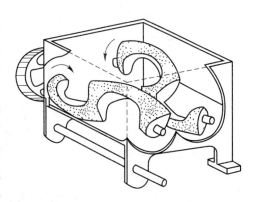

图 6 - 10　Z 形捏合机

6.2.2.2　高速混合机

高速混合机是使用极为广泛的塑料混合设备，适用于固态混合和固液混合，更适于配制粉料。该机主要由附有加热或冷却夹套的圆筒形混合室和一个装在混合室内底部的高速转动叶轮所组成，见图 6 - 11。混合室内有可以垂直调整高度的挡板，挡板的使用是使物体运动呈流化状，更有利于分散均匀。

高速混合机工作时，高速旋转的叶轮借助表面与物料的摩擦力和侧面对物料的推力使物料沿叶轮切向运动。同时，由于离心力的作用，物料被抛向混合室内壁，并沿壁面上升，又由于重力的作用而落回到叶轮中心，接着又被抛起。这样，快速运动着的粒子间相互碰撞、摩擦，使得团块破碎，物料温度相应升高，同时迅速地进行着交叉混合，这些作用促进了组分的均匀分布和对液态添加剂的吸收。

高速混合机的混合效率较高，所用时间远比捏合机短，通常一次混合时间只需 8 ～ 10min。常用于配料、混色、共混物与填充混合物的预混、各类母料的预混等。

6.2.2.3　开炼机

开炼机又称双辊炼塑机或炼胶机。它是通过两个相向转动的辊筒将物料混合或使物料达到规定状态。开炼机主要用于橡胶的塑炼和混炼、塑料的塑化和混合、填充与共混改性物的混炼、为压延机连续供料、母料的制备等。

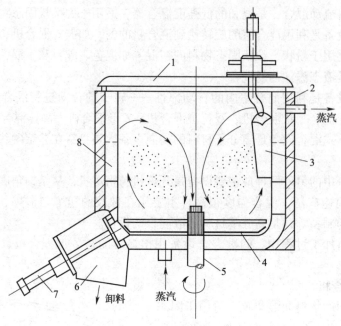

图 6 – 11　高速混合机及其工作原理

1—回转盖　2—外套　3—折流板　4—叶轮　5—驱动轴

6—排料口　7—排料气缸　8—夹套

开炼机的结构如图 6 – 12 所示。它的主要工作部分是两个辊筒。两个辊筒并列在一个平面上，分别以不同的转速作向心转动，两辊筒之间的距离可以调节。辊筒为中空结构，其内可通入介质加热或冷却。

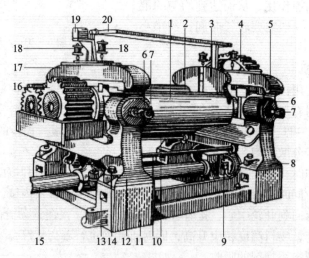

图 6 – 12　开炼机

1—前辊　2—后辊　3—挡板　4—大齿轮传动　5、8、12、17—机架　6—刻度盘

7—控制螺旋杆　9—传动轴齿轮　10—加强杆　11—基础板　13—安装孔　14—传动轴齿轮

15—传动轴　16—摩擦齿轮　18—加油装置　19—安全开关箱　20—紧急停车装置

开炼机工作时，两个速度不等的辊筒相向旋转，在辊筒上的物料由于与辊筒表面的摩擦和黏附作用以及物料之间的黏结力而被拉入辊隙之间，物料受到强烈的挤压和剪切，这种剪切使物料产生大的形变，从而增加了各组分之间的界面，产生了分布混合。当该剪切所产生

的应力大于物料的许用应力时，物料就会分散开，起到分散混合作用。所以提高剪切作用就能提高混合塑炼效果，影响开炼机熔融塑化和混合质量的因素有辊筒温度、辊距、辊筒转速、物料在辊隙上方的堆放量以及物料沿辊筒轴线方向的分布与换位等。

6.2.2.4　密炼机

密炼机即是密闭式塑炼机或炼胶机，是在开炼机基础上发展起来的一种高强度间歇混合设备。由于密炼机的混炼室是密闭的，混合过程中物料不会外泄，也较易加入液态添加剂。混炼室的密闭有效地改善了工作环境，降低了劳动强度，易实现自动控制。

密炼机的结构如图 6 - 13 所示，其主要工作部件是一对表面有螺旋形突棱的转子和一个密炼室。两个转子以不同的速度相向旋转，转子在密炼室里，密炼室由室壁和上顶栓、下顶栓组成，室壁外和转子内部有加热或冷却系统。两个转子的侧面顶尖以及顶尖与密炼室内壁之间的间距都很小，因此转子能够对物料施以强大的剪切力。

密炼机工作时，物料由加料口加入，上顶栓将物料压入混炼室，工作过程中，上顶栓始终压住物料。混合完毕，下顶栓开启，物料由排料口排出。密炼机中的各种物料在转子作用下进行强烈的混合，其中大的团块被破碎，逐步细化，起到分散混合作用。

转子是密炼机的核心部件。转子的形状、转速、速比，物料温度、填充率、混合时间，顶栓压力，加料次序等是影响密炼机混合质量的主要因素。

Banbury 椭圆转子密炼机是最早的也是应用最广的密炼机，其他的还有 shaw 型圆筒转子密炼机和 MC 翻转式分散密炼机等。

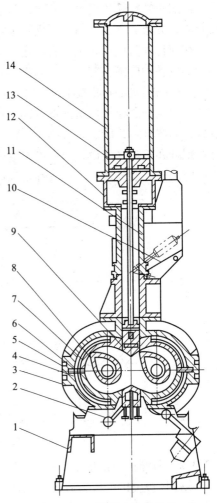

图 6 - 13　转子密炼机结构
1—底座　2—卸料门锁紧装置　3—卸料装置
4—下机体　5—下密炼室　6—上机体
7—上密炼室　8—转子　9—压料装置
10—加料装置　11—翻板门　12—填料箱
13—活塞　14—气缸

6.2.3　连续混合设备

连续混合设备主要有单螺杆混合挤出机、双螺杆挤出机、行星螺杆挤出机以及由密炼机发展而成的各种连续混炼机，如 FCM 混炼机等。

6.2.3.1　单螺杆混合挤出机

单螺杆挤出机是聚合物加工中应用最广泛的设备之一，主要被用来挤出造粒，成型板、管、丝、膜、中空制品、异型材等，也有用来完成某些混合任务。

单螺杆挤出机的主要部件是螺杆和料筒，其工作机理将在第 8 章挤出成型中讨论。在单螺杆挤出机中，物料自加料斗加入到由口模挤出，经历了固体输送、压缩熔融、熔体混合输送等区段。其中在熔体输送区，物料在前进方向的横截面上形成了环状层流混合。因此在单螺杆挤出机中，混合主要是在物料熔融后才得以进行。

虽然单螺杆挤出机具有一定的混合能力，但由于单螺杆挤出机剪切力相对较小，分散强度较弱，分布能力也有限，因而不能用来有效地完成要求较高的混合任务。为了改进混合性能，在螺杆和机筒结构上进行改进，如加大螺杆的长径比，在螺杆上加有混合元件和剪切元件，形成各种屏障型螺杆、分离型螺杆、销钉型螺杆及各种专门结构的混炼螺杆。成型加工用单螺杆挤出机的标准螺杆通常分为三段：加料段、压缩段和均化计量段，如图 6-14 所示。而单螺杆混合挤出机的混合螺杆通常还有其他组成部分，以完成混合加工中更为复杂的过程，如图 6-15 所示。有些在机筒上采用了增强混合性能的结构，如机筒销钉结构等。也有在螺杆和机头之间设置所谓静态混合器，以增强分布混合。采用这些措施，单螺杆挤出已广泛应用于共混改性、填充改性及反应加工等方面。

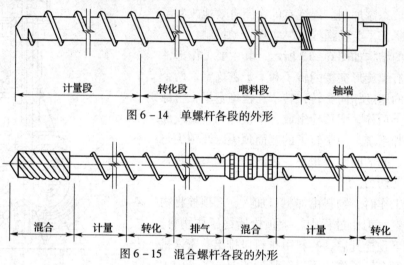

图 6-14　单螺杆各段的外形

图 6-15　混合螺杆各段的外形

6.2.3.2　双螺杆挤出机

双螺杆挤出机是极为有效的混合设备，可用作粉状塑料的熔融混合、填充改性、纤维增强改性、共混改性以及反应性挤出等。

双螺杆挤出机的结构及工作机理将在第 8 章讨论，其作用主要是将聚合物及各种添加剂熔融、混合、塑化，定量、定压、定温地由口模挤出。

双螺杆挤出机的种类很多，主要有啮合异向旋转双螺杆挤出机，广泛应用于挤出成型和配料造粒等；啮合同向旋转双螺杆挤出机，主要应用于聚合物的物理改性——共混、填充和纤维增强等；非啮合（相切）型双螺杆挤出机，用于反应挤出、着色、玻璃纤维增强等。图 6-16 为三种商品化双螺杆挤出机的结构。

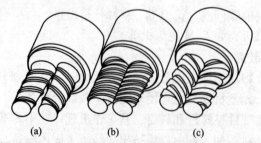

(a)　(b)　(c)

图 6-16　商品化双螺杆混合挤出机的三种经典结构
（a）异向旋转非啮合相切型双螺杆挤出机　　（b）同向旋转完全啮合型双螺杆挤出机
（c）异向旋转完全啮合型研光双螺杆挤出机

6.2.3.3　行星螺杆挤出机

这是一种应用越来越广泛的混炼机械，特别适于加工聚氯乙烯，如作为压延机的供料装置。其具有混炼和塑化双重作用。

该挤出机有两根结构不同、作用各异、串联在一起的螺杆（见图6-17）。第一根为常规螺杆，起供料作用；第二根为行星螺杆，起混炼、塑化作用；末端呈齿轮状，螺杆套筒上有特殊螺旋齿。在螺杆和套筒的齿间嵌入12只带有螺旋齿的特殊几何形状行星式齿柱，当螺杆转动时，这些齿柱既能自转，又能围绕螺杆转动。当物料通过啮合的齿侧间隙时，形成0.2~0.4mm的薄层，其表面不断更新，非常有利于熔融塑化与混合。

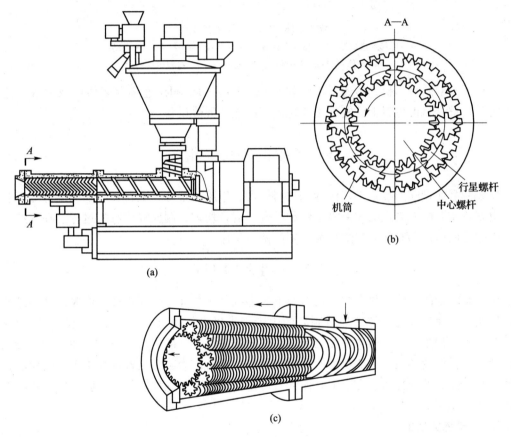

图6-17　行星螺杆挤出机

（a）整体示意图　　（b）A-A截面　　（c）挤出系统剖示

6.2.3.4　FCM连续混炼机

FCM（Farrel Continuous Mixer）连续混炼机既保持了密炼机的优异混合特性，又使其转变为连续工作。其万能性较好，可在很宽的范围内完成混合任务，可用于各种类型的塑料和橡胶的混合。

FCM的外形很像双螺杆挤出机，但喂料、混炼和卸料的方式与挤出机不同。在内部有两根并排的转子（见图6-18），转子的工作部分由加料段、混炼段和排料段组成，两根转子作相向运动，但速度不同。加料段很像异向旋转相切型双螺杆挤出机，在分开的机筒孔中回转，混炼段的形状很像Banbury密炼机转子，它有两段螺纹，在混炼段，混合料受到捏合、辊压，发生混合。

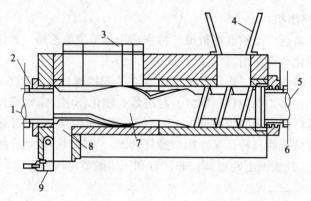

图 6 – 18　FCM 连续混炼机

1—冷却水进出端　2—黏性密封圈　3—主体段　4—料斗　5—驱动端
6—粉体密封端　7—转子　8—排料口　9—排料口阀门

另外还有双阶挤出机、传递式混炼挤出机、Buss – kneader 连续混炼机以及隔板式连续混炼机等，都是目前世界上已实现工业化生产的连续混炼设备。

6.3　橡胶的塑炼与混炼

橡胶制品成型前的准备工艺包括原材料处理、生胶的塑炼、配料和胶料的混炼等工艺过程，也就是按照配方规定的比例将生胶和配合剂混合均匀，制成混炼胶的过程。在这些工艺过程中生胶的塑炼和胶料的混炼是最主要的两个工序。

6.3.1　生胶的塑炼

生胶是线型的高分子化合物，在常温下大多数处于高弹态。高弹性是橡胶及其制品的最宝贵性质，然而生胶的高弹性却给制品的生产带来极大的困难。如果不首先降低生胶的弹性，在加工过程中，一方面各种配合剂无法在生胶中混合分散均匀，另一方面，大部分机械能将消耗在弹性变形上，不能获得所需的各种形状。所以为了满足各种加工工艺的要求，必须使生胶由强韧的弹性状态变成柔软而具有可塑性的状态，这种使弹性生胶变成可塑状态的工艺过程称作塑炼。

6.3.1.1　塑炼的目的

塑炼主要是为了降低生胶的弹性，增加可塑性，获得适当的流动性，使橡胶与配合剂在混炼过程中易于混合分散均匀，也有利于胶料进行各种成型操作。此外，还要使生胶的可塑性均匀一致，从而使制得的胶料质量也均匀一致。

近年来，随着合成橡胶工业的发展，许多合成橡胶在制造过程中控制了生胶的初始可塑度，在加工时可不经塑炼而直接进行混炼。

6.3.1.2　塑炼机理

橡胶经塑炼以增加其可塑性，其实质是橡胶分子链断裂，相对分子质量降低，从而橡胶的弹性下降。在橡胶塑炼时，主要受到机械力、氧、热、电和某些化学增塑剂等因素的作用，其中氧和机械力起主要作用，而且两者是相辅相成的。工艺上塑炼方法可分为机械塑炼法和化学塑炼法两大类，其中机械塑炼法应用最为广泛。机械塑炼又可分为低温塑炼和高温塑炼，前者以机械降解作用为主，氧起稳定游离基的作用；后者以自动氧化降解作用为主，机械作用强化橡胶与氧的接触。

　　(1) 机械塑炼机理　橡胶的机械塑炼是典型的力化学反应过程。在机械塑炼过程中，机械力作用使大分子链断裂，氧对橡胶分子起化学降解作用，这两个作用同时存在。根据所采用的塑炼方法和工艺条件不同，它们各自所起作用的程度不同，塑炼效果也不同。

　　① 机械力作用：非晶态橡胶分子的构象是卷曲的，分子之间以范德华力相互作用着。在塑炼时，由于受到机械的剧烈摩擦、挤压和剪切的反复作用，使卷曲缠结的大分子链互相牵扯，容易使机械应力局部集中，当应力大于分子链上某一个键的断裂能时，则造成大分子链断裂，相对分子质量降低，因而可获得可塑性。塑炼时，橡胶分子链受机械作用的断裂并非杂乱无章，而是遵循着一定的规律。当有剪切力作用时，大分子将沿着流动方向伸展，分子链中央部分受力最大，伸展也最大，而链段的两端仍保持一定的卷曲状。当剪切力达到一定值时，大分子链中央部分首先断裂。相对分子质量越大，分子链中央部位所受剪切力也越大。机械力对生胶分子的断裂作用，可以用下述公式分析：

$$\rho \approx K_1 e^{\frac{1}{(E - F_0\delta)/RT}} \tag{6-3}$$

$$F_o = K_2 \dot{\eta} r \left(\frac{M_r}{\overline{M}_r}\right)^2 \tag{6-4}$$

式中　　　ρ——分子链断裂几率

　K_1、K_2——常数

　　　　E——分子化学键能

　　　F_0——作用于分子链上的力

　　　　δ——链断裂时伸长长度

　　　$F_0\delta$——链断裂时机械功

$\dot{\eta} r$（$=\tau$）——作用于分子链上的剪切力

　　　$\overline{M}_r$——平均相对分子质量

　　　M_r——最长分子的相对分子质量（包括有长支链和缠结点在内）

　　从式中可以看到，橡胶的黏度越大，剪切速率越大，分子受力越大；相对分子质量越大，受力越大，分子链也越容易被切断；化学键能越低，分子断裂的几率越大；主链上受到的应力要比侧链上受到的应力大得多，所以主链断裂的可能性比侧链断裂的可能大得多。

　　根据这个原理，机械力作用的结果是生胶的最大相对分子质量级分最先断裂而消失，低相对分子质量级分几乎不变，而中等相对分子质量级分得以增加，这就使生胶相对分子质量下降的同时，其相对分子质量分布变窄。

　　② 氧的作用：低温下机械力作用首先使橡胶大分子断裂生成大分子自由基：

$$R - R \longrightarrow 2R \cdot$$

自由基的化学性质很活泼，生成的自由基会重新结合起来，从而达不到塑炼效果：

$$R \cdot + R \cdot \longrightarrow R - R$$

　　因此，单纯机械力的作用是不够的，实践证明，在惰性气体中进行长时间的塑炼，生胶的可塑性几乎不变，而在有氧存在下进行塑炼，生胶的黏度迅速下降（见图6-19）。实验表明，生胶结合0.03%的氧就能使其相对分子质量降低50%，结合0.5%的氧，相对分子质量可从10^5降低到5×10^3。可见，在塑炼时，氧对分子链的断裂影响很大。

　　在实际塑炼过程中，橡胶都与周围空气中的氧接触，氧既可以直接与橡胶大分子发生氧化反应，使大分子氧化裂解，又可以作为活性自由基的稳定剂使自由基转变为稳定的分子，即氧是起着极为重要的双重作用。

$$R \cdot + O_2 \longrightarrow ROO \cdot$$
$$ROO \cdot + R'H \longrightarrow ROOH + R' \cdot$$
$$ROOH \longrightarrow 分解成稳定的较小分子$$

可见，在这一反应中，氧是橡胶分子活性自由基受容体，起着阻聚作用。

③ 温度的作用：温度对橡胶的塑炼效果有很大影响，而且在不同温度范围内的影响也不同。天然橡胶在空气中塑炼时，塑炼效果与塑炼温度之间的关系如图6－20所示。由图可以看出，随着塑炼温度的升高，开始塑炼效果是下降的，在110℃左右达最低值，温度继续升高，塑炼效果开始不断增大，温度对塑炼效果的影响呈"U"形。实际上总的曲线分别代表两个独立的过程。在低温塑炼区（110℃以下），主要依靠机械力使分子链断裂，随着温度升高，生胶黏度下降，塑炼时受到的作用力较小，因而塑炼效果下降。相反，在高温塑炼区（110℃以上），虽然机械力作用下降，但由于热和氧的自动催化氧化破坏作用随着温度的升高而急剧增大，大大加快了橡胶大分子的氧化降解速度，塑炼效果也迅速增大。由此可见，高温机械塑炼的机理与低温机械塑炼机理是不同的，由于温度较高，橡胶分子和氧都活泼，橡胶大分子主要以氧的直接氧化引发作用导致自动催化氧化连锁反应，分三步进行：

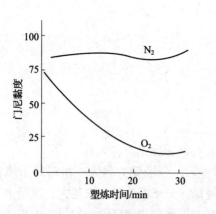

图6－19　橡胶在不同介质
中塑炼时门尼黏度的变化

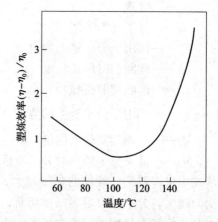

图6－20　天然橡胶在不同温度下的塑炼效果
η_0—塑炼前的特性黏度　η—塑炼后的特性黏度

链引发　首先由氧夺取橡胶分子上的氢原子生成自由基：

$$RH + O_2 \longrightarrow R \cdot + HOO \cdot$$

链增长　自由基继续被氧化并引发橡胶分子产生一系列氧化反应，生成橡胶分子氢过氧化物：

$$R \cdot + O_2 \longrightarrow ROO \cdot$$
$$ROO \cdot + R'H \longrightarrow ROOH + R' \cdot$$

$R' \cdot$又可重新与氧反应生成$R'OOH$。

链终止　ROOH很不稳定，立即分解成相对分子质量较小的分子，连锁反应终止，

$$ROOH \longrightarrow 分解成稳定的分子$$

高温塑炼时，因为氧化对相对分子质量最大和最小部分同样起作用，所以并不发生相对分子质量分布变窄的情况。

④ 静电作用：在塑炼过程中，橡胶受到强烈的机械作用而发生反复变形、剪切和挤压，在橡胶之间、橡胶与机械设备之间不断产生摩擦，导致橡胶表面带电，电压可达数千伏到数万伏，这样的电压必然引起放电现象，这种放电会使周围空气中的氧活化生成活性很高的原子态氧或臭氧，从而促进橡胶分子进一步氧化断裂。

（2）化学塑炼机理　　在低温和高温塑炼过程中，加入化学增塑剂能加强氧化作用，促进橡胶分子断裂，从而提高塑炼效果。化学增塑剂主要有三大类：

① 自由基接受型：如硫酚、苯醌和偶氮苯等，在低温塑炼时起着和氧一样的自由基接受体作用，使断链的橡胶分子自由基稳定，从而生成较短分子。

② 引发型：如过氧化二苯甲酰和偶氮二异丁腈等，在高温塑炼时分解成极不稳定的自由基，再引发橡胶大分子生成大分子自由基，进而氧化断链。

③ 混合型或链转移型：如硫醇类和二邻苯甲酰氨基苯基二硫化物类，它们既能使橡胶分子自由基稳定，又能在高温下引发橡胶形成自由基加速自动氧化断链。

6.3.1.3　塑炼工艺

在橡胶工业中，应用最广泛的塑炼方法是机械塑炼法。用于塑炼的机械是开炼机、密炼机和螺杆式塑炼机。生胶塑炼之前需先经过烘胶、切胶、选胶和破胶等准备工序，然后进行塑炼。

烘胶是为了降低生胶的硬度，便于切割，同时还能解除某些生胶结晶。烘胶多数是在烘房中进行，温度一般为 50～70℃，不宜过高，时间需长达数十小时。

切胶是把从烘房内取出的生胶用切胶机切成 10kg 左右的小块，便于塑炼。切胶后应人工选除表面砂粒和杂质。

破胶是在辊筒粗而短的破胶机中进行，以提高塑料效率。破胶时的辊距一般在 2～3mm，辊温在 45℃ 以下。

（1）开炼机塑炼　　开炼机塑炼是最早的塑炼方法，塑炼时生胶在辊筒表面之间摩擦力的作用下，被带入两辊的间隙中，由于两辊相对速度不同，对生胶产生剪切力及强烈的碾压和拉撕作用，橡胶分子链被扯断而获得可塑性。开炼机塑炼方法的优点是塑炼胶料质量好，可塑度均匀，收缩小，但此法生产效率低，劳动强度大，因此主要适用于胶料变化多，耗胶量少的工厂。

在开炼机上进行塑炼，常用薄通塑炼、一次塑炼和分段塑炼等不同的工艺方法，还可添加塑解剂进行塑炼。

薄通塑炼是生胶在辊距 0.5～1.0mm 下通过辊缝不包辊而直接落盘，然后把胶扭转 90°再通过辊缝，反复多次，直至获得所需可塑度为止。此法塑炼效果好，获得的可塑度大而均匀，胶料质量高，是常用的机械塑炼方法。

一次塑炼是将生胶加到开炼机上，使胶料包辊后连续塑炼，直至达到要求的可塑度为止。此法所需塑炼时间较长，塑炼效果也较差。

分段塑炼是将全塑炼过程分成若干段来完成，每段塑炼一定时间后，生胶下片停放冷却，以降低胶温，这样反复塑炼数次，直至达到要求。塑炼可分为 2～3 段，每段停放冷却4～8h。此法生产效率高，可获较高可塑度。

在机械塑炼的同时可加入化学塑解剂来提高塑炼效果。操作方法一样，只是塑炼温度应适当提高一些，以充分发挥塑解剂的化学作用。

开炼机塑炼属于低温机械塑炼，影响开炼机塑炼的主要因素有辊温、时间、辊距、速比、装胶量和塑解剂等。

温度越低，塑炼效果越好。所以，在塑炼过程中应加强对辊筒的冷却，通常胶料温度控制在 $45 \sim 55℃$ 以下。随着塑炼时间的延长，胶料温度升高，机械塑炼效果下降。为了提高塑炼效果，可采用分段塑炼方法。辊筒速比一定时，辊距越小，胶料受到的剪切作用越大，且胶片较薄也易冷却，塑炼效果也越大。辊筒速比越大，胶料所受的剪切作用也大，塑炼效果就越好。一般用于塑炼的开炼机辊筒速比在 $1:1.25 \sim 1:1.27$ 之间。装胶量依开炼机大小和胶种而定，装胶量太大，堆积胶过多，热量难以散发，塑炼效果差，合成橡胶塑炼生热较大，应适当减少装胶量。使用化学塑解剂能缩短塑炼时间，减少弹性复原现象，提高塑炼效果。

（2）密炼机塑炼　密炼机塑炼时，胶料所受到的机械捏炼作用十分强烈，生胶在密炼室内一方面受到转子与密炼室壁之间的剪应力和摩擦力作用，另一方面还受到上顶栓的外压作用。密炼机塑炼的生产能力大，劳动强度低，自动化程度高，但由于是密闭系统，清理相对困难，散热也较困难，所以属高温塑炼，温度通常达 $140℃$，生胶在密炼机中主要借助于高温下的强烈氧化断链来提高橡胶的可塑性。

密炼机塑炼属高温塑炼，由于塑炼温度较高，可采用两段塑炼法，亦可用化学塑解剂塑炼方法。密炼机塑炼效果取决于塑炼温度、时间、转子的转速、装胶量和上顶栓压力等。

温度升高塑炼效果增大，但温度过高会导致橡胶分子过度氧化降解，使物理机械性能下降。因此，要严格控制塑炼温度，对于天然橡胶，塑炼温度一般控制在 $140 \sim 160℃$。塑炼温度一定时，生胶的可塑性随塑炼时间的增长而不断增大，但经过一定时间以后，可塑性增长速度逐渐变缓。在一定温度下，转子速度越快，胶料达到同样可塑度所需的塑炼时间越短，所以，提高转子速度可以大大提高生产效率。密炼时装胶量过大或过小，都不能使生胶得到充分的辗轧。塑炼效果在一定范围内随压力的增加而增大。因此，塑炼时上顶栓必须对胶料加压。化学塑解剂在密炼机高温塑炼中的应用比在开炼机中更为有效，这是因为温度对化学塑解剂效能有促进作用。在不影响硫化和物理机械性能的前提下，使用少量化学塑解剂（生胶的 $0.3\% \sim 0.5\%$），可缩短塑炼时间 $30\% \sim 50\%$。

（3）螺杆塑炼机塑炼　螺杆塑炼机塑炼是在高温下进行的连续塑炼，在螺杆塑炼机中生胶一方面受到螺杆的螺纹与机筒壁的摩擦搅拌作用，另一方面由于摩擦产生大量的热使塑炼温度较高，致使生胶在高温下氧化裂解而获得可塑性。螺杆塑炼机生产能力大，生产效率高，能连续生产，适用于大型工厂。但由于温度高，胶料的塑炼质量不均，对制品性能有所影响。

塑炼前对生胶先切成小块并要预热，而且螺杆塑炼机的机身、机头、螺杆都要预热到一定的温度，再进行塑炼。

影响螺杆塑炼机的塑炼效果的主要因素是机头和机身温度、生胶的温度、填胶速度和机头出胶空隙的大小等。

随着生胶可塑性的增大，硫化胶的力学强度、弹性、耐磨耗性能、耐老化性能下降，因此，塑炼胶的可塑性不能过大，应避免生胶的过度塑炼。

6.3.2　胶料的混炼

混炼就是将各种配合剂与可塑度合乎要求的生胶或塑炼胶在机械作用下混合均匀，制成混炼胶的过程。混炼是橡胶加工中最重要的工艺过程之一，混炼过程的关键是使各种配合剂能完全均匀地分散在橡胶中，保证混炼胶的组成和各种性能均匀一致，具有良好的加工工艺性能，保证橡胶制品具有良好的物理机械性能。

6.3.2.1 混炼理论

为了获得配合剂在生胶中的均匀混合分散程度，混炼必须借助炼胶机的强烈机械作用力。混炼胶的质量控制对保持橡胶半成品和成品性能有着重要意义。混炼胶组分比较复杂，不同性质的组分对混炼过程、分散程度以及混炼胶的结构有很大的影响。

（1）配合剂的性质　胶料里各种配合剂的性质相差很大，不同性质的配合剂与生胶的混合难易程度是不同的。软化剂、促进剂、硫磺等配合剂多数能溶解于橡胶中，易混合均匀；填充剂、补强剂等往往与橡胶不相容，难以混合均匀。各种配合剂的几何形状也不尽相同，片状的陶土、滑石粉、针状的石棉、玻璃丝比球状的炭黑等配合剂难以在生胶中分散。

在混炼过程中，配合剂与橡胶混合首先是配合剂粒子表面与橡胶接触，所以配合剂表面性质与混炼效果关系密切。有些配合粒子表面性质与生胶表面性质接近，两者界面极性相差较小，易与橡胶混合，例如各种炭黑等。有些配合剂粒子表面性质与生胶相差较大，例如陶土、硫酸钡、碳酸钙、氧化锌、氧化镁、氧化钙等表面具有亲水性的配合剂，就难以在橡胶中分散均匀。

为了改善亲水性配合剂的表面性质，可以使用表面活性剂对配合剂进行处理。常用的表面活性剂有硬脂酸、高级醇、含氮有机化合物等，多数是具有不对称两性分子结构的有机化合物，分子的一端为—COOH、—OH、—NH$_2$、—NO、—SH 等极性基团，具有亲水性，与配合剂粒子相吸附；另一端为非极性长链、苯环式烃基，具有疏水性，能与橡胶很好地结合，这样就使得配合剂粒子容易与橡胶混炼均匀。另外表面活性剂还起到稳定已分散的配合剂粒子在胶料中的分散状态的作用。

细粒状的配合剂往往是以聚集体形式存在的，例如，直径为几毫米的炭黑颗粒是由很多数目的粒径只有几十毫微米的炭黑粒子所聚集而成的。要使配合剂在橡胶中均匀分散就必须把配合剂聚集体搓开，这就需要一定的剪切力。橡胶的黏度高一些，在混炼时能产生较大的剪切力。为了让橡胶有足够的黏度，塑炼胶的可塑性不宜过大，混炼温度不宜过高。

（2）结合橡胶的作用　生胶在塑炼时橡胶大分子断链生成自由基，这种情况在混炼时同样会发生。在混炼过程中，橡胶分子断链生成大分子自由基既可以与炭黑粒子表面的活性部位结合，也可以与炭黑聚集体在混炼时被搓开所产生的具有较高活性的新生面结合，或者已与炭黑结合的橡胶又通过缠结或交联结合更多的橡胶，形成一种不溶于橡胶溶剂的产物——结合橡胶。

结合橡胶的生成有助于配合剂粒子的分散，对改善橡胶的性能有好处。结合橡胶的产生及多少与橡胶及配合剂的性质、混炼工艺条件有关。橡胶的不饱和度高，活性大，易生成结合橡胶；配合剂粒度小，结构性高，表面活性大，易生成结合橡胶；混炼温度越高，越容易生成结合橡胶。所以，对于丁基橡胶、乙丙橡胶等低不饱和度橡胶与炭黑混炼时，可以采用高混炼温度来提高结合橡胶量。但对于天然橡胶、顺丁橡胶等高不饱和度橡胶，由于在混炼初期结合橡胶逐渐增多，混炼温度不宜过高，否则一下子集中生成许多与橡胶结合的炭黑凝胶硬粒，反而难以进一步分散。

（3）混炼胶的结构　在混炼胶里，与生胶不相溶的配合剂以细粒状分散在生胶中，成为细分散体；生胶和溶于生胶的配合剂成为复合分散介质。所以，混炼胶实质上是由多种细分散体与生胶复合分散介质组成的胶态分散体系。

与一般胶态分散体相比，混炼胶有自己的特点：

① 分散介质不是单一的物质，而是由生胶和溶于生胶的配合剂共同组成。各种配合剂

在橡胶中的溶解度是随温度而变的，所以分散介质和分散体的组成会随温度而变。

② 细粒状配合剂不仅是简单地分散在生胶中，还会与橡胶在接触面上产生一定的化学和物理的结合作用，甚至在橡胶硫化以后仍保持这种结合。

③ 橡胶的黏度很大，而且有些配合剂与橡胶有化学和物理的结合，所以表现为胶料的热力学不稳定性不明显。

所以混炼胶是一种具有复杂结构特性的胶态分散体。

6.3.2.2　混炼工艺

目前混炼加工主要用间歇混炼和连续混炼两种方法，其中属间歇混炼方法的开炼机混炼和密炼机混炼应用最广泛。

（1）开炼机混炼　开炼机是最早使用的混炼机械，开炼机混炼适应性强，可以混炼各种胶料，但生产效率低，劳动强度大，污染环境，所以主要适用于实验室、工厂小批量生产和其他机械不宜使用的胶料。

开炼机混炼经历包辊、吃粉、翻捣三个阶段。

先将胶料包在辊筒上，在辊缝上保持适量的堆积胶，然后根据配方规定依次加入各种配合剂，经多次翻炼捣胶，并采用小辊距薄通法，使橡胶和配合剂互相混合。

混炼操作可用一次混炼法和分段混炼法。对含胶率高或天然橡胶与较少合成橡胶并用且炭黑用量较少的胶料，采用一次混炼法；对天然橡胶与较多合成橡胶并用且炭黑用量较多的胶料，可采用二段混炼方法。

辊筒转速越快，配合剂在胶料中的分散速度也越快，混炼时间越短。但转速太快，则操作困难，也不安全。两辊筒转速比大，产生的剪切作用就大，可促使配合剂在胶料中分散。但使用转速快、速比大的炼胶机，胶料摩擦生热大，温度高，易引起焦烧。通常混炼用开炼机的速比为 1:1.1~1:1.2 之间；辊温宜在 50~60℃ 之间，在这个温度下胶料能包在一个辊筒上，操作方便。混炼过程中，胶料会因摩擦产生大量的热，为了保持辊温，在开炼机辊筒内应通冷却水降温。

开炼机混炼要求两辊筒之间上方保持适当堆积胶（见图 6-21）。随着辊筒转动，堆积胶出现波纹和皱褶并不断更新，夹裹着配合剂进入辊缝，并产生横向混合作用，使配合剂分散到胶料中。为了保持适当的堆积胶量，混炼时应该加入适当的胶料量，并将辊距调节适当。

配合剂是靠堆积胶夹带混入胶料中，所以，操作时应将配合剂放在堆积胶上。当堆积胶表面覆盖配合剂时，开始是以较快的速度混入胶料中，且混入速度是不变的。随着配合剂的混入，堆积胶上的配合剂就减少，混入速度就逐渐降低（见图 6-22）。所以，混炼一开始就应把配合剂加足，并及时将其余配合剂加入，这样可以让配合剂以较快速度混入，缩短混炼时间。

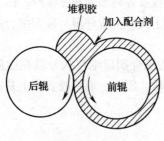

图 6-21　堆积胶

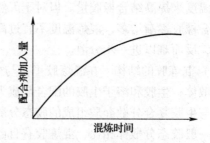

图 6-22　配合剂加入量与混炼时间的关系

　　配合剂是在辊缝处转速不同的辊筒所产生的剪切力作用下而分散到胶料中的，由于剪切力的分布作用，包辊胶里层与辊筒相对静止，配合剂难以混入而成为呆滞层。呆滞层约为胶层厚度的三分之一，为了使配合剂在胶料中分散均匀，要采用割刀、翻动、折叠等操作方法。

　　配合剂加入顺序是混炼的主要工艺条件，为了能在较短的混炼时间内得到质量良好的混炼胶，应根据配合剂的作用、用量及其混炼特性来合理安排加入顺序。一般原则是：难分散的、量少的先加；易分散的、量多的后加；硫化剂和促进剂分开加，以免混在一起加入时因局部温度过高而使胶料焦烧；硫磺最后加。所以通常配合剂加入顺序为：

　　生胶→固体软化剂→促进剂、活性剂、防老剂→补强剂、填充剂→液体软化剂→硫磺及超促进剂

　　对特殊配方要作特殊处理，例如：对于补强填充剂很多的配方，可以是补强填充剂与液体软化剂分批交替加入，但不能一起加，以免粉剂结团；对于硫磺含量高达 30 ~ 50 份的硬质胶，应先加硫磺，后加促进剂。

　　（2）密炼机混炼　密炼机混炼容量大，混炼时间短，生产效率高，自动化程度高，劳动强度低，环境卫生条件好。但混炼温度高，不能用于混炼对温度敏感的胶料。由于密炼得到的混炼胶形状不规则，需要和压片机配合使用。而且由于密炼温度高，通常不能在密炼机里加硫磺和超促进剂，而是将密炼后的胶料放在压片机上降温后再加入。

　　密炼机混炼是在高温和加压条件下进行的，配合剂与橡胶在密炼机中的混炼过程主要分为湿润、分散和捏炼三个过程。

　　密炼机混炼同样可以用一段混炼和分段混炼。生胶和配合剂先按一定顺序加入密炼机中，使之混合均匀后，排料至压片机压成片，使胶样冷却到 100℃ 以下，然后加入硫化剂和超促进剂，再通过捣胶翻炼，以混合均匀，这种经密炼机和压片机一次混炼得到均匀的混炼胶的方法即是一段混炼。

　　对有些混炼生热较大的胶料如氯丁胶、顺丁胶以及填料含量较高的胶料经密炼机混炼后在压片机压片冷却，并停放一定时间，再次回到密炼机上进行混炼，然后再在压片机上冷却后加入硫化剂和超促进剂，并混合均匀，这种方法为分段混炼（通常为二段混炼）。

　　装胶量、加料顺序、混炼温度、上顶栓压力、转子转速和混炼时间是影响密炼机混炼质量的重要因素。

　　密炼室的容积是一定的，装胶量太小，胶料可能在密炼室内空转而不与配合剂混合；装胶量太大，胶料没有翻动混合的余地，也不能很好地混炼。所以密炼机混炼应有适宜的装胶量。

　　除了硫磺及超促进剂必须在压片机上将胶料降温后加入外，其余配合剂的加入顺序与开炼机混炼基本相同。另外炭黑和液体软化剂不能同时加，以免结团，分散不均。近年来发展了引料法和逆混法等适应不同配方的混炼加料顺序。

　　在密炼机内混炼时，由于胶料受到的剪切摩擦作用十分剧烈，导致胶料温度升高很快。温度过高，则胶料太软，剪切作用下降，还会促使炭黑与橡胶生成过多的炭黑凝胶而影响混炼，另外也可能加剧橡胶分子热降解，因此密炼机要使用冷却水控制温度。通常排胶温度控制在 100 ~ 130℃。近年来也有采用 170 ~ 190℃ 的高温快速密炼。

　　在密炼室内，上顶栓的压力作用使得胶料与转子、密炼室壁间不会打滑。挤压剪切作用大，有利混炼，因此提高上顶栓压力可以适当增加装胶量，缩短混炼时间，提高混炼胶的

质量。

胶料所受到的剪切作用随转子转速的增加而增加，因此提高转子转速能提高混炼效率。目前密炼机转速已从原来 20r/min 提高到 40r/min、60r/min，甚至 80r/min。混炼时间由原来的十几分钟缩至几分钟。但转速越快，剪切作用越强，胶料发热量越大，因此必须采用有效冷却措施。为了适应生产工艺要求，近年来出现了多速或变速密炼机。

（3）连续混炼　为了进一步提高生产率，改善混炼胶的质量，使混炼操作实现自动化、连续化，近年来发展了连续混炼，既可使加料、混炼和排胶连续进行，也可使混炼与压延、压出成型联动。工业上已获得应用的连续混炼机主要有双螺杆型的 FCM 转子式连续混炼机和单螺杆型的传递式和隔板式连续混炼机。

胶料混炼后应立即强制冷却，将温度降至 30～35℃ 以下，以免产生焦烧和喷霜现象。冷却后的胶片要停放 8h 以上才能使用，停放过程中胶料应力松弛，配合剂能进一步扩散，橡胶与炭黑之间能进一步相互作用，从而提高补强效果。生产上对每批混炼胶要进行快速检验，以控制混炼胶质量。

6.4　塑料的混合与塑化

塑料是以合成树脂为主要成分与某些配合剂相互配合而成的一类可塑性材料。根据组成不同，塑料可分为简单组分和复杂组分塑料。简单组分塑料中树脂的含量很高，可达 95% 以上，只是为了加工工艺和使用性能上的要求，加有少量的配合剂，如润滑剂、稳定剂、着色剂等；复杂组分塑料则是由合成树脂与多种起不同作用的配合剂组成的，复杂组分塑料的配制即塑料的配制是塑料成型前的准备阶段。塑料原料的主要形态是粉状或粒状物料，两者的区别不在于它们的组成，而在于混合、塑化和细分的程度不同，一般是由物料的性质和成型加工方法对物料的要求来决定是用粉状塑料原料还是粒状塑料原料的。粉状的热塑性树脂用作简单组分塑料时可以直接用于成型，某些热塑性的缩聚树脂在缩聚反应结束时通过切片（粒）而成的简单组分粒状塑料，也可以直接成型，这些简单组分塑料原料的配制过程都比较简单。但是大多数复杂组分粉状和粒状热塑性塑料（如 PVC 塑料）或热固性塑料原料的配制是一个较复杂的过程，一般包括原料的准备、混合、塑化、粉碎或粒化等工序，其中物料的混合和塑化是最主要的工艺过程。工艺流程见图 6-23 所示。

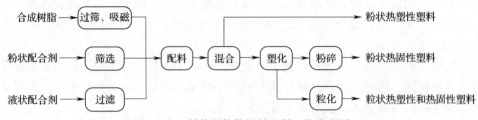

图 6-23　粉状和粒状塑料配制工艺流程图

6.4.1　原料的准备

主要是对原材料进行预处理、配料计量和输送等。合成树脂和各种配合剂在贮存和运输过程中，有可能混入一些杂质或吸湿，为了提高产品质量，在混合前要对原材料进行吸磁、过筛、过滤和干燥等处理，以去除杂质和水分。对于一些小剂量和难分散的配合剂，为了让其在塑料中均匀分散，可以先把它们制成浆料或母料，再混入混合物中。配料计量是根据配方中各原料组成比率精确称量。固体树脂和配合剂的输送可用气动源送至料仓，液状配合剂的输送可用齿轮泵管道输送至高位贮槽，为混合过程连续化创造必要条件。

6.4.2　混　　合

这是物料的初混合，是一种简单混合，是在树脂的流动温度以下和较低剪切作用下进行的，在这一混合过程中，只是增加各组分微粒空间的无规则排列程度，而不减小粒子的尺寸，是非分散混合，一般是一个间歇操作过程。根据混合组分中有无液体物料而分为固态混合和固液混合。种类不同，混合的工艺和设备也不同。

在大批量生产时，较多使用高速混合机，其适用于固态混合和固液混合。S 型和 Z 型捏合机主要适用于固态和液态混合，对物料有较强的撕捏作用，另外还有转鼓式混合机和螺带式混合机。

通常对固态非膨润性物料混合的步骤是按树脂、稳定剂、着色剂、填料和润滑剂等先后次序加到混合设备中，混合一定时间后，通过设备的夹套加热使物料升到规定的温度，使润滑剂熔化便于与树脂等物料均匀混合。

对固液膨润性物料混合的步骤是：先将树脂加入混合器升温至 100℃ 以内搅拌一段时间，去除树脂中的水分以利于树脂较快地吸收增塑剂，然后把经加热过的增塑剂喷射到正在搅拌翻动的树脂中，再加入由稳定剂、着色剂等与部分增塑剂所调配而成的浆（母）料，最后加入填料及其他配合剂，继续混合到质量符合要求为止。

物料初混合的终点一般凭经验来控制，初混物应疏松不结块，表面无油脂，手捏有弹性。取样分析时混合物任何部分的各组分比例都应该是一样的。

经初混合的物料，在某些场合下可直接用于成型，如某些热塑性的粉状塑料，但一般单凭一次初混合很难达到要求。因此对于这种粉状塑料在成型过程中要求有较强的塑化混合作用，例如 PVC 粉状塑料在双螺杆挤出成型中受到了较强的塑化混合作用。

6.4.3　塑　　化

这是物料在初混合基础上的再混合过程，是在高于树脂流动温度和较强剪切作用下进行的。塑化的目的是使物料在温度和剪切力的作用下熔融，获得剪切混合的作用，驱出其中的水分和挥发物，使各组分的分散更趋均匀，得到具有一定可塑性的均匀物料，是分散混合过程，亦称塑料的塑炼。塑化常用的设备主要是开放式塑炼机、密炼机和挤出机。开炼机塑化塑料与空气接触较多，一方面因冷却而使黏度上升，会提高剪切效果，另一方面与空气接触多了易引起氧化降解。密炼机塑化的物料为团状物，为便于粉碎和切粒，需通过开炼机压成片状物。挤出机塑化是连续操作过程，塑化的物料一般为条状或片状，可直接切粒得到粒状塑料。

不同的塑料品种和组成，塑化工艺要求和作用也就不同。热塑性塑料的塑化，基本上是一个物理作用，但如果混合塑化的工艺条件控制不当，塑化时也会发生树脂降解、交联等化学变化，给成型和制品性能带来不良的影响。因此，对不同的塑料应有其相宜的塑化条件，一般需通过实践来确定主要的工艺控制条件，如温度、时间和剪切力。热固性塑料的塑化主要也是一个物理过程，但塑化时树脂起了一定程度的化学反应。例如酚醛压塑粉的配制，在塑化阶段既要使树脂与填料等配合剂浸润和混合，也要使树脂缩聚反应推进到一定的程度，这样才能使混合后的物料达到成型前应具有的可塑度。

塑化的终点可以通过测定试样的均匀和分散程度或试样的撕裂强度来决定，但实际生产上是凭经验来决定的。如开炼机塑化，可用小刀切开塑炼片，观察其截面，以不出现毛粒、色泽均匀为宜；密炼机塑化效果则往往通过密炼机转子运转时电流负荷的变化来判断，也可以通过密炼塑化功率曲线的变化规律来精确控制物料的塑化（见图6-24）。

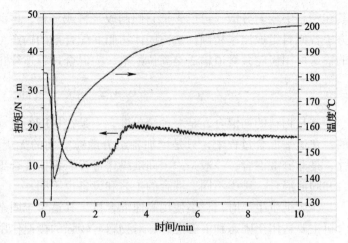

图6-24　PVC塑料在密炼机中塑化过程功率曲线

6.4.4　粉碎和粒化

为了便于贮存、运输和成型加工时的喂料操作，必须将塑化后的物料进行粉碎或造粒，制成粉状或粒状塑料。一般挤出、注射成型要求的多是粒状塑料，热固性塑料的模压成型多数是要求粉状塑料。

粉碎和造粒都是将塑化后的物料尺寸减小，减小固体物料尺寸的基本途径通常是压缩、冲击、摩擦和切割等。

6.4.4.1　粉碎

粉状塑料一般是将塑化后的片状物料用切碎机先进行切碎，然后再用粉碎机粉碎而得到。通用的切碎机主要由一个带有一系列叶刀的水平转子和一个带有固定刀的柱形外壳所组成。而粉碎机是靠转动而带有波纹或沟纹的表面将夹在其中的碎片磨切为粉状物。某些热固性粉状塑料，如酚醛压塑粉则选用具有冲击作用和摩擦作用的粉碎机和研磨机来完成粉碎。

6.4.4.2　粒化

塑料多数是韧性或弹性物料，要获得粒状塑料，常用具有切割作用的造粒设备。造粒的方法根据塑化工艺的不同有以下三种：

（1）开炼机轧片造粒　开炼机塑化或密炼机塑化的物料经开炼机轧成片状物，经过风冷或水冷后进入平板切粒机，先被上、下圆辊切刀纵切成矩形断面的窄条，再被回转刀模切成方块状的粒料（见图6-25）。

（2）挤出机挤出条冷切造粒　挤出机塑化的物料在有许多圆孔的口模中挤出料条，在水槽中冷却后引出经气流加速干燥并切成粒料，用这种方法可制得1~5mm的圆柱形粒料（见图6-26）。

（3）挤出热切造粒　此法是用装在挤出机机头前的旋转切刀切断由多孔口模挤出的塑化料条。切粒需在冷却介质中进行，以防粒料互相黏结。冷却较多是用高速气流或喷水，也有将切粒机构浸没在循环流动的水中，即水下热切法。此种方法制得的为球状粒料。

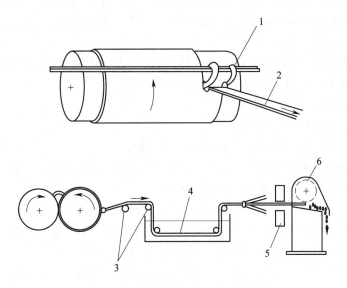

图 6 - 25　开炼机轧片造粒示意图

1—割刀　2—料片　3—导辊　4—冷却水槽　5—吹气干燥器　6—切粒机

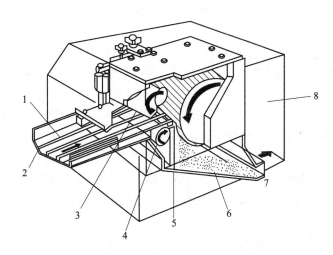

图 6 - 26　条式造粒机

1—胶条进入　2—喂料口　3—上喂料辊　4—下喂料辊　5—后刀片
6—粒料　7—到粒料筛选/收集系统　8—研磨性转子

6.5　聚合物溶液、分散体和胶乳的配制

高分子材料成型加工的必要条件是流动性，某些制品的成型方法常使用聚合物的溶液和分散体（如溶胶塑料、乳胶）作为原料来获得流动性。

6.5.1　塑料溶液的配制

6.5.1.1　溶液的组成及溶剂的选择

塑料溶液的主要组成是作为溶质的合成树脂及各种配合剂和作为溶剂的有机溶剂。溶剂的作用是为了分散溶解树脂，使得到的塑料溶液获得流动性。溶剂对制品是没有作用的，只是为了加工方便而加入的一种助剂，在成型过程中必须予以排出。

对溶剂的选择有如下要求：

（1）对聚合物有较好的溶解能力，这可以由聚合物和溶剂两者溶度参数相近的法则来选择，当然结晶和氢键对聚合物在溶剂中的溶解不利；

（2）无色、无臭、无毒、不燃、化学稳定性好；

（3）沸点低，在加工中易挥发；

（4）成本低，因为溶剂最终是要排除出去的。

溶剂对聚合物的溶解性是极为重要的，有时两种溶剂均不溶解聚合物，但混合后却能溶解聚合物。因此采用混合溶剂是一种有效的方法。

此外，溶液组成中还可含有增塑剂、稳定剂、着色剂和稀释剂等，前三种配合剂的作用如同其他塑料配方，稀释剂往往是有机性的非溶剂，其作用可以是与溶剂组成混合溶剂，降低溶液的黏度，利于成型，也可以是提高溶剂的挥发性或降低成本。

用于溶液成型的树脂种类并不多，一般为某些无定型树脂，结晶型的应用较少。例如：三醋酸纤维素的熔融黏度较高，其薄膜制品难以采用一般的熔融加工方法来成型，往往配成溶液，以便进行流延成膜，广泛用作照相底片和电影胶片。某些树脂如酚醛树脂的乙醇溶液可用来浸渍连续片状填料，然后经压制成型生产层压塑料。

6.5.1.2 聚合物的溶解

无定型聚合物与溶剂接触时，由于聚合物颗粒内和分子链间存在空隙，溶剂小分子会向空隙渗透，使聚合物分子逐渐溶剂化，聚合物颗粒逐渐膨胀，这就是溶胀。此时聚合物颗粒即呈黏性小团，小团间通过彼此黏结而成大团。为了加快聚合物的溶解，应采取必要的措施来加速溶胀和大分子的相互脱离及扩散，最终溶化成溶液。例如采用颗粒较小和疏松的聚合物为原料，通过加热和机械搅拌等都能有利于聚合物的溶化。

结晶型聚合物的分子排列规整，分子间的作用力大，其溶解要比无定型聚合物困难很多，往往要提高温度，甚至要升高到它们的熔点以上，待晶形结构被破坏后方能溶解。

聚合物溶液的黏度与溶剂的黏度、溶液的浓度、聚合物的性质和相对分子质量以及温度等因素有关。

溶剂性质不同，温度对溶液黏度的影响也不同。对良溶剂而言，由于溶剂的黏度随温度的上升而下降，则溶液的黏度随温度的上升而下降。在不良溶剂中，虽然溶剂的黏度也随温度的上升而下降，但当温度上升时，聚合物分子会从蜷曲状变为比较舒展而使溶液的黏度上升。

6.5.1.3 溶液的制备工艺

溶液配制时所用的设备是带有强烈搅拌和加热夹套的溶解釜，釜内往往有各式挡板，以增加搅拌作用。工业上常用下面两种配制方法。

（1）慢加快搅法　先将溶剂置于溶解釜内加热至一定温度，而后在恒温和不断搅拌的作用下，缓慢加入固体聚合物，直到加完为止。加料速度以聚合物在溶剂中未完全分散之前不出现结块为宜，而快速搅拌则为了加速聚合物的分散和扩散作用。

（2）低温分散法　先在溶解釜内将溶剂的温度降到其对聚合物失去溶解的活性温度为止，而后将聚合物一次投入釜中，并使其很好地分散在溶剂中，再在不断搅拌下将温度升到溶剂具有溶化聚合物的活性，这样就能使已经分散的聚合物很快地溶解。

不论采用哪一种方法,溶解釜内的温度应尽可能低一些,以防在溶解过程溶剂挥发损失,造成环境污染和影响生产安全。另外,如果溶解过程时间过长,则在过高的温度下会造成聚合物降解,过于激烈的搅拌作用产生的剪应力也会促使聚合物降解。

配制的溶液都要经过过滤和脱泡,去除溶液内可能存在的杂质和空气,然后才可用于成型。

适用于不同成型方法的溶液的主要控制指标是固体含量和黏度。

6.5.2　溶胶塑料的配制

6.5.2.1　溶胶塑料概述

溶胶塑料又称糊塑料,是固体树脂稳定地悬浮在非水液体介质中形成的分散体(悬浮体)。在溶胶塑料中氯乙烯聚合物或共聚物应用最广,通常称聚氯乙烯糊。

溶胶塑料中的非水液体主要是在室温下对树脂溶剂化作用很小而在高温下又很易增塑树脂的增塑剂或溶剂,是分散剂。有时还可加入非溶剂性的稀释剂,甚至有些加入热固性树脂或其单体。除此之外,溶胶塑料还因不同的要求加入胶凝剂、填充剂、表面活性剂、稳定剂、着色剂等各种配合剂,因此,溶胶塑料的组成是比较复杂的,其在室温下是非牛顿液体,具有一定流动性。

溶胶塑料可适合多种方法来成型制品,成型时经历塑型和烘熔两个过程。塑型是利用模具或其他设备,在室温下使塑料具有一定的形状,这一过程不需要很高的压力,所以塑型比较容易。烘熔则是将塑型后的坯料进行高温热处理,使溶胶塑化,并通过物理或化学作用定型为制品。

溶胶塑料用途较广,常用的聚氯乙烯糊可用来制造人造革、地板、涂层、泡沫塑料、浸渍和搪塑制品等。

6.5.2.2　溶胶塑料种类

根据组成不同,有四种不同性质的溶胶塑料。

(1) 塑性溶胶　由固体树脂和其他固体配合剂悬浮在液体增塑剂里而成的稳定体系,其液相全是增塑剂,为保证流动性,一般增塑剂含量较高,故主要制作软制品。这类溶胶应用较广。

(2) 有机溶胶　在塑性溶胶基础上加入有挥发性而对树脂无溶胀性的有机溶剂,即稀释剂,也可以全部用稀释剂而无增塑剂。稀释剂的作用是降低黏度,提高流动性并削弱增塑剂溶剂化的作用,便于成型,适用于成型薄型和硬质制品。

(3) 塑性凝胶　在塑性溶胶基础上加入胶凝剂,如有机膨润粘土和金属皂类。胶凝剂的作用是使溶胶变成具有宾哈流体行为的凝胶体,可降低其流动性,这种流体只有在一定剪切作用下才发生流动,使凝胶在不受外力和加热情况下,不因自身的质量而发生流动。这样,在塑型后的烘熔过程中,型坯不会形变,可使最终制品的型样保持原来的塑型。

(4) 有机凝胶　在有机凝胶的基础上加入胶凝剂。有机凝胶与塑性凝胶的区别和有机溶胶与塑性溶胶的区别相同。

6.5.2.3　溶胶塑料的配制工艺

溶胶塑料的配制,关键是将固体物料稳定地悬浮分散在液体物料中,并将分散体中的气体含量减至最小。配制工艺通常由研磨、混合、脱泡和贮存等工序组成。

(1) 研磨　首先将颗粒较大的而又不易分散的固体配合剂(如颜料、填料、稳定剂等)

与部分液体增塑剂在三辊研磨机上混匀成浆料（见图 6－27）。研磨的作用一方面使附聚结团的粒子尽可能分散，另一方面使液体增塑剂充分浸润各种粉体料的粒子表面，以提高混合分散效果。

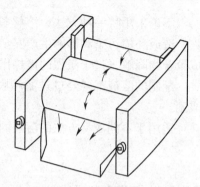

图 6－27　三辊研磨机示意图

（2）混合　这是配制溶胶塑料的关键工序，为求得各组分均匀分散，要求混合设备对物料有一定的剪切作用。常用的设备为调漆式混合釜、捏合机和球磨机等。塑性溶胶通常用捏合机或行星搅拌型的立式混合机。有机溶胶则常用球磨机在密闭状态下进行混合，可防止溶剂的挥发。钢制球磨机因钢球相对密度大可获得较大的剪切效率，混合效果好；瓷球球磨机则可使树脂避免因铁质而引起的降解作用。

溶胶配制时，将树脂、分散剂和其他配合剂以及上述在三辊研磨机上混匀的浆料加入混合设备中进行混合。增塑剂含量较大时，增塑剂宜分步加入，但对有机溶胶或有机凝胶，增塑剂应一起加入，以免有机溶剂挥发。

为了避免混合过程中树脂溶剂化而增大溶胶的黏度，混合温度不得超过 30℃。由于混合过程温度会升高，设备最好附有冷却装置。搅拌作用要均匀，不宜过快，防止卷入过多的空气。混合终点视配方和要求而定，一般混合在数小时以上。混合质量一般通过测定溶胶的黏度和固体粒子的细度来检验。

（3）脱泡　溶胶塑料在配制过程中总会卷入一些空气，所以配制后需将气泡脱除。常用的方法是抽真空或利用离心作用排除气体，也有将混合后的溶胶塑料再用三辊研磨机以薄层方式再研磨一至二次。

（4）贮存　溶胶塑料在通常情况下是稳定的，但随着贮存时间的延长或贮存温度较高，由于分散剂的溶剂化作用，溶胶的黏度会慢慢增加。因此贮存时的温度不宜超过 30℃，也不可直接与光线接触。在较低温度下，一般可贮存数天至数十天。此外，溶胶盛放时应避免与铁、锌等接触，以免树脂降解，贮存容器以搪瓷、玻璃等器具为宜。

6.5.3　胶乳的配制

胶乳是高聚物粒子在水介质中所形成的具有一定稳定性的胶体分散体系。橡胶胶乳与橡胶干胶虽都属橡胶，但两者加工工艺截然不同，胶乳加工工艺是以胶体化学体系为基础，有其独特的工艺。

6.5.3.1　胶乳原材料的加工

由于胶乳是一种胶体水分散体系，胶乳所用的配合剂在配制前必须先制成水溶液、水分散体系或乳状液。

（1）配合剂水溶液制备　对水溶性的固体或液体的胶乳配合剂，一般都是用搅拌方法配制成水溶液来使用，此类物质多数为表面活性剂、碱、盐类和皂类。

（2）配合剂分散体制备　对非水溶性的固体粉末配合剂首先研磨成粒子细、不易沉淀、分散均匀、不附聚、与胶乳有较好配合性能的水分散体。制备水分散体时，要加入分散剂、稳定剂和水，所用的设备一般有球磨机、砂磨机、胶体磨和高压匀浆泵，制备时加料顺序是：水→稳定剂、分散剂→固体粉料。制备时各种配合剂可以分别研磨或分组研磨，也可以混合研磨，视具体配方而定。分散体制备的关键是将配合剂研磨到一定程度，粒子越细，在胶乳中的悬浮分散越稳定。

（3）配合剂乳状液制备　非水溶性液体或半流体的胶乳配合剂，必须先制成乳状液才可加入胶乳中。要制备稳定的乳状液，关键是乳化剂，乳化剂一般为表面活性剂，有阳离子型、阴离子型、两性和非离子型四种。根据乳化剂的种类和油与水的比例不同，可生成水包油型（O/W）和油包水型（W/O）两类乳状液。制备乳状液的乳化设备主要有简单混合器、匀化器、超声乳化器或胶体磨等。制备方法按乳化剂加入的方式不同有剂在水中法、剂在油中法、初生皂法和轮流加液法。乳状液浓度低，稳定性好，为保证配合剂在胶乳中分散均匀，乳状液配制时应尽量采用低浓度。

6.5.3.2　胶乳的配合

胶乳的配合是将各种配合剂的水溶液、水分散体和乳状液等与橡胶胶乳进行均匀混合的过程，胶乳的配合工艺与干胶完全不同。

胶乳品种很多，胶乳制品的要求也各不相同，为了保证胶乳配制工艺的顺利进行和符合制品的性能要求，在配制前，先要对原料胶乳进行除氨、稀释、纯化和增稠等加工处理。胶乳配合时应使用软水，因为硬水中含有钙盐和镁盐，会使胶乳凝固。

胶乳是一个水分散体系，流动性好，配合剂在胶乳中分散所需的机械力比较小，所以胶乳配合的设备比较简单，常用的是呈漏斗型，内装有搅拌器的配料罐，用于制备硫化胶乳的配料罐应有可通热水或冷水的夹套。

胶乳的配合方法常用下面三种：

（1）配合剂分别加入法　在搅拌下按一定顺序加入各种配合剂，一般顺序为：

胶乳→稳定剂→硫化剂→促进剂→防老剂→活性剂→填充剂→着色剂→增稠剂→消泡剂等。

搅拌速度不宜过快，应保证均匀混合。配合剂加完后继续搅拌 10 ~ 20min，使配合剂与胶乳充分混合均匀。

（2）配合剂一次加入法　将所需的配合剂按配方先混合均匀再加入胶乳中，再搅拌，使其充分混合均匀。

（3）母胶配合法　取出一小部分胶乳，加入稳定剂后再加入各种配合剂的混合料，搅拌均匀得母胶，再把母胶在搅拌状态下加入其余的胶乳中，搅拌均匀。

配好的胶乳在一定温度下停放或加入消泡剂进行消泡，并在一定温度下经一定时间的熟成，从而达到胶乳加工工艺要求。

6.6　聚合物共混

将两种或两种以上的聚合物加以混合，使之形成表观均匀的混合物，这一混合过程称为聚合物共混。聚合物共混是聚合物改性的一种重要手段，是发展聚合物新材料的一种卓有成效的途径，聚合物共混技术已成为高分子材料科学技术的重要组成部分。

6.6.1　聚合物共混目的及作用

聚合物共混种类很多，主要有塑料与塑料共混、橡塑共混（包括塑料中掺混橡胶和橡胶中掺混树脂）以及橡胶并用。聚合物共混的目的是获得预期性能和高性价比的聚合物新材料。

聚合物共混具有如下作用：

（1）利用各聚合物组分的性能，取长补短，消除各单一聚合物组分性能上的缺点，保持各自的优点，得到综合性能优异的聚合物材料。如聚丙烯与聚乙烯共混，保持了聚丙烯拉伸强度、抗压强度高和聚乙烯的冲击强度高的优点，克服了聚丙烯冲击强度和耐应力开裂差的缺点。

（2）少量的某一聚合物作为另一聚合物的改性剂，获得显著的改性效果。橡胶增韧塑料是最典型的例子。

（3）通过共混改善聚合物的加工性能。性能优异但较难加工的聚合物与熔融流动性好的聚合物共混后可以方便地成型。

（4）通过共混使聚合物获得一些特殊性能，制备出新型的聚合物材料。如与含卤素聚合物共混可得到耐燃性高分子材料。

（5）在不影响使用要求的条件下，降低原材料的成本。如价格昂贵的工程塑料与价廉的通用塑料共混。

6.6.2　共混物的形态结构

由两种或两种以上的聚合物组成的共混物的形态结构可能是均相的，也可能是两个或两个以上的多相结构。共混物的形态结构受聚合物组分之间热力学相溶性、共混方法和工艺条件等因素影响，共混物的形态结构也是决定其性能的最基本因素之一。

6.6.2.1　形态结构类型

由两种或两种以上聚合物所组成的多相共混物体系，按相的连续性，形态结构有如下基本类型：

（1）均相体系　两种或两种以上聚合物混合后形成微观均相的体系。对于热力学相溶的共混体系（共混时，混合自由焓 $\triangle G_m \leqslant 0$），有可能形成均相的形态结构。一般在聚合物与聚合物共混体系中较少形成这样的形态结构，聚合物与低分子物质共混时经常会生成互溶的均相体系。

（2）单相连续结构　聚合物共混物中的两个相或多个相中只有一个是连续相，称为分散介质，其他的相分散于连续相中，称为分散相。分散相的形状、大小及与连续相结合情况的不同可以呈现不同状态。一种是分散相形状不规则，由大小极为分散的颗粒所组成，机械共混法制得的共混物一般具有这样的形态结构。第二种是分散相较规则，一般为球形，颗粒内部不包含或只包含极少量的连续成分，苯乙烯－丁二烯－苯乙烯三嵌段共聚物（SBS，B含量为20%时）是这种结构的例子。第三种是分散相为胞状结构或香肠状结构，即分散相颗粒内尚包含连续相成分所构成的更小颗粒，在分散相内部又可把连续相成分所构成的更小的包容物当作分散相，而构成颗粒的分散相成分则成为连续相，这时分散颗粒的截面形似香肠，接枝共聚－共混法制得的共混物多数具有这种形态结构，如乳液接枝共聚法制得的 ABS 共混物。第四种是分散相为片层状结构分散于连续相中，当分散的熔体黏度大于连续相的熔体黏度，共混时采用适当的剪切速率及适当的增容技术就有可能形成这样的形态结构。

（3）两相互锁或交错结构　也称两相共连续结构，每一组分都没有形成贯穿整个体系的连续相，以嵌段共聚物为主要成分的聚合物共混物容易形成这种结构。通常，含量少的组分构成分散相，含量多的组分构成连续相，而在一定的组成范围内会发生相的逆转，原来是分散相的组分变成连续相，而原来是连续相的组分变成分散相。在相逆转的组成范围内，常可形成两相互锁或交错的共连续形态结构。相逆转时的组成常与剪切应力有关，所以也受混合、加工方法及工艺条件的影响。

（4）两连续相结构　两种聚合物网络相互贯穿，使得整个体系成为交织网络，两个相都是连续相，典型例子是互穿网络聚合物（IPNs）。两个相的连续程度可以不同，连续性较大的相对性能影响也较大。

以上讨论的是两种聚合物均是非晶态结构体系，对结晶/非晶聚合物共混体系和结晶/结晶聚合物共混体系，上述原则同样适用。不同的是要考虑共混后结晶形态和结晶度的变化。

6.6.2.2　共混物的界面

热力学不相溶的两聚合物在共混过程中两相之间首先相互接触，由于两种聚合物大分子链段之间的相互扩散，会在共混物的相界面上形成过渡层，即界面层。

界面层的结构及两聚合物之间的粘接强度对共混物的性质和机械强度有很大的影响。如果在共混过程中，采取有效的措施，使两相之间高度分散，减小相的尺寸，就可增加两相之间的接触面积，这无疑有利于两聚合物大分子链段之间的相互扩散，从而提高两相之间的黏结力。

相界面处两聚合物大分子链段之间的扩散程度，即界面层的厚度主要决定于两种聚合物的热力学相溶性。不相溶体系的两种聚合物的链段之间只有轻度扩散，故两相间界面非常明显而确定；相溶性越好，链段相互扩散程度越高，界面厚度越大，界面也越模糊，两相的粘接强度也越大；完全相溶的两种聚合物最终形成均相，相界面完全消失。

两相之间粘接性质与界面层的类型有关，对接枝和嵌段共聚物，两相之间存在化学键，而机械共混物两相之间是以次价力作用黏合。对于后者粘接强度与两界面的表面张力关系很大，若两者的表面张力相近，可使共混时两相间界面张力很小，界面间的混溶性就好，黏接强度就高。

6.6.2.3　形态结构的影响因素

理想的形态结构应为宏观均相、微观或亚微观分相的，界面结合好的稳定的多相体系。这种体系能使共混物中各组分以协调的方式对共混物提供新的宏观性质，并仍保持其各自独立性质，具有良好的综合性能。

影响共混物形态结构的因素主要有聚合物的相容性、配比、黏度、内聚能密度和制备方法等。

（1）相容性　相容性是聚合物能否获得均匀混合的形态结构的主要因素（相容性与热力学相溶性的区别见 2.4.2）。两种聚合物的相容性越好就越容易相互扩散而达到均匀的混合，界面层厚度也就宽，相界面越模糊，两相之间的结合力也越大。

（2）配比　一般而言，含量多的组分易形成连续相，含量少的组分易呈分散相。但究竟哪个是连续相，哪个是分散相，还受黏度和内聚能密度的影响。

（3）黏度　通常是依据"软包硬"的法则，即黏度小的，较软的组分易形成连续相。如果两聚合物的熔体黏度相近，则易获得分散均匀的共混物，这就是共混过程的等黏度原则。

（4）内聚能密度　内聚能密度大的聚合物，其分子间作用力大，不易分散，倾向于呈分散相。

（5）制备方法　同种聚合物共混物采用不同的制备方法，其形态结构会有很大不同。

一般接枝共聚－共混法制得的产物，其分散相为较规则的球状颗粒。而熔融共混法制得的产物，其分散相的颗粒较不规则且尺寸也较大。

在最常用的熔融共混过程中，剪切作用是影响共混物形态结构的关键因素，剪切力提高，会使聚合物熔体承受更大的应变和应力，有利于分布混合和分散混合，可使聚合物相的尺寸减小，结果使聚合物两相之间的结合力提高，获得稳定的微观或亚微观多相结构。

6.6.3　共混物制备方法及相关设备

聚合物共混物的制备方法主要有物理共混法和化学共混法。物理共混法是以物理作用实现聚合物共混的方法，根据物料的形态又分为机械共混法（包括干粉共混法和熔融共混法）、溶液共混法和乳液共混法。化学法包括利用接枝、嵌段共聚－共混法制取聚合物共混物和IPN法形成互穿网络聚合物共混物。物理法应用最早，工艺操作方便，比较经济，至今仍占重要地位。化学法制备的聚合物共混物性能较为优越，近几年发展较为迅速。

6.6.3.1　干粉共混法

将两种或两种以上不同类型聚合物粉末在球磨机、螺带式混合机、高速混合机、捏合机等非加热熔融的混合设备中加以混合。混合后的共混物仍为粉料，可直接用于成型。干粉共混法要求聚合物粉料的粒度尽量小，且不同组分在粒径和比重上应比较接近，这样有利于混合分散效果。

干粉共混法具有设备简单，操作容易，大分子受机械破坏程度小的优点，但由于干粉共混法的混合分散效果相对较差，一般仅用于难以熔融流动或熔融温度下易分解的聚合物，例如聚四氟乙烯与其他树脂的共混就采用干粉共混。

6.6.3.2　熔融共混法

将聚合物各组分在软化或熔融流动状态下用各种混炼设备加以混合，获得混合分散均匀的共混物熔体，经冷却，粉碎或粒化后再成型。

为增加共混效果，有时先进行干粉混合，作为熔融共混法中的初混合。熔融共混法由于共混物料处在熔融状态下，各种聚合物分子之间的扩散和对流较为强烈，共混合效果明显高于其他方法。尤其在混炼设备的强剪切力的作用下，有时会导致一部分聚合物分子降解并生成接枝或嵌段共聚物，可促进聚合物分子之间的相容。所以熔融共混法是一种最常采用，应用最广泛的共混方法。

熔融共混法要求共混聚合物各组分易熔融，熔融温度和热分解温度相近，而且各组分在混炼温度下，熔体黏度应接近，以获得均匀的共混体系。聚合物各组分在混炼温度下的弹性模量也不应相差过大，否则会导致聚合物各组分受力不均而影响混合效果。

熔融共混设备主要有开炼机、密炼机、单螺杆挤出机和双螺杆挤出机。开炼机共混操作直观，工艺条件易于调整，对各种物料适应性强，在实验室应用较多。密炼机能在较短的时间内给予物料以大量的剪切能，混合效果、劳动条件、防止物料氧化等方面都比较好，较多用于橡胶和橡塑共混。单螺杆挤出机熔融共混具有操作连续、密闭、混炼效果较好、对物料适应性强等优点。用单螺杆挤出机共混时，其各组分必须经过初混。单螺杆挤出机的关键部件是螺杆，为了提高混合效果，可采用各种新型螺杆和混炼元件，如屏障型螺杆、销钉型螺杆、波型螺杆等或在挤出机料筒与口模之间安置静态混合器等。采用双螺杆挤出机可以直接加入粉料，具有混炼塑化效果好，物料在料筒内停留时间分布窄（仅为单螺杆挤出机的五分之一左右），生产能力高等优点，是目前熔融共混和成型加工应用越来越广泛的设备。

6.6.3.3　溶液共混法

将共混聚合物各组分溶于共溶剂中搅拌混合均匀，或将聚合物各组分分别溶解再混合均匀，然后加热驱除溶剂即可制得聚合物共混物。

溶液共混法要求溶解聚合物各组分的溶剂为同种，或虽不属同种，但能充分互溶。此法适用于易溶聚合物和共混物以溶液态被应用的情况。因溶液共混法混合分散性较差，且需消耗大量溶剂，工业上无应用价值，主要适于实验室研究工作。

6.6.3.4　乳液共混法

将不同种的聚合物乳液搅拌混合均匀后经共同凝聚即得共混物料。此法因受原料形态的限制，且共混效果也不理想，故主要适用于聚合物乳液。

6.6.3.5　共聚 – 共混法

此法是化学共混法，操作过程是在一般的聚合设备中将一种聚合物溶于另一聚合物的单体中，然后使单体聚合，即得到共混物。所得的聚合物共混体系包含着两种均聚物及一种聚合物为骨架接枝上另一聚合物的接枝共聚物。由于接枝共聚物促进了两种均聚物的相容性，所得的共混物的相区尺寸较小，制品性能较优。

近年来此法应用发展很快，广泛用来生产橡胶增韧塑料，如高抗冲聚苯乙烯、ABS 塑料等。

6.6.3.6　IPN 法

这是利用化学交联法制取互穿聚合物网络共混物的方法。其制备过程是先制取一种交联聚合物网络，将其在含有活化剂和交联剂的第二种聚合物单体中溶解，然后聚合，第二步反应所产生的聚合物网络就与第一种聚合物网络相互贯穿，通过在两相界面区域不同链段的扩散和纠缠达到两相之间良好的结合，形成互穿网络聚合物共混物。该法近年来发展很快。

习题与思考题

1. 物料的混合有哪三种基本运动形式？聚合物成型时熔融物料的混合以哪一种运动形式为主？为什么？

2. 什么是"非分散混合"，什么是"分散混合"，两者各主要通过何种物料运动和混合操作来实现？

3. 为什么在评定固体物料的混合状态时不仅要比较取样中各组分的比率与总体比率的差异大小，而且还要考察混合料的分散程度？

4. 温度对生胶塑炼有何影响？为什么天然橡胶在 110℃时塑炼效果最差？

5. 天然橡胶的低温机械塑炼的目的及其原理与聚氯乙烯塑料中添加邻苯二甲酸二丁酯的目的及其原理有何异同？

6. 何谓橡胶的混炼？用开炼机和密炼机分别进行混炼时应控制的工艺条件有哪些？有何影响？

7. 何谓胶料混炼过程中产生的结合橡胶？

8. 区分"简单组分高分子材料"和"复杂组分高分子材料"，并请各举 2～3 例。

9. 成型用的塑料形态有哪几种？各种形态的塑料有什么不同的特点？它们的应用情况如何？

10. 什么叫塑料的混合和塑化，其主要区别在哪里？

11. 哪些机械通常用于塑料的初混合？哪些机械用于塑料的塑化（塑炼)？

12. 塑料的塑化与橡胶的塑炼二者的目的和原理有何异同？

13. 什么是"生胶的塑炼"，什么是"塑料的塑炼"，为什么要分别对生胶和塑料进行塑炼？两者分别可采取哪些措施，提高塑炼效果？

14. 聚氯乙烯粒状塑料与酚醛压塑粉在配制过程中的塑化工序、目的、作用原理有何不同？

15. 何谓塑料溶液和溶胶塑料？

16. 简述聚合物共混的目的及原则。

第7章 压制成型

压制成型是高分子材料成型加工技术中历史最悠久，也是最重要的方法之一，广泛用于热固性塑料和橡胶制品的成型加工。压制成型是主要依靠外压的作用，实现成型物料造型的一次成型技术。根据成型物料的性状和加工设备及工艺的特点，压制成型可分为模压成型和层压成型两大类，前者包括热固性塑料的模压成型（即压缩模塑）、橡胶的模压成型（即模型硫化）和增强复合材料的模压成型，后者包括复合材料的高压和低压压制成型。

7.1 热固性塑料的模压成型

模压成型是热固性塑料的主要成型工艺，通常称压缩模塑。其工艺过程是将热固性模塑料在已加热到指定温度的模具中加压，使物料熔融流动并均匀地充满模腔，在加热和加压的条件下经过一定的时间，使其发生化学交联反应而变成具有三维体型结构的热固性塑料制品。热塑性塑料模压成型时，必须将模具冷却到塑料固化温度才能定型为制品，为此需交替加热与冷却模具，生产周期长，故生产中很少采用。但对熔体黏度较大的热塑性塑料或成型较大平面的制品时，也可采用模压成型。

模压成型是间歇操作，工艺成熟，生产控制方便，成型设备和模具较简单，所得制品的内应力小，取向程度低，不易变形，稳定性较好。但其缺点是生产周期长，生产效率低，较难实现生产自动化，因而劳动强度较大，且由于压力传递和传热与固化的关系等因素，不能成型形状复杂和较厚制品。

适用于模压成型的热固性塑料主要有酚醛塑料、氨基塑料、环氧树脂、有机硅树脂、聚酯树脂、聚酰亚胺等。模压成型制品类型很多，主要有电器制品、机器零部件以及日用制品等。

7.1.1 热固性模塑料的成型工艺性能

热固性塑料的模压成型过程是一个物理－化学变化过程，模塑料的成型工艺性能对成型工艺的控制和制品质量的提高有很重要的意义。热固性模塑料的主要成型工艺性能有以下几点。

7.1.1.1 流动性

热固性模塑料的流动性是指其在受热和受压作用下充满模具型腔的能力。流动性首先与其主要成分热固性树脂的性质和模塑料的组成有关。树脂相对分子质量低，反应程度低，填料颗粒细小而又呈球状，低分子物含量或含水量高则流动性好。其次与模具和成型工艺条件有关，模具型腔表面光滑且呈流线型，则流动性好，在成型前对模塑料进行预热及模压温度高无疑能提高流动性。

不同的模压制品要求有不同的流动性，形状复杂或薄壁制品要求模塑料有较大的流动性。流动性太小，模塑料难以充满模腔，造成缺料。但流动性也不能太大，否则会使模塑料熔融后溢出型腔，而在型腔内填塞不紧，造成分型面发生不必要的黏合，而且还会使树脂与填料分头聚集，导致制品质量下降。

7.1.1.2　固化速率

固化速率是热固性塑料成型时特有的、也是最重要的工艺性能，用于衡量热固性塑料成型时化学反应的速度。它是以热固性塑料在一定的温度和压力下，压制标准试样时，使制品的物理机械性能达到最佳值所需的时间与标准试样厚度的比值（s/mm 厚度）来表示，此值愈小，固化速率愈大。

固化速率主要由热固性塑料的交联反应性质决定，并受成型前的预压、预热条件以及成型温度和压力等工艺条件和因素的影响。

固化速率应当适中，过小则生产周期长，生产效率低，但过大则流动性下降，会发生塑料尚未充满模具型腔就已固化的现象，不适于薄壁和形状复杂制品的成型。

7.1.1.3　成型收缩率

热固性塑料在高温下模压成型后脱模冷却至室温，其各向尺寸将会发生收缩，此成型收缩率 S_L 定义为：在常温常压下，模具型腔的单向尺寸 L_0 和制品相应的单向尺寸 L 之差与模具型腔的单向尺寸 L_0 之比：

$$S_L = \frac{L_0 - L}{L_0} \times 100\% \tag{7-1}$$

成型收缩率大的制品易发生翘曲变形，甚至开裂。产生热固性塑料制品收缩的因素很多，首先热固性塑料在成型过程中发生了化学交联，其分子结构由原来的线型或支链型结构转化为体形结构，密度增大而产生收缩；其次塑料和金属的热膨胀系数相差很大，故冷却后塑料的收缩比金属模具大得多；第三是制品脱模后产生压力下降，由于弹性回复和塑性变形而使制品的体积发生变化。

影响成型收缩率的因素主要有成型工艺条件、制品的形状大小以及塑料本身固有的性质。部分热固性塑料的成型收缩率见表 7-1。

7.1.1.4　压缩率

热固性模塑料一般是粉状或粒状料，其表观相对密度 d_1 与制品的相对密度 d_2 相差很大，模塑料在模压前后的体积变化很大，可用压缩率 R_p 来表示：

$$R_p = \frac{d_2}{d_1} \tag{7-2}$$

R_p 总是大于 1。模塑料的细度和均匀度影响其表观相对密度 d_1，进而影响压缩率 R_p。模塑料压缩率大，所需模具的装料室要大，耗费模具材料，不利于传热，生产效率低，而且装料时容易混入空气。通常降低压缩率的方法是模压成型前对物料进行预压。部分热固性塑料的压缩率见表 7-1。

表 7-1　　　　　　　　　　热固性塑料的成型收缩率和压缩率

模塑料	密度/（g/cm³）	压缩率	成型收缩率/%
PF + 木粉	1.32 ~ 1.45	2.1 ~ 4.4	0.4 ~ 0.9
PF + 石棉	1.52 ~ 2.0	2.0 ~ 14	
PF + 布	1.36 ~ 1.43	3.5 ~ 18	
UF + α - 纤维素	1.47 ~ 1.52	2.2 ~ 3.0	0.6 ~ 1.4
MF + α - 纤维素	1.47 ~ 1.52	2.1 ~ 3.1	0.5 ~ 1.5

续表

模塑料	密度/（g/cm³）	压缩率	成型收缩率/%
MF+石棉	1.7~2.0	2.1~2.5	
EP+玻璃纤维	1.8~2.0	2.7~7.0	0.1~0.5
PDAP+玻璃纤维	1.55~1.88	1.9~4.8	0.1~0.5
UP+玻璃纤维			0.1~1.2

7.1.2 模压成型的设备和模具

7.1.2.1 压机

模压成型的主要设备是压机，压机是通过模具对塑料施加压力，在某些场合下压机还可开启模具或顶出制品。

压机的种类很多，有机械式和液压式。目前常用的是液压机，且多数是油压机。液压机的结构形式很多，主要有上压式液压机和下压式液压机。

（1）上压式液压机　如图7-1所示，压机的工作油缸设置在压机的上方，柱塞由上往下压，下压板固定。模具的阳模和阴模可以分别固定在上、下压板上，依靠上压板的升降来完成模具的启闭和对塑料施加压力。

（2）下压式液压机　如图7-2所示，压机的工作油缸设置在压机的下方，柱塞由下往上压。

7.1.2.2 模具

模压成型用的模具按其结构特点可划分为溢式、不溢式和半溢式三种类型。

（1）溢式模具　结构如图7-3所示，是由阴模和阳模两部分组成，阴阳两部分的正确闭合由导柱来保证，制品的脱模依靠顶杆完成。在模压时，多余物料可溢出。由于溢料关系，压制时闭模不能太慢，否则溢料多而形成较厚的毛边。闭模也不能太快，否则溅出较多的料，模压压力部分损失在模具的支撑面上，造成制品密度下降和性能降低。这种模具结构比较简单，操作容易，制造成本低，对压制扁平盘状或蝶状制品较为合适，多数用于小型制品的压制。

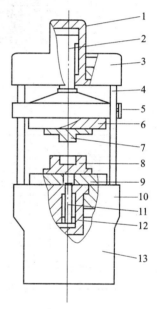

图7-1　上压式液压机
1—主油缸　2—主油缸柱塞　3—上梁
4—支柱　5—活动板　6—上模板
7—阳模　8—阴模　9—下模板
10—机台　11—顶出缸柱塞
12—顶出油缸　13—机座

（2）不溢式模具　结构如图7-4所示，这种模具的特点是不让物料从模具型腔中溢出，使模压压力全部施加在物料上，可制得高密度制品。这种模具不但可以适用于流动性较差和压缩率较大的塑料，而且可用来压制牵引度较长的制品。由于模具结构较为复杂，要求阴模和阳模两部分闭合十分准确，故制造成本高。由于是不溢式，要求加料量更准确，必须采用重量法加料。

（3）半溢式模具　结构介于溢式和不溢式之间，分有支承面和无支承面两种形式，如图7-5所示。有支承面模具除装料室外，与溢式模具相似。由于有装料室，可以适用于压缩率较大的塑料。物料的外溢在这种模具中受到限制，当阳模伸入阴模时，溢料只能从阳模

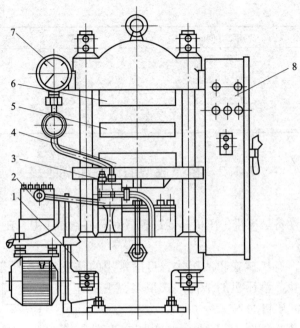

图 7-2　下压式液压机

1—机身　2—柱塞泵　3—控制阀　4—下热板　5—中热板　6—上热板　7—压力表　8—电气部分

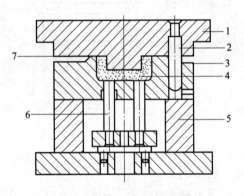

图 7-3　溢式模具示意图

1—阳模　2—导柱　3—制品　4—阴模　5—模座
6—顶杆　7—溢料缝

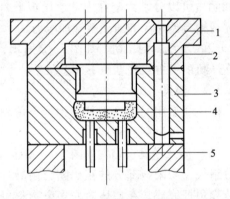

图 7-4　不溢式模具示意图

1—阳模　2—导柱　3—阴模　4—制品　5—顶杆

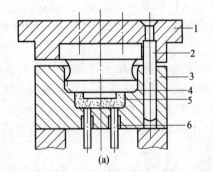

(a)

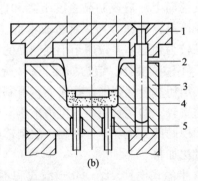

(b)

图 7-5　半溢式模具示意图

（a）有支承面：1—阳模　2—导柱　3—阴模　4—支承面　5—制品　6—顶杆
（b）无支承面：1—阳模　2—导柱　3—阴模　4—制品　5—顶杆

上开设的溢料槽中溢出。这种模具模压时物料容易积留在支承面上,从而使型腔内的物料得不到足够的压力。无支承面模具与不溢式模具很相似,所不同的是阴模在进口处开设向外倾斜的斜面,因而在阴模与阳模之间形成一个溢料槽,多余物料可通过溢料槽溢出,但受到一定的限制。这种模具有装料室,加料可略过量,而不必十分准确,所得制品尺寸则很准确,质量均匀密实。

此外,为了改进操作条件以及压制复杂制品,在上述模具基本结构特征的基础上,还有多槽模和瓣合模等。

7.1.3 模压成型工艺

热固性塑料模压成型工艺过程通常由成型物料的准备、成型和制品后处理三个阶段组成,工艺过程见图 7-6 所示。

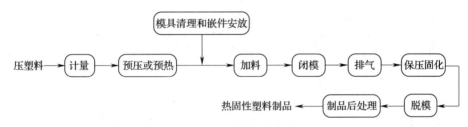

图 7-6 热固性塑料模压成型工艺流程

7.1.3.1 计量

计量主要有重量法和容量法。重量法是按质量计量,较准确,但较麻烦,多用于模压尺寸较准确的制品;容量法是按体积计量,此法不如重量法准确,但操作方便,宜用于粉料。

7.1.3.2 预压

预压就是在室温下将松散的粉状或纤维状的热固性模塑料压成质量一定、形状规则的型坯的工序。预压有如下作用和优点。

(1) 加料快、准确、无粉尘;

(2) 降低压缩率,可减小模具装料室和模具高度;

(3) 预压料紧密,空气含量少,传热快,又可提高预热温度,从而缩短了预热和固化的时间,制品也不易出现气泡;

(4) 便于成型较大或带有精细嵌件的制品。

预压一般在室温下进行,如果在室温下不易预压也可将预压温度提高到 50~90℃;预压物的密度一般要求达到制品密度的 80%,故预压时施加的压力通常在 40~200MPa,其合适值随模塑料的性质和预压物的形状和大小而定。预压的主要设备是预压机和压模。

7.1.3.3 预热

模压前对热固性塑料进行加热具有预热和干燥两个作用,前者是为了提高料温,便于成型,后者是为了去除水分和其他挥发物。

热固性塑料在模压前进行预热有以下优点。

(1) 能加快塑料成型时的固化速度,缩短成型时间;

(2) 提高塑料流动性,增进固化的均匀性,提高制品质量,降低废品率;

(3) 可降低模压压力,可成型流动性差的塑料或较大的制品。

预热温度和时间根据塑料品种而定。表 7-2 为各种热固性塑料的预热温度。热固性树脂具有反应活性，预热温度过高或时间过长，会降低其流动性（图7-7），在既定的预热温度下，预热时间必须控制在获得最大流动性的时间 t_{max} 的范围以内。预热的方法有多种，常用的有电热板加热、烘箱加热、红外线加热和高频电热等。

表7-2　　　　　　　　　　　热固性塑料的预热温度（高频预热）

	PF	UF	MF	PDAP	EP
预热温度/℃	90~120	60~100	60~100	70~110	60~90
预热时间/s	60	40	60	30	30

7.1.3.4　嵌件安放

模压带嵌件的制品时，嵌件必须在加料前放入模具。嵌件一般是制品中导电部分或与其他物件结合用的，如轴套、轴帽、螺钉、接线柱等。嵌件安放要求平稳准确，以免造成废品或损伤模具。

7.1.3.5　加料

把已计量的热固性模塑料加入模具内，加料的关键是准确均匀。若加入的是预压物则较容易，按计数法加。若加入粉料或粒料，则应按塑料在模具型腔内的流动情况和各部位所需用量的大致情况合理堆放，以避免局部缺料，这对流动性差的塑料尤其重要。型腔较多的（一般多于6个）可用加料器。

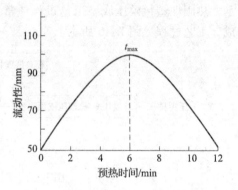

图7-7　预热时间对流动性的影响
［热塑性酚醛压塑粉，（180±10）℃］

7.1.3.6　闭模

加料完毕后闭合模具，操作时应先快后慢，即当阳模尚未触及塑料前应采用高速闭模，以缩短成型周期，而在接触塑料时，应降低闭模速度，以避免模具中嵌件移位或损坏型腔，有利于模腔中空气的顺利排除，也避免粉料被空气吹出而造成缺料。

7.1.3.7　排气

在模具闭合后，塑料因受热而软化、熔融，并开始交联缩聚反应，副产物有水和低分子物，因而要排除这些气体。排气不但能够缩短固化时间，而且可以避免制品内部出现分层和气泡现象。排气操作就是卸压松模，使模具松开少许时间。排气过早或过迟都不行，过早达不到排气目的，过迟则因塑料表面已固化，气体排不出。排气的次数和时间应根据具体情况而定。

7.1.3.8　保压固化

排气后以慢速升高压力，在一定的模压压力和温度下保持一段时间，使热固性树脂的缩聚反应推进到所需的程度。保压固化时间取决于塑料的类型、制品的厚度、预热情况、模压温度和压力等，保压固化时间过长或过短对制品性能都不利。对固化速率不高的塑料也可在制品能够完整地脱模时就告保压结束，然后再用后处理（热烘）来完成全部固化过程，以提高设备的利用率。一般在模内的保压固化时间为数分钟左右。

7.1.3.9　脱模冷却

热固性塑料是经交联而固化定型的，故一般固化完毕即可趁热脱模，以缩短成型周期。脱模通常是依靠顶出杆来完成的，带有嵌件和成型杆的制品应先用专门工具将成型杆等拧脱再行脱模。形状较复杂的或薄壁制件应放在与模型相仿的型面上加压冷却，以防翘曲，有的还应在烘箱中缓冷，以防止因冷热不均而产生内应力。

7.1.3.10 制品后处理

为了提高热固性塑料模压制品的外观和内在质量，脱模后需对制品进行修整和热处理。修整主要是去除由于模压时溢料所产生的毛边；热处理是将制品置于一定温度下加热一段时间，然后缓慢冷却至室温，这样可使其固化更趋完全，同时减少或消除制品的内应力，有利于提高制品的性能。热处理的温度一般比成型温度高 $10 \sim 50℃$，而热处理时间则视塑料的品种、制品的结构和壁厚而定。

7.1.4　模压成型工艺条件及控制

热固性塑料在模压成型过程中，在一定温度和压力的外加作用下，物料发生复杂的物理和化学变化，模具内物料承受的压力、物料实际的温度以及塑料的体积随时间而变化。图 7 - 8 为无支承面和有支承面两种典型模压模具型腔内物料的压力、温度和体积在模压成型周期内的变化情况。

在无支承面的模具中，当模具完全闭合时，物料所承受的压力是不变的。A 点为模具处在开启状态下加料时物料的压力、温度和体积情况；B 点为模具闭合并施加压力，物料受压而体积减小，温度升高，压力升高；B 点之后，当模腔内压力达最大时，体积也压缩到所对应的值，物料温度也达一定值；随后由于物料吸热膨胀，在模腔压力不变的情况下体积胀大，到 C 点物料温度达到与模具相同的温度，体积也膨胀到一定值；随着交联固化反应的进行，因反应放热，物料温度会升高，甚至高于模温，到 D 点达最高；同时由于交联以及反应过程中低分子物放出引起物料体积收缩，之后虽然压力和温度均保持不变，但交联固化反应的继续进行使物料体积不断减小；E 点模压完成后卸压，模内压力迅速降至常压，但开模后成型物的体积由于压缩弹性形变的回复而再次胀大，脱模后制品在常压下逐渐冷却，温度下降，体积也随之减小；F 点以后，制品逐渐冷至室温，由于体积收缩的滞后，制品体积减小到与室温相对应的值需要相当长的时间。

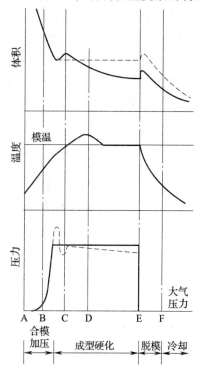

图 7 - 8　热固性塑料模压成型
时的压力 - 温度 - 体积关系
——无支承面 ……有支承面

在有支承面的模具中，物料的压力 - 温度 - 体积的关系与无支承面的模具情况稍有不同，这是因为有支承面的模具闭合后模腔内的容积是保持不变的，多余的物料在高压下可经排气槽和分型面少量溢出，所以合模施压之后（B 点之后），模腔内的压力上升到最大值之后又很快下降，后因物料吸热但无法膨胀，导致压力有所回升，随后因交联反应的进行，也由于阳模不能下移，物料体积不能减小而使模腔内的压力逐渐下降。

对实际热固性塑料的模压成型过程来说，物料的压力、温度和体积随时间变化的关系介于上述两种典型情况之间。影响模压成型过程的主要因素是压力、温度和时间。

7.1.4.1 模压压力

模压压力是指成型时压机对塑料所施加的压力，其作用是促使物料流动，充满模具型腔；增大制品的密度，提高制品的内在质量；克服塑料中的树脂在成型时的缩聚反应中放出的低分子物及塑料中其他挥发份所产生的压力，从而避免制品出现肿胀、脱层等现象；使模具闭合，从而使制品具有固定的形状尺寸，防止变形等。

模压压力取决于塑料的工艺性能和成型工艺条件。通常塑料的流动性愈小，固化速度愈快，压缩率愈大，模温愈高，以及压制深度大、形状复杂或薄壁和大面积的制品时所需的模压压力就高。

实际上模压压力主要受到物料在模腔内的流动情况制约。从图 7-9 可以看出压力对流动性的影响，增加模压压力，对塑料的成型性能和制品性能是有利的，但过大的模压压力降低模具的使用寿命，也会增大制品的内应力。在一定范围内提高模温能够增加塑料的流动性，可降低模压压力，但提高模温也会加快塑料的交联反应速度，从而导致熔融物料的黏度迅速增高，反而需更高的模压压力，因此模温不能过高。同样塑料进行预热可以提高流动性，降低模压压力，但如果预热温度过高或预热时间过长会使塑料在预热过程中产生部分固化，会抵消预热增大流动性的效果，模压时需更高的压力来保证物料充满型腔（见图 7-10）。

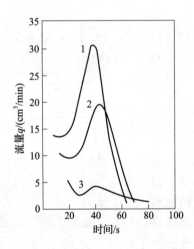
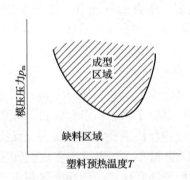

图 7-9　热固性塑料模压压力对流动固化曲线的影响　　图 7-10　热固性塑料预热温度
1—p_m=50MPa　2—p_m=20MPa　3—p_m=10MPa　　　　对模压压力的影响

7.1.4.2 模压温度

模压温度是指成型时所规定的模具温度，对塑料的熔融、流动和树脂的交联反应速度有决定性的影响。

在一定的温度范围内，模温升高，物料流动性提高，充模顺利，交联固化速度增加，模压周期缩短，生产效率高。但过高的模压温度会使塑料的交联反应过早开始和固化速度太快而使塑料的熔融黏度增加，流动性下降，造成充模不全（图 7-11）。另外，由于塑料是热的不良导体，模温高，固化速度快，会造成模腔内物料内外层固化不一，表层先行硬化，内层固化时交联反应产生的低分子物难以向外挥发，会使制品发生肿胀、开裂和翘曲变形，而且内层固化完成时，制品表面可能已过热，引起树脂和有机填料等分解，会降低制品的机械性能。因此模压形状复杂、壁薄、深度大的制品时，不宜选用高模温；但经过预热的塑料进行模压时，由于内外层温度较均匀，流动性好，可选用较高模温。

模压温度过低时，不仅物料流动性差，而且固化速度慢，交联反应难以充分进行，会造成制品强度低、无光泽，甚至由于低温下固化不完全的表层因承受不住内部低分子物挥发所产生的压力而出现制品表面肿胀现象。

7.1.4.3 模压时间

模压时间是指塑料从充模加压到完全固化为止的这段时间。模压时间主要与塑料的固化速度有关，而固化速度决定于塑料的种类，此外，模压时间与制品的形状、厚度、模压温度和压力以及是否预热和预压等有关。

模压温度升高，塑料的固化速度加快，模压时间缩短。在一定温度下，厚制品所需的模压时间长（图7-12）。模压压力增加，模压时间略有减少，但不明显（图7-9）。合适的预热条件可以加快物料在模腔内的充模和升温过程，因而有利于缩短模压时间。

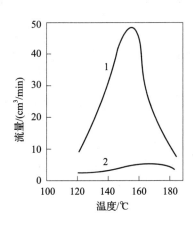

图 7 - 11　热固性塑料流量与温度的关系

1—p_m = 30MPa　2—p_m = 10MPa

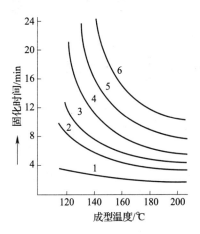

图 7 - 12　酚醛塑料制品厚度与模压
温度和固化时间的关系

1—4mm　2—6mm　3—8mm　4—12mm
5—16mm　6—20mm

在一定的模压压力和温度下，模压时间是决定制品质量的关键因素。模压时间太短，塑料固化不完全，制品的物理机械性能差，外观无光泽，且容易出现翘曲变形等现象。适当增加模压时间，可减小制品的收缩率，并提高其耐热性、物理机械性能和电性能。但如果模压时间过长，不仅生产效率降低，能耗增大，而且会因树脂过度交联而导致制品收缩增大，引起制品表面发暗、起泡，甚至出现裂纹，而且在高温下的时间过长，树脂也可能降解，使制品性能降低。表7-3为主要热固性塑料的模压成型工艺条件。

表 7 - 3　　　　　　　　　　　　各种热固性塑料的模压成型工艺参数

模塑料	模塑温度/℃	模压压力/MPa	模塑周期/（s/mm）
PF + 木粉	140 ~ 195	9.8 ~ 39.2	60
PF + 玻璃纤维	150 ~ 195	13.8 ~ 41.1	
PF + 石棉	140 ~ 205	13.8 ~ 27.6	
PF + 纤维素	140 ~ 195	9.8 ~ 39.2	

续表

模塑料	模塑温度/℃	模压压力/MPa	模塑周期/（s/mm）
PF + 矿物质	130 ~ 180	13.8 ~ 20.7	
UF + α － 纤维素	135 ~ 185	14.7 ~ 49	30 ~ 90
MF + α － 纤维素	140 ~ 190	14.7 ~ 49	40 ~ 100
MF + 木粉	138 ~ 177	13.8 ~ 55.1	
MF + 玻璃纤维	138 ~ 177	13.8 ~ 55.1	
EP	135 ~ 190	1.96 ~ 19.6	60
PDAP	140 ~ 160	4.9 ~ 19.6	30 ~ 120
SI	150 ~ 190	6.9 ~ 54.9	
呋喃树脂 + 石棉	135 ~ 150	0.69 ~ 3.45	

7.2　橡胶制品的模型硫化

模压成型也广泛用于各种橡胶制品的加工，特别是许多橡胶制品的硫化往往是在模压成型过程中完成的。通常把橡胶的模压称作模型硫化，在橡胶制品生产中，模型硫化在硫化工艺中的应用最为广泛。

硫化是橡胶制品生产过程中最重要的工艺过程，在此工艺过程中，橡胶经历了一系列的物理和化学变化，其物理机械性能和化学性能得到了改善，使橡胶材料成为具有一定使用价值的材料。

硫化是在一定温度、压力和时间条件下橡胶大分子链发生化学交联反应的过程。如何制定这些硫化条件以及在生产中实施硫化条件是各种硫化工艺的重要技术内容。本节将首先讨论这些问题。

7.2.1　橡胶制品及生产工艺

7.2.1.1　橡胶制品品种

橡胶制品品种很多，通常可分为以下几大类。

（1）轮胎　轮胎是橡胶用量最大的制品，世界上有 50% ~ 60% 的生胶用于生产各种轮胎。

（2）胶带　按其功能不同可以分为运输物料用的运输胶带和传递动力用的传动胶带。

（3）胶管　根据胶管的材料和结构不同，有全胶胶管、夹布胶管、编织胶管、缠绕胶管、针织胶管和吸引胶管。

（4）胶鞋　为人们日常生活用品，在橡胶制品中所占的比例也很大，胶鞋根据不同的生产方法有贴合鞋、模压鞋和注压鞋。

（5）橡胶工业制品　除上述几大品种外的工业用橡胶制品，如密封件，胶辊、胶布、胶板、减震制品等，品种繁多。

7.2.1.2　橡胶制品生产工艺

虽然橡胶制品种类很多，形状规格各异，但是生产橡胶制品的原材料、工艺过程及设备等有许多共同之处。橡胶制品的基本工艺过程包括配合、生胶塑炼、胶料混炼、成型、硫化五个基本过程，如图 7 - 13 所示。

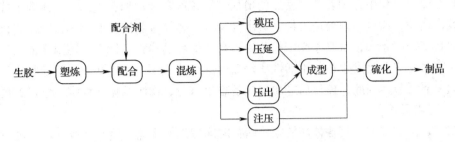

图 7 - 13　橡胶制品生产工艺过程示意图

在各种橡胶制品生产工艺过程中，配合、塑炼、混炼工序基本相同，模压和注压工序中的成型与硫化实际上是同时进行的。压延和压出得到的可以是直接进行硫化的半成品，如胶布压延、胶管压出，也可以经压延、压出后得到一定形状的坯料，然后在专门的成型设备上将这些坯料粘贴、压合等制成各种未经硫化的橡胶制品的半成品，再经硫化得到最终制品，如在生产轮胎时，通过压出得到胎面坯料，压延得到橡胶帘布及胶片，然后在轮胎成型机上将胎面、胶布及胶片等粘贴组合成轮胎半成品，再放入模型中硫化得到橡胶轮胎制品。

从生产过程来看，橡胶制品可以分为模型制品和非模型制品两大类。模型制品是指在模型中定型并硫化的制品，大多数橡胶制品都属于模型制品；而不用模型制造的，如胶布、胶管以及压延制得的胶片、胶布贴合制造的贴合鞋、氧气袋、胶辊等都是非模型制品。模型制品的制造工艺主要有两种，即模压法和注压法，其中模压法应用最多。

7.2.2　橡胶制品的硫化

硫化是橡胶制品制造工艺的一个必要过程，也是橡胶加工所特有的工序。橡胶通过硫化获得了必需的物理机械性能和化学性能。

7.2.2.1　橡胶在硫化过程中的结构与性能的变化

在硫化前，橡胶分子是呈卷曲状的线性结构，其分子链具有运动的独立性，大分子之间是以范德华力相互作用的，当受外力作用时，大分子链段易发生位移，在性能上表现出较大的变形，可塑性大，强度不大，具有可溶性。硫化后，橡胶大分子被交联成网状结构，大分子链之间有主价键力的作用，使大分子链的相对运动受到一定的限制，在外力作用下，不易发生较大的位移，变形减小，弹性增加，强度增大，失去可溶性，只能有限溶胀。

橡胶在硫化过程中，其分子结构是连续变化的，如交联密度在一定的硫化时间内是逐渐增加的。实际上硫化时所发生的化学反应比较复杂，交联反应和降解反应都在发生，交联反应使橡胶分子成为网状结构，降解反应使橡胶分子断键。在硫化初期以交联为主，交联密度增加，到一定程度降解反应增加，交联密度又会下降。

在硫化过程中，橡胶分子结构的变化，显著地影响着橡胶的各种性能。天然橡胶在硫化过程中，随着线型大分子逐渐转变为网状结构，可塑性减小，拉伸强度、定伸强度、硬度、弹性增加，而伸长率、永久变形、疲劳生热等相应减小，但若再延长硫化时间，则出现拉伸强度、弹性逐渐下降，伸长率、永久变形反而上升的现象（如图 7 - 14）。但对于像丁苯橡胶、顺丁橡胶、丁腈橡胶等合成橡胶，随着硫化时间的继续延长，各种性能的变化较为平坦，如强度等性能达到最大值后能保持较长的时间。

　　橡胶在硫化过程中，随着交联密度的增加，橡胶的密度增加，气体、液体等小分子就难以在橡胶内运动，宏观表现为透气性、透水性减少，能使生胶溶解的溶剂只能使硫化胶产生溶胀，而且交联度越大，溶胀越少。硫化也提高了橡胶的热稳定性和使用温度范围。

　　硫化交联反应总是发生在化学活性比较高的基团或原子上，这些地方是橡胶容易发生老化反应的薄弱环节，因此，硫化后老化反应就难以进行，橡胶的化学稳定性也得到提高。

7.2.2.2　硫化历程

　　橡胶在硫化过程中，其各种性能随着硫化时间增加而变化。将与橡胶交联程度成正比的某些性能（如定伸强度）的变化与对应的硫化时间作曲线图，可得到硫化历程图，如图 7-15。橡胶的硫化历程可分为四个阶段：焦烧阶段、预硫阶段、正硫化阶段和过硫阶段。

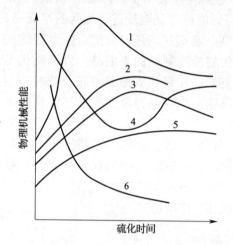

图 7-14　橡胶在硫化过程中物理
机械性能的变化

1—拉伸强度　2—定伸强度　3—弹性
4—伸长率　5—硬度　6—永久变形

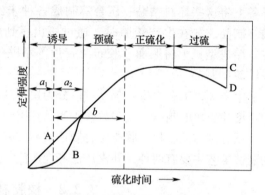

图 7-15　橡胶硫化历程图

A—起硫快速的胶料　B—有迟延特性的胶料
C—过硫后定伸强度继续上升的胶料　D—具有返原性的胶料
a_1—操作焦烧时间　a_2—剩余焦烧时间　b—模型硫化时间

　　（1）焦烧阶段　又称硫化诱导期，是指橡胶在硫化开始前的延迟作用时间，在此阶段胶料尚未开始交联，胶料在模型内具有良好的流动性。对于模型硫化制品，胶料的流动、充模必须在此阶段完成，否则就会发生焦烧，出现制品花纹不清，缺胶等缺陷。焦烧阶段的长短决定了胶料的焦烧性能和操作安全性。这一阶段的长短主要取决于配合剂（如促进剂）的种类和用量。用超促进剂（如 TMTD），胶料的焦烧期较短，此类促进剂较适于非模型硫化制品，使胶料尽早硫化起步，防止制品受热软化而发生变形。而对于形状较为复杂、花纹较多的模型硫化制品，则需有较长的焦烧期，以取得良好的操作安全性，可使用后效性促进剂（如亚磺酰胺类）。

　　胶料的实际焦烧时间包括操作焦烧时间（a_1）和剩余焦烧时间（a_2）两部分。操作焦烧时间是橡胶加工过程中由于热积累效应所消耗掉的焦烧时间，取决于包括胶料的混炼、停放、热炼、成型的情况；剩余焦烧时间是胶料在模型中加热时保持流动性的时间。如果胶料在混炼、停放、热炼和成型中所耗的时间过长或温度过高，则操作焦烧时间长，占去的整个焦烧时间就多，则剩余焦烧时间就少，易发生焦烧。因此，为了防止焦烧，一方面设法使胶料具有较长的焦烧时间，如使用后效性促进剂，另一方面在混炼、停放、热炼、成型等加工时应低温、迅速，以减少操作焦烧时间。

（2）预硫阶段　焦烧期以后橡胶开始交联的阶段。在此阶段，随着交联反应的进行，橡胶的交联程度逐渐增加，并形成网状结构，橡胶的物理机械性能逐渐上升，但尚未达到预期的水平，但有些性能如抗撕裂性、耐磨性等却优于正硫化阶段时的胶料。预硫阶段的长短反应了橡胶硫化反应速度的快慢，主要取决于胶料的配方。

（3）正硫化阶段　橡胶的交联反应达到一定的程度，此时的各项物理机械性能均达到或接近最佳值，其综合性能最佳。此时交联键会发生重排、裂解等反应，同时存在的交联、裂解反应达到了平衡，因此胶料的物理机械性能在一个阶段基本上保持恒定或变化很少，所以该阶段也称为平坦硫化阶段。此阶段所取的温度和时间称为正硫化温度和正硫化时间。硫化平坦阶段的长短取决于胶料的配方，主要是生胶、促进剂和防老剂的种类。由于这个阶段橡胶的性能最佳，所以是选取正硫化时间的范围。正硫化时间一般是根据胶料拉伸强度达到最高值略前一点的时间或以强伸积最高值的硫化时间来确定的。这是因为橡胶是不良的导热体，当制品硫化取出后，因散热降温较慢（特别是厚制品），它还可以继续硫化，故需要考虑"后硫化"。

（4）过硫阶段　正硫化以后继续硫化便进入过硫阶段。交联反应和氧化及热断链反应贯穿于橡胶硫化过程的始终，只是在不同的阶段，这两种反应所占的地位不同，在过硫阶段中往往氧化及热断链反应占主导地位，因此胶料会出现物理机械性能下降的现象。在过硫阶段中不同的橡胶出现的情况是不同的。天然橡胶、丁基橡胶等主链为线型大分子结构，在过硫阶段断链多于交联而出现硫化返原现象；而对于大部分合成橡胶，如丁苯、丁腈橡胶等，在过硫阶段中易产生氧化支化反应和环化结构，胶料的物理机械性能变化很小，甚至保持恒定，这种胶料称为硫化非返原性胶料。

过硫阶段胶料的性能变化情况反映了硫化平坦期的长短，不仅表明了胶料热稳定性的高低，而且对硫化工艺的安全性及制品的硫化质量有直接影响。硫化平坦期的长短，除了上述橡胶本身分子结构影响以外，在很大程度上取决于硫化体系。如硫磺硫化体系，且采用超促进剂（如 TMTD）的胶料，硫化胶生成的多硫键较多，键能较低，热稳定性差，则易产生硫化返原现象（图 7-16 中 a 线）。非硫磺硫化体系，或者硫磺硫化体系，虽采用超促进剂但硫磺用量较低（即低硫高促），所形成的交联键多为无硫键和少硫键，热稳定性较好，可获得较长的平坦期（图 7-16 中 b 线），甚至对某些胶料（如上述丁苯、丁腈橡胶），出现过硫期性能仍有上升的现象（图 7-16 中 c 线）。

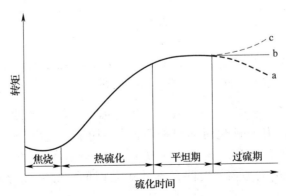

图 7-16　硫化曲线类型

7. 2. 2. 3 正硫化及正硫化点的确定

由硫化历程可以看到，橡胶处在正硫化时，其物理机械性能或综合性能达到最佳值，而预硫或过硫阶段胶料性能均不好。达到正硫化所需的最短时间为正硫化时间，也称正硫化点，而正硫化是一个阶段，在此阶段中，胶料的各项物理机械性能保持最高值，但橡胶的各项性能指标往往不会在同一时间达到最佳值，因此准确测定和选取正硫化点就成为确定硫化条件和获得产品最佳性能的决定因素。根据硫化反应动力学原理，正硫化应是胶料达到最大交联密度时的硫化状态，正硫化时间应由胶料达到最大交联密度所需的时间来确定比较合理。在实际应用中是根据某些与交联密度成正比的主要性能指标来选择最佳点，确定正硫化时间。

测定正硫化点的方法很多，主要有物理机械性能法、化学法和专用仪器法。

（1）物理机械性能法 测定在一定硫化温度下，不同硫化时间所得硫化胶的物理机械性能（如300%定伸强度、拉伸强度、压缩永久变形或强伸积等），作出这些性能与硫化时间的曲线，再根据产品的要求进行综合分析，找出适当的正硫化点。此法的缺点是麻烦，不经济。

（2）化学法 测定橡胶在硫化过程中游离硫的含量，以及用溶胀法测定硫化胶的网状结构的变化来确定正硫化点。此法的误差较大，适应性不广，有一定限制。

（3）专用仪器法 这是用专门的测试仪器来测定橡胶硫化特性并确定正硫化点的方法。目前主要有门尼黏度仪和各类硫化仪，其中旋转振荡式硫化仪的应用最为广泛。

硫化仪能够连续地测定与加工性能和硫化性能有关的参数，包括初始黏度、最低黏度、焦烧时间、硫化速度、正硫化时间和活化能等。其测定的基本原理是根据胶料的剪切模量与交联密度成正比为基础的。硫化仪在硫化过程中对胶料施加一定振幅的剪切变形，通过剪切力的测定（硫化仪以转矩读数反映），即可反映硫化交联过程的情况。图7-17为硫化仪测得的胶料硫化曲线。

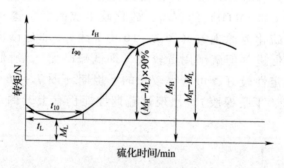

图 7 - 17 硫化曲线

M_L—最小转矩 M_H—最大转矩 t_L—达到最低黏度对应的时间

t_H—达到最大黏度对应的时间 t_{10}—焦烧时间 t_{90}—正硫化时间

在硫化曲线中，最小转矩 M_L 反映胶料在一定温度下的可塑性，最大转矩 M_H 反映硫化胶的模量，焦烧时间和正硫化时间根据不同类型的硫化仪有不同的判别标准，一般取值是：转矩达到（$M_H - M_L$）×10% + M_L 时所需的时间 t_{10} 为焦烧时间，转矩达到（$M_H - M_L$）×90% + M_L 时所需的时间 t_{90} 为正硫化时间，$t_{90} - t_{10}$ 为硫化反应速度，其值越小，硫化速度越快。

7.2.2.4　硫化方法

不同性质和形状的橡胶制品依据不同成型加工工艺和加热加压方式采用不同的硫化方法。

（1）室温硫化法　此法是让橡胶半成品在室温及不加压的条件下进行硫化。较多的是用在现场施工的橡胶黏合剂和用于硫化胶的接合及橡胶制品修补的自硫胶浆。

（2）冷硫化法　此法多用于薄层浸渍制品在有机溶液或蒸气中的硫化。

（3）高能辐射硫化法　将半成品置于高能射线（如：γ射线、X射线）或高能质点（如：β射线、高速运动的电子、质子）作用下，使橡胶分子受引发产生自由基而交联起来。

（4）热硫化法　这是橡胶加工中应用最广泛的硫化方法，是分别使用水蒸气、热空气、热水、电热来加热硫化橡胶制品的。其中，模型加压硫化是将胶料或半成品放置在金属模具的模腔内，从模外加热、加压一段时间，制得与模腔形状相同的模型制品，是最常用的热硫化法。

（5）连续硫化法　随着橡胶压出、压延制品的发展，为了提高产品的质量和产量，开发了多种连续硫化方法。包括：鼓式硫化机硫化，蒸汽管道硫化，热空气连续硫化，液体介质硫化，红外线硫化，高频和微波硫化，沸腾床硫化等方法。

7.2.3　模型硫化工艺及硫化条件

模型硫化是将混炼胶或经成型后制得的橡胶半成品（坯料）置于闭合的金属模具内加热加压，使橡胶硫化交联而定型为制品，其工艺过程与热固性塑料的模压较为类似（图 7 – 18）。

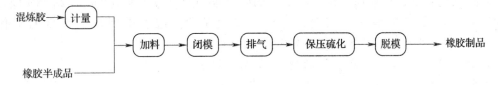

图 7 – 18　橡胶制品模型硫化工艺流程

在硫化过程中主要控制的工艺条件是硫化的压力、温度和时间，这些硫化条件对硫化质量有非常重要的影响。

7.2.3.1　硫化压力

硫化压力有助于提高胶料的流动性，利于充满模腔，使制品得到所需的几何形状和花纹；压力有助于胶料渗透到纤维织物的缝隙中去，增加附着力；压力能使制品密致，提高物理机械性能；在硫化过程中，由于胶料中的低分子物受热气化以及所含空气逸出，致使产生一种内压力，导致制品出现气泡，施加压力能阻止气泡的形成。

硫化压力的选取主要是由胶料的性质、产品结构和其他工艺条件等决定的。对流动性较差的胶料、形状结构复杂、较厚或层数多的制品宜选用较大的硫化压力。硫化温度提高，硫化压力也应高一些。但过高压力会对橡胶分子链的热降解产生加速作用；对于含纤维织物的胶料，高压会使织物材料的结构被破坏，导致耐屈挠性能下降。通常使用的硫化压力见表 7 – 4。

表 7 – 4			橡胶制品常用的硫化压力		
橡胶制品	加压方式	硫化压力/MPa	橡胶制品	加压方式	硫化压力/MPa
一般模型制品	平板加压	1.5 ~ 2.4	汽车内胎	蒸气加压	0.5 ~ 0.6
汽车外胎	水胎过热水加压	2.2 ~ 2.8	传动带	平板加压	0.9 ~ 1.6
汽车外胎	外模加压	14.7	运输带	平板加压	1.5 ~ 2.5

7.2.3.2　硫化温度

硫化温度是促进硫化反应的主要因素，提高硫化温度可以加快硫化速度，缩短硫化时间，提高生产效率。因此硫化温度与硫化时间是相互制约的，它们的关系可用范特霍夫方程式表示：

$$\frac{t_1}{t_2} = K^{\frac{T_2 - T_1}{10}} \tag{7 – 3}$$

式中　　t_1——温度为 T_1 时所需的硫化时间，min

$\qquad$ t_2——温度为 T_2 时所需的硫化时间，min

$\qquad$ K——硫化温度系数，大多数橡胶在硫化温度为 120 ~ 180℃ 范围内 $K = 1.5 ~ 2.5$ 之间，通常取 $K = 2$

从上式说明，要达到相同的硫化效果，硫化温度每升高或降低 10℃，则硫化时间缩短或延长一倍。从提高生产效率角度出发，应选择高一些的硫化温度。但硫化温度的提高受到许多因素影响。

提高硫化温度，在加速硫化交联反应的同时也加速了分子断链反应，结果使硫化曲线的正硫化阶段（平坦区）缩短，易进入过硫阶段，难以得到性能优良的硫化胶（图 7 – 19）。硫化温度的高低取决于橡胶的种类和硫化体系。对于易硫化返原的橡胶，硫化温度不宜过高。常用橡胶的硫化温度见表 7 – 5。对于硫磺硫化体系的胶料，交联生成的多硫键较多，键能较低，硫化胶的热稳定差，不宜采用高的硫化温度。对于需要高温硫化的，应考虑采用低硫高促或无硫硫化体系。采用超促进剂（如 TMTD）作主促进剂的硫化体系，往往易产生焦烧，且硫化平坦段短，若需高温硫化，可改用亚磺酰胺作主促进剂与秋兰姆作副促进剂的并用体系。

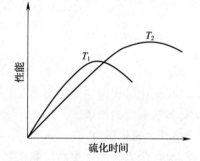

图 7 – 19　不同硫化温度的硫化特性曲线（$T_1 > T_2$）

表 7 – 5			橡胶制品的常用硫化温度		
胶种	硫化温度/℃	胶种	硫化温度/℃	胶种	硫化温度/℃
天然橡胶	143 ~ 160	氯丁橡胶	143 ~ 170	乙丙橡胶	150 ~ 160
顺丁橡胶	143 ~ 160	丁基橡胶	143 ~ 170	丁腈橡胶	150 ~ 190
氟橡胶	135 ~ 200	硅橡胶	150 ~ 250	丁苯橡胶	150 ~ 190

对于花纹复杂及含纤维织物的橡胶制品，为了增加流动性，需要在硫化初期有一定时间让胶料的温度升高，以便胶料充满模型及渗入织物缝隙之中，然后进行硫化交联。但是如果温度太高，交联速度太快，胶料会刚受热即交联而使流动性下降，难以充满模腔及渗入织物缝隙，得不到所需要的制品。另外还应考虑高温对纤维织物强度的影响。

由于橡胶的热传导系数很低，传热速度很慢，在硫化过程中，橡胶制品内层的温度达到所规定的硫化温度需要一定的时间，制品越厚，需要的时间越长。如果采用高温硫化时，必然会出现外层正硫化而内层欠硫化或内层正硫化而外层过硫化的情况，所以生产厚制品时，通常采用低温长时间进行硫化。

7.2.3.3 硫化时间

在一定的硫化温度和压力下，橡胶有一最适宜的硫化时间，时间太长则过硫，时间太短则欠硫，对产品性能都不利。

硫化时间必须服从于橡胶达到正硫化时的硫化效应为准则。硫化效应 E 等于硫化强度 I 与硫化时间 t 的乘积，即：

$$E = It \tag{7-4}$$

硫化强度 I 是胶料在一定温度下，单位时间所达到的硫化程度，也反映了胶料在一定温度下的硫化速度，它与硫化温度 T 和温度系数 K 有关：

$$I = K^{\frac{T-100}{10}} \tag{7-5}$$

硫化胶的性能取决于硫化程度，因此同一种胶料要在不同硫化条件下制得具有相同性能的硫化胶，就应使它们的硫化程度相同，即硫化效应相同。

硫化工艺条件是模型硫化过程的主要控制要素，生产中都是通过测定硫化特性曲线来确定的。首先测定一定温度下胶料的硫化特性曲线，计算正硫化时间 t_{90}，对于薄壁制品可以用正硫化时间作为生产工艺使用的硫化时间，对厚制品则根据传热性能和硫化效应适当延长硫化时间。如果认为硫化时间太长，可以适当提高硫化温度；如果认为硫化曲线平坦段太短，则降低硫化温度，必要时要修改配方。

7.3 复合材料压制成型

高分子复合材料是指由高聚物和各种填充材料或增强材料所组成的多相复合体，由于"复合"赋予了材料各种优良的性能，如高强度、优良的电性能、耐热性、耐化学腐蚀性、耐磨性、耐燃性、耐烧蚀性及尺寸稳定性等，产品广泛用于机械、化工、电机、建筑、航天等各种领域。高分子复合材料制品较多的是指在热固性树脂中加有纤维性增强材料所制得的增强塑料制品，也有将纤维材料加入热塑性树脂中制成热塑性增强塑料，并可通过挤出或注射成型加工成制品。常用的热固性树脂主要有酚醛、氨基、环氧、不饱和聚酯、有机硅等树脂，常用的增强材料有玻璃、石棉、金属、棉花、剑麻或合成纤维所制成的纤维或织物，其中用得最多的是玻璃纤维及其织物，所以狭义的增强塑料就是指玻璃纤维增强塑料（Fiber glass – reinforced plastics，FRP or GRP），其比强度（强度/密度）可与钢材相匹敌，故亦称"玻璃钢"。本节主要讨论这一类复合材料。

玻璃纤维增强复合材料的成型可以用压制、缠绕和挤拉等方法，其中压制成型是最主要的加工方法。根据成型压力可分为高压法和低压法，高压法包括层压成型和模压成型，低压法主要是手糊成型。

7.3.1　层　压　成　型

层压成型是指在压力和温度的作用下将多层相同或不同材料的片状物通过树脂的粘结和熔合，压制成层压塑料的成型方法。对于热塑性塑料可将压延成型所得的片材通过层压成型工艺制成板材，但层压成型较多的是制造增强热固性塑料制品。

增强热固性层压塑料是以片状连续材料为骨架材料浸渍热固性树脂溶液，经干燥后成为附胶材料，通过裁剪、层叠或卷制，在加热、加压作用下，使热固性树脂交联固化而成为板、管、棒状层压制品。

层压制品所用的热固性树脂主要有酚醛、环氧、有机硅、不饱和聚酯，呋喃及环氧–酚醛树脂等；所用的骨架材料包括棉布、绝缘纸、玻璃纤维布、合成纤维布、石棉布等，在层压制品中起增强作用。不同类型树脂和骨架材料制成的层压制品，其强度、耐水性和电性能等都有所不同。

7.3.1.1　层压成型工艺

层压成型工艺由浸渍、压制和后加工处理三个阶段组成，其工艺过程如图 7–20 所示。

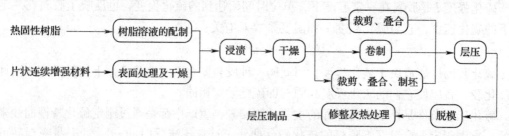

图 7–20　层压成型工艺流程图

（1）浸渍上胶　浸渍上胶工艺是制造层压制品的关键工艺，主要包括树脂溶液的配制、浸渍和干燥等工序。

① 树脂溶液配制。浸渍前首先将树脂按需要配制成一定浓度的胶液。层压制品常用作电器、电机等方面的绝缘材料，例如：印刷线路板要求有较好的电性能和耐水性，常用碱催化的 A 阶热固性酚醛树脂作为浸渍液树脂，乙醇作为溶剂，为了增加树脂与增强材料的黏结力，浸渍液中可以加入一些聚乙烯醇缩丁醛树脂。胶液的浓度或黏度是影响浸渍质量的主要因素，浓度或黏度过大不易渗入增强材料内部，过小则浸渍量不够，一般配制浓度在30% 左右。

② 浸渍。使树脂溶液均匀涂布在增强材料上，并尽可能使树脂渗透到增强材料的内部，以便树脂充满纤维的间隙。浸渍前对增强材料要进行适当的表面处理和干燥，以改善胶液对其表面的浸润性。浸渍可以在立式或卧式浸渍上胶机上进行（图 7–21）。浸渍过程中，要求浸渍片材达到规定的树脂含量，即含胶量，一般要求含胶量为30% ~55%。影响上胶量的因素是胶液的浓度和黏度、增强材料与胶液的接触时间以及挤压辊的间隙。挤压辊具有把胶液渗透到纤维布缝隙中，使上胶均匀平整和排除气泡的作用。

③ 干燥。浸渍上胶后即进入干燥室，以除去溶剂、水分及其他挥发物，同时使树脂进一步化学反应，从 A 阶段推进到 B 阶段。干燥过程中主要控制干燥室各段的温度和附胶材料通过干燥室的速度。干燥后的附胶材料是制造层压制品的半成品，其主要质量指标是挥发物含量、不溶性树脂含量和干燥度等。

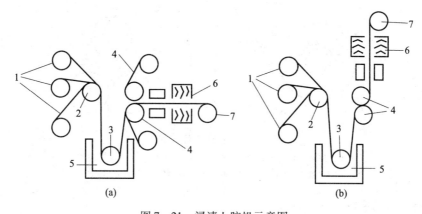

图7-21 浸渍上胶机示意图

（a）卧式 （b）立式

1—原材料卷辊 2—导向辊 3—浸渍辊 4—挤压辊 5—浸渍槽 6—干燥室 7—收卷辊

（2）压制 层压制品主要有板材、管材或棒材及模型制品，不同制品其压制工艺是不同的。

① 层压板材的压制。其成型过程包括裁剪、叠合、进模、热压和脱模等。根据层压制品的形状、大小和厚度，首先裁剪干燥后的附胶材料，然后叠合成板坯。层压成型是在多层压机上完成的，如图7-22所示。叠合好的板坯置于两块打磨抛光的不锈钢板之间，并逐层放入多层压机的各层热压板上。然后闭合压机开始升温加压。压制板材的多层压机为充分利用两加热板之间的空间，可将叠合好的板坯组合成叠合本放入两热板间。叠合本的组合顺序是铁板→衬纸（约50~100张）→单面钢板→板坯→双面钢板→板坯→------→双面钢板→板坯→单面钢板→衬纸→铁板。叠合本厚度不得超过两热板间的距离。放衬纸的目的是使制品均匀受热受压。

② 管材、棒材的压制。层压管材和棒材也是以干燥的附胶材料为原料，用专门的卷管机卷绕成管坯或棒坯（图7-23）。将管坯先送入80~100℃烘房内预固化，然后在170℃下进一步固化。对于层压棒材，也可将棒坯放入专门的压制模具内，然后加压加热固化成型。

③ 模型制品的压制。层压材料的模型制品也是以干燥的附胶材料为原料，经裁剪、叠合、制成型坯，放入模腔中进行热压，模压工艺同前述的热固性塑料的模压成型。

（3）后加工和热处理 后加工是修整去除压制制品的毛边及进行机械加工制得各种形状的层压制品。热处理是将制品在120~130℃温度下处理48~72h，使树脂固化完全，以提高热性能和电性能。

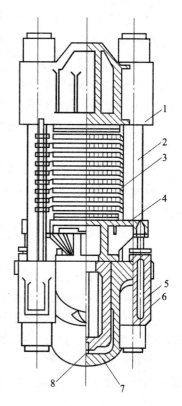

图7-22 多层压机示意图

1—固定模架 2—导柱

3—压板 4—活动横梁

5—辅助工作缸 6—辅助油缸柱塞

7—主工作缸 8—主油缸活塞

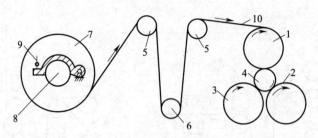

图 7 – 23　卷管工艺示意图

1—上辊筒　2、3—支承辊　4—管芯　5—导向辊　6—张力辊

7—胶布卷辊　8—刹车轮　9—翼形螺母　10—胶布

7.3.1.2　层压工艺条件

在层压过程中，热压使树脂熔融流动进一步渗入到增强材料中，并使树脂交联硬化。层压结束，树脂从 B 阶段推进到 C 阶段。同热固性塑料模压成型一样，温度、压力和时间是层压成型的三个重要工艺条件。但在压制过程中，温度和压力的控制分为五个阶段，如图 7 – 24 所示。

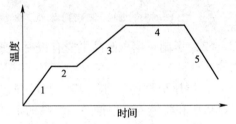

图 7 – 24　层压工艺温度曲线示意图

1—预热阶段　2—中间保温阶段　3—升温阶段

4—热压保温阶段　5—冷却阶段

（1）预热阶段　板坯的温度从室温升至树脂开始交联反应的温度，这时树脂开始熔化并进一步渗入增强材料中，同时使部分挥发物排出。此时施加最高压力的 1/3 ~ 1/2，一般在 4 ~ 5MPa 之间，若压力过高，胶液将大量流失。

（2）中间保温阶段　树脂在较低的反应速度下进行交联固化反应，直至溢料不能拉成丝为止，然后开始升温升压。

（3）升温阶段　将温度和压力升至最高，此时树脂的流动性已下降，高温高压不会造成胶液流失，却能加快交联反应。升温速度不宜过快，以免制品出现裂纹和分层现象，但应加足压力。

（4）热压保温阶段　在规定的压力和温度下（9 ~ 10MPa，160 ~ 170℃），保持一段时间，使树脂充分交联固化。

（5）冷却阶段　树脂充分交联固化后即可逐渐降温冷却。冷却时应保持一定的压力，否则制品易发生表面起泡和翘曲变形。

压力在层压过程中起到压紧附胶材料，促进树脂流动和排除挥发物的作用。压力的大小取决于树脂的固化特性，压制各个阶段的压力各不相同。

压制时间决定于树脂的类型、固化特性和制品厚度，总的压制时间 = 预热时间 + 叠合厚度 × 固化速度 + 冷压时间。当板材冷却至 50℃ 以下即可卸压脱模。

7.3.2　模　压　成　型

复合材料的模压成型工艺与热固性塑料的模压成型相类似，是将模压料放置于金属对模中，在一定的温度和压力作用下，制成异型制品的工艺过程。复合材料的模压料多数是以热固性树脂作为黏结剂浸渍增强材料后制得的中间产物，常用的树脂有酚醛、环氧、环氧 – 酚醛和聚酯树脂等，增强材料多数是玻璃纤维。根据模压料中玻璃纤维的物理形态可将模压成型工艺分为短纤维料模压、毡料模压、碎布料模压、缠绕模压、织物模压、定向铺设模压和片状模塑料模压。模压料一般可采用预混法和预浸法两种形式制备。下面重点介绍聚酯模压料的生产及其压制工艺。

聚酯模压料由树脂糊以及增强材料组成，树脂糊包含不饱和聚酯树脂、交联剂、引发剂、增稠剂等物料，增强材料主要有短切玻璃纤维及短切玻璃纤维毡。聚酯模压料最典型的是块状模压料和片状模压料。

7.3.2.1 块状模塑料模压成型工艺

块状模塑料（Bulk Molding Compound，简称 BMC）是用预混法制成的聚酯树脂模塑料，模塑料成团块状，故也称料团。预混料的组成及典型配比如表 7 - 6 所示。

表 7 - 6 聚酯树脂模塑料的组成及典型配比

材料	质量分数/%	材料	质量分数/%
不饱和聚酯树脂	20 ~ 35	引发剂	2 ~ 3
无机矿物填料	45 ~ 55	润滑剂	0.5 ~ 2
短切玻璃纤维	10 ~ 25	颜料	少许

其中玻璃纤维的长度影响模压料的加工性能和制品最终性能，一般玻璃纤维长度为 1.3 ~ 1.6cm，最长为 3.0cm。太短制品强度低，而太长不利于分散均匀，也会影响加工流动性。

BMC 的生产工艺过程如图 7 - 25 所示。首先将树脂、填料、引发剂等组分在混合器中预先混合制成树脂糊，为了解决浸渍玻璃纤维时要求树脂黏度低，模压成型时又要求模塑料黏度高这一对矛盾，往往还加入增稠剂。玻璃纤维经热处理后用切丝机切成一定长度，短切玻璃纤维与树脂糊的混合一般由捏合机来完成，如图 7 - 26 所示。在捏合过程中主要控制捏合时间和树脂系统的黏度，混合时间过长，纤维强度损失过大，还会导致热效应产生，影响浸润；时间过短，混合不均匀。混合后所得的 BMC 必须用聚乙烯薄膜袋封存，一般可在室温下存放 3 ~ 4 周。

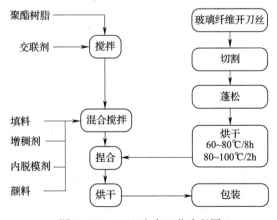

图 7 - 25 BMC 生产工艺流程图

BMC 的成型方法与热固性塑料的模压成型或传递模塑成型是一致的，是属于高压压制成型，近年来发展了低压法成型 BMC。

BMC 适于生产形状较复杂的制品，而且成型速度快，成本低，产品主要为电器制品。

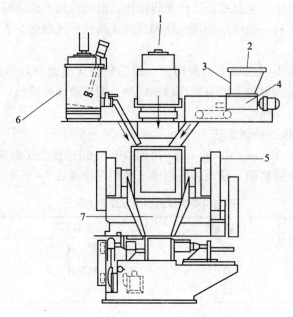

图 7 - 26　BMC 生产过程示意图

1—干混合料称量加料器　2—玻璃纤维　3—加料斗　4—玻璃纤维计量加料器
5—混合器　6—树脂和催化剂计量混合器　7—混合器出料槽

7.3.2.2　片状模塑料模压成型

片状模塑料（Sheet Molding Compound，简称 SMC）是用预浸法制成的片状聚酯树脂模压料。

SMC 是不饱和聚酯树脂加入增稠剂、无机填料、引发剂、脱模剂和颜料等组分后形成的树脂糊，浸渍短切玻璃纤维或毡片，上下两面覆盖聚乙烯薄膜的薄片状的模塑料，这是 20 世纪 60 年代发展起来的一种新型热固性玻璃钢模压材料。

SMC 的生产为一连续过程，根据所用的增强材料是短切玻璃纤维还是玻璃纤维毡，可用不同的成片机组生产，目前较多的是用玻璃纤维无捻粗纱，这类 SMC 的生产工艺过程如图 7 -27 所示。

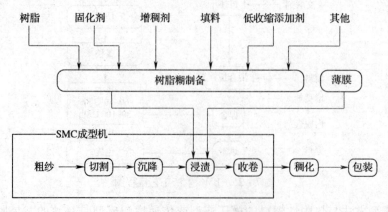

图 7 - 27　SMC 生产工艺流程图

SMC生产过程如图7-28所示，连续玻璃纤维经切割器切割，沉降于下承受膜上的树脂糊内，同时用刮有树脂糊的上薄膜覆盖，形成树脂糊－短切玻璃纤维－树脂糊夹层材料，然后通过压辊的揉捏作用，驱除被困集于夹层内的空气并实现充分浸渍，然后卷成圆筒。片材在一定的环境条件下，经一定时间的熟化，使其增稠到可成型的黏度。

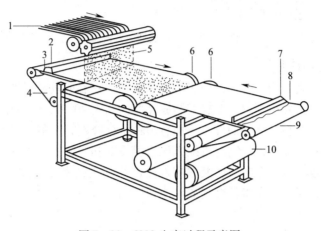

图7-28 SMC生产过程示意图

1—粗纱 2—刮浆刀 3—树脂混合液 4—聚乙烯薄膜 5—切断的纤维
6—压辊 7—刮浆刀 8—树脂混合液 9—聚乙烯薄膜 10—片状模塑料

SMC的模压成型是将模塑料裁剪成所需的形状，确定加料层数，揭去两面薄膜，叠合后放置在模具上，按规定的工艺参数压制成型，压制过程与热固性塑料的模压相似。SMC的成型压力要比BMC稍高。

SMC生产工艺简单方便，生产效率高，易自动化，制品尺寸稳定性好，表面平整光滑。产品广泛用于汽车、电机和日用领域。

7.3.3 手糊成型

手糊成型工艺是制造玻璃钢制品最常用的一种成型方法。手糊成型制品是以玻璃纤维布作为增强材料，均匀涂布作为黏合剂的不饱和聚酯树脂或环氧树脂的复合材料，所得的制品即为通常所称的玻璃钢。由于在成型时，树脂的交联固化是自由基型加聚反应，其间没有低分子物析出，因此成型时可以不加压力，或仅须加上少许的压力以保持胶接表面相互接触即可，故亦称这类材料的成型为接触成型，属于低压压制成型。

手糊成型的优点是，成型过程不用高压，也不必加热，设备及工艺都比较简单，生产成本低；对模具材料的要求比较低，可以使用玻璃、陶瓷、石膏、水泥、木材和金属等材料，制造方便，成型面积可大可小，形状也可复杂或简单；由于成型时没有高压，填料纤维不易断裂，可发挥其更大的增强作用，所得制品的机械力学性能优良。但缺点是制品的结构密实性欠佳，尺寸控制难以一致。

手糊成型工艺过程是用手工在预先涂好脱模剂的模具上，先刷上一层树脂液，然后铺一层玻璃布，并排除气泡，如此重复，直至达到所需厚度，经固化后脱模，再经加工和修饰即可得到制品。手糊成型工艺流程如图7-29所示。

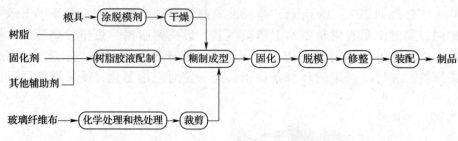

图 7 – 29　手糊成型工艺流程图

7.3.3.1　树脂胶液的配制

作为玻璃纤维及其织物黏合剂的树脂主要是能够在室温或较低温度下固化的不饱和聚酯树脂和环氧树脂，为了便于糊制，要求配制成黏度为 $0.4 \sim 0.9\mathrm{Pa \cdot s}$ 的树脂胶液。树脂胶液组分除了固化剂、引发剂、促进剂外，还加有填料、稀释剂、颜料、触变剂等。

对于聚酯树脂胶液配方，配制时按配方先将引发剂和树脂混合均匀，成型操作前再加入促进剂搅匀使用，也可以预先在树脂液中加入促进剂，在成型操作前加入引发剂搅匀使用。对于环氧树脂配方，配制时先将稀释剂或其他辅助剂加入树脂中搅拌均匀备用，使用前加入固化剂搅匀。

7.3.3.2　玻璃纤维制品的准备

适于手糊成型的玻璃纤维及其织物主要有无捻粗纱及其布、加捻布、无碱玻璃布及玻璃毡。玻璃纤维布要通过加热烘焙、烧毛及化学方法除去玻璃布表面的水分和浆料。按模型的大小和形状进行裁剪，玻璃布的经纬向强度不同，对要求各向同性的制品，则应将玻璃布纵横交替铺放。

7.3.3.3　模具准备及脱模剂涂刷

手糊成型用的模具分单模和对模两大类，单模又分阴模和阳模两种，结构如图 7 – 30 所示。用阴模生产的制品外表面光滑，但操作不便；阳模操作方便，但只能保证制品内表面光洁；对模则可获得内、外表面都光洁的制品。

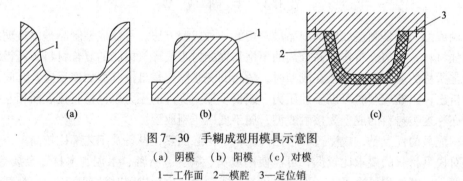

图 7 – 30　手糊成型用模具示意图

(a) 阴模　(b) 阳模　(c) 对模

1—工作面　2—模腔　3—定位销

为了防止成型时粘模，保证制品的质量，模具的工作面上一般都要涂刷脱模剂。常用的脱模剂有薄膜型、溶液型、油蜡型等三大类。涂刷脱模剂后模具要进行干燥。

7.3.3.4　胶衣层的制备

聚酯树脂固化后，由于收缩会使玻璃布纹凸出来。为了改善玻璃钢制品的表面质量，延长使用寿命，在制品表面往往做一层树脂含量较高的面层，称为胶衣层。它可以是纯树脂层，也可以是含无机填料的树脂胶液。胶衣树脂可以用喷涂和涂刷的方法，均匀地涂在模具上，涂层一般控制在0.25~0.5mm之间，胶衣层凝胶后方可糊制。

7.3.3.5 糊制成型

糊制操作即在模具上重复地刷一层树脂，贴一层玻璃布，直至达到要求的厚度。厚的玻璃钢制品应分次糊制，每次不超过7mm。糊制操作要求做到快速、准确、含胶量均匀、无气泡及表面平整。糊制时一般要求环境温度不低于15℃，湿度不高于80%。图7-31是手糊成型工艺的示意图。

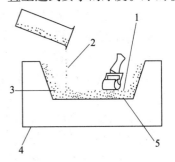

7.3.3.6 固化

手糊成型后一般需在常温下固化24h才能脱模，脱模后再放置一周左右方可使用。但要达到更高强度，则需更长的时间。为了缩短生产周期，可采用加热处理来提高固化速度。环氧树脂制品的热处理温度可高些，控制在150℃以内，聚酯树脂制品的热处理温度不超过120℃，一般控制在50~80℃之间，热处理时必须逐步升温和降温。

图7-31 手糊成型示意图
1—增强材料 2—树脂
3—层状材料 4—模具 5—胶衣

7.3.3.7 脱模、修整及装配

制品必须固化到脱模强度时才能脱模，脱模时注意避免划伤制品。脱模后的制品要进行机械加工，除去毛边、飞刺，修补表面和内部缺陷。大型玻璃钢制品往往分几部分成型，然后进行拼接组装，组装连接方法有机械连接和粘接两种。

手糊成型还包括压力袋法（图7-32）、真空袋法（图7-33）和喷射成型法（图7-34）等。

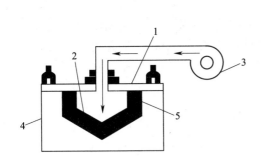

图7-32 压力袋法示意图
1—压板 2—橡胶袋 3—空气压缩机
4—模具 5—层状材料

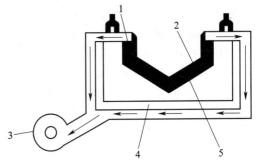

图7-33 真空袋法示意图
1—层状材料 2—弹性膜 3—真空泵
4—模具 5—胶衣

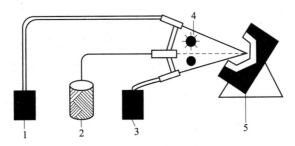

图7-34 喷射成型法示意图
1—树脂和催化剂 2—玻璃纤维粗纱 3—树脂和促进剂 4—切断 5—模具

习题与思考题

1. 何谓热固性塑料的固化速度？试述其影响因素。

2. 简述热固性塑料模压成型的工艺步骤。

3. 试分析模温的高低对模压成型工艺的影响。

4. 在热固性塑料模压成型中，提高模温应相应地降低还是升高模压压力才对模压成型工艺有利？为什么？

5. 热固性塑料模压成型中物料的预热温度对模压压力有何影响？为什么？

6. 在高分子材料成型加工中，哪些地方要求交联？交联能赋予聚合物制品哪些性能？

7. 试述天然橡胶以硫磺硫化后的制品大分子结构特征。

8. 试述橡胶硫化后的物理性能的变化，并解释之。

9. 生胶和硫化胶在分子结构及性能上有何不同？

10. 橡胶的硫化历程分为几个阶段？各阶段的实质和意义是什么？

11. 橡胶制品生产过程中，剩余焦烧时间的长短与橡胶制品的类型有什么关系？

12. 何谓返原性胶料和非返原性胶料？

13. 何谓硫化三要素？对硫化三要素控制不当会造成什么后果？

14. 何谓正硫化和正硫化时间？正硫化时间的测定方法有哪几种？各有何特点？

15. 某一胶料的硫化温度系数为2，当硫化温度为137℃时，测出其硫化时间为80min，若将硫化温度提高到143℃，求该胶料达正硫化所需要的时间？上述胶料的硫化温度时间缩短到60min时，所选取的硫化温度应该是多少？

16. 某胶料的硫化温度系数为2，在实验室中用试片测定，当硫化温度为143℃时，硫化平坦时间为20～80min，该胶料在140℃下于模型中硫化了70min，问是否达到正硫化？

17. 绘出增强热固性塑料层压板成型时热压过程五个时期的温度和压力与时间的关系曲线，并说明各时期的温度和压力在成型中的作用。

第8章 挤出成型

挤出成型是高分子材料加工领域中变化众多、生产率高、适应性强、用途广泛、所占比重最大的成型加工方法。挤出成型是使聚合物的熔体（或黏性流体）在挤出机的螺杆或柱塞的挤压作用下通过一定形状的口模而连续成型，所得的制品为具有恒定断面形状的连续型材。

挤出成型工艺适合于所有的高分子材料。塑料挤出成型亦称挤塑或挤出模塑，几乎能成型所有的热塑性塑料，也可用于部分热固性塑料。塑料挤出的制品有管材、板材、棒材、片材、薄膜、单丝、线缆包覆层、各种异型材以及塑料与其他材料的复合物等。目前，约50%的热塑性塑料制品是通过挤出成型的。

橡胶的挤出成型通常称为压出，广泛用于制造轮胎胎面、内胎、胶管及各种断面形状复杂或空心、实心的半成品，也可用于包胶操作，是橡胶工业生产中的一个重要工艺过程。

在合成纤维生产中，螺杆挤出熔融纺丝，是从热塑性塑料挤出成型发展起来的连续纺丝成型工艺，在合成纤维生产中占有重要的地位。

挤出工艺也可用于塑料的着色、混炼、塑化、造粒及聚合物的共混改性等，以挤出为基础，配合吹胀、拉伸等技术则可发展为挤出-吹塑成型和挤出-拉幅成型，用于制造中空吹塑和双轴拉伸薄膜等制品。

与其他成型方法相比，挤出成型具有设备简单，操作方便，工艺易控，可连续化、自动化生产，生产效率高，应用范围广等特点。

高分子三大合成材料的挤出成型所用的设备和加工原理基本上是相同的。鉴于挤出理论和工艺技术等方面的研究较多以塑料挤出为基础，故本章以论述塑料挤出为重点，对于橡胶压出和合成纤维的挤出纺丝，将结合其本身的特点和制品的性能要求进行讨论。

8.1 挤出成型设备

挤出成型设备是由挤出机、机头和口模、附属设备等几部分组成的，其中挤出机是最主要的设备。

8.1.1 挤出机

挤出机有螺杆式挤出机和柱塞式挤出机两大类，前者为连续式挤出，后者为间歇式挤出。螺杆式挤出机又可分为单螺杆挤出机和多螺杆挤出机，目前单螺杆挤出机是生产应用最多的挤出设备，也是最基本的挤出机。在多螺杆挤出机中，双螺杆挤出机近年来发展最快，其应用也逐渐广泛。柱塞式挤出机是借助柱塞的推挤压力，将预先塑化好的或由挤出机料筒加热塑化的物料从机头口模挤出而成型的。物料挤完后柱塞退回，再进行下一次操作，其生产是不连续的，而且挤出机对物料没有搅拌混合作用，故生产上较少采用。但由于柱塞能对物料施加很高的推挤压力，可应用于熔融黏度很大及流动性极差的塑料，如聚四氟乙烯和超高分子量聚乙烯管材的挤出成型。

挤出机是由传动系统、挤出系统、加热和冷却系统、控制系统等几部分组成，其中挤出系统是挤出成型的关键部分，主要包括加料装置、料筒、螺杆、机头和口模等几个部分。

8.1.2　单螺杆挤出机基本结构及作用

单螺杆挤出机是最基本和最通用的挤出成型设备，本节重点以单螺杆挤出机的结构特点来讨论挤出成型原理和工艺。单螺杆挤出机结构如图8-1所示。

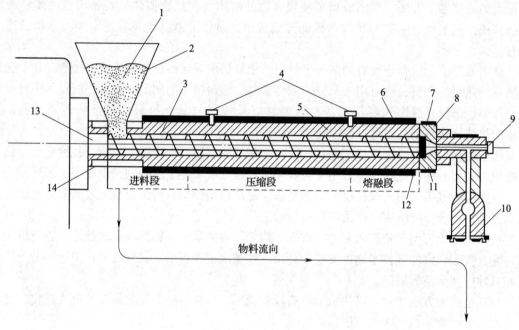

图8-1　单螺杆挤出机结构示意图

1—树脂　2—料斗　3—硬衬垫　4—热电偶　5—机筒　6—加热装置　7—衬套加热器　8—多孔板
9—熔体热电偶　10—口模　11—衬套　12—过滤网　13—螺杆　14—冷却夹套

8.1.2.1　加料装置

挤出成型的原料一般采用粒状料、粉状料和带状料。加料装置是保持向挤出机料筒连续、均匀供料的装置，形如漏斗，有圆锥形和方锥形，俗称料斗。料斗的底部与料筒连接处是加料孔，在加料孔的周围有冷却夹套，用以防止高温料筒向料斗传热，避免料斗内塑料升温发黏而引起加料不均和料流受阻。有些料斗还设有可防止塑料从空气中吸收水分的预热干燥和真空减压装置，以及带有能克服粉状塑料产生"架桥"现象的振动器及能够定时定量自动上料或加料的装置。对于一些流动性较差的松散物料，可采用强制加料器，如图8-2所示。

8.1.2.2　料筒

料筒又称机筒，是一个受热受压的金属圆筒。物料的塑化和压缩都是在料筒中进行的。料筒的结构形式直接影响传热的均匀性、稳定性和整个挤出系统的工作性能。挤出成型时的工作温度一般在160~300℃，在料筒的外面设有分段加

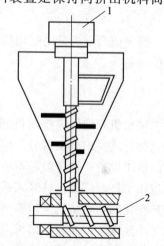

图8-2　带强制加料器的料斗
1—螺杆传动装置　2—螺杆

热和冷却的装置，以便对塑料加热和冷却，加热一般分三～四段，冷却的目的是防止塑料的过热或停车时须对塑料进行快速冷却，以避免塑料的降解。料筒要承受很高的压力（可达55MPa），故要求具有足够的强度和刚度，内壁光滑。料筒一般采用耐磨、耐腐蚀、高强度的合金钢或碳钢内衬合金钢来制造。料筒的长度一般为其直径的15～24倍。

8.1.2.3　螺杆

螺杆是挤出机最主要的部件，通过螺杆的转动，对料筒内塑料产生挤压作用，使塑料发生移动，得到增压，获得由摩擦产生的热量。螺杆的结构形式对挤出成型有重要影响。

（1）螺杆的结构　螺杆是一根笔直的有螺纹的金属圆棒。图8-3为一般螺杆的结构，它是用耐热、耐腐蚀、高强度的合金钢制成的，其表面应有很高的硬度和光洁度，以降低塑料与螺杆表面的摩擦力，使塑料在螺杆与料筒之间保持良好的传热与运转状况。螺杆的中心有孔道，可通冷却水，其目的是防止螺杆因长期运转与塑料摩擦生热而损坏，同时使螺杆表面温度略低于料筒，防止物料黏附其上，有利于物料的输送。

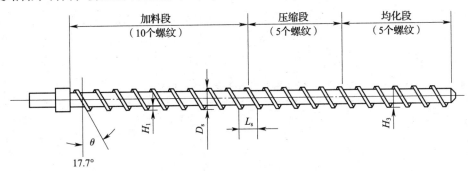

图 8-3　螺杆示意图

D_s—螺杆外径　L_s—螺距　H_1—加料段螺槽深度　θ—螺旋角　H_3—均化段螺槽深度

螺杆采用止推轴承悬支在料筒的中央，与料筒中心线吻合，不应有明显的偏差。螺杆与料筒的间隙很小，可使塑料受到强大的剪切作用而产生塑化。螺杆由电动机通过减速机构传动，转速一般为10～120r/min，要求是无级变速。

（2）螺杆的几何结构参数　螺杆的几何结构参数有直径、长径比、压缩比、螺槽深度、螺旋角、螺杆与料筒的间隙等（见图8-4），对螺杆的工作特性有重大影响。

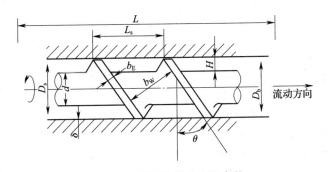

图 8-4　螺杆结构的主要参数

D_s—螺杆外径　D_b—料筒内径　L_s—螺距　H—螺槽深度　b_W—螺槽宽度

θ—螺旋角　b_E—螺纹棱部宽度　δ—间隙　L—螺杆长度　d—螺杆根径

① 螺杆直径 D_s　指其外径，通常在 30～200mm 之间，最常见的是 60～150mm。随螺杆直径的增大，挤出机的生产能力提高，所以挤出机的规格常以螺杆的直径大小表示。

② 螺杆的长径比 L/D_s　指螺杆工作部分的有效长度 L 与直径 D_s 之比，此值通常为 15～25，但近年来发展的挤出机有达 40 的，甚至更大。L/D_s 大，能改善塑料的温度分布，使混合更均匀，并可减少挤出时的逆流和漏流，提高挤出机的生产能力。L/D_s 过小，对塑料的混合和塑化都不利。因此，对于要求塑化时间长的硬质塑料、粉状塑料或结晶型塑料，应选较大的 L/D_s。但 L/D_s 太大，热敏性塑料会因受热时间太长而产生分解，同时螺杆的自重增加，制造和安装都困难，也增大了挤出机的功率消耗。

③ 螺杆的压缩比 A　指螺杆加料段第一个螺槽的容积与均化段最后一个螺槽的容积之比，它表示塑料通过螺杆的全过程被压缩的程度。A 愈大，塑料受到的挤压作用也就愈大，排除物料中所含空气的能力就大，但 A 太大，螺杆本身的力学强度下降。压缩比一般在 2～5 之间，压缩比的大小取决于塑料的种类和形态，粉状塑料的相对密度小，夹带空气多，其压缩比应大于粒状塑料。表 8-1 为各种塑料所采用的螺杆压缩比。压缩比的获得主要采用等距变深螺槽、等深变距螺槽和变深变距螺槽等方法，其中等距变深螺槽是最常用的方法。

表 8-1　　常用塑料适用的螺杆压缩比

物料	压缩比	物料、制品	压缩比
硬 PVC（粒）	2.5（2～3）	ABS	1.8（1.6～2.5）
硬 PVC（粉）	3～4（2～5）	POM	4（2.8～4）
软 PVC（粒）	3.2～3.5（3～4）	PC	2.5～3
软 PVC（粉）	3～5	PPO	2（2～3.5）
PE	3～4	PSF（片）	2.8～3
PS	2～2.5（2～4）	PSF（膜）	3.7～4
纤维素塑料	1.7～2	PSF（管、型材）	3.3～3.6
PMMA	3	PA-6	3.5
聚酯	3.5～3.7	PA-66	3.7
PP	3.7～4（2.5～4）	PA-11	2.8（2.6～4.7）
PCTFE	2.5～3.3（2～4）	PA-1010	3

④ 螺槽深度 H　螺槽深度影响塑料的塑化及挤出效率，H 小时，对塑料可产生较高的剪切速率，有利于传热和塑化，但挤出生产率降低。因此，热敏性塑料（如 PVC）宜用深槽螺杆，而熔体黏度低和热稳定性较高的塑料（如 PA 等）宜用浅槽螺杆。沿螺杆轴向各段的螺槽深度通常是不等的，加料段的螺槽深度 H_1 是个定值，一般 $H_1 > 0.1D_s$，压缩段的螺槽深度 H_2 是个变化值；均化段的螺槽深度 H_3 是个定值，按经验 $H_3 = 0.02～0.06D_s$。D_s 较小者，取大值，反之，取小值。

⑤ 螺旋角 θ θ 是螺纹与螺杆横截面之间的夹角，随着 θ 的增大，挤出机的生产能力提高，但螺杆对塑料的挤压剪切作用减少。通常 θ 介于 $10 \sim 30°$ 之间，螺杆中沿螺纹走向，螺旋角大小有所变化。物料的形式不同，对加料段的螺旋角要求也不一样。根据挤出理论和实验证明：$\theta = 30°$ 最适合细粉状物料，$\theta = 15°$ 适于方块料，$\theta = 17°$ 则适于圆柱料。在均化段，$\theta = 30°$ 时，挤出产率最高。出于螺杆机械加工的方便，取 $D_s = L_s$，则 $\theta = 17.41°$，这是最常用的螺旋角。

⑥ 螺纹棱部宽 b_E b_E 太小会增加漏流，导致产量降低，对低黏度的熔体更是如此；b_E 太大会增加螺棱上的动力消耗，有局部过热的危险。一般取 $b_E = 0.08 \sim 0.12 D_s$，在螺杆的根部取大值。

⑦ 螺杆与料筒的间隙 δ δ 大小影响挤出机的生产能力和物料的塑化。δ 值大，生产效率低，且不利于热传导并降低剪切速率，不利于物料的熔融和混合。但 δ 过小时，强烈的剪切作用易引起物料出现热降解。一般 $\delta = 0.1 \sim 0.65\text{mm}$ 为宜，对大直径螺杆，取 $\delta = 0.002 D_s$，小直径螺杆，取 $\delta = 0.005 D_s$。

（3）螺杆的作用 挤出成型时，螺杆的运转产生输送物料、传热塑化物料、混合均化物料三种作用。螺杆对物料所产生的作用在螺杆全长范围内的各段是不同的。根据物料在螺杆中的温度、压力、黏度等的变化特征，可将螺杆分为加料段、压缩段和均化段三段来讨论（图 8-3）。

① 加料段。加料段的作用是对料斗送来的塑料进行加热，同时输送到压缩段。塑料在该段螺槽内始终保持固体状态。加料段对塑料一般没有压缩作用，故螺距和螺槽深度都可以保持不变，而且螺槽深度也较深，因此加料段通常是等深等距的深槽螺纹。加料段的长度随塑料品种而异，挤出结晶型热塑性塑料的加料段要求较长，使塑料有足够的停留时间而慢慢软化，该段约占螺杆全长的 60% ～65%。挤出无定型塑料的加料段较短，约占螺杆全长的 10% ～25%。但硬质无定型塑料也要求加料段长一些。

② 压缩段。又叫相迁移段，其作用是对加料段送来的物料起挤压和剪切作用，螺杆与料筒配合使物料接触传热面不断更新，在料筒的外加热和螺杆摩擦作用下，固体物料逐渐软化、熔融为黏流态。同时赶走塑料中的空气及其他挥发成分，增大塑料的密度，塑料通过压缩段后，能够成为完全塑化的黏流状态。压缩段应能对塑料产生较大的压缩作用和剪切作用，该段螺槽容积应逐步减小。从螺杆结构特征来看，压缩作用可以通过减小螺距及螺槽深度来实现。压缩段的长度与塑料的性质有关。无定形塑料的压缩段较长，为螺杆全长的 55% ～65%，熔融温度范围宽的塑料其压缩段最长，如 PVC 挤出成型用的螺杆，压缩段为螺杆全长的 100%，即全长均起压缩作用，这样的螺杆叫做渐变型螺杆。结晶型塑料熔融温度范围较窄，压缩段较短，为 $3 \sim 5 D_s$，某些熔化温度范围很窄的结晶型塑料，如 PA 等，其压缩段更短，甚至仅为一个螺距的长度，这样的螺杆叫做突变型螺杆（见图 8-5）。

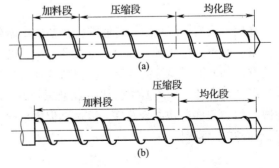

图 8-5 渐变型螺杆和突变型螺杆
（a）渐变型螺杆 （b）突变型螺杆

③ 均化段。又叫计量段，其作用是将塑化均匀的物料在均化段螺杆与料筒和机头相配合所产生的强大剪切作用和回压作用下进一步搅拌塑化混合均匀，并定量定压地通过机头口模进行挤出成型。由于从压缩段来的物料已达到所需的压缩比，故均化段一般无压缩作用，螺距和螺槽深度可以不变，这一段常常是等距等深的浅槽螺纹。为了稳定料流，均化段应有足够的长度，通常是螺杆全长的 20% ～25%。但对于 PVC 等热敏性塑料，所采用的渐变型螺杆往往无均化段，可避免粘流态物料在均化段停留时间过长而导致分解。

（4）螺杆的形式　塑料的品种很多，性质各异。为了适应不同塑料的加工要求，螺杆的种类有很多，其结构形式有很大的差别。螺杆一般分为普通螺杆和高效专用型螺杆。

普通螺杆是指常规全螺纹三段螺杆，其挤出过程完全依靠全螺纹的形式来完成。根据螺距和螺槽深度的变化，螺杆可分为等距变深螺杆、等深变距螺杆和变距变深螺杆，其中等距变深螺杆的应用最广。等距变深螺杆按其螺槽深度变化的快慢（即压缩段的长短）又可分为等距渐变型螺杆和等距突变型螺杆。对非晶型塑料宜选用渐变形螺杆，结晶型塑料宜选用突变形螺杆。

为了得到较好的挤出质量，要求物料尽可能避免局部受热时间过长而产生热降解现象，能平稳地从螺杆进入机头，这与螺杆头部的形状有很大关系。螺杆头部一般设计为锥形或半圆形，以防止物料在螺杆头部滞流过久而产生分解。有的螺杆均化段是一段平行的杆体，常称为鱼雷头或平准头，具有搅拌和节制物料、消除料流脉动现象等作用，并能增大物料的压力，降低料层厚度，改善物料传热，进一步提高塑化效率。螺杆头部结构如图 8 - 6 所示。

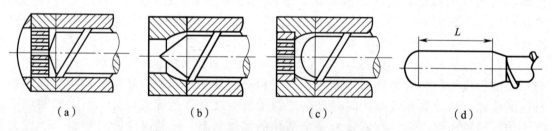

　　　　（a）　　　　　　　（b）　　　　　　　（c）　　　　　　　（d）

图 8 - 6　常用螺杆头部形状
(a) 大圆锥（120°）　　(b) 锥体（锥角为 60°，适用于 PVC)
(c) 半圆形　　(d) 鱼雷体

高效专用型螺杆克服了普通螺杆存在的熔融效率低、塑化混合不均匀等缺点，在提高挤出产量，改善塑化质量，减少产量波动、压力波动、温度波动，特别是提高混合均匀性和分散性方面都取得了满意的效果。新型高效螺杆主要有屏障型螺杆、销钉型螺杆、波型螺杆、分配混合型螺杆、分离型螺杆和组合型螺杆等。这些螺杆的共同特点是在螺杆的末端（均化段）设置一些剪切混合元件，以达到促进混合、熔化和提高产量的目的。图 8 - 7 为几种混合部件的示意图。

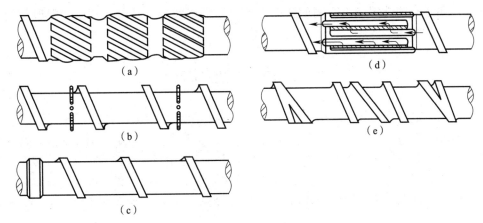

图 8-7　几种新型高效螺杆的混合部件
（a）斜槽屏障　（b）销钉　（c）环型屏障　（d）直槽屏障　（e）分离型屏障

8.1.3　机头和口模

机头是口模与料筒的过渡连接部分，口模是制品的成型部件，通常机头和口模是一个整体，习惯上统称为机头。

机头和口模的作用为：

① 使黏流态物料从螺旋运动变为平行直线运动，并稳定地导入口模而成型。

② 产生回压，使物料进一步均化，提高制品质量。

③ 产生必要的成型压力，以获得结构密实和形状准确的制品。

在机头和料筒之间有多孔板和过滤网。多孔板是一块多孔的金属圆板，孔眼的大小和板的厚度随料筒直径的增大而加大；过滤网为 2~3 层的铜丝或不锈钢丝网。两者的作用是将物料的旋转运动改变为平直运动，过滤黏流态料中可能混入的机械杂质和未熔化的或分解焦化的物料，同时增大料流压力，保证挤出制品致密，提高产品质量。

为了获得塑料成型前的必要压力，机头和口模的流道型腔应逐步连续地缩小，过渡到所要求的成型截面形状。机头内的流道应光滑，呈流线型，不存在死角。为了保证料流的稳定以及消除熔接缝，口模应有一定长度的平直部分。

根据挤出制品的不同，机头和口模的组成部件有所不同。图 8-8 为挤出机机头和口模示意图。

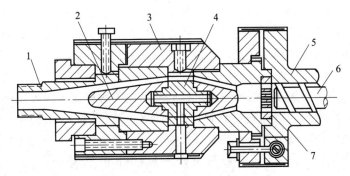

图 8-8　挤出机机头和口模示意图
1—口模　2—分流梭　3—机头　4—分流器　5—挤出机　6—螺杆　7—多孔板

此外，还有一些处理挤出产物的辅助设备，如定型和冷却装置，牵引、卷取和切割设备等。

8.2　挤出成型原理

在挤出成型过程中，塑料经历了固体 – 弹性体 – 黏流（熔融）体的形变过程，在螺杆和料筒之间，塑料沿着螺槽向前流动。在此过程中，塑料发生温度、压力、黏度，甚至化学结构的变化，因此挤出过程中塑料的状态变化和流动行为相当复杂。多年来，许多学者进行了大量的实验研究工作，提出了多种描述挤出过程的理论，有些理论已基本上获得应用。但是各种挤出理论都存在不同程度的片面性和缺点，因此，挤出理论还在不断修正、完善和发展中。

本节着重对与挤出工艺有关的一些挤出理论问题进行简略的介绍。

8.2.1　挤出过程和螺杆各段的职能

高分子物理学指出，高聚物存在三种物理状态，即玻璃态、高弹态和黏流态，在一定条件下，这三种物理状态会发生相互转变。固态塑料由料斗进入料筒后，随着螺杆的旋转而向机头方向前进，在此过程中，塑料的物理状态是发生变化的，根据塑料在挤出机中的三种物理状态的变化过程及对螺杆各部位的工作要求，通常将挤出机的螺杆分成加料段（固体输送区）、压缩段（熔融区）和均化段（熔体输送区）三段。对于这类常规全螺纹三段螺杆来说，塑料在挤出机中的挤出过程可以通过螺杆各段的基本职能及塑料在挤出机中的物理状态变化过程来进行描述（见图 8 – 9）。

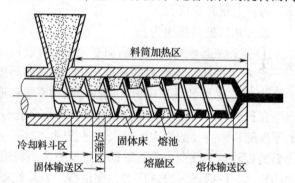

图 8 – 9　塑料在挤出机中的挤出过程

8.2.1.1　加料段

塑料自料斗进入挤出机的料筒内，在螺杆的旋转作用下，由于料筒内壁和螺杆表面的摩擦作用而向前运动，在该段，螺杆的职能主要是对塑料进行输送并压实，物料仍以固体状态存在，虽然由于强烈的摩擦热作用，在接近加料段的末端，与料筒内壁相接触的塑料已接近或达到黏流温度，固体粒子表面有些发黏，但熔融仍未开始。这一区域称为迟滞区，是指固体输送区结束到最初开始出现熔融的一个过渡区。

8.2.1.2　熔融段

塑料从加料段进入熔融段，沿着螺槽继续向前，由于螺杆螺槽的容积逐渐变小，塑料受到压缩，进一步被压实，同时物料受到料筒的外加热和螺杆与料筒之间的强烈剪切搅拌作用，温度不断升高，物料逐渐熔融，此段螺杆的职能是使塑料进一步压实和熔融塑化，排除物料内的空气和挥发分。在该段，熔融料和未熔料以两相的形式共存，至熔融段末端，塑料最终全部熔融为黏流态。

8.2.1.3　均化段

从熔融段进入均化段的物料是已全部熔融的黏流体。在机头口模阻力造成的回压作用下被进一步混合塑化均匀，并定量定压地从机头口模挤出，在该段，螺杆的职能是对熔体进行输送。

8.2.2　挤 出 理 论

目前应用最广的挤出理论是根据塑料在挤出机三段中的物理状态变化和流动行为来进行研究的，建立了固体输送理论、熔化理论和熔体输送理论。

8.2.2.1　固体输送理论

物料自料斗进入挤出机的料筒内，沿螺杆向机头方向移动。首先经历的是加料段，物料在该段是处在疏松状态下的粉状或粒状固体，温度较低，黏度基本上无变化，即使因受热物料表面发黏结块，但内部仍是坚硬的固体，故形变不大。加料段主要是对固体物料起螺旋输送作用。

固体输送理论是以固体对固体的摩擦静力平衡为基础建立起来的。该理论认为，物料与螺槽和料筒内壁所有面紧密接触，当物料与螺纹斜棱接触后，斜棱面对物料产生一个与斜棱面相垂直的推力，将物料向前推移。在推移过程中，由于物料与螺杆、物料与料筒之间的摩擦以及物料相互之间的碰撞和摩擦，同时还受到挤出机背压等的影响，物料不可能呈现像自由质点那样的螺旋运动状态。达涅尔（Darnell）等人认为，在料筒和螺杆之间，由于受热而粘连在一起的固体粒子和未塑化、冷的固体粒子，是一个个连续地整齐地排列着的，并塞满了螺槽，形成具有弹性的固体塞子，并以一定的速率向前移动（图 8 – 10）。图中 F_b 和 F_s、A_b 和 A_s 以及 f_b 和 f_s 分别为固体塞与料筒和与螺杆间的摩擦力、接触面积和静摩擦因数，p 为螺槽中体系的压力。

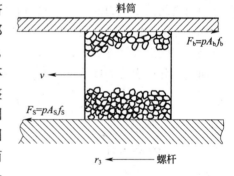

图 8 – 10　固体塞摩擦模型

物料受到螺杆旋转时的推挤作用而向前移动，可以分解为旋转运动和轴向水平运动，旋转运动是由于物料与螺杆之间的摩擦力作用而被转动的螺杆带着运动，轴向水平运动则是由于螺杆旋转时螺杆斜棱对物料的推力产生的轴向分力使物料沿螺杆的轴向移动。旋转运动和轴向运动同时作用的结果，是使物料沿螺槽向机头方向前进。

可以把固体塞在螺槽中的移动看成是在矩形通道中的运动，如图 8 – 11 所示。当螺杆转动时，螺杆斜棱对固体塞产生推力 F，使固体塞沿垂直于斜棱的方向运动，速度为 v_x，推力在轴向的分力使固体塞沿轴向移动，速度为 v_a。螺杆旋转时的表面速度为 v_s，若将螺杆看成相对于物料是静止不动的，则料筒是以速度 v_b 对螺杆作相向的切向运动，具有相同的结果。v_z 是（$v_b - v_x$）的速度差，它使固体塞沿螺槽 z 轴方向移动（图 8 – 11）。

由图 8 – 11 可看出，螺杆对固体塞的摩擦力为 F_s，料筒对固体塞的摩擦力为 F_b，但 F_b 在螺槽 z 轴方向的分力为 F_{bz}，而 $F_{bz} = A_s f_s p \cos\theta$，在稳定流动的情况下，推力 F_s 与阻力 F_{bz} 相等，即 $F_s = F_{bz}$，故

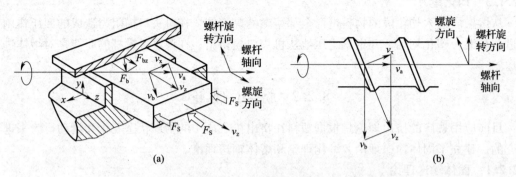

图 8 – 11　螺槽中固体输送的理想模型和固体塞移动速度矢量图

（a）理想模型　　（b）速度矢量图

$$A_s f_s = A_b f_b \cos\theta \tag{8-1}$$

当物料与料筒或螺杆间的摩擦力为零时，即 $F_s = F_{bz} = 0$ 时，物料在料筒中不能发生任何移动；当 $F_s > F_{bz}$ 时，物料被夹带于螺杆中随螺杆转动也不能产生移动；而只有 $F_{bz} > F_s$ 时，物料才能在料筒与螺杆间产生相对运动，并被迫沿螺槽向前方移动。

可见固体塞的移动情况是旋转运动还是轴向运动占优势，主要决定于螺杆表面和料筒表面与物料之间的摩擦力的大小。只有物料与螺杆之间的摩擦力小于物料与料筒之间的摩擦力时，物料才沿轴向前进；否则物料将与螺杆一起转动。因此只要能正确控制物料与螺杆及物料与料筒之间的静摩擦因数，即可提高固体输送能力。

通过推导可得出固体输送速率 q_s 与螺杆几何尺寸的关系：

$$q_s = \pi^2 D H_1 \left(D - H_1\right) n \left[\frac{\tan\theta \cdot \tan\Phi}{\tan\theta + \tan\Phi}\right] \tag{8-2}$$

式中　H_1——螺槽深度

　　　　D——螺杆外径

　　　　n——螺杆转速

　　　　θ——螺杆外径处的螺旋角

　　　　Φ——物料的移动角

图 8 – 12 是螺杆的展开图。当螺杆旋转一周时，螺槽中固体塞上的 A 点移动到 B 点，这时 AB 与螺杆轴向垂直面的夹角为 Φ，此角称为移动角。

可见加料段的固体输送速率 q_s 与螺杆的几何尺寸和外径处的螺旋角 θ 有关，通常 θ 在 $0 \sim 90°$ 范围，$\theta = 0°$ 时，q_s 为零，$\theta = 90°$ 时，q_s 最大。由式（8 – 1）和式（8 – 2）可知，为了提高固体输送速率，应采取以下措施。

① 在螺杆直径不变时，增大螺槽深度 H_1；

② 减小物料与螺杆的静摩擦因数 f_s；

③ 增大物料与料筒的静摩擦因数 f_b；

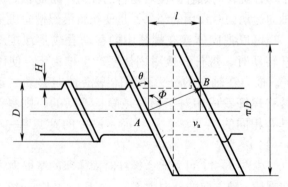

图 8 – 12　螺杆的展开图

④ 选择合适的螺旋角 θ，使 $\dfrac{\tan\theta \cdot \tan\Phi}{\tan\theta + \tan\Phi}$ 最大。

从挤出机的结构角度来考虑，增加螺槽深度是有利的，但会受到螺杆扭矩的限制。其次，降低物料与螺杆的静摩擦因数 f_s 也是有利的，这就需要提高螺杆的表面光洁度。增大物料与料筒的静摩擦因数 f_b 也可以提高固体输送速率，有效的办法是在料筒内表面开设纵向沟槽。决定螺旋角 θ 时应采用最佳值，但必须考虑螺杆在制造时的方便程度，通常 $\theta = 17.41°$ 为宜。

从挤出工艺考虑，控制加料段外料筒和螺杆的温度是关键，因为静摩擦因数是随温度而变化的，绝大多数聚合物对钢的静摩擦因数随温度的下降而减小。因此，在螺杆的中心通水冷却可降低 f_s，对固体物料的输送是有利的。

以上讨论并未考虑物料因摩擦发热而引起静摩擦因数的改变以及螺杆对物料产生的拖曳流动等因素。实际上，当物料前移阻力很大时，摩擦产生的热量很大，当热量来不及通过料筒或螺杆移除时，静摩擦因数的增大会使加料段输送速率比计算值偏高。

挤出机固体输送理论尚在发展中，有研究人员提出黏滞剪切机理来解释螺杆的固体输送。

8.2.2.2 熔化理论

由加料段送来的固体物料进入压缩段，在料筒温度的外加热作用和物料与物料之间及物料与料筒和螺杆之间摩擦所产生的内热作用下而升高，同时逐渐受到越来越大的压缩作用，固体物料逐渐熔化，最后完全转变成熔体，进入均化段。在压缩段既存在固体物料又存在熔融物料，物料在流动过程中有相变化发生，因此压缩段的物料熔化和流动情况很复杂，给研究带来许多困难。由于在挤出机中物料的熔化主要是在压缩段完成的，所以对压缩段较多的是研究物料在该段由固体转变为熔体的过程和机理，到目前为止，熔化理论仍在发展中。有关熔化理论的数学推导是很繁复的，在这里从略，下面简单介绍由 Z. Tadmor 所提出的熔化理论。

（1）熔化过程　当固体物料从加料段进入压缩段时，物料是处在逐渐软化和相互黏结的状态，与此同时越来越大的压缩作用使固体粒子被挤压成紧密堆砌的固体床。固体床在前进过程中受到料筒外加热和内摩擦热的同时作用而逐渐熔化。首先在靠近料筒表面处留下熔膜层，当熔膜层厚度超过料筒与螺棱的间隙时，就会被旋转的螺棱刮下并汇集于螺纹推力面的前方，形成熔池，而在螺棱的后侧则为固体床，如图 8－13 所示。随着螺杆的转动，来自料筒的外加热和熔膜的剪切热不断传至未熔融的固体床，使与熔膜接触的固体粒子熔融。这样，在沿螺槽向前移动的过程中，固体床的宽度逐渐减小，直至全部消失，即完成熔化过程。

（2）相迁移面　熔化区内固体相和熔体相的界面称为相迁移面，大多数熔化均发生在此分界面上，它实际上是固体相转变为熔体相的过渡区域。熔膜形成后的固体熔化是在熔膜和固体床的界面（相迁移面）处发生的，所需的热量一部分来源于料筒的外加热，另一部分则来源于螺杆和料筒对熔膜的剪切作用。

（3）熔化长度　图 8－14 表示了固体床在展开的螺槽内的分布和变化情况。在挤出过程中，加料段内充满未熔融的固体粒子，均化段内则充满已熔化的物料，而在螺杆中间的压缩段内固体粒子与熔融物共存，物料的熔化过程就是在此区段内进行的，故压缩段又称为熔

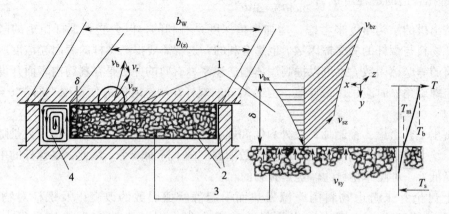

图 8 - 13　熔化理论模型

$b_{(z)}$—固体床宽度　b_w—螺槽宽度　T_b—料筒温度　T_m—物料的熔点　T_s—固体床的初始温度
1—料筒熔膜　2—螺杆熔膜　3—固体床　4—熔池

化区。在熔化区，物料的熔融过程是逐渐进行的，自熔化区始点 A 开始，固体床的宽度将逐渐减小，熔池的宽度逐渐增加，直到熔化区终点 B，固体床的宽度下降到零，进入均化段则固体床消失，螺槽全部充满熔体。从熔化开始到固体床的宽度降到零为止的总长度，称为熔化长度。熔化长度的大小反映了固体的熔化速度，一般熔化速度越高则熔化长度越短，反之越长。

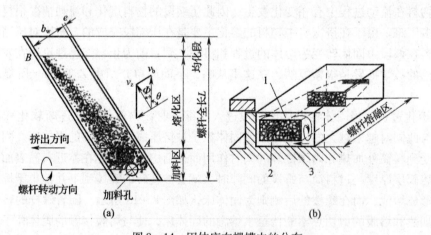

图 8 - 14　固体床在螺槽中的分布

（a）在螺槽中的分布　（b）在螺杆熔融区的分布

1—上部熔膜　2—固体床　3—下部熔膜

（4）模型假设　图 8 - 13 表示的压缩段中物料的熔融模型是建立在如下的假设基础上的：

① 挤出过程是稳定的，即在挤出过程中，螺槽内的熔化物料与固体床的分界面位置是固定不变的。

② 固体床是均匀的连续体，而且在螺槽的横截面上为矩形。

③ 物料的熔融温度范围较窄，因此固液相之间的分界面比较明显。

④ 螺杆固定，料筒旋转，当熔膜厚度超过螺杆与料筒的间隙时，熔膜被料筒表面拖曳，汇集于熔池，同时固体床以恒定的速度移向分界面，以保持稳定的状态。

⑤ 固体粒子的熔化是在分界面上进行的。

（5）物料的温度分布和速度分布　　料筒传来的热量和熔膜内摩擦剪切作用产生的热量通过熔膜传导到迁移面，使固体粒子在分界面上受热熔化，由此形成的沿螺槽深度方向的物料温度分布如图 8-15 所示。图 8-16 为物料在压缩段沿螺槽深度方向的速度分布。根据料筒旋转、螺杆相对静止的假设，料筒表面对物料有拖曳作用，则料筒表面物料的速度最大；固体床物料是处于紧密堆砌的熔结状态，黏度大而移动困难，因此固体床物料的速度是相同的；螺杆表面的物料因摩擦热而形成熔膜，但螺杆相对于料筒而言处于静止状态，故螺杆表面物料的速度为零。

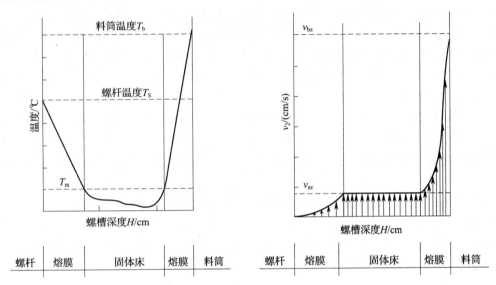

图 8-15　螺杆压缩段中物料的温度分布　　　　图 8-16　螺杆压缩段中物料的速度分布

由以上的讨论可知，物料的整个熔化过程是在螺杆压缩段内进行的；物料的整个熔化过程直接反映了固相宽度沿螺槽方向变化的规律，这种变化规律决定于螺杆的参数、操作工艺条件和物料的特性等。

8.2.2.3　熔体输送理论

从压缩段送入均化段的物料是具有恒定密度的黏流态物料，该段物料的流动为黏性流体的流动，物料不仅受到旋转螺杆的挤压作用，同时受到由于机头口模阻力所造成的反压作用，物料的流动情况很复杂。但是，均化段熔体输送理论在挤出理论中研究得最早，而且最为充分和完善。

为了分析螺槽中熔体的流动情况，假设螺杆相对静止，料筒以原来螺杆的速度作反向运动，将螺槽展开，如图 8-17 所示，坐标 x 轴垂直于螺棱侧壁，y 轴为螺槽深度方向，z 轴为物料沿螺槽向前移动的方向。物料的流动速度 v 可分解为沿螺纹平行方向的分速度 v_z 和与螺纹垂直方向的分速度 v_x。v_x 可认为是使物料在螺槽中作旋转流动沿 x 轴方向的分速度。图中下标 b 表示料筒内表面层。

　　料筒相对螺杆螺槽进行运动，熔体被拖动沿 z 方向移动，同时由于机头口模的回压作用，物料又有反压流动，通常把物料在螺槽中的流动视为由下面四种类型的流动所组成。

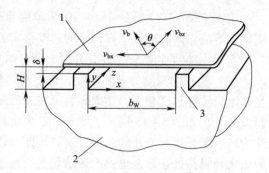

图 8－17　螺槽展开图
1—料筒　2—螺杆根部　3—螺翅

　　（1）正流　是物料沿螺槽方向（z 方向）向机头的流动，这是均化段熔体的主流，是由于螺杆旋转时螺棱的推挤作用所引起的，从理论分析上来说，这种流动是由物料在螺槽中受机筒摩擦拖曳作用而产生的，故也称为拖曳流动，它起挤出物料的作用。其体积流率用 $q_{v,D}$ 表示，正流在螺槽中沿螺槽深度方向的速度分布是线性变化的，如图 8－18（a）所示。

　　（2）逆流　沿螺槽与正流方向相反方向（$-z$ 方向）的流动，它是由机头口模、过滤网等对料流的阻碍所引起的反压流动，故又称压力流动，它将引起挤出生产能力的损失。其体积流量用 $q_{v,p}$ 表示，逆流的速度分布是按抛物线关系变化的，如图 8－18（b）所示。正流和逆流的综合称为净流，是正流和逆流两种速度的代数和，如图 8－18（c）所示。

　　（3）横流　物料沿 x 轴和 y 轴两方向在螺槽内往复流动，也是由螺杆旋转时螺棱的推挤作用和阻挡作用所造成的，仅限于在每个螺槽内的环流，对总的挤出生产率影响不大，但对于物料的热交换、混合和进一步均匀塑化影响很大，其体积流量用 $q_{v,T}$ 表示，速度分布如图 8－18（d）所示。

　　（4）漏流　物料在螺杆和料筒的间隙沿着螺杆的轴向往料斗方向的流动，它也是由于机头和口模等对物料的阻力所产生的反压流动，其体积流量用 $q_{v,L}$ 表示。由于螺杆和料筒间的间隙 δ 很小，故在一般情况下漏流流量要比正流和逆流小很多。如图 8－18（e）所示。

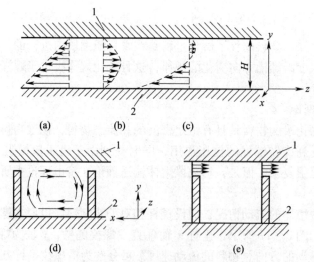

图 8－18　螺槽内熔体的几种流动
（a）正流　（b）逆流　（c）净流　（d）横流　（e）漏流
1—机筒　2—螺杆

物料在螺杆均化段的实际流动是上述四种流动的组合，是按螺旋形的轨迹沿螺槽向机头方向的流动，如图 8 – 19 所示。其输送流率就是挤出机的总生产能力。根据流动分析，影响挤出机生产能力的是正流、逆流、漏流，横流对挤出量没有影响。故挤出机的生产能力 q_v 可表示为：

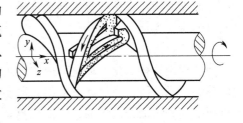

图 8 – 19　熔体在螺槽中的组合流动情况

$$q_v = q_{v,D} - q_{v,P} - q_{v,L} \qquad (8-3)$$

即为正流、逆流、漏流体积流量的代数和。

8.2.3　挤出机的生产率

塑料在挤出机中的运动情况相当复杂，影响其生产能力的因素很多，因此要精确计算挤出机的生产率较困难。目前挤出机生产率的计算方法有如下几种。

8.2.3.1　按经验公式计算

对挤出机的生产能力进行多次实际调查和实测，并分析总结得出经验公式如下：

$$q_m = \beta \cdot D^3 \cdot n \qquad (8-4)$$

式中　　q_m——挤出机的生产率，cm^3/min

　　　　β——系数，一般 $\beta = 0.003 \sim 0.007$

　　　　D——螺杆直径，cm

　　　　n——螺杆转速，r/min

由此经验公式可见，挤出机的生产率正比于螺杆直径的三次方和转速，实际上影响 q_m 的因素很多，如物料性质、加料方式、螺杆几何结构、加工条件等。

8.2.3.2　按固体输送理论计算

此法是把挤出机内的物料看成是一个固体塞子，把物料的运动看成像螺母在螺杆上移动一样，按这种理论得出公式为：

$$q_m = 0.06 \cdot \frac{\pi D_a}{\cos\theta} \cdot A \cdot \rho \cdot n \cdot \beta' \qquad (8-5)$$

式中　　D_a——螺杆螺纹的平均直径，cm

　　　　θ——螺纹的螺旋角

　　　　A——螺纹槽的横断面积，cm^2（$A = b_w \cdot H$）

　　　　ρ——物料的密度，g/cm^3

　　　　n——螺杆转速（r/min）

　　　　β'——机台的传送系数，一般 $\beta' = 0.2 \sim 0.5$，新机取大值，旧机取小值

这个公式没有考虑到存在于挤出机中的是黏性物料，由于机头口模所形成的压力差以及物料因摩擦生热而改变物料的温度和黏度，进而会使料筒壁与物料间的静摩擦因数发生改变。

8.2.3.3　按黏性流体流动理论计算

此法是把挤出机内的物料当作黏性流体，把物料的运动看作是黏性流体流动。在挤出机内只有均化段的物料才是黏性流体，因此在挤出机正常工作时，螺杆均化段的流动速率可以看作是挤出机的挤出流量，影响均化段流率的因素也就是影响挤出机生产率的因素。应该说这种计算法最能代表真正的挤出机生产能力，因为物料流出均化段就是流出挤出机。

由前面的均化段熔体输送理论可知，决定均化段熔体流量的是正流、逆流和漏流，因此挤出机的流量为：

$$q_v = q_{v,D} - q_{v,P} - q_{v,L} \tag{8-6}$$

为了理论分析简化，均化段熔体输送理论作如下假定：进入均化段的物料是全部熔融塑化的等温牛顿流体，在流动过程中无黏度和密度的变化，流动是稳定状态下的层流，流体是不可压缩的，螺槽为矩形的，该段螺槽宽度与深度之比大于10，如果螺槽很浅，则螺槽侧壁对物料流动的影响不大。

在上述假定的基础上，根据物料在螺槽中的运动速度分布、螺杆的几何尺寸和熔体在管道中的流动方程，就可以计算上述三种流动的体积流率，按式8-6求得单螺杆挤出机均化段的流量：

$$q_v = \frac{\pi^2 D^2 n H \sin\theta\cos\theta}{2} - \frac{\pi D H^3 \sin^2\theta \Delta p}{12\eta L} - \frac{\pi^2 D^2 \delta^3 \varepsilon \cdot tg\theta\Delta p}{12\eta b_E L} \tag{8-7}$$

式中　q_v——挤出机的生产率，cm^3/s

　　　D——螺杆直径，cm

　　　n——螺杆转速，r/s

　　　H——均化段螺槽深度，cm

　　　θ——螺旋角

　　　η——熔体黏度，Pa·s

　　　Δp——均化段料流的压力降，Pa

　　　L——均化段长度，cm

　　　δ——螺杆与料筒的间隙，cm

　　　b_E——螺棱宽度，cm

　　　ε——螺杆偏心校正系数，理想状态：$\varepsilon = 1$，实际使用：$\varepsilon = 1.2$

式中第一项为正流流量 $q_{v,D}$，第二项为逆流流量 $q_{v,P}$，第三项为漏流流量 $q_{v,L}$。第三项中 δ 值一般很小，常取 $\delta = 0.002D \sim 0.005D$，因此一般漏流值不大，计算时可以略去。若取

$$A = \frac{\pi^2 D^2 H \sin\theta\cos\theta}{2}, \qquad B = \frac{\pi D H^3 \sin^2\theta}{12L},$$

则式8-7可以简化为：

$$q_v = An - B\frac{\Delta p}{\eta} \tag{8-8}$$

可以看出，A 和 B 只与螺杆的几何参数有关，对于给定的螺杆，它们的数值为常数。

式8-7是在一些假设条件下推导出来的，其计算数值只能作为决定生产率的参考。众所周知，大多数聚合物熔体都是非牛顿流体，属于假塑性流体，如果考虑这一因素，则式8-7在略去漏流后需改为：

$$q_v = \frac{\pi^2 D^2 n H \sin\theta\cos\theta}{2} - \frac{\pi D H^{m+2} \sin^{m+1}\theta}{(m+2) \, 2^{m+1}} \cdot K \cdot \left(\frac{\Delta p}{L}\right)^m \tag{8-9}$$

式中　K——流动常数

　　　m——流动行为指数

比较式8-7和式8-9可以看出，第一项完全一样，第二项不同，说明物料的流变性能仅与逆流项有关，这是因为逆流与压力有关，而正流与压力无关。因此如果物料的流动性较

大，即 K 值较大，则挤出量对压力的敏感性就较大，这对挤出成型是不利的。一般情况下，适合挤出成型的物料要求其黏度较大。

8.2.4　螺杆和机头（口模）的特性曲线

前面讨论了物料在螺杆中的流动情况，而挤出成型时是在有机头（口模）的情况下进行的，要了解挤出过程的特性，需将螺杆和机头结合起来进行讨论。

从式 8 - 8 可知，对指定挤出机在等温操作的情况下，除 q_v 和 Δp 外，式中其他符号均为常数，很明显式 8 - 8 是一个带有负斜率（ $-B/\eta$ ）和截距（ An ）的直线方程。对同一螺杆改变转速，将该方程绘在 $q_v - \Delta p$ 坐标图上得到的一系列具有负斜率的平行直线称为螺杆特性曲线（见图 8 - 20）。

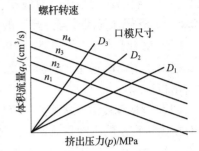

图 8 - 20　螺杆和口模特性曲线
螺杆转速：$n_1 < n_2 < n_3 < n_4$；口模尺寸：
$D_1 < D_2 < D_3$（$K_1 < K_2 < K_3$）

假定聚合物熔体为牛顿流体，其通过机头口模时的体积流量 q_v 可以根据牛顿流体在简单圆管中的流动方程来表示：

$$q_v = K \cdot \frac{\Delta p}{\eta} \qquad (8 - 10)$$

式中　K——机头口模的阻力常数，仅与口模的尺寸和形状有关

　　　η——物料通过口模时的黏度，Pa·s，它与物料温度和机头处物料的剪切速率有关

　　　Δp——物料通过口模时的压力降，Pa。它与均化段物料的压力降（式 8 - 8 中的 Δp）近似

从式 8 - 10 可知，这是一个通过原点、斜率为 K/η 的直线方程。改变口模大小，将该方程绘在同一 $q_v - \Delta p$ 坐标图上得到的一系列通过原点、斜率不同的直线称为口模特性曲线（见图 8 - 20）。

挤出机是将均化段与机头口模连在一起进行工作的。由于物料不可压缩，并且连续稳定地由均化段流向机头口模而挤出成型，因此均化段的流量、压力与机头口模的流率、压力应相等。图 8 - 20 中两组直线的交点应该就是适于该机头口模和螺杆转速下挤出机的综合工作点，该点所对应的 q_v 即为挤出机在操作条件下的生产率，亦即在给定的螺杆和口模下，当螺杆转速一定时，挤出机的机头压力和流率应符合这一点所表示的关系。

8.2.5　影响挤出机生产率的因素

从式 8 - 7 的计算公式可知，螺杆的主要结构参数和操作条件影响挤出机的生产率。

8.2.5.1　机头压力与生产率的关系

从式 8 - 7 可以看出，正流流量与压力无关，逆流和漏流流量则与压力成正比。因此，压力增大，挤出流量减小，但对物料的进一步混合和塑化有利。在实际生产中，增大口模尺寸，即减小了压力降，挤出量虽然提高，但对制品质量不利。

8.2.5.2　螺杆转速与生产率的关系

将式 8 - 8 和式 8 - 10 联立，并认为均化段物料的压力降等于物料通过口模时的压力降，则可得到：

$$q_v = \left(\frac{AK}{B+K}\right) \cdot n \tag{8-11}$$

由该式可知，在机头和螺杆的几何尺寸一定时，螺杆转速与挤出机的生产量成正比，这种关系对发展高速挤出机有重大意义。但当 n 增大到一定值时，生产能力上升会明显变慢，其原因是由于 n 上升很大时，由于剪切生热，熔体温度上升，黏度下降，由式 8-7 可以看出，逆流和漏流的增加，将导致生产量的增加变慢。而且当 n 增加造成剪切速率增大到一定值时，挤出物易出现熔体破裂现象。所以靠增加转速来提高生产量是有限度的。

8.2.5.3　螺杆几何尺寸与生产率的关系

（1）螺杆直径 D　从式 8-7 可知，q_v 接近于与螺杆直径 D 的平方成正比，由此看来螺杆直径对 q_v 的影响远比 n 的影响大，因此目前生产规模较大的挤出成型多采用较大螺杆直径的挤出机。

（2）螺槽深度 H　从式 8-7 可知，正流与 H 成正比，而逆流与 H^3 成正比，因此螺槽深度对挤出生产率的影响是双重的。图 8-21 为螺槽深度与挤出生产率的关系曲线，可以看出深槽螺杆的挤出量对压力的敏感性大。因此当口模阻力小，压力较低时，用深槽螺杆有较大的生产量，而当口模阻力增加，压力高至一定程度后，浅槽螺杆的挤出量较高。从图中可见，浅槽螺杆对不同结构机头口模的适应性较好，而且均化段螺槽浅，物料所受的剪切作用大，塑化效果好，但螺槽也不能太浅，否则剪切太大，易使物料烧焦。

（3）均化段长度 L　从式 8-7 可知，均化段长度 L 增加时，可减少逆流和漏流，使得挤出量增加，如图 8-22 所示。增加均化段长度 L，螺杆特性曲线比较平坦，即受口模阻力的影响较小，即使因口模阻力变化而引起机头压力有较大变化时，挤出量的变化也较小。

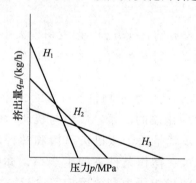

图 8-21　螺槽深度对挤出量的影响
（$H_1 > H_2 > H_3$）

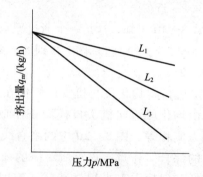

图 8-22　均化段长度对挤出量的影响
（$L_1 > L_2 > L_3$）

8.2.5.4　物料温度与生产率的关系

式 8-8 和式 8-10 都没有直接反映料温与挤出生产率的关系，但物料的黏度是与温度有关的，因此可以通过黏度与挤出量的关系反映料温与挤出量的关系。

但从式 8-11 可知，挤出量仅与螺杆转速以及螺杆和口模的几何尺寸有关，而与物料的黏度无关。这是因为在机头口模尺寸不变的情况下，当黏度增加时，压力也在增加，从式 8-10 即可看出，挤出流量保持不变。这个关系也可以由式 8-8 和式 8-10 联立的下式得到说明：

$$\Delta p = \frac{An}{B+K} \cdot \eta \tag{8-12}$$

因此挤出量与黏度无关，也与料温无关。但在实际生产中，当温度有较大幅度变化时，挤出流量也有一定变化，这种变化是由于温度的变化而导致物料塑化效果受到影响，这相当于均化段的长度有了变化，从而引起挤出量的变化。

8.2.5.5　机头口模的阻力与生产率的关系

物料挤出时的阻力与机头口模的截面积成反比，与长度成正比，即口模的截面尺寸越大或口模的平直部分越短，机头阻力越小，这时挤出量受机头内压力变化的影响就越大。因此一般要求口模的平直部分有足够的长度。

8.3　挤出成型工艺

挤出成型主要用于热塑性塑料制品的成型，也可用于少数热固性塑料的成型。适用于挤出成型的热塑性塑料品种很多，挤出制品的形状和尺寸也各不相同，挤出不同制品的操作方法各不相同，但是挤出成型的工艺流程则大致相同。本节先简要叙述挤出各种制品的共同工序和过程，然后介绍几种典型制品的挤出工艺和所需的设备。

8.3.1　挤出工艺流程

各种挤出制品的生产工艺流程一般包括原料的准备、预热、干燥、挤出成型、挤出物的定型与冷却、制品的牵引与卷取（或切割），有些制品成型后还需经过后处理。工艺流程如图 8 - 23 所示。

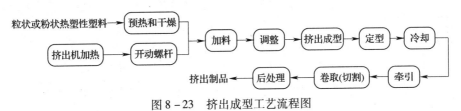

图 8 - 23　挤出成型工艺流程图

8.3.1.1　原料的准备和预处理

用于挤出成型的热塑性塑料大多数是粒状或粉状塑料，这些原料的制备在第 6 章中已述及。原料中可能含有水分，将会影响挤出成型的正常进行，同时影响制品质量。原料中的水分主要来自制备时的残留水分和贮存时吸水（极性聚合物尤甚），图 8 - 24 为 PA 吸水率随时间的变化。

高分子材料中低分子化合物的存在，将使其热变形温度和拉伸强度降低，如表 8 - 2 所示。而且，水分和残留单体的影响比增塑剂更甚。

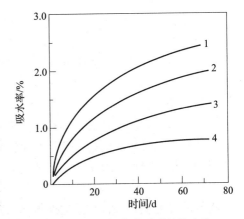

图 8 - 24　PA 吸水率随时间的变化
1—PA - 6　2—PA - 66　3—PA - 610　4—PA - 12

表 8 - 2　　　　　　　　　　低分子化合物对制品性能的影响

种类	1% 低分子化合物引起的性能下降值	
	拉伸强度/MPa	热变形温度/℃
水分、残留单体	5 ~ 10	10 ~ 15
增塑剂	1 ~ 2	1 ~ 2

　　成型加工时存在的水分除了引起制品内部出现气泡（严重时会发泡）、表面银纹、条痕、晦暗无光等弊病，影响制品外观及使用性能外，更严重的是引起聚合物的高温水解，导致相对分子质量下降，机械性能降低，制品性能劣化。因此，挤出前要对原料进行预热和干燥。不同种类塑料允许的含水量不同，通常应控制原料的含水量在 0.5% 以下。表 8 - 3 为聚合物成型时的允许含水量。

表 8 - 3　　　　　　　　　　　　　聚合物成型时的允许含水量

品种	允许的水分含量/%	品种	允许的水分含量/%
PET	<0.005	PBT	<0.05
PC	<0.02	PA - 6，PA - 66	<0.2

　　原料的预热和干燥一般是在烘箱或烘房内进行，干燥条件如温度、时间、料层厚度等，应根据聚合物的品种和选用的干燥设备而定。表 8 - 4 所示为 PA 常用的干燥方法和条件。因 PA 对氧敏感，在高温情况下，极易氧化变色，所以应避免温度过高或时间过长。

　　此外，原料中的机械杂质也应尽可能除去。

表 8 - 4　　　　　　　　　　　　PA 粒料常用的干燥方法和条件

干燥条件	干燥方法		
	常压热风干燥法	真空干燥法	沸腾干燥法
干燥时间/h	20 ~ 24	12 ~ 16	0.25 ~ 0.5
干燥温度/℃	80 ~ 90	100 ~ 110	110
料层厚度/mm	25	≤50	—
真空度/kPa		93	—
一次加料量/kg	—	—	40 ~ 80

8.3.1.2　挤出成型

　　首先将挤出机加热到预定的温度，然后开动螺杆并同时加料。挤出成型是连续成型过程，关键是初期挤出工艺的调整，应根据塑料的挤出工艺性能和挤出机机头口模的结构特点等调整挤出机料筒各加热段和机头口模的温度及螺杆的转速等工艺参数，以控制料筒内物料的温度和压力分布；根据制品的形状和尺寸的要求，调整口模尺寸和同心度及牵引等设备装置，以控制挤出物的出口膨胀和形状的稳定性，从而达到最终控制挤出物的产量和质量的目的，直到挤出达到正常状态即进行连续生产。

　　不同塑料品种要求的螺杆特性和工艺条件不同。挤出过程的工艺条件对制品质量影响很大，特别是塑化情况直接影响制品的外观和物理机械性能，而影响塑化效果的主要因素是温度和剪切作用。

　　物料的温度主要来自料筒的外加热，其次是螺杆对物料的剪切作用和物料之间的摩擦，当进入正常操作后，剪切和摩擦产生的热量甚至变得更为重要。

　　温度升高，物料黏度降低，有利于塑化，同时降低熔体的压力，挤出成型出料快，但如果机头和口模温度过高，挤出物形状的稳定性较差，制品收缩性增大，甚至引起制品发黄，出现气泡，导致成型不能顺利进行。

　　温度降低，物料黏度增大，机头和口模压力增加，制品密度大，形状稳定性好，但出口膨胀较严重，可以适当增大牵引速度以减少因膨胀而引起的制品尺寸变化。但是，温度不能太低，否则塑化效果差，且熔体黏度太大而增加功率消耗。

口模和型芯的温度应该一致，若相差较大，则制品会出现向内或向外翻甚至扭歪等现象。

增大螺杆的转速能强化对塑料的剪切作用，有利于塑料的混合和塑化，且大多数塑料的熔融黏度随螺杆转速的增加而降低。

8.3.1.3 定型与冷却

热塑性塑料的挤出物离开机头口模后仍处在高温熔融状态，具有很大的塑性变形能力，应立即进行定型和冷却。如果定型和冷却不及时，制品在自身的重力作用下就会变形，出现凹陷或扭曲等现象。不同的制品有不同的定型方法，大多数情况下，冷却和定型是同时进行的，只有在挤出管材和各种异型材时才有一个独立的定型装置，挤出板材和片材时，往往挤出物通过压光辊，也是起定型和冷却作用，而挤出薄膜、单丝等不必定型，仅通过冷却便可以了。

未经定型的挤出物必须用冷却装置使其及时降温，以固定挤出物的形状和尺寸，已定型的挤出物由于在定型装置中的冷却作用并不充分，仍必须采用冷却装置使其进一步冷却。冷却一般采用空气或水冷，冷却速度对制品性能有较大影响，硬质制品不能冷得太快，否则容易造成内应力，并影响外观，对软质或结晶型塑料则要求及时冷却，以免制品变形。

8.3.1.4 制品的牵引和卷取（切割）

热塑性塑料挤出离开口模后，由于有热收缩和出口膨胀的双重效应，使挤出物的截面与口模的断面形状尺寸并不一致。此外，挤出是连续过程，如不及时引出，会造成堵塞和生产停滞，使挤出不能顺利进行或制品产生变形。因此在挤出热塑性塑料时，要连续而均匀地对挤出物进行牵引，其目的一是帮助挤出物及时离开口模，保持挤出过程的连续性，二是调整挤出型材截面尺寸和性能。牵引的速度要与挤出速度相配合，通常牵引速度略大于挤出速度，这样一方面起到消除由出口膨胀引起的制品尺寸变化，另一方面对制品有一定的拉伸作用。牵引的拉伸作用可使制品适度进行大分子取向，从而使制品在牵引方向的强度得到改善。各种制品的牵引速度是不同的，通常挤出薄膜和单丝需要较快的速度。牵伸度较大，制品的厚度和直径减小，纵向断裂强度提高。挤出硬制品的牵引速度则小得多，通常是根据制品离口模不远处的尺寸来确定牵伸度。

定型冷却后的制品可根据制品的要求进行卷挠或切割。软质型材在卷挠到给定长度或重量后切断；硬质型材从牵引装置送出达到一定长度后切断。

8.3.1.5 后处理

有些制品挤出成型后还需进行后处理，以提高制品的性能。后处理主要包括热处理和调湿处理。在挤出较大截面尺寸的制品时，常因挤出物内外冷却速率相差较大而使制品内有较大的内应力，这种挤出制品成型后应在高于制品的使用温度 10 ~ 20℃或低于塑料的热变形温度 10 ~ 20℃的条件下保持一定时间，进行热处理以消除内应力。有些吸湿性较强的挤出制品，如 PA，在空气中使用或存放过程中会吸湿而膨胀，而且这种吸湿膨胀过程需很长时间才能达到平衡，为了加速这类塑料制品的吸湿平衡，常需在成型后浸入含水介质加热进行调湿处理，在此过程中还可对制品进行热处理，以消除内应力，改善制品的性能。图 8 - 25 所示为 PA - 6 吸水率与机械性能的关系，当 PA - 6 吸收约 3% 水分后（与 23℃、相对湿度 65%

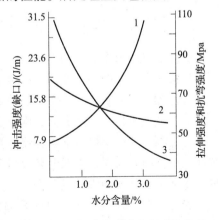

图 8 - 25   PA - 6 吸水率与强度的关系
1—冲击强度 2—拉伸强度 3—抗弯强度

时平衡吸水率接近），其拉伸强度下降了约 20MPa，但其冲击强度却提高了近 5 倍。

8.3.2　典型挤出制品成型工艺

各种塑料挤出制品的成型，均是以挤出机为主机，使用不同形状的机头口模，改变挤出辅机的组成来完成的。典型的塑料挤出制品包括管材、棒材、板材、片材、吹塑薄膜和电线电缆。下面介绍几种典型的挤出制品的成型工艺和所需的设备。

8.3.2.1　塑料管材挤出

管材是塑料挤出制品中的主要品种，有硬管和软管之分。用来挤管的塑料品种很多，主要有 PVC、PE、PP、PS、PA、ABS 和 PC 等。

管材挤出的基本工艺是：由挤出机均化段塑化均匀的塑料，先后经过滤网、多孔板而到达分流器，并为分流器支架分为若干支流，离开分流器支架后再重新汇合起来，进入管芯口模间的环形通道，最后通过口模到达挤出机外而成管子，接着经过定径套定径和初步冷却，再进入冷却水槽或具有喷淋装置的冷却水箱，进一步冷却成为具有一定口径的管材，最后经由牵引装置引出并根据规定的长度要求而切割或卷取得到所需的制品。图 8-26 为挤管工艺示意图。

管材挤出装置由挤出机、机头口模、定型装置、冷却水槽、牵引及切割或卷取装置等组成，其中挤出机的机头口模和定型装置是管材挤出的关键部件。

（1）机头和口模　机头是挤出管材的成型部件，大体上可分直通式、直角式和偏移式三种，其中用得最多的是直通式机头，图 8-26 所示的是直通式挤管机头，机头包括分流器、分流器支架、管芯、口模和调节螺钉等几个部分。

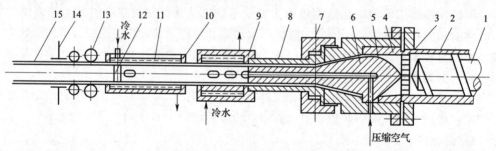

图 8-26　管材挤出工艺示意图

1—螺杆　2—机筒　3—多孔板　4—接口套　5—机头体　6—芯棒　7—调节螺钉　8—口模　9—定径套
10—冷却水槽　11—链子　12—塞子　13—牵引装置　14—夹紧装置　15—塑料管子

分流器又称鱼雷头，如图 8-27 所示。黏流态塑料经过多孔板而到达分流器，塑料熔体逐渐形成环形，同时料层变薄，有利于塑料的进一步均匀塑化。

分流器与多孔板之间的空腔起着汇集料流的作用。空腔的距离不宜过小，以防管材挤出不均匀，质量不稳定；距离太大则料流的停留时间太长，易发生塑料分解。

分流器支架的作用是支撑分流器及管芯。在小型挤出机中，分流器和分流器支架为一个整体。为支撑分流器，支架上有分料筋，塑料流过时被分料筋分开再汇合，有可能形成熔接痕，因此分料筋要制成流线型。

管芯（型芯）是挤出管材内表面的成型部件，随管子型样不同而有不同的形式，一般为流线型，以便黏流态塑料的流动。黏流态塑料经过分流器支架后进入管芯与口模之间，管芯经过一定的收缩成为平直的流道。

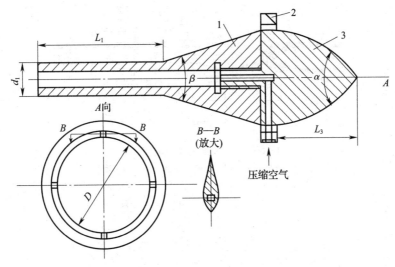

图 8 - 27　分流器与管芯示意图

1—芯棒　2—分流器支架　3—分流器

在管材挤出过程中，机头压缩比表示黏流态塑料被压缩的程度。机头压缩比是分流器支架出口处流道环形面积与口模及管芯之间的环形截面积之比。压缩比太小不能保证挤出管材的密实，也不利于消除分料筋所造成的熔接痕；压缩比太大则料流阻力增加。机头压缩比按塑料性质在 3 ~ 10 的范围内变化。

口模结构如图 8 - 28 所示。口模的平直部分与管芯的平直部分构成管子的成型部件，这个部分的长短影响管材的质量。增加平直部分的长度，可增大料流阻力，既使管材致密，又可使料流稳定，能够均匀挤出，消除螺杆旋转给料流造成的影响，但如果平直部分过长，则阻力过大，挤出的管材表面粗糙。口模平直部分的长度 L_1 一般为内径 d_1 的 2 ~ 6 倍，d_1 小时，L_1 取大值，反之则相反。

管材的内外径应分别等于管芯的外径和口模的内径，但实际上从口模来的管材由于牵引和冷却收缩等因素，其截面会缩小一些；另一方面，在管材离开口模后，压力降低，塑料因弹性恢复而膨胀。因此挤

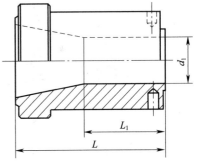

图 8 - 28　口模示意图

出管子的收缩及膨胀的大小与塑料性质、离开口模前后的温度、压力及牵引速度等有关，管材最终的尺寸必须通过定径套冷却定型和牵引速度的调节而确定。

（2）管材的定径和冷却　管材挤出后，温度仍然很高。为了得到正确的尺寸和几何形状以及表面光洁的管子，应立即进行定径和冷却，以使其定型。

管材可用定径套来定型，定型方式有定外径和定内径两种，定径方法的选择取决于管材的要求。若管材外径尺寸要求高，宜选用外径定型法；反之，则选用内径定型法。外径定型是使挤出管子的外壁与定径套的内壁相接触而起定型作用的，为此，可用向管内通入压缩空气的内压法（图 8 - 29）或在管子外壁抽真空法（图 8 - 30）来实现外径定型。内径定型法如图 8 - 31 所示，定径套装于挤出的塑料管内，即从机头挤出的管子内壁与定径套的外壁相接触，在定径套内通以冷却水，将管子冷却定型。

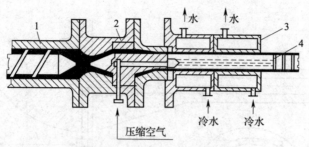

图 8-29　内压法外径定径装置
1—挤出机　2—机头口模　3—定径套　4—塞子

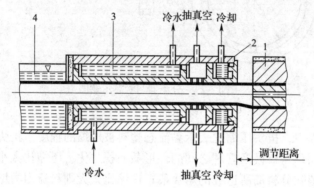

图 8-30　真空定径装置
1—模头　2—冷却区Ⅰ　3—冷却区Ⅱ　4—冷却区Ⅲ

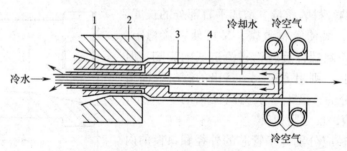

图 8-31　内径定型装置
1—芯模　2—口模　3—定径套　4—管子

　　定径套的尺寸目前主要凭经验确定。对外径定型来说，定径套内径通常比机头的口型内径略大，然而，定径套过大，会降低管子的光洁度，过小则会引起过大的阻力。定径套应有一定的长度，以保证挤出的管子在离开定径套时能冷却到一定的程度而不再变形。但定径套不能太长，否则牵引功率将会增加。

　　经过定径后的管子进入冷却水槽或喷淋水箱，以作进一步冷却。

　　（3）管材的牵引和切割或卷取　牵引装置的作用是均匀地引出管子并适当地调节管子的厚度。生产上一般使牵引速度比挤管速度大 1%～10%，并要求牵引装置能在较大范围内无级调速，且要求牵引速度均匀平稳，无跳动，否则会引起管子表面出现波纹、管壁厚度不均的现象。

　　当管子递送到预定长度后，即可将管子切断；生产软管时，则是将软管缠绕在卷取盘上。

　　棒材和各种中空异型材的挤出成型工艺与管材的挤出无本质的差别，只是所用机头口模的截面形状有所不同。

8.3.2.2　塑料薄膜的挤出吹塑

　　塑料薄膜可以用挤出吹塑、压延、流延、挤出拉幅以及使用狭缝机头直接挤出等方法制造，各种方法的特点不同，适应性也不一样。其中吹塑法成型塑料薄膜比较经济和简便，结晶型和非晶型塑料都适用，如 PVC、PE、PP、PA 以及 PVA 等。目前国内外以前两种居多，但后几种塑料薄膜的强度或透明度较好，已有很大发展。吹塑成型不但能成型薄至几丝的包装薄膜，也能成型厚达 0.3mm 的重包装薄膜，既能生产窄幅，也能得到宽度达近 20m 的薄膜，这是其他成型方法无法比拟的。吹塑过程塑料受到纵横方向的拉伸取向作用，制品质量较高，因此，吹塑成型在薄膜生产上的应用十分广泛。

　　吹塑是在挤出工艺的基础上发展起来的一种热塑性塑料成型方法。吹塑的实质就是在挤出的型坯内通过压缩空气吹胀后成型的，它包括薄膜吹塑和中空吹塑成型。有关中空吹塑成型将在第 11 章讲述。

　　薄膜吹塑成型一般分为平挤上吹、平挤下吹和平挤平吹三种方法。此外，还有将挤出机垂直安装的竖挤上吹和竖挤下吹法。其中以平挤上吹法应用最广。

　　图 8－32 为平挤上吹工艺示意图，在挤出机的前端安装吹塑口模，黏流态的塑料从挤出机口模挤出成管坯后，用机头底部通入的压缩空气将之均匀而自由地吹胀成直径较大的管膜，膨胀的管膜在向上被牵引的过程中，被纵向拉伸并逐步被冷却，并由人字板夹平和牵引辊牵引，最后经卷绕辊卷绕成双折膜卷。

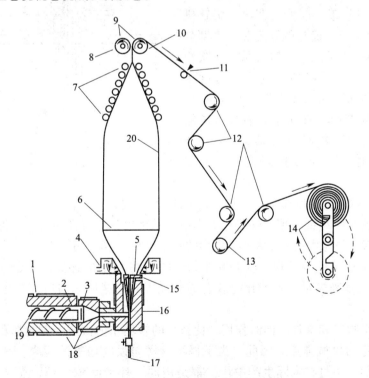

图 8－32　吹塑薄膜工艺示意图

1—挤出料筒　2—过滤网　3—多孔板　4—风环　5—芯模　6—冷凝线　7、12—导辊　8—橡胶夹辊
9—夹送辊　10—不锈钢夹辊（被动）　11—处理棒　13—均衡张紧辊　14—收卷辊
15—模环　16—模头　17—空气入口　18—加热器　19—树脂　20—膜管

在吹塑过程中，塑料从挤出机的机头口模挤出直至吹胀成膜，经历着黏度、相变等一系列的变化，挤出过程中各段物料的温度、螺杆的转速是否稳定，机头的压力和口模的结构、风环冷却和室内空气冷却以及吹入空气压力，膜管拉伸作用等因素之间的相互配合与协调与否都直接影响薄膜性能和生产效率。

（1）管坯挤出　挤出机各段温度的控制是管坯挤出最重要的因素。通常，沿机筒到机头口模方向，塑料的温度是逐步升高的，且要达到稳定的控制。熔体温度升高，黏度降低，机头压力减少，挤出流量增大，有利于提高产量。但若温度过高和螺杆转速过快，剪切作用过大，则易使塑料分解，且出现膜管冷却不良，这样，膜管的直径就难以稳定，将形成不稳定的膜泡"长颈"现象，所得泡（膜）管直径和壁厚不均，甚至影响操作的顺利进行。

（2）机头和口模　吹塑薄膜的主要设备为单螺杆挤出机，其机头口模的类型主要有转向式的直角型和水平向的直通型两大类，结构与挤出管材的差不多，作用是挤出管状坯料。直通型适用于熔体黏度较大和热敏性塑料，工业上用直角型机头居多，由于直角型机头有料流转向的问题，模具设计时须考虑设法不使近于挤出机一侧的料流速度大于另一侧，以减少薄膜厚度波动。为使薄膜的厚度波动在卷取薄膜辊上得到均匀分布，常采用直角型旋转机头，如图8-33。口模缝隙的宽度和平直部分的长度与薄膜的厚度有一定的关系，如吹塑0.03～0.05mm 厚的薄膜所用的模隙宽度为0.4～0.8mm，平直部分长度为7～14mm。

（3）吹胀与牵引　在机头处有通入压缩空气的气道，通入气体使管坯吹胀成膜管，调节压缩空气的通入量可以控制膜管的膨胀程度。

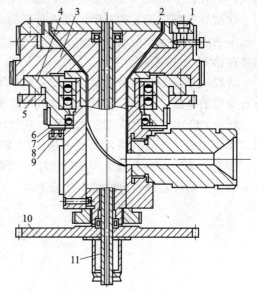

图8-33　旋转式机头
1—口模　2—芯模　3—旋转棒
4—支撑环　5，10—齿轮　6—绝缘环
7，9—铜环　8—碳刷　11—空心轴

衡量管坯被吹胀的程度通常以吹胀比 α 来表示，吹胀比是管坯吹胀后的膜管直径 D_2 与挤出机环形口模直径 D_1 的比值，吹胀比的大小表示挤出管坯直径的变化，也表明了黏流态下大分子受到横向拉伸作用力的大小。常用的吹胀比在2～6之间。

吹塑是一个连续成型过程，吹胀并冷却的膜管在上升卷绕途中，受到拉伸作用的程度通常以牵伸比 β 来表示，牵伸比是膜管通过夹辊时的速度 v_2 与口模挤出管坯的速度 v_1 之比。

这样，由于吹胀和牵伸的同时作用，使挤出的管坯在纵横两个方向都发生取向，使吹塑薄膜具有一定的机械强度。因此，为了得到纵横向强度均等的薄膜，其吹胀比和牵伸比最好是相等的。不过在实际生产中往往都是用同一环形间隙口模，靠调节不同的牵引速度来控制薄膜的厚度，故吹塑薄膜纵横向机械强度并不相同，一般都是纵向强度大于横向强度。

吹塑薄膜的厚度 δ 与吹胀比和牵伸比的关系可用下式表示：

$$\delta = \frac{b}{\alpha \cdot \beta} \tag{8-13}$$

式中　b——机头口模环形缝隙宽度，mm

　　　δ——薄膜厚度，mm

（4）风环冷却　吹塑薄膜是连续成型过程，管坯挤出吹胀成膜管后必须不断冷却固化定型为薄膜制品，以保证薄膜的质量和提高产量，因此，膜管在吹胀成型后要马上得到良好的冷却。目前最常用的方法是在挤出机头之后，在管膜外面设冷却风环。

风环装置有空气冷却风环和喷雾风环两种。前者以一般的空气作冷却介质，是目前吹塑成型应用最广的方法；喷雾风环以雾状水气为冷却介质，大大强化了薄膜的冷却效果。图 8-34 为普通风环的结构图，操作时可调节风量的大小以控制膜管的冷却速度。

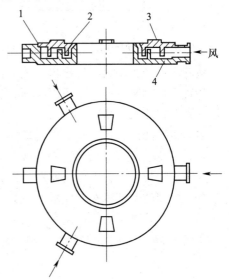

在吹塑薄膜时，接近机头处的膜管是透明的，但在约高于机头 20cm 处的膜管就显得较为浑浊。膜管在机头上方开始变得浑浊的距离称为冷凝线距离（或称冷却线距离）。膜管浑浊的原因是大分子的结晶和取向。从口模间隙中挤出的熔体在塑化状态被吹胀并被拉伸到最终的尺寸，薄膜到达冷凝线时停止变形过程，熔体从塑化态转变为固态。如果其他操作条件相同，随着挤出物料的温度升高或冷却速率降低，聚合物冷却至结晶温度的时间也将延长，所以冷却线也将上升。这样，薄膜从机头挤出后到冷却卷取的行程就要加长；在相同的条件下，冷却线的距离也

图 8-34　普通风环结构图

1—调节风量螺纹　2—出风缝隙

3—盖　4—风环体

随挤出速度的加快而加长，冷却线距离高低影响薄膜的质量和产量。实际生产中，可用冷却线距离的高低来判断冷却条件是否适当。用一个风环冷却达不到要求时，可用两个或两个以上的风环冷却。对于结晶型塑料，降低冷却线距离可获得透明度高和横向撕裂强度较高的薄膜。

（5）薄膜的卷绕　膜管经冷却定型后，先经人字导向板夹平，再通过牵引夹辊，而后由卷绕辊卷绕成薄膜制品。人字板的作用是稳定已冷却的膜管，不让它晃动，并将它压平。牵引夹辊是由一个橡胶辊和一个金属辊组成，其作用是牵引和拉伸薄膜。牵引辊到口模的距离对成型过程和管膜性能有一定影响，决定了管膜在压叠成双折前的冷却时间，这一时间与塑料的热性能有关。

8.3.2.3　塑料板材挤出

塑料板、片与薄膜之间是没有严格界限的，通常把厚度在 0.25mm 以下的称为平膜，在 0.25~1mm 的称为片材，1mm 以上的则称为板材。

塑料板材的生产常用挤出成型工艺，主要有两种方法，较老的方法是先挤出管子，随即将管子剖开，展平而牵引出板材，此法可用于软板生产。这种方法除了因为加大管径有困难，从而限制板材的宽度外，还由于板材有内应力，在较高温度下趋向于恢复原来的圆筒形，板材容易翘曲，故目前较少应用。目前，常用狭缝机头直接挤出板材（硬板或软板）。挤板工艺也适用于片材和平膜的挤出。图 8-35 为狭缝机头的板材挤出生产工艺流程图。

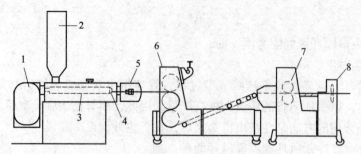

图 8 - 35　板材挤出生产工艺流程图

1—电动机　2—料斗　3—螺杆　4—挤出机料筒　5—机头　6—三辊压光机　7—橡胶牵引辊　8—剪切

从图中可知，塑料经挤出机从狭缝机头挤出成板坯后，即经过三辊压光机、切边装置、牵引装置、切割装置等，最后得到塑料板材。如果在压光机之后再装有加热、压波、定型等装置，则可得塑料瓦楞板。

狭缝机头的出料口既宽又薄，塑料熔体由料筒挤入机头，流道由圆形变成狭缝形，这种机头（包括支管型、衣架型、鱼尾型）在料流挤出过程中存在中间流程短、阻力小、流速快，两边流程长、阻力大、流速慢的现象，必须采取措施使熔体沿口模宽度方向有均匀的速度分布，即能够使熔体在口模宽度方向上以相同的流速挤出，以保证挤出板材的厚度均匀和表面平整。支管型机头结构见图 8 - 36，这种机头的特点是在机头内有与模唇平行的圆筒形槽（支管），可以贮存一定量的物料，起分配物料作用，并使料流稳定。

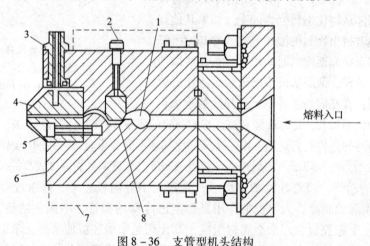

熔料入口

图 8 - 36　支管型机头结构

1—滴料形状的歧管腔　2—阻塞棒调节螺钉　3—模唇调节器　4—可调模唇
5—固定模唇　6—模体　7—铸封式电热器　8—阻塞棒

压光机的作用是将挤出的板材压光和降温，并准确地调整板材的厚度，故它与压延机的构造原理有所相同，对辊筒的尺寸精度和光洁度要求较高，并能在一定范围内调速，能与板材挤出相适应。辊筒间距可以调整，以适应挤出板材厚度的控制，压光机与机头的距离应尽量靠近，否则板坯易下垂发皱，光洁度不好，同时在进入压光机前易散热降温而对压光不利。

从机头出来的板坯温度较高，为防止板材产生内应力而翘曲，应使板材缓慢冷却，要求压光机的辊筒有一定的温度。经压光机定型为一定厚度的板材温度仍较高，故用冷却导辊输送板材，使其进一步冷却，最后成为接近室温的板材。

牵引装置一般与压光机同速，能够微调以控制张力。切割装置用以将板材裁切成规定的长度。

用挤出法生产的板材主要是 PVC 软、硬板材和 PE 板材。除了挤出法外，PVC 的硬板也可以用压延法制得薄（板）片后，再经叠合后在多层压机上热压而成。

8.4 橡胶的压出

挤出也是橡胶制品的一种成型工艺，橡胶的挤出与塑料的挤出在设备和加工原理方面基本相似，但橡胶挤出有其本身的特点。

橡胶挤出（习惯上叫橡胶压出）是在压出机（挤出机）中对混炼胶加热与塑化，通过螺杆的旋转，使胶料在螺杆和料筒筒壁之间受到强大的挤压作用，不断向前推进，并借助于口型（口模）压出具有一定断面形状的橡胶半成品。在橡胶制品工业中，压出广泛应用于轮胎的胎面、内胎、胶管、胶带、电线电缆外套以及各种异形断面连续制品的成型加工。此外，它还可用于胶料的过滤、造粒、生胶的塑炼，以及上下工序的联动，如在热炼与压延成型之间，压出起到前后工序的衔接作用。

压出工艺操作简单、经济，半成品质地均匀、致密、容易变换规格、设备占地面积小，结构简单、操作连续、生产率高，是橡胶工业生产中的重要工艺过程。

8.4.1 压 出 机

压出机与塑料挤出机的结构原理相近似，压出机的主要部件是机身、螺杆、机头和口型等。

8.4.1.1 机身

压出机的机身为一夹套圆筒，与螺杆装配在一起，对胶料起塑化输送作用，在夹套内可通入蒸汽或冷却水调温。机身的后部有加料口，供加入胶料之用。加料口一般造成与螺杆呈 $33°\sim45°$ 的倾角，以便胶料沿着螺杆底部卷入筒腔内，有的压出机在加料口内部还设有旁压辊，在加料口上设有导辊，以便于自动连续供胶。

8.4.1.2 螺杆

螺杆是压出机的主要部件，其结构形式有多种，螺纹有单头、双头和复合螺纹。单头螺纹多用于滤胶，双头螺纹的螺杆两沟槽同时出胶，出胶快而均匀，适于压出造型；复合螺纹螺杆的加料段为单头螺纹，便于进料，出料端为双头螺纹，出料均匀。

橡胶压出机与塑料挤出机的主要差别在于其长径比较小，这是因为与大多数热塑性塑料相比，橡胶的黏度要高一个数量级，在挤出过程中会产生大量的热，缩短压出机的长度，可保持温度的升高在一定限度之内，防止胶料过热和焦烧。橡胶压出机的长径比大小，取决于是冷喂料还是热喂料，热喂料橡胶压出机的长径比一般很短，L/D 为 $4\sim5$ 之间，冷喂料橡胶压出机的 L/D 为 $15\sim20$ 之间，排气冷喂料压出机 L/D 甚至可达 20 以上。

与塑料挤出机螺杆的另一区别是橡胶压出机螺杆的螺槽深度相对较大，通常螺纹深度为螺杆外径的 $18\%\sim23\%$，螺槽较深是为了减少橡胶的剪切及其黏性生热。橡胶压出机螺杆的压缩比 A 相对也较小，一般是 $1.3\sim1.4$ 之间，冷喂料挤出机的 A 一般为 $1.6\sim1.8$。滤胶机的压缩比一般为 1，是等距等深螺杆。

8.4.1.3　机头与口型

机头与机身衔接，用作安装口型。机头的结构随压出机用途不同而有多种。圆筒形机头用于压出圆形或小型制品，如胶管、内胎等；喇叭形机头用于压出宽断面的半成品，如外胎胎面、胶片；T形和Y形机头分别与螺杆轴向成垂直（90°）或倾斜一角度（通常为60°），适用于压出电线电缆的包皮、钢丝和胶管的包胶等。

口型是决定压出半成品形状和大小的模具，一般分为两种：一种是用于压出实心和片状半成品，它是一块带有一定几何形状的钢板；另一种是用于压出中空半成品，由外口型、芯型及支架组成，芯型上有喷射隔离剂的孔。

当胶料离开口型后，由于出现压出膨胀变形现象，压出的半成品的几何形状与口型断面的几何形状会有很大差异。因此必须根据胶料在压出中的这种变形特征来设计合理的口型。掌握胶料的膨胀率是口型设计的关键，而胶料的膨胀率与很多因素有关，如胶料品种、配方、胶料可塑度，机头温度、压出速度、半成品规格、压出方式等。

对于各种实心制品压出的板式口型来说，除了考虑胶料的膨胀率外，还要掌握压出胶料的断面变形通常是中间大边缘小的特点。实心制品口型断面和压出半成品的断面形状变化规律如图8－37所示。

图8－37　各种实心制品压出断面的变形图
（上面为口型形状，下面为对应的压出物断面形状）

8.4.2　压出工艺

8.4.2.1　胶料热炼

除冷喂料压出机外，经混炼和冷却停放的胶料在进入压出机前必须进行充分的热炼，以进一步提高胶料均匀性和可塑性，使胶料易于压出。热炼在开炼机或者密炼机中进行，其中以开炼机热炼为主。热炼可分两次进行：第一次粗炼，采用低温薄通法（45℃左右，辊距1～2mm），以提高胶料均匀性；第二次细炼，为较高温度、较大辊距（60～70℃，辊距5～6mm），以增加胶料热塑性。胶料热塑性越高，流动性越好，压出越容易，但热塑性过高，则胶料压出半成品缺乏挺性，易变形下塌，因此热塑性应适度。热炼后便可用传送带连续向压出机供胶，也可以用人工喂料的方式。供料应连续均匀，以免造成压出机喂料口脱节或过剩。

8.4.2.2　压出成型

在压出成型之前，压出机的机筒、机头、口型和芯型要预先加热到规定温度，使胶料在挤出机的工作范围内处于热塑性流动状态。

经热炼后的胶料以胶条形式通过运输带送至压出机的加料口，并通过喂料辊送至螺杆，胶条受螺杆的挤压通过机头口型而成型。开始供胶后，首先要调节压出机的转速、口型位置和接取速度等，测定和观察压出半成品的尺寸、表面状态（光滑程度、有无气泡等）、厚薄均匀程度等，并调节各压出工艺参数，直到压出半成品完全符合工艺要求的公差范围，就可正常压出。

8.4.2.3 冷却、裁断、称量或卷取

压出的半成品要迅速冷却，防止半成品变形和在存放时产生自流，使半成品进行冷却收缩，稳定其断面尺寸。生产上常用水喷淋或水槽冷却两种方法。为了防止制品相互粘结，可以在冷却水槽中定量加入滑石粉造成悬浮隔离液，也可以使压出物先通过滑石粉槽，然后在空气中进行冷却。如果压出空心制品，则空心部分须喷射隔离剂。

经过冷却后，有些半成品（如胎面）需经定长、裁断、称量等步骤，然后接取停放。有些半成品（如胶管、胶条等）冷却后可卷在容器或绕盘上来停放。

上述的压出工艺是目前广泛应用的热喂料压出工艺。对于冷喂料压出工艺，在压出前胶料不必预热，可直接在室温条件下以胶条或胶粒形式加入压出机中。冷喂料压出工艺的主要优点是：省掉了热炼工序，降低劳动成本，设备投资小，料温控制较好，能处理品种更广泛的胶料，产品质量也能提高，且有利于自动化生产。

8.4.3 压出成型的影响因素

8.4.3.1 胶料的组成和性质

各种橡胶压出工艺性能有所不同。NR 的压出速度比合成胶快，压出后半成品的收缩性较小；BR 的压出性能接近 NR，但其弹性较大；SBR、NBR、IIR 压出后膨胀和收缩变形都比 NR 大，压出工艺性能较 NR 差，胶料中应增加软化剂的用量，以利操作的顺利进行；CR 的压出性能类似 NR，但容易焦烧。

胶料中含胶量大时，压出速度慢，半成品收缩率大，表面不光滑。在一定的范围内，胶料随填充剂添加量的增加，其压出性能改善，但胶料的硬度增大，压出时生热明显。胶料中加有软化剂可增大压出速度，改善压出半成品的表面性能。

胶料可塑性大，则压出时内摩擦小，生热低，不容易焦烧，同时因为流动性好，压出速度快，压出物表面也比较光滑，但压出物易变形，尺寸稳定性差。

8.4.3.2 压出机的结构特征

压出机大小的选择要根据压出物断面大小及厚度来决定。对于压出实心或圆形中空的半成品，一般要求口型尺寸约为螺杆直径的 30% ~75%。口型过大而螺杆推力小时会造成机头内压不足，压出速度慢而不均匀，所得半成品形状不完整；相反，若口型过小，机头内压过大，则压出速度虽快，但螺杆对胶料剪切作用增大，容易引起胶料生热，增加了焦烧的危险性。此外，对于压出像胎面那样的扁平状半成品，压出宽度可为螺杆直径的 2.5~3.5 倍。对某些特殊性质的胶料，如压出 CR 则希望压出机的冷却效果好。

8.4.3.3 压出温度

压出机各段温度影响压出操作的正常进行和压出半成品的质量。低温压出时，压出物断面较紧密，高温压出时则易出现气泡或焦烧，但收缩率较小。

在压出时胶料受螺杆及机筒剧烈的摩擦作用，将产生大量的热，所以机身部分温度宜低，螺杆中心要通冷却水，以防料温过高而烧焦。至于机头部分，要使胶料塑性提高以便进入口型成型，因此温度宜高些。口型处的温度最高，此处短暂的高温，一方面使大分子松弛加快，塑性增大，弹性恢复小，压出后膨胀及收缩率降低；另一方面也减少了焦烧的危险。

压出温度是根据胶料的组成和性质而选定的，含胶量高及可塑性小的胶料，温度可稍

高；两种或两种以上的生胶并用时，以含胶量大的组分为主考虑压出温度；两种胶等量并用时，温度可取各成分单独压出时温度的平均值。表 8-5 为几种常用橡胶压出成型时压出机的温度分配情况。

表 8-5		各种常用橡胶的压出温度		
胶种	机筒温度/℃	机头温度/℃	口型温度/℃	螺杆温度/℃
NR	50~60	75~85	90~95	20~25
BR	30~40	40~50	90~100	20~25
CR	20~35	50~60	<70	20~25
NBR	30~40	65~90	90~110	20~25
SBR	40~50	70~80	90~100	20~25
IIR	30~40	60~90	90~120	20~25

8.4.3.4　压出速度

压出速度用单位时间压出胶料的体积或质量来表示，对于固定的压出物也可用单位时间内压出物的长度来表示。

前面已经提到，压出速度是根据压出机及胶料性质而定的，与其他工艺条件也有关系。同一压出机，压出制品厚薄不同，压出速度不同；温度高，压出速度可提高。此外，接取运输带的速度要与压出速度相适应。

压出机在正常操作时压出速度应保持一定。如果速度改变而口型排胶面积一定，将导致机头内压的改变，影响压出物断面尺寸和长度收缩的差异。对于压出同一性质的胶料，在温度不变的情况下，压出速度提高，压出物膨胀相应减小。

8.4.3.5　压出物的冷却

冷却的目的是及时降低压出物的温度，防止焦烧，稳定半成品的形状尺寸，以免变形，增加半成品在存放期内的安全性。

通常，压出物要冷到 25~35℃，但不宜骤冷，以免引起局部收缩而导致压出物畸形或引起硫磺析出，因此，冷却水流动的方向应与压出方向相反。

8.5　合成纤维的挤出熔融纺丝

合成纤维工业包括树脂的生产和纤维纺丝两大部分，其中纤维的纺丝也是高分子材料成型加工的方法。

8.5.1　合成纤维的纺丝

合成纤维纺丝是将聚合物制成具有纤维基本结构及其综合性能的纺织纤维的过程。一般采用的纺丝方法是将高聚物溶解成黏性溶液或熔融成黏流体，用齿轮泵定量供料，通过喷丝头小孔，凝固或冷凝成纤维。工业上采用三种基本纺丝方法。

8.5.1.1　熔融纺丝

熔融纺丝是在熔融纺丝机中将高聚物加热熔融制成熔体，通过纺丝泵打入喷丝头，并由喷丝头喷成细流，再经冷凝而成纤维，其生产工艺过程如图 8-38 所示。此法生产过程比较简单，由于不用溶剂，生产安全，成本较低，所得纤维强度较高，在合成纤维的生产中广泛应用于杂链高聚物生产合成纤维，例如，PA、PET 纤维都采用这种方法纺丝。熔融纺丝速度最高，一般为 800～2000m/min。

8.5.1.2 干法纺丝

首先将聚合物配成纺丝熔液，用纺丝泵喂料，经由喷丝头喷出液体细流，进入热空气套筒，使细流中的溶剂遇热蒸发，蒸汽被热空气带走，而高聚物则随之凝固成纤维，如图 8－39 所示。干法纺丝速度一般为 200～500m/min，PVC 纤维采用此法纺丝。

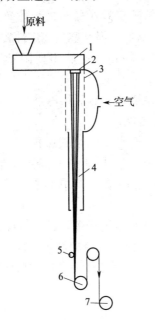

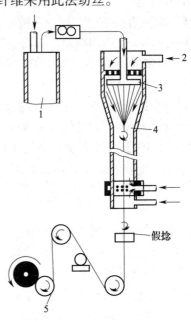

图 8－38 熔融纺丝示意图
1—螺杆挤出机 2—喷丝板 3—吹风窗 4—纺丝甬道
5—给油盘 6—导丝盘 7—卷绕装置

图 8－39 干法纺丝示意图
1—纺丝液 2—热空气 3—喷丝板
4—纺丝管 5—卷绕

8.5.1.3 湿法纺丝

同干法纺丝一样，先配成纺丝溶液，用纺丝泵加料，通过过滤器，通入浸在凝固池中的喷丝头，喷出液体细流，这时细流中的溶剂向凝固池扩散，与此同时凝固剂则向细流渗透，这样纺丝细流同凝固池的组分之间产生双扩散过程，使聚合物的溶解度发生变化，聚合物从纺丝溶液中分离出来而形成纤维。湿法纺丝流程如图 8－40 所示。此法纺丝速度最低，一般是 10～100m/min，PAN 等合成纤维用此纺丝。

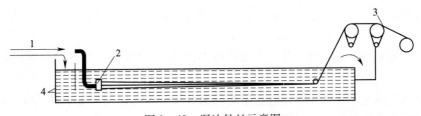

图 8－40 湿法纺丝示意图
1—纺丝液 2—喷丝头 3—卷绕 4—凝固浴

干法和湿法纺丝都用溶剂溶解高聚物，因此通称为溶液纺丝法。

8.5.2 涤纶纤维的螺杆挤出纺丝

8.5.2.1 涤纶纤维的熔融纺丝

在熔融纺丝方法中，涤纶纤维的生产最为典型。涤纶纤维一般分为短纤维、长纤维和中长纤维，它们的生产工艺基本上相同，一般是用熔融法生产。熔融纺丝有两种，即熔体直接纺丝和间接纺丝。

（1）熔体直接纺丝 聚合后的熔体直接输送到纺丝机的纺丝头进行纺丝。此法工艺过程及设备简单，生产周期短，劳动生产率高，生产成本低。但某些热稳定性较差的聚合物在高温时容易氧化，在熔融态下的时间过长就会分解，所以，此法主要限于涤纶、锦纶等纺丝。

（2）间接纺丝 先将聚合后的聚合物做成小颗粒切片，然后熔融纺丝，故亦称切片熔融纺丝。该法有熔融炉栅纺丝和螺杆挤出机纺丝两种方法。

① 熔融炉栅纺丝 在一个密闭的系统内（用氮气或二氧化碳保护），利用联苯 - 联醚蒸气加热不锈钢蛇管（熔融炉栅），使停留在炉栅上的树脂切片熔融，然后由压力泵把熔体压入计量泵，并以恒定的流量使熔体由喷丝头喷出，最后在空气中冷却而成纤维。

② 螺杆挤出机纺丝 树脂切片在螺杆挤出机内由外加热及螺杆转动摩擦热而熔融。熔体经计量泵而达喷丝头组件，由喷丝头喷出细丝，最后经空气冷却而成纤维。此法是一种从热塑性塑料挤出成型工艺发展起来的连续纺丝成型工艺，适于任何黏度的树脂纺丝。涤纶短纤维就是采用螺杆挤出机纺丝法生产的。

8.5.2.2 螺杆挤出纺丝机的基本结构

螺杆挤出纺丝机主要由挤出机和纺丝部件等组成。

（1）螺杆挤出机 螺杆挤出机是加热涤纶树脂切片使之熔化，制备树脂熔体的装置，其结构原理类似塑料成型用的螺杆挤出机。螺杆是挤出机的关键部分，其结构形式根据生产纤维品种的要求不同而不同。用于涤纶纺丝的螺杆有突变式和渐变式两种，突变式控制容易，较为适用，但若采用渐变式，则可兼有更好的熔融效力并可采用较大的压缩比，提高产量，因此，以采用渐变式更为适宜。

螺杆挤出机与纺丝部件之间用弯管连接，弯管采用联苯介质加热，并装有电热棒及温度控制装置。

（2）纺丝组件 纺丝组件即纺丝头，如图 8 - 41 所示，它由喷丝板、过滤网、石英砂、垫圈、熔体分配板、内螺纹套、外螺纹套和托盘等几部分组成。

纺丝头的作用是将纺丝泵送来的熔融体，经过过滤网和分配板最后经喷丝板的小孔而喷成丝。

过滤网一般采用三层（或二层）不锈钢丝网，组装组件时，过滤网的底层与熔体分配板接触。

熔体分配板是一多孔的花板，其作用是将聚合物熔体均匀地分布于喷丝板的各个喷丝孔上，使各个孔喷出的丝条具有相同的直径。

石英砂一般分粗砂、中砂、细砂三种，主要起过滤作用的是细砂，粗砂主要是作为细砂的支承层，熔体出纺丝泵后则经细砂过滤。

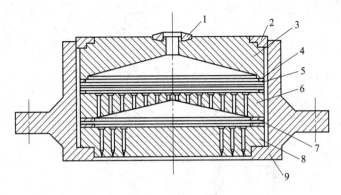

图 8-41　纺丝组件

1—厚铝垫圈　2—薄铝垫圈　3—外螺纹套（紧圈）　4—压板　5—过滤网（三层由上至下 10000，
2500，900 孔/cm²）　6—分配板　7—过滤网（6000 孔/cm²）　8—喷丝板　9—内螺纹套（头套）

喷丝板用耐热、耐酸的不锈钢制成，一般为圆形板，也有采用矩形的。圆形喷丝板的结构形式有凸缘式和平板式两种，凸缘式适用于长丝纺丝机，平板式适用于短丝纺丝机。

喷丝板的孔数为一至几百，甚至更多，孔的排列形式一般呈花冠形，使纺出的纤维能受到均匀的冷却。喷丝板的小孔不是圆柱形的，在喷丝板内侧的进口是圆柱形孔道，紧接着是圆锥形孔，其终端才是喷丝小孔，这个圆锥形孔是为了保证熔体均匀流入喷丝孔，并保持小孔内压力低至可允许的程度。

（3）纺丝泵　纺丝泵的作用是将连接弯管送来的聚合物熔体定量地输送至喷丝头组件，使熔体经喷丝头后而成丝。纺丝泵一般采用齿轮泵，其分压力泵和计量泵，计量泵的作用是用来计量、并均匀地将熔体输送至喷丝头进行纺丝。压力泵是用来输送纺丝熔体到计量泵，并在计量泵前形成必要的压力，保证黏稠的熔体充满计量泵的齿容，达到计量的要求精度。

（4）纺丝吹风窗及纺丝冷却套筒　纺丝吹风窗是用来保护丝在冷却过程中只受定量、定向和定质的气流冷却，使纤维在连续成形过程中凝固点位置固定，冷却速度一致，不受外界气流影响，以保证纤维的质量。常用的纺丝吹风窗有密闭式和开口式两种。纤维出纺丝吹风窗后即进入纺丝冷却套筒，冷却套筒的用途在于保证纤维不损伤，并使其继续冷却。

8.5.2.3　螺杆挤出纺丝工艺

图 8-42 为涤纶纤维螺杆挤出纺丝流程图。涤纶树脂切片由料斗加入，切片在螺杆的通道中运动，经过加料段、压缩段、计量段、熔体导管，再经过计量泵和喷丝组件，由喷丝头喷出细丝。细丝进入恒温的丝室（纺丝吹风窗）和冷却套筒进行冷却成型，再经给油给湿盘上油后，丝束绕在绕丝筒上或盛丝桶中，供下一步加工用。

8.5.2.4　螺杆挤出纺丝工艺条件的选择

涤纶短纤维的螺杆挤出纺丝的工艺过程可以分纺丝和后加工两个阶段。这里主要讨论纺丝阶段，后加工阶段在第 11 章中讨论。

熔融纺丝过程中有两种变化，一种是物理变化，就是切片受热熔融成均匀的熔体，经纺丝板后冷却而成纤维。这是纺丝过程的主要变化；另一种是化学变化，就是切片在熔融过程中，因为受到热、氧及其他因素的影响而导致聚合物发生热氧化降解、再聚合和凝胶化等一些副反应，这些副反应对纺丝成型有很大影响，应该尽量避免。为了保证纺丝过程的顺利进行，选择和控制适当的工艺条件是十分重要的。影响纺丝成型有很多因素，主要有下列几个方面。

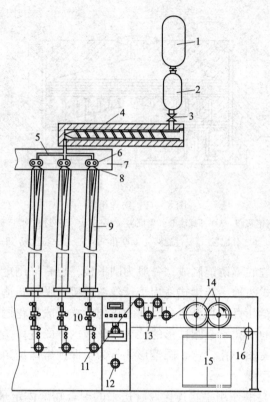

图 8－42　涤纶纤维螺杆挤出纺丝示意图

1—大料斗　2—小料斗　3—进料筒　4—螺杆挤出机　5—熔体导管　6—计量泵　7—纺丝箱体　8—喷丝头组件
9—纺丝套筒　10—给油盘　11—卷绕辊　12—废丝辊　13—牵引辊　14—喂入轮　15—盛丝桶　16—废丝辊

（1）熔体温度　即纺丝温度。涤纶切片的热稳定性较差，在熔融过程中很容易发生降解，因此要严格控制树脂切片的含水量，在加热熔融之前，树脂切片首先要进行真空干燥至含水量达到 0.03% 以下。树脂熔化后，熔体的黏度较高，纺丝时必须根据聚合物的黏度、纺丝速度、纺丝板的孔径等来严格控制熔体的温度。涤纶的熔点是 265℃，分解温度在300℃以上，熔体的温度应在两者之间选择，一般熔体温度在 286～290℃ 较为适宜，对纺丝和拉伸都有利。温度过高时，熔体黏度低，流动性好，熔体压力降低，形成自重引伸大于喷头拉伸，易造成细丝屈曲粘结现象。温度过低时，则又因黏度加大喷丝时压力要高，出丝不均匀，往往不能经受喷头的拉伸而中断，形成硬丝头。

（2）冷却速度　冷却速度与纺丝吹风窗和冷却套筒的温度、湿度以及空气流速有关。丝室的冷却温度太高，冷却速度慢，丝条冷凝时间长，丝经不起拉伸，在卷绕时易发生断头；温度太低，冷却速度快，丝条会出现"夹心"现象，纤维拉伸性能不好，实践证明丝室冷却温度常以 35～37℃ 为宜。

（3）喷丝速度和卷绕速度　喷丝速度即熔体出喷丝孔的速度，其直接影响到熔体的喷丝压力建立，喷丝压力的大小与熔体黏度有关，对纺丝成型有较大影响。喷丝速度越高，熔体在喷丝板上面的空腔中所建立的喷丝压力也就越大，熔体的黏度相应会降低，出纺丝孔后的膨胀现象得到改善，在经受喷头拉伸的过程中也不易断头。当喷丝孔径不变，纺丝线密度不变时，喷丝速度随卷绕速度的增加而增加。

卷绕速度对纤维的冷却成型和拉伸性能有很大的影响，涤纶纤维的卷绕速度一般为

$600 \sim 700 \mathrm{m/min}$，甚至更高，比喷丝速度大得多，因此在喷丝头拉伸很大，能使纤维分子取向，但这种拉伸是在离喷丝板很近的地方进行的，此时纤维尚未完全凝固，分子不可能有不可逆的排列，所以喷头拉伸虽大，纤维的结构仍然是不够整齐的，对纤维强度的提高帮助不大，以后还必须进行拉伸。

（4）给湿及油剂处理 熔融纺丝时，丝条通过冷却套筒到达卷绕装置的时间很短，纤维的含湿量不可能与空气中的湿度达到平衡，如果纤维在卷绕之前不吸收到水分，则卷绕后在筒管上会逐步从空气中吸收水分，因而会产生卷绕松弛现象，并在筒管很快移动时，可能使丝圈从筒管上滑脱下来，且完全干燥的纤维容易引起静电，妨碍卷绕工作的正常进行。所以要进行给油给湿处理，也就是纤维出冷却套筒后，通过给油盘让丝条吸收水分和黏附一定量的抗静电油剂，这样有利于纤维后加工的进行。

8.5.3 合成纤维的高速纺丝

合成纤维的常规熔融纺丝速度低，限制了生产能力的提高，且得到的初生丝取向度低，结构不稳定，性质随放置时间的长短，差异很大，因此不能直接用于变形加工。为此，人们通过增加纺丝速度来提高初生丝的取向度及其稳定性。高速纺丝得到的初生丝具有一定的预取向度，性质相当稳定，可以直接进行拉伸变形来制取变形丝，从而可省去拉伸加捻工序，缩短了工艺过程。拉伸变形丝（DTY）是在一台机器上进行连续或同时拉伸、变形加工后的成品丝。所谓"连续"就是指高速纺丝的预取向丝（POY）通过一对辊筒拉伸后，即进行变形加工，这就是外拉伸法。"同时"是指在对 POY 进行变形加工的同时进行拉伸，这就是内拉伸法。通常将整个高速纺丝 – 拉伸变形工艺过程称为 POY – DTY 技术，简称高速纺丝工艺路线。当前，涤纶高速纺丝技术得到迅猛发展，至今已有 90% 以上的长丝采用高速纺丝生产技术。

8.5.3.1 POY 生产的工艺过程

POY 主要用于涤纶变形丝的生产，它是由干燥后的切片进行熔融挤出、纺丝、高速卷绕而成的初生丝。其工艺流程如图 8 – 43。

其中，对于纺丝组件，由于高速纺丝的挤出量大、流动阻力大，因而要求过滤材料的粒度比常规纺略大些。同时，因在纺丝时有高的剪切应力，所以喷丝孔的长径比高于常规纺丝。

在冷却成形中，由于高速纺的吐出量大，放出热量也多，故需要冷却吹风的风速及风的湿度较高，风温较低。熔体细流在冷却成形过程中，由于受卷绕牵引力的作用，受到 $100 \sim 250$ 倍的纺丝拉伸，比常规纺约大 $2 \sim 4$ 倍。

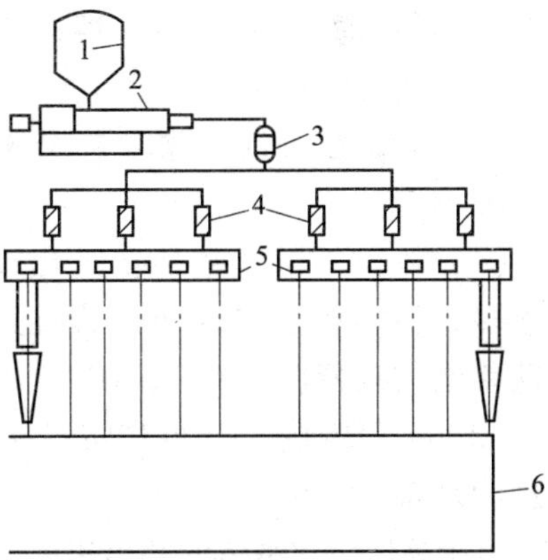

图 8 – 43 高速纺丝流程图
1—料斗 2—挤出机 3—过滤器
4—静态混合器 5—纺丝箱体 6—卷绕机

纤维冷却成形后，在进入纺丝通道之前，进行集束上油。因高速纺丝丝条运行速度高，用油盘上油，需用两个以上的油盘才能确保上油量。

高速纺丝的关键是高速卷绕。在高速条件下，设备运转是否平稳、丝条筒子成型的好坏、操作是否方便等问题比常规纺丝突出。要求卷绕张力、卷绕速度及导丝盘、摩擦辊、横动导丝器往复速度、线速度等在运转过程中保持稳定，以保证初生纤维的结构和线密度的均匀。卷绕机分无导丝盘的和有导丝盘的两种。由于高速纺丝卷绕张力高，故一般采用无导丝盘卷绕机。

8.5.3.2 高速纺丝工艺条件

高速纺丝与常规纺丝不同，由于纺速的提高，喷丝头拉伸倍率剧增，熔体细流自喷丝孔挤出的剪切速率增加，纺程上运行丝条有较高的惯性力，并与周围空气的摩擦阻力增大，从而使纺丝过程及工艺条件有不同于常规纺丝之处。

（1）对 PET 切片质量的要求　纺丝情况及 POY 的质量不但与 PET 的相对分子质量及其分布、熔体的流变特性和切片的热容量等有关，而且与切片的凝聚粒子含量、聚合时加入催化剂的沉淀物、灰分和其他机械杂质的含量及所加 TiO_2 的特性等因素有关。高速纺丝要求 PET 中机械杂质及凝聚粒子的含量愈低愈好，熔体特性黏数的波动值最好小于 0.01，其中心值在 0.63～0.68，偏高为佳。这是由于较高的特性黏数有利于制得性能良好的 POY，但其值过高，又会造成纺丝困难和毛丝增多。

从 PET 切片相对分子质量及其分布来看，实践证明，不仅要求分布窄，而且是平均相对分子质量高时，对纺丝有利。

另外，由于切片中粉末的特性黏数往往比正常切片的高，因而不希望在湿切片中和切片干燥过程中产生粉末，并应尽量除去。

（2）对切片干燥的要求　由于高速纺丝的纺丝温度一般比常规纺丝高 5～15℃，因此，高速纺丝干切片的含水率应更低，才能减少熔体的水解。另外，由于高速纺丝时的拉伸速度高，若熔体中混有微量水分，它所形成的气泡就会夹杂在自喷丝孔吐出的熔体细流中，极易产生纺丝飘丝，或在单丝中留下隐患，在后拉伸时造成毛丝或断头。因此干切片的含水率要求低于 0.005%，最好低于 0.003%。

（3）纺丝温度　高速纺丝的纺丝温度高于常规纺丝，螺杆各区温度一般比低速纺丝高 10～15℃，这是由于高速纺丝的熔体细流自喷丝孔的吐出速度高，且在纺程上承受的拉伸倍数高，因此要求熔体有良好的流变性能和均匀性。实验数据表明，温度过低，熔体流变性能和均匀性差，易造成毛丝和断头，且卷绕丝有较高的强度和较低的伸长。而温度过高时，聚合物会发生较大的热降解，可纺性变坏，甚至不能进行正常纺丝和卷绕。

（4）喷丝板的孔数和喷丝孔长径比　众所周知，对线密度相同的长丝，其单丝根数愈多，手感愈柔软，纤维品质愈好。若丝条总线密度不变，单丝根数增加，就必须降低单丝的线密度。对于 POY，其单丝线密度在 2.2dtex 以上，纺丝才能顺利进行；在 1～2.2dtex 范围内，就很难纺；在 1dtex 以下时，则必须采取特殊措施，才能纺出性能优良的纤维。

由于高速纺丝熔体的吐出速度比常规纺速高，剪切速率也高，所以它要求喷丝孔的长径比在 2.0 以上。

8.6　热固性塑料挤出

热固性塑料的挤出技术是在 20 世纪 30 年代得到发展的。首先从普通的压缩成型装置改进成手动立式挤出机，后又发展建造出自动操作的水平式往复挤出机。尽管热固性塑料挤出在早期发展很快，甚至在有些国家还是个小规模的兴旺行业，但与热塑性塑料挤出相比，其规模和应用范围小得多，目前仅限于酚醛塑料等少数几个品种，而且制品的断面结构形式也较为简单。随着新型热固性塑料的开发，特别是玻璃纤维增强聚酯树脂的开发，又重新反映出热固性塑料挤出的重要性，尽管在形式上不同，如用挤拉成型方法生产热固性增强异型材、管材、棒材等，其结果已形成了挤出成型的一个重要分支。

8.6.1　热固性塑料挤出成型的基本原理

不同于热塑性塑料，热固性塑料在一定压力和温度下会发生不可逆的化学变化。因此热固性塑料的挤出与热塑性塑料的挤出是有区别的。热固性塑料挤出时，不能仅靠加热，而且还需要使材料受几十兆帕的压力。如此高的压力，就无法采用螺杆挤出机。另一方面，由于热固性塑料在挤出机内受热而固化，结果使拆卸和清理螺杆遇到困难，因此不能采用连续螺杆挤出技术来挤出热固性塑料。

热固性塑料挤出通常采用往复式挤压机，如图 8-44 所示。干燥的粉状或片状热固性塑料从安装在加料口上面的加料斗进入由水间接冷却的挤压机或料室中，这种进料方式与注射机的进料非常类似。挤压机活塞推动水冷的冲头，冲头在前进的过程中将加料口关闭，将料室中的物料推向前并顶至前次物料的后面而予以压缩。这一过程在冲头的每一次行程中重复进行，于是物料便在加热的模头中逐渐向前移动，同时在相当大的压力下改变它的形状和温度。物料从柱塞冲头的圆形截面形状向所需的断面形状的变化主要发生在流动区域，在这一阶段中，物料完全软化，并被压缩成最终所需的形状，此后物料进入一个基本上是平行的固化区，在此阶段，物料起初仍是可塑的，但当它进入最后部分时就开始固化。为了适应物料在固化过程中的收缩，固化区的最后部分应略呈锥形状。

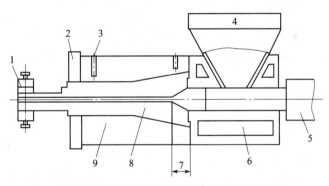

图 8-44　热固性塑料挤出过程示意图

1—模头夹盘　2—后模板　3—恒温控制装置　4—加料斗　5—柱塞　6—水冷却段　7—流动区　8—模头　9—模框

柱塞冲头所施加的压力是为了克服在模头固化区中对制件造成的摩擦阻力，这段模头固化区的长度一般为 225～300mm。如果这样还不能产生所需的压力，则可采用模头夹盘作为附加控制，模头夹盘实际上是一个弹性夹头，它能增加模壁对制品的控制压力。

8.6.2　与热塑性塑料挤出比较

由于热固性塑料在加工过程中发生了不可逆变化，以致用热固性塑料制造产品的截面受到很大的限制。热塑性塑料挤出制品的范围可由薄膜到各种固定截面的型材，其范围之广远非热固性塑料所能比拟的。这也是热塑性塑料挤出得到迅速发展的原因。

　　热固性塑料制品的形状在离开挤出模头后几乎不可能发生变化，因此对每一种制品必须使用专用的模头，且模头须精确地与制品的断面形状一致。而热塑性塑料挤出时，制品离开模头之后，仍可有许多方法改变和校正其断面形状，这就赋予热塑性塑料挤出加工以较大的适应性和灵活性。因此，热塑性塑料挤出模头并不需要精确地与制品所要求的断面形状相匹配。但另一方面可以看到，在热固性塑料挤出中，一旦模头确定，产品的质量便有了保证，决不会像热塑性塑料挤出那样受螺杆的脉动、牵引系统的变化、冷却的控制等问题的影响。而且热固性塑料挤出制品的尺寸稳定性远优于热塑性塑料挤出制品。

　　两种塑料挤出的生产率也有较大的差别。热塑性塑料挤出速度以每秒几厘米即可生产质量相当均匀的制品，而热固性塑料挤出只能以每秒几毫米的速度进行，而且它的挤出速度还受物料固化速度的限制。因此，缩短固化时间以提高挤出速度是热固性塑料挤出的发展方向。

　　尽管热固性塑料挤出没有热塑性塑料挤出发展得迅速，其制品所占的比例也相当小，但由于热固性塑料具有普通热塑性塑料所没有的一些特性，如热固性塑料除了具有很好的电性能和耐化学性能外，还可在110℃时长期使用，在160℃时短时间使用，且其结构刚度在这样高的使用温度下不会降低，因此在某些场合，热固性塑料的挤出制品仍有一定应用。

8.7　双螺杆挤出及反应挤出

　　聚合物加工技术的发展，对高分子材料成型和混合工艺提出了更多和更高的要求，单螺杆挤出机在某些方面就不能满足这些要求。例如，用单螺杆挤出机进行填充改性和加玻璃纤维增强改性等，混合分散效果就不理想。为了适应聚合物加工中混合工艺的要求，双螺杆挤出机自二十世纪30年代后期在意大利开发出来以后，经过70多年的不断改进和完善，得到了很大的发展。目前双螺杆挤出机已广泛应用于聚合物加工领域，已占全部挤出机总数的40%。硬PVC粒料、管材、板材、异型材几乎都是用双螺杆挤出机加工成型的；作为连续混合机，双螺杆挤出机已广泛用于聚合物共混、填充和增强改性，也用来进行反应挤出。近30年来，高分子材料共混合反应挤出技术的发展进一步促进了双螺杆挤出机数量和类型的增加。

8.7.1　双螺杆挤出机结构种类及工作原理

　　双螺杆挤出机由传动装置、加料装置、料筒和螺杆等几个部分组成，各部件的作用与单螺杆挤出机相似。与单螺杆挤出机区别之处在于双螺杆挤出机中有两根平行的螺杆置于一"∞"形截面的料筒中，如图8-45所示。

　　双螺杆挤出机的种类很多，不同双螺杆挤出机的主要差别在于螺杆结构的不同，双螺杆挤出机的螺杆结构要比单螺杆挤出机的复杂得多，而且螺杆还有诸如旋转方向、啮合程度等问题。根据其几何构型不同进行分类，双螺杆挤出机的类型和用途示于表8-6。

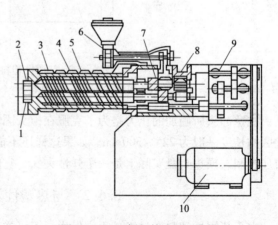

图8-45　双螺杆挤出机示意图

1—连接器　2—过滤器　3—料筒　4—螺杆　5—加热器
6—加料器　7—支座　8—止推轴承　9—减速器　10—电动机

表 8 - 6 双螺杆挤出机的类型

啮合情况	螺杆旋转情况	特征	应用情况
啮合型挤出机	同向旋转挤出机	低速挤出机	异型材挤出
		高速挤出机	配混，排气
	异向旋转挤出机	锥形螺杆挤出机	异型材挤出
		圆柱形螺杆挤出机	异型材挤出
非啮合型挤出机	异向旋转挤出机	螺杆长度相等	
		螺杆长度不等	
	同向旋转挤出机	—	未实际应用
	同轴挤出机	内熔体向前输送	
		内熔体向后输送	
		内固体向后输送	
		内塑化，向后输送	

用于型材挤出的双螺杆挤出机通常是紧密啮合且异向旋转的，虽然少数也有使用同向旋转式双螺杆挤出的，一般在比较低的螺杆转速下操作，约在 10r/min 范围内。高速啮合同向旋转式双螺杆挤出机用于配混、排气或作为连续化学反应器，这类挤出机最大螺杆速度范围在 300 ~ 600r/min。非啮合型挤出机用于混合、排气和化学反应，其输送机理与啮合型挤出机大不相同，比较接近于单螺杆挤出机的输送机理，虽然二者有本质上的差别。

8.7.1.1 同向啮合型双螺杆挤出机

这类挤出机有低速和高速两种，其区别在于两种挤出机的设计、操作特性和应用领域，前者主要用于型材挤出，而后者用于特种聚合物的加工操作。

（1）紧密啮合式挤出机 是低速挤出机，具有紧密啮合式螺杆几何形状，其中一根螺杆的螺棱外形与另一根螺杆的螺槽外形紧密配合，即共轭螺杆外形。紧密啮合型同向旋转（CICO）式双螺杆挤出机螺杆的典型几何形状如图 8 - 46 所示。共轭螺杆外形似乎显示了两根螺杆之间形成良好的密封，但图 8 - 47 中所示的啮合区的横截面显示了两螺杆的螺槽之间有较大的空隙（面积 II）。因此，CICO 挤出机的输送特性不如紧密啮合异向旋转式挤出机（CICT）那样呈正向输送。

CICO 挤出机从理论上说，可以设计成螺槽全啮合横向密闭的，但纵向不能密闭，必须开放，否则螺杆会啮合不上。必须将螺槽宽度设计得大于螺棱宽度，在纵向留下一定的通道，因此同向双螺杆挤出机具有滑动型的啮合，如图 8 - 48 所示。

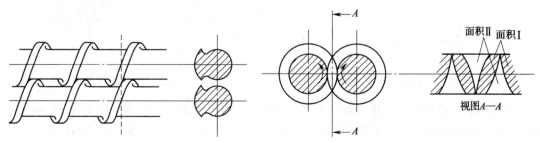

图 8 - 46　CICO 挤出机的螺杆几何形状　　　　图 8 - 47　CICO 挤出机啮合区的横截面

如果纵向开放得大（螺棱宽度窄），即空隙面积（图 8-47 中的面积 II）大于受阻面积（图 8-47 中的面积 I），则正向输送特性大为减小，并会造成物料停留时间加宽和挤出量对压力的依赖性加大。但不管纵向开放程度多大（即螺棱宽度多窄），因为螺棱有一定的宽度，所以 CICO 挤出机的螺杆几何形状是空隙面积小于受阻面积，还是具有正向的输送特性。

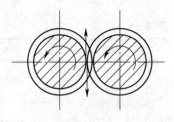

图 8-48　CICO 挤出机的滑动型啮合

（2）自洁式挤出机　高速同向挤出机具有紧密匹配的螺棱外形，如图 8-49 所示。从图 8-49 所示的螺杆的俯视图和图 8-50 所示的啮合区的横截面可以看出，从一个螺槽到另一根螺杆的螺槽有很大的空隙，即空隙面积比受阻面积大，因此啮合区形成高压力峰值的倾向不大。故可将这种螺杆设计成具有相当小的螺杆间隙，于是螺杆具有密闭式自洁作用，而且可以在高达 600r/min 的高速下运转。这种双螺杆挤出机称为紧密自洁同向旋转式双螺杆挤出机（CSCO）。这种螺杆的几何特征也导致了相当的非正向输送特性，物料停留时间加宽，压力对挤出量敏感性加大。因此 CSCO 挤出机不太适用于直接挤出型材。

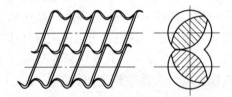

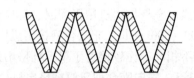

图 8-49　CSCO 挤出机的螺棱几何形状　　　　　图 8-50　CSCO 挤出机啮合区的横截面

8.7.1.2　异向啮合型双螺杆挤出机

紧密啮合异向旋转（CICT）式双螺杆挤出机的螺杆几何形状如图 8-51 所示，啮合区的横截面（见图 8-52）表明两螺杆螺槽之间的空隙很小（比同向啮合型双螺杆挤出机中的空隙小得多，见图 8-47），因此 CICT 挤出机可达到正向的输送特性。

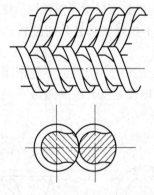

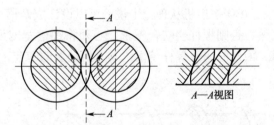

図 8-51　CICT 挤出机的螺杆几何形状　　　　　图 8-52　CICT 挤出机啮合区的横截面

异向啮合型双螺杆挤出机具有研磨型啮合功能，进入辊隙的物料会对两螺杆产生很大的压力，导致螺杆挠曲，故 CICT 挤出机一般适合在低速度下运转，但螺杆的正向输送特性会损失。因此，CICT 挤出机的最大允许螺杆速度常常为挤出机输送特性的象征。最大螺杆速度低（约 20~40r/min），挤出机具有正向输送特性，主要适用于型材挤出；最大螺杆速度高（约 $100 \sim 200 \text{r/min}$），则挤出机的正向输送特性较小，大多用于配混、连续的化学反应及其他特种聚合物加工。

8.7.1.3 非啮合型双螺杆挤出机

非啮合型双螺杆挤出机的两根螺杆之间的中心距大于两螺杆半径之和。有实用价值的是异向旋转的非啮合型双螺杆（NOCT）挤出机，其物料输送与单螺杆挤出机相似，主要的差别是物料从一根螺杆交换到另一根螺杆。NOTC 挤出机的正向输送特性比单螺杆挤出机小，而逆流返混性优于单螺杆挤出机，因此，NOTC 挤出机主要用于共混、排气和化学反应等操作，而不太适合型材挤出。

8.7.2 双螺杆挤出机和单螺杆挤出机比较

双螺杆挤出机与单螺杆挤出机的差别主要体现在以下方面：

8.7.2.1 物料的传送方式

在单螺杆挤出机中，物料传送是拖曳诱发型的，固体输送段中为摩擦拖曳，熔体输送段中为黏性拖曳。固体物料的摩擦性能和熔融物料的黏性决定了输送行为。如有些物料摩擦性能不良，如果不解决喂料问题，则较难将物料喂入单螺杆挤出机。

而在双螺杆挤出机中，特别是啮合型双螺杆挤出机，物料的传送在某种程度上是正向位移传送，正向位移的程度取决于一根螺杆的螺棱与另一根螺杆相对螺槽的接近程度。紧密啮合异向旋转（CICT）挤出机的螺杆几何形状能得到高度的正向位移输送特性。

8.7.2.2 物料的流动速度场

目前对物料在单螺杆挤出机中的流动速度分布已描述得相当明确（图 8-18）。而在双螺杆挤出机中物料的流动速度分布情况则相当复杂且难以描述。许多研究人员忽略啮合区的物料流动情况来分析物料的流动速度场，但这些分析结果与实际情况相差很大，因为双螺杆挤出机的混合特性和总体行为主要取决于发生在啮合区的漏流，然而啮合区中的流动情况相当复杂。双螺杆挤出机中物料的复杂流谱在宏观上表现出单螺杆挤出机无法媲美的优点，例如：混合充分、热传递良好、熔融能力大、排气能力强及对物料温度控制良好等。

8.7.2.3 物料的停留时间分布

与单螺杆挤出机相比，双螺杆挤出机在混合物各部分性能的均匀程度上要优于单螺杆挤出机，这主要是因为在双螺杆挤出机中物料的停留时间分布较窄。图 8-53 为两种螺杆中物料停留时间的分布情况。物料在双螺杆挤出机中的平均停留时间为单螺杆挤出机的 $1/2$，而且停留时间的分布范围也仅为单螺杆挤出机的 $1/5$ 左右。由于物

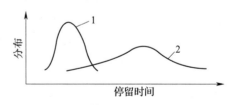

图 8-53 停留时间分布示意图
1—双螺杆挤出物料 2—单螺杆挤出物料

料停留时间分布窄，所有物料在料筒内所经历的物理、化学过程大体相同，因此，混合物各部分的性能会更均匀。

8.7.3 双螺杆挤出机的应用

8.7.3.1 在聚合物混合与混炼中的应用

聚合物的混合与混炼多采用积木式同向旋转的双螺杆挤出机，在以下应用中取得良好

效果。

（1）**热塑性塑料的共混改性**　不同的聚合物在双螺杆挤出机中依靠扩散、对流、剪切的方式实现良好分散混合。

（2）**聚合物填充**　采用中等螺距和较小压缩比，配以较强的破碎混炼元件，促使无机填料均匀分散到聚合物熔体中，经排气后，再次均匀混炼，得到均匀混合的填充聚合物。

（3）**纤维增强**　纤维增强聚合物在双螺杆挤出机中的混合，需要在混炼过程中剪断玻璃纤维，一般选用带有一定倾角的混炼元件。

（4）**热固性塑料及粉末的塑炼**　采用较大螺距，并适当地串联某些混炼元件。为了防止物料因温度过高在机筒内固化，螺杆的长径比、压缩比都较小。

8.7.3.2　在成型加工中的应用

双螺杆挤出机在低转速下具有高的输送能力，在较高的温度和较大的静摩擦因数范围内具有可控性，且能确定挤出速率，产生较少的摩擦热，允许低温操作，物料滞留时间短，动力要求较低并具有较强的进料能力。由于双螺杆将挤出机具有低温挤出的特点，因此在热敏性塑料 PVC 成型加工中的应用越来越多。

双螺杆挤出机可采用锥型螺杆，这种螺杆的加料段比压缩段和均化段具有更大的传输能力，因此能够把更大量的粉料输送到加料段。同时采用尽可能小的螺纹间隙，在最小的剪切力和摩擦热的情况下得到较高的挤出产率。对于相互啮合的双螺杆来说，一个螺杆上的螺纹在另一个螺杆的螺槽中作相对运动就像一个楔体推动着物料由后向前，从一根螺杆传送到另一根螺杆中。螺杆以这种模式运动，就像一个活塞式齿轮泵，以相当低的转数、低的压缩和低的摩擦向前输送物料。因此，双螺杆挤出机中物料温度不受摩擦的影响，热量主要由外热源来控制，这在成型加工热敏性物料（如 PVC）时是十分关键的。正是由于双螺杆挤出机具有较高的产率，较严格的温度控制等优点，目前生产大型的 PVC 管材、板材、片材等较多用双螺杆挤出机。

双螺杆挤出机还可用于包括可发性 PS 片材和超高分子量聚合物的挤出成型。对于可发性 PS 通常可采用单螺杆挤出机串联来成型加工，其中一台挤出机用于混料，另一台挤出机用于成型。但若用一台双螺杆挤出机来代替它们，则可节约许多成本。在双螺杆挤出机中，一些超高分子量聚烯烃及一些氟塑料就能够较容易地塑化。这些高黏度的熔体可以无波动地通过口模，这是双螺杆挤出机在加工性能方面的一个主要优点。

8.7.4　反应性挤出

反应性挤出（Reactive Extrusion，REX）是聚合物反应性加工的一种技术，是指聚合性单体、低聚物或聚合物熔体在螺杆挤出机内发生物理变化的同时发生化学反应，通过挤出直接获得聚合物或制品的一种新的工艺方法。

8.7.4.1　反应性挤出的特点

与传统的釜式反应需经聚合、分离、纯化、再挤出造粒和成型加工相比，REX 技术将单体原料的连续合成反应和聚合物的熔融加工合并为一体，在短暂的螺杆挤出停留时间内一步形成所需的材料或制品，其优势显而易见：设备投资低、生产周期短、能耗低，反应热容易排出，微量的未反应单体易除去，无溶剂后处理过程，环境污染小，既可小批量也可大批量进行连续反应和加工生产。

REX 技术的主要设备是双螺杆挤出机。通过对螺杆挤出机螺杆和筒体进行模块式组合，选择螺头形状和螺纹块排布及配接，一方面对反应温度、停留时间及分布进行控制，使之满足化学反应的要求，另一方面高度的混合和捏合性能使产物获得预定的物理形态，实现聚合反应过程和成型加工过程一体化，既可生产粒料，也可直接连上后续单元，生产型材、薄膜及纤维等不同形式的材料。

REX 技术的发展依赖于分散混合性能良好、停留时间可以设定的、长径比较大的双螺杆挤出机，20 世纪 60 年代后期首先进行 PA－6 的反应性挤出研究，首次用双螺杆挤出机制备 PA－6。随着双螺杆挤出机的发展，REX 的研究工作得到进一步深入，目前 REX 技术在工业化品种、研究水平与深度上正在不断扩展和深入。这一领域的研究和开发对于传统的聚合工艺的改造和简化、新的聚合物及其合金的创制具有特殊的意义。

8.7.4.2 反应性挤出类型

REX 是指在挤出机内发生化学反应最终形成聚合物材料的过程。近年来，利用反应挤出法生产聚合物得到了重视和发展。应用 REX 可制备的聚合物类型有如下几种：

① 直接由单体的聚合反应制备聚合物；

② 以其他途径制得预聚体或低聚物，再进入螺杆挤出机内进一步提高相对分子质量得到聚合物；

③ 将预先得到的聚合物送入挤出机中，经某种反应改性而得具有功能性的聚合物；

④ 共混物在挤出机内通过与增容剂反应得到具有优异性能的高分子合金；

⑤ 聚合物在挤出机内进行可控降解反应，从而获得具有某种特定性能的聚合物。

表 8－7 为反应挤出法的适用范围。

表 8－7　　　　　　　　　　　　反应挤出法的适用范围

类型	项目		实例
聚合反应	缩聚反应		PA、聚酯、聚醚酰亚胺
	加聚反应		PU、PMA、POM
改性	接枝反应		PP－马来酸酐/丙烯酸酯接枝物
	酯交换反应		EVOH
降解反应	相对分子质量调节		PP 熔体流动速率调节、废塑料热解
脱水	控制水解		聚酯湿式挤出
	絮凝、脱水		合成橡胶挤压膨胀干燥
聚合物合金	相容系统		PPO/PS
	不相容系统	加相容剂	PC/PA，PET/PP
		反应混合	PA/EPDM，动态硫化 PP/NBR

8.7.4.3 反应性挤出对设备的要求及工艺控制

在 REX 聚合过程中，从单体转化到聚合物，体系黏度急剧上升。另一方面，REX 聚合过程必须将多个化学过程操作集中在单一装置内，同时，还要求产物具有较高的空间和时间效率及连续性。

这诸多的要求在传统的化学反应器中一般是不可能实现的，而挤出机作为反应器具有同时处理低黏度和非常高黏度的能力，并具有进料、熔化、混合、输送、挤出、造粒的功能，能够解决上述问题。除此以外，挤出机反应器还必须具备以下几个特性，使其适用于反应加工：螺杆和筒体配合使物料有极好的分散和分布性能；温度可以得到控制，供、排热方便；对停留时间分布可控制；反应可在压力下进行；能连续进料、连续加工；未反应单体和小分子副产物可脱除；黏性熔体易于排出。

目前用于 REX 的挤出机一般为双螺杆或多螺杆，采用同向啮合式更为合适。螺杆作为挤出机的重要部件是由多节各式各样的螺纹块或捏合块套穿在芯轴上而构成的，为模块组合结构，可按不同工艺的要求排列组合。

反应性挤出加工过程控制是制备聚合物材料成功与否的关键。控制必须根据反应特性和物理变化特性实施，最重要的特性有四个方面。

（1）黏度变化　这是体系流变形态问题，主要控制参数包括：螺杆组合形成和接配，不同阶段体系的温度、进料量等；

（2）停留时间　这关系到聚合物的分子量及其分布，一般通过控制螺杆转速、进料速度、挤出牵伸速度来实现；

（3）聚合热　关系到体系热量的供给或转移，要控制供热和排热；

（4）脱挥　即体系中小分子的排除，包括单体、未反应物、低聚物的脱除，一般通过压力控制。

8.7.4.4　用于高分子改性的反应性挤出

（1）高分子改性是反应性挤出技术最先应用的领域。与传统的反应器相比，挤出机应用于高分子改性有如下优点：

① 聚合物改性较多的是在熔融状态下进行的，挤出机能提供连续的聚合物熔体，能处理极黏流体，无须将聚合物溶于溶剂中进行反应改性，为聚合物的进一步改性创造了先决条件，在经济性和环境保护等方面具有很大的优越性；

② 挤出机具有良好的分散混合和分布混合作用，能很好地将少量的改性剂与聚合物混合均匀；与搅拌式间歇反应器相比，挤出机能使熔体充分混合，能高效实现热量传递，温度控制也比较方便；

③ 对应连续反应过程，挤出机能够对物料停留时间及其分布进行良好的控制；

④ 挤出机既可以进行固体加料，也可以进行不同黏度流体的加料，而且反应是连续的过程，这是一般传统反应器无可比拟的；

⑤ 组合式双螺杆挤出机的螺杆可以按要求进行调整、组合，可将反应分为多步进行，对于高温下不稳定的催化剂和反应物，可以从中间段加入，以减少停留时间；

⑥ 挤出机可以有高效排气口，在高压段反应后能方便地脱除未反应的组分、小分子副产物以及溶剂等，而且由于螺杆可对聚合物熔体产生极为良好的表面更新作用，这对小分子产物的脱除更为有利。

（2）反应性挤出在高分子改性中有如下几个方面的应用：

① 聚合物可控降解的反应性挤出　螺杆挤出机用作反应性挤出设备的早期研究是聚合物的可控降解，典型的例子是 PP 的可控降解。PP 的降解是遵循自由基引发和终止机理的化学反应，降解反应在 180℃ 下进行，过氧化物作引发剂，其对 PP 分子量的降低十分有效。在此条件下，反应约 200s 后 PP 分子量即下降到一个平衡位置，而引发剂的残余含量则要到 400s 后方趋于零。这样的反应时间尺度非常适于螺杆反应挤出工艺。图 8−54 为 PP 以过氧化物作引发剂通过反应挤出技术进行可控降解的结果，可以看到，随着过氧化物用量的增

加，PP 的分子量下降，其分布变窄。

② 高聚物的接枝聚合反应 高聚物分子链的接枝是反应性挤出技术的另一个重要应用领域。由于高聚物熔体具有高黏度和难分散性，其他反应设备都很难使熔体与黏度较低的单体或介质充分均匀混合，使化学反应或聚合难以实现。而螺杆挤出机能解决这些问题，通过在高聚物分子链上接枝一些分子链，可提高聚合物的极性、导电性、亲水性、防污性、抗菌性等，也可赋予聚合物某些特殊功能。

这方面研究得较多的是聚烯烃接枝马来酸酐、丙烯酸以及它们的酯类或酰胺类的反应，以提高聚烯烃的极性，增加其抗静电性，或与油墨、染料、涂料等的附着力等。这些基本上属于自由基反应，通常的接枝点发生在双键或叔碳位上。如 HDPE 接枝马来酸酐二异丙酯的反应，在 150～200℃之间有一个接枝反应的放热峰，而且反应在 3min 内可以完成，因而非常适合于反应挤出工艺。通过在聚合物分子上接枝功能化分子链，可为进一步反应挤出制备新型高分子合金打下基础。

③ 高分子合金 采用马来酸酐、丙烯酸或甲基丙烯酸酯等与聚合物接枝，然后与 PA 反应挤出形成合金，既提高了 PA 的抗冲击性能和疏水性，又降低了成本。这是采用反应挤出技术制备高分子合金成功的例子。

以马来酸酐或丙烯酸与 PP 的接枝共聚物（PP－g－MA、PP－g－AA）作为相容剂加入 PP/PA1010 共混体系中，在挤出共混过程中，接枝共聚物上的马来酸酐或丙烯酸基团与 PA 的胺基进行反应，从而提高了 PP 与 PA 的相容性，使合金材料的力学性能发生很大的变化。如图 8－55 所示。

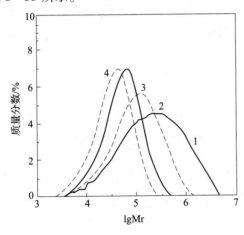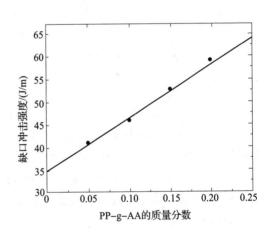

图 8－54 不同过氧化物用量降解 PP 相对分子质量的
分布曲线（Pupersol 130，210℃，反应时间 176s）
1—纯 PP 2—0.1%（质量分数）
3—0.3%（质量分数） 4—0.7%（质量分数）

图 8－55 PP－g－AA 含量对 PP/PA1010/PP－
g－AA 共混体系缺口冲击性能的影响

8.7.4.5 用于聚合反应的反应性挤出

聚合反应挤出技术是指以螺杆挤出机作为反应器，单体或混合单体在无溶剂或只含极少量溶剂的情况下，直接本体聚合为所需分子量或所需分子结构聚合物的一种技术。由于是"一步到位"，省略了多次加热、冷却过程，无环境污染，是一种最为经济、最有发展前途的聚合方法。

在反应挤出聚合过程中，反应混合物的黏度随聚合过程的进行往往会骤然增加，在螺杆的长度范围内，黏度可以从 0.1Pa·s 以下一下子提高到 10000Pa·s 以上。因而螺杆反应器必须在不同单元的设计上使其能同时传送原料和适应黏度上有巨大差别的聚合物，而且能在狭窄的区间内有效地控制反应介质因聚合热造成的温度梯度。此外，产物在被挤出螺杆反应器之前，必须经过减压系统，以便脱除未聚合的单体以及低分子副产物。因此并非所有的聚合体系都能采用反应性挤出方法来实现聚合。能够采用反应性挤出技术进行聚合的体系应具备如下条件和技术前提。

（1）具有较高的聚合速度　由于螺杆挤出机的长度有限，又要保证足够的生产能力，因此物料在螺杆挤出机中的停留时间是有限的。一般要求聚合反应的时间最多只能在 6～8min，而且聚合转化率必须达到 90% 以上。

（2）满足热传导条件　由于聚合反应仅在数分钟内完成，因此对热传导的要求十分苛刻。挤出机的热传导能力是否满足聚合热量的疏散，是一个聚合反应体系能否采用螺杆挤出机实施聚合的一个重要前提。

（3）聚合转化率限制　螺杆挤出机在单体及副产物的脱除方面有其优异功能，特别是双螺杆挤出机在混合过程中有突出的表面更新作用，即使在聚合后期体系的黏度很大时，对小分子挥发分的脱除也要比通常的反应釜更为有效。但如果体系的转化率较低，不仅兼作反应器和脱挥设备的挤出机螺杆的结构设计变得相当复杂，而且整个反应过程的经济性也将受到很大的影响。

目前成功采用反应性挤出技术进行聚合反应的例子包括：缩合聚合反应，如酯化反应、酰胺化反应及醇醛缩合反应；开环聚合反应，如由己内酰胺单体直接用双螺杆挤出机聚合反应生产高分子量 PA－6；双键聚合反应，如采用无终止活性聚合引发体系直接在双螺杆挤出机中由单体聚合成分子量高于 60 万的超高分子量 PS。

习题与思考题

1. 挤出机螺杆在结构上为何分段？分段的根据是什么？

2. 挤出螺杆一般分为哪几段？每段各有什么作用？对于晶态塑料的挤出成型，应选择何种螺杆？其 L_2 的长度有何特征，为什么？

3. 什么叫压缩比？挤出机螺杆设计中的压缩比根据什么来确定？

4. 什么是挤出机螺杆的长径比？长径比的大小对塑料挤出成型有什么影响？长径比太大又会造成什么后果？

5. 渐变型和突变型螺杆有何区别？它们各适合哪类塑料的挤出？为什么？

6. 如欲提高挤出机加料段固体输送能力，应对设备采取什么措施？指出其理论依据。

7. 塑料在挤出机中的熔化长度的意义是什么？

8. 塑料熔体在挤出机螺槽内有几种流动形式？造成这几种流动的主要原因是什么？

9. 分析挤出成型时，螺杆均化段末端黏流态物料的压力与哪些因素有关？

10. 各种挤出成型制品的生产线由各自的主、辅机组成，请归纳它们的工艺过程，用框图表示。

11. 塑料薄膜生产工艺方法有哪几种？简要分析各种方法的工艺特点。不同成型方法所得的塑料薄膜性能有何不同的特点及应用情况如何？

12. 管材挤出的工艺过程是什么？挤出管材如何定径？

第9章 注射成型

注射成型是高分子材料成型加工中一种重要的方法。注射成型是间歇生产过程，它的特点是成型周期短、生产效率高，能一次成型外形复杂、尺寸精确的制品，成型适应性强，制品种类繁多，而且容易实现生产自动化，因此应用十分广泛，几乎所有的热塑性塑料及多种热固性塑料都可用此法成型，也可以成型橡胶制品。

塑料的注射成型又称注射模塑，或简称注塑，是塑料制品成型的重要方法。塑料的注射成型是将粒状或粉状塑料加入到注射机的料筒，经加热熔化呈流动状态，然后在注射机的柱塞或移动螺杆快速而又连续的压力下，从料筒前端的喷嘴中以很高的压力和很快的速度注入到闭合的模具内。充满模腔的熔体在受压的情况下，经冷却（热塑性塑料）或加热（热固性塑料）固化后，开模得到与模具型腔相应的制品。注塑制品的用途已扩大到国民经济各个领域。目前注射制品约占塑料制品总量的30%，而工程塑料制品中有80%是采用注射成型。注射工艺也可用于复合材料、增强塑料及泡沫塑料的成型，也可同其他工艺结合起来，如与吹胀相互配合而组成注射-吹塑成型。

橡胶注射成型通常叫注压，其所用的设备和工艺原理与塑料的注射有相似之处。但橡胶的注压是以条状或块粒状的混炼胶加入注压机，注压入模后须停留在加热的模具中一段时间，使橡胶进行硫化反应，才能得到最终制品。橡胶的注压类似于橡胶制品的模型硫化，只是压力传递方式不一样，注压时压力大、速度快，比模压生产能力大、劳动强度低、易自动化，是橡胶加工的方向。

鉴于热塑性塑料注射目前占注射成型工艺主导地位，而且有关注射成型工艺的理论研究主要是以热塑性塑料为对象，本章首先讨论热塑性塑料注射成型的工艺和原理，对热固性塑料和橡胶的注射结合其特点也将进行讨论。此外，为了适合一些具有特殊性能要求的塑料注塑，在传统热塑性塑料注射成型技术的基础上开发了一些专用注射成型技术，如反应注射成型（RIM）、气体辅助注射成型（GAIM）、流动注射成型（LIM）、结构发泡注射成型、排气注射成型、共注射成型等。

9.1 注射机的结构与作用

9.1.1 注射机分类

注射机是注射成型的主要设备，注射机的类型和规格很多，根据目前使用得比较多的分类方法，可分为以下几种。

9.1.1.1 按结构特点分类

根据不同注射机的结构和塑料在料筒中的不同塑化方式进行划分。

（1）柱塞式注射机 利用柱塞将物料向前推进，通过分流梭而经喷嘴注入模具。物料在料筒内熔化，热量可由电阻加热器供给，物料的塑化依靠导热和对流传热。这类注射机发展最早，应用广泛，制造及工艺操作都比较简单，但柱塞式注射机存在塑化不均匀、注射压力损耗大、注射速度不均匀等问题，因此目前主要用于小型制品的注射。如图9－1所示。

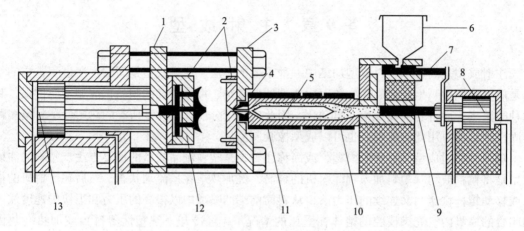

图9－1　柱塞式注射装置

1—动模板　2—注射模具　3—定模板　4—喷嘴　5—分流梭　6—料斗　7—加料调节装置

8—注射油缸　9—注射活塞　10—加热器　11—加热料筒　12—顶出杆（销）　13—锁模油缸

（2）移动螺杆式注射机　是由一根螺杆和一个料筒组成，螺杆既能旋转又能作水平往复移动。螺杆在旋转时起加料、塑化物料作用，熔体向前移动，螺杆在旋转的同时往后退，直到加料和塑化完毕才停止后退和旋转。在注射时，螺杆向前移动，起注射柱塞的作用。塑料熔化的热量来自机筒的外加热以及螺杆转动时与塑料之间的摩擦热。这种注射机结构严密，塑化均匀、效率高，注射压力损失小，生产能力大，为目前塑料注射成型最为常见的形式。如图9－2所示。

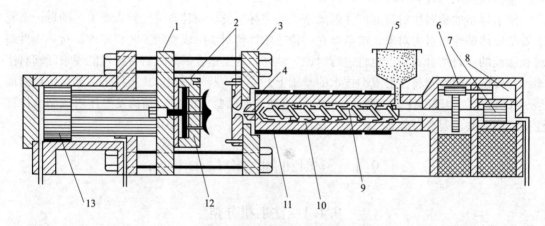

图9－2　移动螺杆式注射机

1—动模板　2—注射模具　3—定模板　4—喷嘴　5—料斗　6—螺杆传动齿轮　7—注射油缸

8—液压泵　9—螺杆　10—加热料筒　11—加热器　12—顶出杆（销）　13—锁模油缸

（3）双阶柱塞式注射机　相当于两个柱塞式注射装置串联而成，物料先在第一只预塑化料筒内传热、熔融塑化，再进入第二只注射料筒内，然后熔体在柱塞压力下经喷嘴注入模腔内。这种结构形式是上述柱塞式注射机的改进，塑化效率及生产能力都有所提高。如图9－3所示。

（4）螺杆预塑化柱塞式注射机　在原柱塞式注射机上装上一台仅作预塑化用的单螺杆

挤出供料装置。塑料通过单螺杆挤出机预塑化后，经单向阀进入注射料筒，再由柱塞注射。这种注射机大大提高了对塑料的塑化效果及生产能力，在高速、精密和大型注射装置及低发泡注射方面都有发展和应用。如图9-4所示。

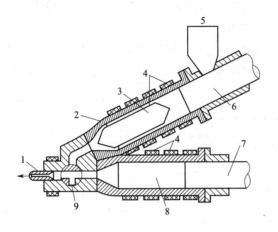 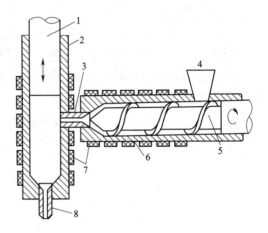

图9-3 双阶柱塞式注射机　　　　　　　图9-4 螺杆预塑化柱塞式注射机

1—喷嘴　2—供料料筒　3—鱼雷式分流梭　4—加热器　　　1—注射活塞　2—注射料筒　3—球式止逆喷嘴

5—加料斗　6—预塑化供料活塞　7—注射活塞　　　　4—加料斗　5—挤出螺杆　6—预塑化料筒

8—注射料筒　9—三通　　　　　　　　　7—加热器　8—喷嘴

9.1.1.2　按注射机外形特征分类

根据注射机的合模装置和注射装置的相对位置进行划分。

（1）立式注射机　合模装置与注射装置的运动轴线呈一线并垂直排列，模具沿垂直方向启闭，如图9-5（a）所示，目前这种形式主要用于小型注射机。

（2）卧式注射机　合模装置与注射装置的运动轴线呈一线水平排列，模具沿水平方向启闭，如图9-5（b）所示，这种形式应用最广，对大、中、小型都适用，是目前注射机最基本的形式。

（3）角式注射机　合模装置和注射装置的运动轴线互成垂直排列，如图9-5（c）所示，适用于加工中心部分不允许留有浇口痕迹的平面制品，使用也较普遍，大、中、小型注射机均有。

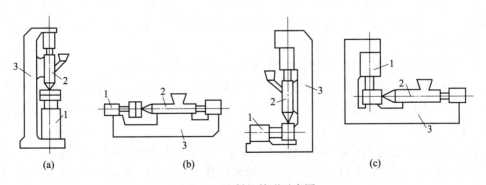

（a）　　　　　　　　　　（b）　　　　　　　　　　（c）

图9-5　注射机外形示意图

（a）立式注射机　（b）卧式注射机　（c）角式注射机

1—合模装置　2—注射装置　3—机身

9.1.1.3 按注射机的加工能力分类

反映注射机加工能力的主要参数是注射量和锁模力。注射量是指注射机在注射螺杆（或柱塞）作一次最大注射行程时，注射装置所能达到的最大注射量。其有两种表示法：一种是以 PS 原料为标准，用注射 PS 熔料的质量以"g"为单位表示；另一种是用注射出的容积以"cm^3"为单位表示，目前较多用该法表示注射机的规格。锁模力是由合模机构所能产生的最大模具闭紧力决定的，它反映了注射机成型制品面积的大小。一般用注射机的注射量和锁模力同时来表示注射机的加工能力，并以此反映注射机的大小。不同类型注射机的加工能力如表 9-1 所示。

表 9-1 不同类型注射机的加工能力

类别	锁模力/kN	注射量/cm^3
超小型	<200~400	<30
小型	400~2000	60~500
中型	3000~6000	500~2000
大型	8000~20000	>2000
超大型	>20000	

9.1.1.4 按注射机用途分类

随着塑料产品的不断开发，注射机的适应范围亦不断扩大。目前主要有热塑性塑料通用型，热固性塑料型，发泡型、排气型、高速型、多色、精密、鞋用及螺纹制品用等专用型。

此外，按合模机构特征进行分类，可分为机械式、液压式和液压-机械式注射机。

9.1.2 注射机的基本结构

柱塞式注射机和移动螺杆式注射机的结构特点和作用原理大致相同，都是由注射系统、锁模系统、注射模具及液压系统等几部分组成，所不同的是前者用柱塞施加压力，而后者则用螺杆。

9.1.2.1 注射系统

这是注射机的主要部分，其作用是使塑料受热、均匀塑化直到黏流态，并以一定的压力和速度注射入模具型腔，并经保压补塑而成型。注射系统主要是由加料装置、料筒、螺杆（或柱塞及分流梭）、喷嘴等部件所组成。

（1）加料装置 即加料斗，通常为倒圆锥或方锥形的金属容器，其容量视注射机大小而定，一般要求能容纳 1~2h 的用料。注射机的加料是间歇性的，为此，在料斗上设置有计量装置，以便能定容或定量加料，有的料斗还设有加热和干燥装置，大中型注射机还有自动上料装置。

（2）料筒 即塑化室，结构与挤出机的料筒近似，但其内壁要求更光滑且呈流线型，没有缝隙和死角。料筒的容积决定了注射机的最大注射量。柱塞式的料筒常为最大注射量的 6~8 倍，以保证塑料有足够的停留时间和接触传热面，从而利于塑化。螺杆式注射机因为螺杆对塑料进行推挤及搅拌作用，传热、塑化效率高，因而料筒容量一般只需最大注射量的 2~3 倍。料筒外部有分段加热装置，从加料口到喷嘴方向，料筒的温度是逐渐升高的。

（3）柱塞及分流梭　二者均为柱塞式注射机料筒内的主要部件。柱塞为一根坚硬的金属圆棒，通常其直径 D 为 $20 \sim 100\text{mm}$。柱塞可以在料筒内作往复运动，其作用是传递施加在塑料上的压力，使熔融塑料注射入模。

分流梭安装在料筒前端的中心部分，是两端锥形的金属圆锥体，形如鱼雷，因此也叫鱼雷头，其种类很多，常见的如图 9-6 所示。分流梭的作用是将料筒内流经该处的物料引导成为薄层，使塑料流体产生分流和收敛流动，以缩短传热导程。既加快了热传导，也有利于减少或避免塑料过热而引起的热分解现象。同时，塑料熔体分流后，在分流梭与料筒间隙中的流速增加，剪切速度增大，从而产生较大的摩擦热，料温升高，黏度下降，使塑料得到进一步的混合塑化，有效提高柱塞式注射机的生产率及制品质量。

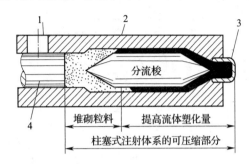

图 9-6　分流梭结构示意图

1—加料口　2—加热料筒体　3—喷嘴　4—柱塞

分流梭为柱塞式注射机所特有，移动螺杆式注射机的塑化效果好，不采用分流梭。

（4）螺杆　是移动螺杆注射机的重要部件，同挤出机的螺杆一样，也是一根表面有螺纹的金属杆件，但其结构形式及作用与挤出螺杆有所不同。它的作用是对塑料输送、压实、塑化及传递注射压力。当螺杆在料筒内旋转时把料筒内的塑料卷入螺槽，并逐渐将其压实，排出料中的气体，塑料逐步熔化。此后，塑化均匀的物料不断由螺杆推向料筒的前端，并逐步积存靠近喷嘴的一端。与此同时，螺杆本身受熔体的压力（背压）而缓慢后退。当熔体积存到达一次最大的注射量时，螺杆停止转动和后退。然后，螺杆传递压力，使黏流态物料注射入模。

注射螺杆与挤出螺杆在结构上的区别在于：注射螺杆的长径比和压缩比较小；均化段长度较短，但螺槽深度较深，以提高生产率，为了提高塑化量，加料段较长，约为螺杆长度的一半；注射螺杆的头部呈尖头型，与喷嘴能很好地吻合，以防止物料残存在料筒端部而发生降解。

为防止注射时出现物料沿螺槽回流，对低黏度物料需在螺杆头部装上止逆环，如图 9-7 所示，塑化时物料可沿止逆环和螺杆头部的间隙向前，注射时止逆环与螺杆头部相接触（受压后退）切断料流，防止物料回流。

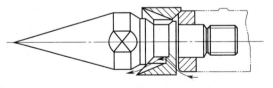

图 9-7　带止逆环的螺杆头

（5）喷嘴　在料筒的前部，是连接料筒和模具的通道，其作用是引导塑化物料从料筒进入模腔，并具有一定的射程。喷嘴的内径一般都是自进口逐渐向出口收敛，以便与模具紧密接触，由于喷嘴的内径不大，当塑料通过时，流速增大，剪切速度增加，能使塑料进一步塑化。

喷嘴的结构形式与塑料的流动特性有关，对喷嘴的要求是结构简单、阻力小、不出现物料的流涎现象。热塑性塑料的注射喷嘴类型很多，结构各异，最普遍的有如下三种形式：

① 通用式喷嘴：是最普遍的形式，如图 9-8（a）所示。这种喷嘴结构简单，制造方便，无加热装置，注射压力损失小，常用于 PE、PS、PVC 及纤维素等注射成型。

② 延伸式喷嘴：是通用式喷嘴的改进型，如图 9 - 8（b）所示，结构也比较简单，制造方便，有加热装置，注射压力降较小，适用于 PMMA、POM、PSF、PC 等高黏度树脂。

③ 弹簧针阀式喷嘴：是一种自锁式喷嘴，如图 9 - 8（c）所示，结构较复杂，制造困难，流程较短，注射压力损失较大，主要适用于 PA、PET 等熔体黏度较低的塑料注射。

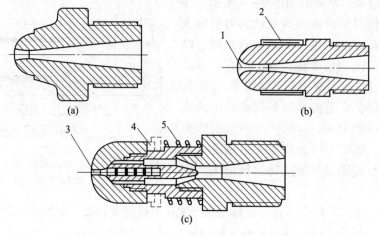

图 9 - 8　注射喷嘴结构示意图

（a）通用式　　（b）延伸式　　（c）弹簧针阀式

1—喇叭口　2—电热圈　3—顶针　4—导杆　5—弹簧

上述喷嘴中前面两种是直通式的，从料筒到模腔的狭小通道始终是敞开的。后一种喷嘴通道内部设有止回阀，能在非注射时间内靠弹簧关闭喷嘴通道以杜绝低黏度塑料的流涎现象。

9.1.2.2　锁模系统

注射成型时，熔融塑料通常是以 40 ~ 200MPa 的高压注射入模的，为了保持模具严密闭合，要求有足够的锁模力，以防在注射时使模具离缝或造成制品溢边现象。

锁模系统的作用是在注塑时锁紧模具，而在脱模取出制品时又能打开模具，故要求锁模机构开启灵活、闭锁紧密。启闭模具系统的夹持力大小及其稳定性对注射制品的质量及其尺寸准确性都有很大的关系。

锁模力的大小主要取决于注射压力、与施压方向垂直的制品投影面积以及浇口在模具中的位置。

最常见的锁模系统结构有机械式、液压式和液压 - 机械组合式三种。图 9 - 9 所示为具有曲臂的机械与液压相结合的锁模装置。

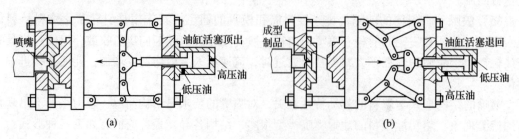

图 9 - 9　曲臂锁模机构和工作原理示意图

（a）闭模　　（b）开模

9.1.2.3　注射模具

注射模具是使塑料注射成型为具有一定形状和尺寸制品的部件。由于制品结构和形状及注射机的类型和原材料性质的不同，用于注射成型的模具的具体结构可以千变万化，但其基本结构是一致的。注射模具一般可分为动模和定模两大部分，注射时动模和定模闭合构成型腔和浇注系统，开模时动模和定模分离，取出制件。定模安装在注射机的固定模板上，而动模安装在注射机的移动模板上。图 9 - 10 为一典型的注射模具。根据模具上各个部件所起的作用，可细分为成型零部件（型腔）、浇注系统（由主流道、分流道、浇口、冷料井所组成）、导向零件、分型抽芯机构、顶出装置、冷却加热系统及排气系统等几个部分。

9.1.2.4　液压传动与电器控制系统

这是为了保证注射机实现塑化、注射、固化成型各个工艺过程的预定要求和动作程序能够准确而又有效地进行工作而设置的动力和控制系统，它主要包括电动机、油泵、管道、各类阀件和其他液压元件以及电器控制箱等。

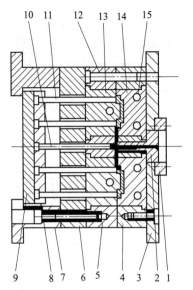

图 9 - 10　典型注射模具基本结构

1—定位环　2—主流道衬套　3—定模底板
4—定模板　5—动模板　6—动模垫板
7—模脚　8—顶出板　9—顶出底板
10—拉料杆　11—顶杆　12—导柱
13—凸模　14—凹模　15—冷却水通道

目前常用的注射机一般是用油泵作为压力来源，通过电器控制系统，可将高（低）压油经过压力分配装置送往锁模系统，使模具开启和闭合，或送往注射系统使螺杆（或柱塞）前进或退回。

9.1.3　注射机的工作过程

尽管所用的注射机可以不同，但要完成的工艺内容和基本过程大致是相同的，如图 9 - 11 所示，主要有如下基本操作单元。

（1）合模与锁紧　注射成型的周期一般是以合模为起始点。合模过程中动模板的移动速度是变化的，先低压快速闭合，当动模与定模快要接近时，切换成低压低速，以免模具内有异物或模内嵌件松动，然后切换成高压而锁紧模具。

（2）注射装置前移　当合模机构闭合锁紧后，注射装置整体前移，使喷嘴和模具浇道口贴合。

（3）加料塑化　螺杆转动，使料斗内的物料经螺杆向前输送，并在料筒的外加热和螺杆剪切作用下使其熔融塑化。物料由螺杆输送到料筒前端，并产生一定压力。在此压力（背压）作用下螺杆在旋转的同时向后移动，当后移到一定距离，塑化的熔体达到一次注射量时，螺杆停止转动和后移，准备注射。

（4）注射充模　加料塑化后，注射油缸推动注射螺杆（柱塞）前移，以高速高压将料筒前部的熔体注入模腔，并将模腔中的气体从模具分型面驱赶出去。

（5）保压固化　熔体注入模腔后，由于模具的低温冷却作用，模腔内的熔体产生收缩。为了保证注射制品的致密性、尺寸精度和强度，必须使注射系统对模具施加一定的压力（螺杆对熔体保持一定压力），对模腔塑件进行补塑，直到浇注系统的熔体冻结到其失去从浇

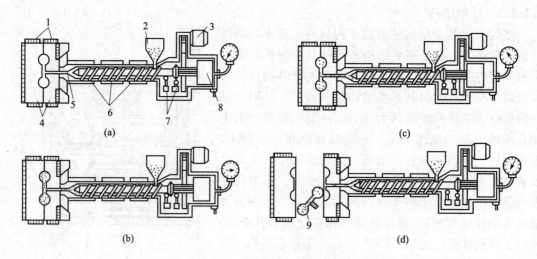

图 9-11　注射机基本操作程序

（a）加料塑化　（b）注射充模　（c）保压固化　（d）脱模

1—加热装置　2—料斗（或胶条）　3—电机　4—模具　5—喷嘴

6—加热冷却装置　7—行程开关　8—油压缸　9—制品

口回流的可能性时，就可卸去保压压力，使制品在模内充分冷却定型。制品在模内冷却的同时，螺杆传动装置进行加料塑化的工作，准备下一次注射。制品冷却与螺杆预塑化是同时进行的。

（6）注射装置后退和开模顶出制品　注射装置退回的目的是避免喷嘴与冷模长时间接触产生喷嘴内料温过低而影响注射。此操作进行与否根据所注射物料的工艺性能和模具结构而定，如热流道模具，注射装置一般不退回。模腔内的制品冷却定型后，合模装置即开启模具，并自动顶落制品。

9.2　注射过程原理

热塑性塑料的注射过程包括加料、塑化、注射充模、冷却固化和脱模等几个工序，其中关键是塑化、流动和冷却三个工序。

9.2.1　注射成型过程

注射成型工艺是将塑料塑化成具有良好流动性的熔体，并注射到模腔中使其固化的过程。其中塑化是注射成型最关键的过程，塑料熔体进入模腔内的情况可分为充模、保压、倒流和浇口冻结后的冷却四个阶段。图 9-12 所示的是注射成型各个阶段中柱塞或螺杆的位置、物料温度以及作用在柱塞或螺杆上的压力、喷嘴内的压力和模腔内的压力随时间的变化情况。

9.2.1.1　充模阶段（$t_0 \sim t_2$）

这一阶段从柱塞或螺杆开始向前移动起，直至模腔被塑料熔体充满为止。这一阶段包括两个时期：一为柱塞或螺杆的空载期，在时间 $t_0 \sim t_1$ 间物料在料筒中加热塑化，注射前柱塞或螺杆虽开始向前移动，但物料尚未进入模腔，物料在高速流经喷嘴和浇口时，因剪切摩擦而引起温度上升，同时因流动阻力而引起柱塞和喷嘴处压力增加。随后是充模期，时间 t_1 时塑料熔体开始快速注入模腔，模具内压力上升至时间 t_2 时，型腔被充满，模腔内压达到最大值，同时物料温度、柱塞和喷嘴处压力均上升到最高值。这一时期的流动又可分为两部分：一是注射充模流动，时间从 t_1 开始至熔体到达模腔末端的时刻 t_β 结束，熔体在此流动过程中，阻力并不大，故模腔内的压力仍低。然后是压实流动，从 t_β 时刻开始至柱塞到达其前进行程的最大位置的时刻 t_2 结束，在此之前模腔虽已被熔体充满，但由于充模流动结束时喷嘴内的压力远高于模腔内的压力，故这一时期后仍有少量熔体被挤入模腔，使模腔内熔体密度增大而压力急剧上升至最高值，这一过程也称压实增密过程。

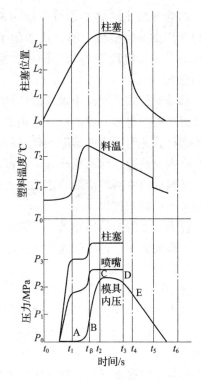

图 9 - 12　注射过程柱塞位置、物料温度、柱塞与喷嘴压力以及模腔内压力的关系

9.2.1.2　保压阶段（$t_2 \sim t_3$）

这是熔体充满模腔时起至柱塞或螺杆撤回时为止的一段时间。在这段时间内，塑料熔体因冷却而收缩，柱塞或螺杆仍需保持对塑料的压力，使模腔中的塑料进一步得到压实，同时料筒内的熔体会继续流入模腔中以补充因塑料冷却收缩而留出的空隙。随模腔内料温下降，模内压力也因塑料冷却收缩而开始下降。

9.2.1.3　倒流阶段（$t_3 \sim t_4$）

这一阶段是从柱塞或螺杆后退时开始，到浇口处熔体冻结为止。保压结束后，柱塞或螺杆开始后退，作用在其上的压力随之消失，喷嘴和浇口处压力也迅速下降，而模腔内的压力要高于浇道内的压力，尚未冻结的塑料熔体就会从模腔倒流入浇道并导致模腔内压力迅速下降。随模腔内压力下降，倒流速度减慢，熔体对浇口的加热作用减小，温度也就迅速下降。到 t_4 时刻浇口内的熔体凝固，倒流随之停止，此时也称凝封。如果柱塞或螺杆后撤时浇口处的熔体已冻结，或者在喷嘴中装有止逆阀，则倒流阶段就不存在，也就不会出现 $t_3 \sim t_4$ 段压力下降的曲线。因此，倒流的多少或有无是由保压阶段的时间所决定的。

9.2.1.4　冻结后的冷却阶段（$t_4 \sim t_5$）

这一阶段是从浇口的塑料完全冻结时开始，到制品从模腔中顶出时为止。这段时间虽然外部作用的压力已经消失，模腔内仍可能保持一定的压力，但随模内塑料的进一步冷却，其温度和压力逐渐下降。制品脱模时的模内压力不一定等于外界压力，可能有残余压力。残余压力的大小与压实阶段的时间长短有一定关系。

9.2.2　塑 化 过 程

塑化是注射成型的准备过程，是指塑料在料筒内受热达到充分熔融状态和良好可塑性的过程。对塑料塑化的要求是：塑料在进入模腔之前要充分塑化，既达到规定的成型温度，又使熔体各点温度尽量均匀一致，而其中的热分解物的含量则应尽可能少。这些要求与塑料的特性、工艺条件的控制以及注射机塑化装置的结构密切相关。

塑化质量主要是由塑料的受热情况和所受的剪切作用所决定的。温度是使塑料得以形变、熔融和塑化的必要条件，通过料筒对塑料的加热，使聚合物由固体向液体转变，而剪切作用则是以机械力的方式强化了混合和塑化过程，使熔体温度分布均匀，物料组成和高分子形态也趋于均匀。同时，剪切作用能在塑料中产生更多的摩擦热，也加速了塑料的塑化。

移动螺杆式注射机中螺杆的转动能对物料产生剪切作用，因而对塑料的塑化作用比柱塞式注射机要好得多。目前广泛采用的是可提供高质量塑化产物的移动螺杆式注射机。塑料在移动螺杆式注射机内的熔融塑化过程与螺杆式挤出机内的熔融塑化过程类似，有关理论已在第8章内讨论过。移动螺杆式注射机可以借鉴螺杆式挤出机的经验，二者的主要不同点是：挤出机料筒内物料的熔融是稳态的连续过程，而移动螺杆式注射机料筒内物料的熔融是一个非稳态的间歇式过程。

柱塞式注射机的塑化效果不如移动螺杆式注射机，因而如何提高其塑化效率和热均匀性是一个重要问题。这里就此柱塞式注射机的塑化略作讨论。

9.2.2.1　热均匀性

热塑性塑料导热系数小，要使其均匀加热是一个相当复杂的问题。塑料塑化所需的热量来自两个方面，即料筒壁的传热和塑料之间的内摩擦热。柱塞式注射机内物料的热源绝大多数是靠料筒的外加热。物料在注射机中的移动是靠柱塞的推动，几乎没有混合作用，产生的剪切摩擦热也相当小，这些都对热传递不利，料筒中的物料由此产生不均匀的温度分布，即靠近料筒壁的温度偏高，料筒中心的温度偏低。此外，熔体在圆管内流动时，料筒中心处的料流速度快于筒壁处，造成径向速度分布不同。因此料流无论在横截面上还是在长度方面都有很大的温度梯度。

通常用聚合物在塑化过程中的加热效率（E）来分析柱塞式注射机内熔体的热均匀性。如果进入料筒的塑料初始温度为 T_0，加热器对料筒加热后使其内壁达到的温度为 T_w，则 $T_w - T_0$ 应是塑料可以达到的最大温升，但实际上塑料从加料口至喷嘴范围内只能升到比 T_w 要低的某一温度 T（$T_w > T > T_0$）；所以塑料实际温升是（$T - T_0$）。塑料的实际温升和最大温升之比即为加热效率 E，表示为：

$$E = \frac{(T - T_0)}{(T_w - T_0)} \tag{9-1}$$

E 值高，有利于塑料的塑化。E 值与下列因素有关。

（1）增加料筒的长度和传热面积，或延长塑料在料筒内的受热时间和增大塑料的热扩散速率，都能使塑料吸收更多的热量，提高 T 值，从而使 E 值增大，但这些对于柱塞式注射机是难以做到的。在料筒几何尺寸一定的情况下，塑料在料筒内的受热时间 t 与料筒内的存料量 V_p、每次注射量 m 和注射周期 t_c 有如下关系：

$$t = \frac{V_p \cdot t_c}{m} \tag{9-2}$$

即存料量多，注射周期长，都可以增加塑料受热时间，提高塑料的温升，使 E 值增大。但不适当地延长塑料的受热时间，易使塑料降解，故一般料筒内的存料量不超过最大注射量的 3~8 倍。塑料的热扩散速率 α 与热传导系数 λ、塑料的比热容 c_p 和密度 ρ 有如下关系：

$$\alpha = \frac{\lambda}{c_p \rho} \tag{9-3}$$

即塑料的热扩散速率正比于热传导系数，但一般塑料的热传导系数都较小，因此要增大热扩散速率取决于塑料是否受到搅动，很显然，柱塞式注射机的加热效率不如移动螺杆式注射机，塑化质量也比其差。

（2）E 还与料筒中塑料层的厚度 δ、塑料与料筒表面的温差有关。由于塑料的导热性差，故料筒的加热效率会随 δ 的增大和料筒与塑料间的温差减小而降低。因此，减少柱塞式注射机料筒中的 δ 是很有必要的。为了达到这个目的，在料筒的前端安装分流梭，它能在减少 δ 的同时，迫使塑料产生剪切和收敛流动，加强了热扩散作用。此外，料筒的热量可通过分流梭而传递给塑料，从而增大了对塑料的加热面，改善了塑化情况。

（3）E 还受到塑料温度分布的影响。由喷嘴射出的塑料各点温度是不均匀的，它的最高极限温度为料筒壁温 T_w，最低温度为 T_i，T_i 必然高于进入料筒的塑料初始温度 T_0，即 $T_i > T_0$。而料筒内塑料的平均温度 T_a 处于 T_i 和 T_w 之间，即塑料熔体的实际温度总是分布在 $T_i \sim T_w$，塑料从料筒实际所获得的热量可由温差（$T_a - T_0$）表示。在 T_w 固定的情况下，如果塑料的温度分布宽，即塑料热均匀性差，则塑料的平均温度 T_a 降低，$T_a - T_0$ 的值就小，对应的 E 较低。反之，在 T_w 一定时，塑料温度分布窄，则 T_a 则升高，E 提高。如图 9-13 所示。生产中 T_a 是有一定范围的，实践证明，要使塑化质量达到可以接受的水平，E 值不应小于 0.8。据此，在注射成型温度 T 已定的前提下，T_w 就可由式 9-1 确定。

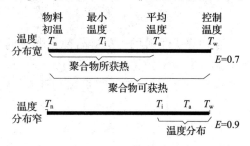

图 9-13 加热效率与温度均匀性的关系

由以上讨论可知，延长塑料在料筒中的受热时间 t，增大塑料的热扩散速率 α，减小料筒中料层的厚度 δ，在允许的条件下提高料筒壁温 T_w，都能提高加热效率 E。这种关系可用函数表示如下：

$$E = f\left[\frac{\alpha t}{(2\delta)^2}\right] \qquad (9-4)$$

如果分流梭能够提供热量，就相当于料层厚度减小一半，则式 9-4 变为：

$$E = f\left[\frac{\alpha t}{\delta^2}\right] \qquad (9-5)$$

大多数情况下，分流梭仅通过与料筒接触处吸收热量并传递给塑料，故料筒的加热效率实际上介于上述二式之间，则函数关系式为：

$$E = f\left[\frac{\alpha t}{(5-n^2)\delta^2}\right] \qquad (9-6)$$

式中 n 为与加热系统有关的系数，$1 \leqslant n \leqslant 2$，当热源只来自料筒外加热时，$n=1$；当热源来自料筒外加热和分流梭时，$n=2$。图 9-14 表示出加热效率 E 与热流动系数 $\alpha t / (5-n^2)\delta^2$ 间的关系曲线。

9.2.2.2 塑化能力

注射机的生产能力取决于加热料筒的塑化能力和注射成型周期。塑化能力以单位时间内料筒熔化塑料的质量（塑化量）q_m 来表示。在一个成型周期内，塑化量必须与注射量相平衡，所以塑化能力可用下式表示：

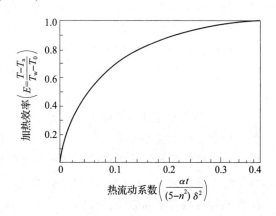

图 9-14 加热效率与热流动系数间的关系曲线

$$q_\mathrm{m} = \frac{3.6 \times m}{t} \tag{9-7}$$

式中　q_m——塑化能力，kg/h

　　　　m——注射量，g

　　　　t——一个注射周期，s

塑化能力除了与物料在料筒中停留时间有关外，还与加热温度及塑料的性质有关，如图 9-15 所示。

根据料筒与塑料的接触传热面积 A 和塑料的受热体积 V_p 及料筒的加热效率，塑化能力 q_m 可用下式表示：

$$q_\mathrm{m} = \frac{3.6A^2 \alpha \rho}{4K_\mathrm{t}(5-n^2)V_\mathrm{p}} = \frac{KA^2}{V_\mathrm{p}} \tag{9-8}$$

在柱塞式注射机、塑料品种、塑料的平均温度和加热效率一定的情况下，K 为常数（K_t 为与所选 E 值有关的常数）。显然要提高塑化量 q_m，则须增大注射机的传热面积和减小加热物料的体积，但在柱塞式注射机中，由于料筒的结构所限，增大 A 就必然加大 V_p。解决这一矛盾的有效方法是采用分流梭，兼用分流梭作加热器或改变分流梭的形状等，以增大传热面积或改变 K 值。

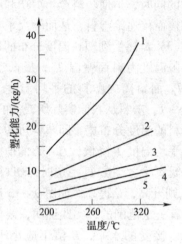

图 9-15　不同塑料的塑化能力与加热料筒温度的关系

1—PS　2—LDPE　3—HDPE（相对密度：0.95）

4—HDPE（相对密度：0.96）　5—PP

对于移动螺杆式注射机，由于螺杆的剪切作用引起摩擦热，能使塑料温度升高，其温升值为：

$$\Delta T = \frac{\pi D n \eta}{c_\mathrm{p} H} \tag{9-9}$$

式中的 D、n、H、c_p、η 分别为螺杆的直径、转速、螺槽深度、塑料的比热容、熔体的黏度。这种剪切作用和温升都使移动螺杆式注射机的加热效率增加，塑化量和塑化质量均有提高。

9.2.2.3　料温分布

物料在料筒中加热时升温曲线如图 9-16 所示，可以看出，柱塞式注射机内，与料筒接触处附近区域的塑料升温较快，中心升温很慢，在流经分流梭附近时升温速度加快，但其最后的料温仍然低于料筒壁温 T_w。在移动螺杆式注射机内，开始时塑料升温速度甚至比柱塞式注射机内靠近料筒壁的塑料升温速度还要慢，但在螺杆混合和剪切作用下，其升温速度则因摩擦发热而很快增加，到达喷嘴前，料温可接近 T_w，如果剪切作用很强时，料温甚至会超过 T_w。

物料沿料筒前进方向的径向温度分布如图 9-17 所示。可以看出，柱塞式注射机内物料在料筒壁和中心的温差沿前进方向逐渐增大，而在分流梭附近接近喷嘴处才逐渐缩小并变得比较均匀。移动螺杆式注射机内物料受到螺杆剪切作用，由于靠近料筒壁的剪切应力最大，摩擦生热使该处料温要比中心部分高，最终甚至可超过料筒壁温 T_w，由于料筒的传热冷却作用而使接近料筒壁面处的温度曲线向下弯曲。在剪切作用很强烈时，甚至离喷嘴较远处的料筒中部物料的温度可达到 T_w 以上。

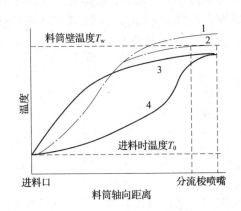

图 9 - 16 注射机料筒内塑料升温曲线

1—移动螺杆式注射机（剪切作用强时）

2—移动螺杆式注射机（剪切作用较平缓）

3—柱塞式注射机（靠近料筒壁的物料）

4—柱塞式注射机（中心部分物料）

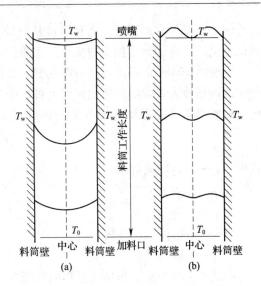

图 9 - 17 料筒中沿径向方向物料温度分布

（a）柱塞式 （b）螺杆式

9.2.3 注射充模过程

塑化良好的塑料熔体在柱塞或螺杆的推动下，由料筒前端经喷嘴和模具浇注系统流入型腔需要克服一系列的流动阻力，其中包括熔体与料筒、喷嘴、浇注系统和型腔之间的外摩擦以及熔体内部的摩擦，同时还需要对熔体进行压实，所用的注射压力应很高。因此这一过程所表现出的物料流动特点是压力随时间的变化为非线性函数。

9.2.3.1 熔体在喷嘴中的流动

充模时熔体经过喷嘴通道中剪切速率变化相当大，因此熔体流过喷嘴孔时会有较多的压力损失和较大的温升。熔体在喷嘴中的流动可以近似看作等温条件下通过等截面圆管时的流动。对牛顿流体和假塑性幂律流体分别可用式 9 - 10 和式 9 - 11 估算压力损失：

$$\Delta p = \frac{8\mu L q_{\mathrm{v}}}{\pi R^4} \tag{9 - 10}$$

$$\Delta p = \frac{8\eta_{\mathrm{a}} L q_{\mathrm{v}}}{\pi R^4} \tag{9 - 11}$$

式中　μ——牛顿流体的绝对黏度或称牛顿黏度

η_{a}——非牛顿流体的表观黏度

R——喷嘴孔的半径

L——喷嘴长度

q_{v}——熔体通过喷嘴的体积流量

由式 9 - 10 和式 9 - 11 可以看出，不论是牛顿流体还是非牛顿幂律流体，通过喷嘴时的压力损失都随喷嘴长度 L 和体积流量 q_{v} 的增大而增加，而当喷嘴孔的半径 R 增大时，压力损失则与其成四次方的指数关系减小。

由于熔体通过喷嘴时有摩擦生热，不是真正的等温过程，喷嘴的形式多种多样，多数带有锥度，不是等截面圆管，而且熔体从料筒进入喷嘴后，直径由大变小，有"入口效应"，因此由上式估算的压力损失通常小于实测值。

充模时熔体是以高速流过喷嘴孔的，必将产生大量的剪切摩擦热，使熔体温度升高。单位时间内熔体流过喷嘴的压力损失通过内摩擦作用转换成的热量为 $\Delta pq_v/J$，相当于单位时间内流过喷嘴熔体温度升高 ΔT 所需的热量（$\rho c_p q_v \Delta T$），由此得到熔体温升值：

$$\Delta T = \frac{\Delta p}{\rho c_p J} \tag{9-12}$$

式中 q_v——体积流量

  Δp——压力损失

  ρ——熔体密度

  c_p——熔体定压比热

  J——热功当量

由式 9-12 可见，熔体流过喷嘴的温升，主要是由熔体通过喷嘴时的压力损失决定的。因此注射充模时，速度、压力越高，喷嘴温升越大，这也说明了为什么热稳定性差的塑料不宜采用细孔喷嘴高速注射充模的原因。

9.2.3.2 熔体在模具流道系统中的流动

熔体流过模具流道系统与流过喷嘴一样，也会出现温度和压力的变化，这种变化还与流道系统的冷、热状态有关。热塑性塑料注射用模具有冷流道系统和热流道系统两种。

热流道系统工作时要单独加热，其温度保持在塑料的流动温度或熔点以上，熔体通过热流道系统时的情况与其通过喷嘴时的情况相似。目前生产中较多使用的是冷流道系统，其温度远低于熔体的温度，熔体通过时其表层与流道壁接触后会迅速冷却形成紧贴流道壁的冷凝料壳层，从而使流道允许熔体通过的实际截面积减小，因而在用式 9-10 和式 9-11 估算压力损失时，应考虑流道半径值的减小。流道内形成的冷凝壳层对随后通过的熔体有一定的保温作用，而且熔体通过时与壳层摩擦产生一定的热量会使熔体通过的温度有所升高。只要知道冷凝壳层的厚度后，对于圆截面流道熔体流过主流道、分流道和浇口时的温升，也可用式 9-12 进行估算。

在尽量短的时间内有足够量的熔体充满模腔是充模过程的基本要求，即充模时应有较高的体积流量。牛顿流体通过圆形截面或平板狭缝形浇口时的体积流量可由式 9-13 或式 9-14 表示。

$$q_v = \frac{\pi R^4 \Delta p}{8\mu L} \tag{9-13}$$

$$q_v = \frac{H^3 b \Delta p}{12\mu L} \tag{9-14}$$

式中 R——圆形浇口半径

  b——平板狭缝浇口宽度

  H——平板狭缝浇口高度

  L——浇口长度

由式 9-13 和式 9-14 可见体积流量分别与圆形浇口直径 R 的四次方和平板狭缝浇口的宽度 b 及高度 H 的三次方成正比，即增大浇口的截面积就可增大熔体的体积流量。但塑料熔体大多具有假塑性流体的流变特性，表现为黏度与剪切速率之间存在 $\eta_a = K\dot{\gamma}^{n-1}$（$n < 1$）的关系。增大浇口截面积会导致流体通过时的剪切速率减小，致使流体表观黏度增大，因此

对大多数塑料熔体来说，增大浇口截面积以提高熔体充模时的体积流量有一极限值，当浇口截面积超过此值之后，反而会使体积流量下降。所以大多数情况下，减小浇口的截面积，剪切速率因流速的提高而增大，同时高剪切速率下产生的摩擦热会使熔体温度明显提高，这二者都使通过浇口的熔体黏度下降，而黏度下降又将会导致熔体体积流量的增大。

9.2.3.3　熔体在模腔的流动

注射过程中最为复杂而又重要的阶段是高温熔体在相对较低温模腔中的流动，聚合物熔体在此期间的行为决定了成型速率及聚合物的取向和结晶，因此也直接影响制品的质量。

（1）流动方式　熔体在模腔的流动方式主要与浇口的位置和模腔的形状及结构有关。图 9-18 为熔体经过不同浇口位置进入几种典型模腔内的流动方式。

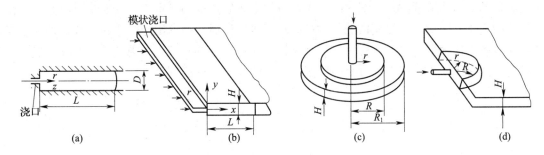

图 9-18　熔体在典型模腔中的流动方式

（a）由轴向浇口进入圆柱形模腔　（b）从扁浇口流入扁形模腔

（c）从圆形浇口流入　（d）从制品平面内的浇口进入矩形截面的模腔

（2）流动类型　充模时熔体在模腔内的流动类型主要是由熔体通过浇口进入模腔时的流速决定的，图 9-19 为快速和慢速充模两种极端情况。当从浇口进入模腔的熔体流速很高时，熔体流首先射向对壁，使熔体流成为湍流，严重的湍流引起喷射而带入空气，由于模底先被熔体充满，模内空气无法排出而被压缩，这种高压高温气体会引起熔体的局部烧伤及分解，使制品质量不均匀，内应力也较大，表面常有裂纹。而慢速注射时，熔体以层流形式自浇口向模腔底部逐渐扩展，能顺利排出空气，制品质量较均匀。但过慢的速度会延长充模时间，易使熔体在流道中冷却降温，引起熔体黏度提高，流动性下降，充模不完全，并出现分层和结合不好的熔接痕，影响制品的强度。

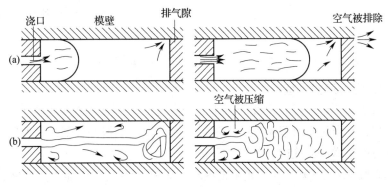

图 9-19　不同充模速率的熔体流动情况

（a）慢速注射　（b）高速注射

（3）熔体流的运动机理　熔体从浇口处向模腔底部以层流方式推进时，形成扩展流动的前峰波的形状可分成三个典型阶段：熔体流前缘呈圆弧形的初始阶段；前缘从圆弧渐变为直线的过渡阶段；前缘呈直线移动的主流充满模腔的主阶段，如图 9 - 20 所示。

熔体流中心的运动速度是大于前缘的运动速度的。熔体质点赶上运动着的前缘后，运动速度就减小到前缘的速度，并在邻近模壁处作层状的移动。因此，在前缘区域内，熔体质点的运动方向是指向模壁的。熔体质点由于与模壁和冷空气接触而在界面形成高黏度的前缘膜，其前进速度变小，由此在熔体流的截面上产生很大的速度梯度，这会使大分子链的两端因处于不同的速度层中而受到拉伸和取向。而大分子在靠近模壁区域内的取向机理不同于熔体流的其他部分。可以推想，开始的取向是指向模壁的，但当熔体由于冷却黏度增大使大分子一端的活动性变小时，大分子就转过弯来，而其另一端就沿前缘运动方向移动，于是大分子受到运动的熔体流的拉伸。图 9 - 21 为相应的熔体质点运动示意图，它显示出熔体质点位置的连续变化。因此熔体在模内的推进过程是通过熔体质点被前缘膜阻止转向并被拉伸和新熔体质点不断从内层压出的方式进行的。其结果使制品表面形成"波纹"。由于流动阻力使稍后到来的熔体压力上升，又可把前面刚形成的波纹压平构成制品表面。

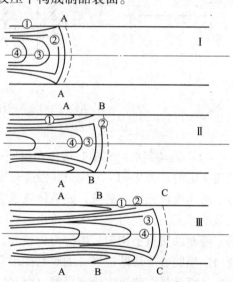

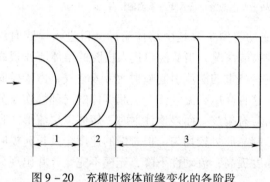

图 9 - 20　充模时熔体前缘变化的各阶段
1—初始阶段　2—过渡阶段　3—主阶段

图 9 - 21　料流在模腔中由 AA 断面
移到 CC 断面的情况
①～④—熔体质点　Ⅰ～Ⅲ—质点位置的连续变化

9.2.4　增密与保压过程

9.2.4.1　增密过程（压实过程）

充模流动结束后，熔体进入模腔的快速流动虽已停止，但浇道内的熔体仍能以缓慢的速度继续流入模腔，这个压实过程虽然时间很短，但熔体充满模腔各部缝隙取得精确模腔型样是依靠模腔内的迅速增压完成的。

由图 9 - 12 可知，$t_β \sim t_2$ 是一段很短的时间，但在这段时间内压力梯度变化很大，如图 9 - 22 所示。C 点实际上就是压实阶段至保压阶段的切换点，切换点的控制对保证注射制品质量相当重要。注射机必须保证从注射油压准确切换到保压油压，以便使模腔压力准确地切换到 C 点。由图 9 - 22 可知，在 B 位置上的时间变化 Δt_1 对压力的影响 $\Delta p_{i(1)}$ 较小，但在 C 位置时同样的时间变化 Δt_2 却引起很大的压力变化 $\Delta p_{i(2)}$ 值。

9.2.4.2　保压过程

压实结束后柱塞或螺杆不立即退回，而必须在最大前进位置上再停留一段时间，使成型物在一定压力作用下进行冷却。在保压阶段熔体仍能流动，称保压流动，这时的注射压力称保压压力，又称二次注射压力。保压流动和充模阶段的压实流动都是在高压下的熔体致密流动，其特点是熔体的流速很小，不起主导作用，而保压压力和时间却是影响过程的主要因素。

保压阶段的压力是影响模腔压力和模腔内物料被压缩程度的主要因素。保压压力高，则能补进更多的物料，不仅使制品的密度增高，模腔压力提高，而且持续地压缩还能使成型物各部分更好地融合，对提高制品强度有利。但在成型物的温度已明显下降之后，较高的外压作用会在制品中产生较大的内应力和大分子取向，这种情况反而不利于制品的性能提高。

保压时间也是影响模腔压力的重要因素，在保压压力一定的条件下，延长保压时间能向模腔中补进更多的熔体，其效果与提高保压压力相似。保压时间越短，而且压实程度又小，则物料从模腔中的倒流会使模腔内压力降低得越快，最终模腔压力就越低，如图 9 - 23 所示。如果保压时间较长或者浇口截面积较大，以至模腔中熔体凝固之后，浇口才冻结，则模腔压力曲线按虚线下降。

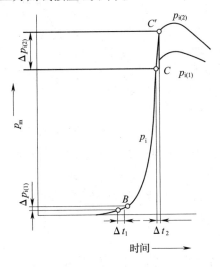

图 9 - 22　压实至保压切换曲线

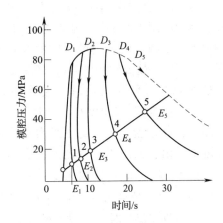

图 9 - 23　保压时间对模腔压力的影响
注：注射温度：254℃　注射压力：112.5MPa
保压时间 $D_1 \sim D_5$ 分别为：1—5s，
2—7s，3—9s，4—13s，5—17s

9.2.5　倒流与冷却定型过程

9.2.5.1　熔体的倒流

保压阶段结束后，螺杆或注塞要后退，保压压力即被撤除，这时模腔中熔体就要倒流。倒流过程的压力曲线是由倒流时间 $t_3 \sim t_4$ 决定的。如果模腔浇口还没有冻结就撤除保压压力，则熔体在较高的模腔压力作用下就会发生大的倒流，使模腔压力很快下降，倒流将一直持续到浇口冻结点 E 点为止，E 点称凝封点（图 9 - 12）。

　　凝封点位置与保压切换点 D 有关，如图 9-23 所示，保压切换越早，即保压时间越短，则凝封点的压力越低。将这些与保压切换点 $D_1 \sim D_5$ 相对应的凝封点 $E_1 \sim E_5$ 相连接就形成凝封压力曲线，这条线是直线。

9.2.5.2　浇口冻结后的冷却

　　当模腔浇口冻结后，就进入冷却阶段 $t_4 \sim t_5$，封闭在模腔内的熔体的压力随冷却时间的延长进一步下降直至开模。这时模腔中聚合物平均温度 T、比体积 v（或密度）与模腔压力 p 的关系可用修正的范德华状态方程式表示：

$$(p + p')(v - b) = \frac{R}{M_r}T \tag{9-15}$$

式中　p'——由塑料熔体中分子吸引力引起的内部压力

　　　　b——与塑料熔体分子的比体积有关的常数

　　　　M_r——聚合物分子中结构单元的相对分子质量

　　　　R——通用气体常数

　　由式 9-15 可见，在聚合物比体积（或密度）一定时，模腔中物料的压力与其温度呈线性函数关系，如图 9-24 所示。曲线 1 是在模腔压力 p 较低的情况下压实而且浇口凝封发生在柱塞或螺杆后退之前，即外压解除后无熔体倒流。曲线 2 和曲线 3 的区别在于前者的保压时间为 C_2D_2，后者延长到 C_2D_3。D 点时保压期结束，柱塞或螺杆后退，随之出现倒流，引起模内压力沿 DE 下降，E 为凝封点。凝封点之后模腔内的物料量不再改变，即比体积 v 为定值，故温度和压力沿 EF 呈直线下降。由曲线可以明显看出，保压切换时的温度高（例如保压时间短），则聚合物的凝封温度高，凝封的模腔压力就低，所得制品的密度也就小。由此不难看出，制品的密度在很大程度上是由凝封时模腔内的温度和压力决定的。凝封口压力增大，制品的密度增大，残余应力也就大，这种残余应力将保留在制品中，形成制品的内应力。所以，通常可以用改变保压时间来调节凝封压力和温度这两个参数，以此来改善制品的性能。

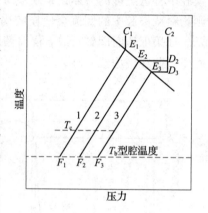

图 9-24　注射成型时模型中
的压力-温度关系

C_1，C_2——压实至保压切换点

D_2，D_3——保压切换点

E_1，E_2，E_3——凝封点

　　无外压作用下的冷却时间在成型周期中占很大比例，如何减小这段时间，对提高注射机生产效率有重要意义。降低模温是缩短冷却时间的有效途径，但模具与熔体二者之间的温差不能太大，否则会因成型物内外降温速率差别过大而造成制品具有较大的内应力。

　　模温通常低于塑料的玻璃化温度或不引起制件变形的温度，但制件的脱模温度 T_c 则稍高于模温 T_b，T_c 的确定取决于制件的壁厚和残余应力。由凝封点至达到 T_c 的时间就是冷却时间，在给定模温下，制品在模腔中冷却所需的最短时间 t 可用下式估算：

$$t = \frac{\delta^2}{\pi^2 \alpha} \ln\left[\frac{4}{\pi}\left(\frac{T_a - T_b}{T_c - T_b} \right) \right] \tag{9-16}$$

式中　δ——制品厚度

　　　　α——塑料的热扩散系数

　　　　T_a——模腔内熔体的平均温度

T_b——模具温度

T_c——制品脱模温度

通常冷却时间随制品厚度增大、料温和模温升高而增加。但对于厚壁制品，有时并不要求脱模前整个壁厚全部冷硬，在用式 9 – 16 估算最短冷却时间时，只要求制品外部的冷硬层厚度能够保证从模内顶出时有足够的刚度即可。

9.3 注射成型工艺及工艺条件

注射成型较多用于热塑性塑料制品的成型，热固性塑料的注射成型与热塑性塑料的注射有所不同，后面将述及。生产优质的注射制品所牵涉的因素很多，其中注射工艺条件的选择和控制尤为重要。

9.3.1 注射成型工艺流程

不论柱塞式或移动螺杆式注射机，一个完整的注射成型过程均包括成型前的准备、注射过程和制品的后处理三个阶段。工艺流程如图 9 – 25 所示。

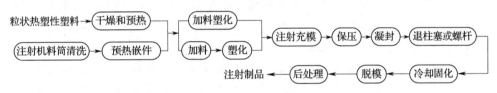

图 9 – 25 注射成型工艺流程图

9.3.1.1 成型前的准备

为了注射成型的顺利进行和保证制品质量，成型前需要对原料和设备作好如下几个方面的准备工作。

（1）原料的预处理 一般注射成型用的是粒状塑料，成型前要进行预热和干燥，除去原料中的水分及挥发物以减少制品出现气泡的可能性，对某些塑料则可避免高温注射时出现水解等化学反应。这一过程与挤出成型的原料预处理类似。

（2）料筒的清洗 在注射成型中，当改变产品、更换原料及颜色时均需清洗料筒。为了节省时间和原料，直接换料清洗料筒时应遵循正确的操作步骤，掌握料筒内剩余料和新料的热稳定性、成型温度范围和各种塑料之间的相容性等各种技术资料。

（3）嵌件的预热 在成型制件中，为了装配和强度的要求，常需在制品中嵌入金属嵌件。注射前嵌件（尤其是较大嵌件）应先放入模具且必须预热，以降低由于金属与塑料热膨胀系数和冷却收缩率差别较大而出现在嵌件周围的收缩应力。预热温度应以不损伤金属嵌件表面镀锌或防锈层为限，一般为 100 ~ 130℃。

（4）脱模剂的选用 注射制品的脱模一般依赖于合理的工艺条件与正确的模具设计，但有时为了能顺利脱模，在生产上可采用脱模剂。常用的脱模剂主要有：硬酯酸锌、液体石蜡、硅油等，脱模剂的使用应适量，涂抹均匀，否则会影响制品表面质量。

9.3.1.2 注射成型过程

注射过程包括加料、塑化、注射充模、保压、冷却固化和脱模等几个工序。

（1）加料、塑化 注射成型是一个间歇过程，因此加料应定量或定容以保证操作稳定。

对于柱塞式注射机，塑料粒子加入到料筒中，经料筒的外加热逐渐变为熔体，加料和塑化两过程是分开的；而移动螺杆式注射机，螺杆在旋转同时往后退，在此加料过程中，物料经料筒的外加热及螺杆转动时对塑料产生的摩擦热而逐渐塑化，即加料和塑化是同时进行的。

（2）注射充模　塑化均匀的熔体被柱塞或螺杆推向料筒的前端，经过喷嘴、模具的浇注系统而进入并充满模腔。

（3）保压　充模之后，柱塞或螺杆仍保持施压状态，迫使喷嘴的熔体不断充实模腔，以补充塑料因冷却收缩而留出的空隙，成为完整而致密的制品。当浇注系统的熔体先行冷却硬化，这个现象叫做"凝封"，模腔内还未冷却的熔体就不会向喷嘴方向倒流，这时候保压可停止，柱塞或螺杆便可退回，同时向料筒加入新料，为下次注射作准备。

（4）冷却　保压结束，同时对模具内制品进行冷却，直到冷至所需的温度为止。实际上，模腔内制品的冷却过程从充模后便开始了。

（5）脱模　塑料冷却固化到玻璃态或晶态时，则可开模，用人工或机械方法取出制品。

9.3.1.3　制品后处理

注射制品需后处理的原因是多方面的。例如，制品大多数是形状复杂或壁厚不均匀的，注射成型时，压力和速度都很高，塑料熔体流动行为复杂，制品有不同程度的结晶和取向；制品各部分的冷却速率极难一致，所有这些都有可能造成制品存在内部应力集中，致使制品在贮存和使用过程中产生变形和裂纹，将影响制品的使用性能和寿命。

制品后处理大致包括如下几方面。

（1）热处理（退火处理）　将制品在塑料的玻璃化温度和软化温度之间的某一温度附近加热一段时间，让制品"退火"，加热介质可以用热水、热油或热空气。制品在处理过程中，能加速大分子的松弛过程，消除或降低成型时造成的内应力；对结晶性塑料可提高其结晶度或稳定晶体结构；能解取向，使制品韧性增加。

（2）调湿处理　对于尼龙类等吸湿性大的制品，加工时忌含水分，而制品却极易吸湿，因此在成型之后要将制品放在一定湿度环境中进行调湿处理才能使用，以免在制品使用过程中发生较大的尺寸变化。

（3）整修　对某些制品必须进行适当的小修整或装配等，以满足制品表观质量。

9.3.2　注射成型工艺条件的选择

注射成型工艺的核心问题是要求得到塑化良好的塑料熔体并将其顺利注射到模具中去，在一定的条件下冷却定型，最终得到符合质量要求的制品。因此，注射最重要的工艺条件是影响塑化流动及冷却的温度、压力和相应的各个作用时间。

9.3.2.1　温度

注射成型过程需要控制的温度包括料筒温度、喷嘴温度和模具温度。前两者关系到塑料的塑化和流动，后者关系到塑料的流动和冷却定型。

（1）料筒温度　选定料筒温度主要考虑保证塑料塑化良好，能顺利完成注射而又不引起塑料的局部降温。料温的高低，主要决定于塑料的性质，必须把塑料加热到黏流温度（T_f）或熔点（T_m）以上，但必须低于其分解温度（T_d）。

料温与注射成型工艺过程及制品的物理机械性能有密切关系。随着料温升高，熔体黏度下降，料筒、喷嘴、模具浇注系统的压力降减小，塑料在模具中的流动性增加，注射速度大，塑化时间和充模时间缩短，生产率上升，制品的表面光洁度提高。但若料温太高，易引起塑料热降解，制品物理机械性能降低。而料温太低，则容易造成制品缺料，表面无光，有熔接痕等，且生产周期长，劳动生产率降低。

对于 $T_{f(m)} \sim T_d$ 较为狭窄的热敏性塑料和平均分子量较低、分子量分布较宽的塑料，料筒温度应选较低值，即比 $T_{f(m)}$ 稍高就可以了，应尽量避免塑料分解。

在决定料温时，还必须考虑塑料在料筒内的停留时间，这对热敏性塑料尤其重要，随着温度升高物料在料筒内的停留时间应缩短。对于结晶型塑料，料温的高低及在料筒内的停留时间会影响塑料的结晶度和结晶结构（见第 2 章 2.3.2）。

移动螺杆式注射机对物料剪切作用强烈，有摩擦热促进物料的塑化，温度分布均匀，加热效率高，因此，选用较低温度也能取得良好的混合塑化效果。柱塞式注射机对塑料的剪切作用小，料层较厚，内外层塑化不均，只有在注射开始后，料流经过分流梭时，加热效率才有较大的提高。因此，注射同种塑料时，柱塞式注射机的料温要比螺杆式注射机高 10 ~ 20℃。但在实际生产中，由于塑料在螺杆式注射机中停留时间较短，也可以采用较高料温；相反，柱塞式注射机因塑料停留时间较长，容易出现局部过热分解现象，所以也有采用较低的料筒温度。

料温的选择要考虑制品及模具的特点。薄壁制品，料流模腔比较狭窄，阻力大，容易冷却而流动性下降，如果适当提高料温，可以改善充模条件。此外，对外形复杂或带有嵌件的制品，因料流路线长而曲折，阻力大，易冷却而丧失流动性，料温也应提高一些。

料筒温度的分布，通常从料斗一侧起至喷嘴，由低到高，以利于塑料逐步塑化。

（2）喷嘴温度　塑料在注射时以高速通过喷嘴的细孔，有一定的摩擦热产生，为了防止塑料熔体在喷嘴发生"流涎现象"，通常喷嘴温度略低于料筒的最高温度。但喷嘴温度也不能太低，否则会造成喷嘴堵塞而增大料流阻力，甚至会使喷嘴处的冷料在充模时流入模腔，影响制品的质量。

（3）模具温度　模具温度不但影响塑料充模时的流动行为，而且影响制品的物理机械性能和表观质量。模具对注射成型和制品性能的影响如图 9 – 26 所示。模具温度的确定应根据塑料的性质、制品的使用要求、制品的形状与尺寸以及其他成型工艺条件等综合考虑。

模具温度是由冷却介质控制的，它决定了制品的冷却速度。实际上冷却速度的大小取决于塑料熔体温度（T_m）与冷却介质温度（T_c）的温差。当 $T_c < T_g$ 为骤冷，$T_c \approx T_g$ 为中速冷，$T_c \gg T_g$ 为缓冷。

结晶型塑料注射入模腔后，将发生相转变，冷却速率将影响塑料的结晶速率。缓冷，即模温高，结晶速率大，有利结晶，能提高制品的密度和结晶度，制品成型收缩率较大，刚度大，大多数力学性能较高，但伸长率和冲击强度下降。反过来，骤冷所得制品的结晶度下降，韧性较好。但骤冷不利于大分子的松弛过程，分子取向作用和内应力较大。中速冷塑料的结晶和取向较为适中，是用得最多的条件。实际生产中用何种冷却速度，还应按具体的塑料性质和制品的使用性能要求来决定。例如对于结晶速率较小的 PET 塑料，要求提高其结晶度就应选用较高模温。

无定型塑料注射入模时，不发生相转变，模温的高低主要影响熔体的黏度和充模速率。在顺利充模的情况下，较低的模温可以缩短冷却时间，提高成型效率。所以对于熔融黏度较低的塑料（如 PS，CA 等），一般选择较低的模温，反之，熔融黏度高的塑料（如 PC，PPE，PSF 等）必须选择较高模温。选用低模温，虽然可加快冷却，有利提高生产效率，但过低的模温可能使浇口过早凝封，引起缺料和充模不全。另外，对于厚制品，由于其充模和冷却均需较长时间，如果模温过低，会造成制品内外冷却速率不一致，使其内部形成真空泡或收缩，并因而引起内应力，故不宜用低的模温。

9.3.2.2　压力

注射过程中的压力包括塑化压力（背压）和注射压力，它们是影响塑料塑化、充模和成型的重要因素。

（1）塑化压力（背压）　在移动螺杆式注射机的成型过程中，预塑化时，塑料随螺杆旋转经螺槽向前输送并熔融塑化，塑化后堆积在料筒的前部，螺杆端部的塑料熔体就产生一定的压力，称为塑化压力，或称螺杆的背压。

螺杆的背压影响预塑化效果。提高背压，物料受到的剪切作用增加，熔体温度升高，塑化均匀性好，但塑化量降低。螺杆在较低背压和转速下塑化时，螺杆输送计量的精确度提高。对于热稳定性差或熔体黏度低的塑料可选择较低的背压。螺杆的背压一般为注射压力的5%～20%。

（2）注射压力　是柱塞或螺杆推动塑料熔体向料筒前端流动并使熔体充满模腔所施加的压力，是塑料充模和成型的重要因素。注射压力的作用是克服塑料在料筒、喷嘴及浇注系统和型腔中流动时的阻力，给予塑料熔体足够的充模速率，能对熔体进行压实，以确保注射制品的质量。

注射压力的大小取决于注射机的类型、模具和制件的结构、塑料的品种以及注射工艺条件等。

在注射过程中，塑料熔体流经料筒、喷嘴、模具流道和浇口以及型腔，会因产生流动阻力而引起压力损失，见图9－27。

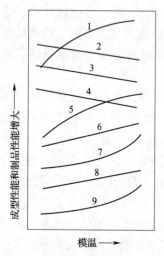

图9－26　模温对塑料某些成型性能
和制品性能的影响

1—塑料流动性　2—充模压力
3—注射机生产率　4—制品内应力
5—制品光洁度　6—制品冷却时间
7—制品密度或结晶度　8—模塑收缩率
9—制品挠曲度

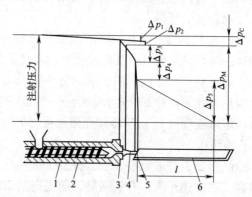

图9－27　注射成型时在注射机、浇注系统
和模具型腔中的压力损失

$\triangle p_1$—注射机中的压力降　$\triangle p_2$—喷嘴处的压力降
$\triangle p_3$—模具流道中的压力降　$\triangle p_4$—浇口处的压力降
$\triangle p_5$—模腔中的压力降　$\triangle p_C$—注射系统的总压力降
$\triangle p_M$—模具型腔中的压力降

1—螺杆　2—料筒　3—喷嘴　4—流道
5—浇口　6—型腔

移动螺杆式注射机注射时，料筒中的阻力主要来自于熔体的摩擦阻力和喷嘴处的阻力，由于料筒前端温度较高，熔体与料筒的摩擦因数较小，实际上由熔体引起的压力降$\triangle p_1$较

小。但柱塞式注射机注射时，柱塞不仅推动熔体前进，而且还要推动未熔化的和半熔化的物料前进，由未熔固体粒子等引起的压力降严重时可达料筒总压力降的80%，所以柱塞式注射机料筒中的压力损失要比移动螺杆式注射机大得多，因此柱塞式注射机需要更大的注射压力。

塑料流动阻力决定于塑料的摩擦因数和熔融黏度，两者越大，所要求的注射压力越高。而同一种塑料的摩擦因数和熔融黏度是随料筒温度和模具温度而变动的，所以在注射过程中注射压力与塑料温度实际上是相互制约的。料温高时注射压力减小；反之，所需注射压力加大。以料温和注射压力为坐标，绘制的成型面积图能正确反映注射成型的适宜条件（图9-28），当压力和温度处在成型区域中时，能获得满意的结果，否则会给成型过程带来困难或给制品造成各种缺陷。

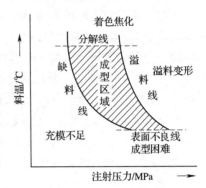

图 9-28　注射成型面积图

为了保证制品质量，对注射速度也有一定的要求。注射速度与注射压力是相辅相成的。注射速度大，熔体通过模具浇注系统及在模腔中的流速也大，使物料受到强烈的剪切作用，摩擦生热就大，温度上升，黏度下降，模腔压力也提高，制品的熔接缝强度将会提高。但注射速度过大，物料的流动行为使得制品的性能下降（见上节图9-19）。通常对玻璃化温度高、黏度大的塑料（如 PC，PSF 等），制品形状复杂，浇口尺寸小，流道长，薄壁制品的模具结构宜选用高速高压注射。移动螺杆式注射机更适合高速高压注射，可提高制品的质量和产量。

一般说来，随注射压力的提高，制品的定向程度、熔接缝强度等均增加，制品的大多数物理机械性能均有所提高，所以工艺生产中为了缩短生产周期，提高生产率和制品性能，在避免出现严重湍流的情况下，较多采用中等或较高的注射速度和压力。但是制品中内应力随注射压力的增加而加大，所以对采用较高压力注射的制品进行退火处理尤为重要。

9.3.2.3　时间（成型周期）

完成一次注射成型所需的全部时间称为注射成型周期，它包括注射（充模、保压）时间、冷却（加料、预塑化）时间及其他辅助（开模、脱模、嵌件安放、闭模）时间。在一个注射成型周期内，锁模装置、螺杆注射座及塑料等各种动作程序间的相互关系如图9-29所示。

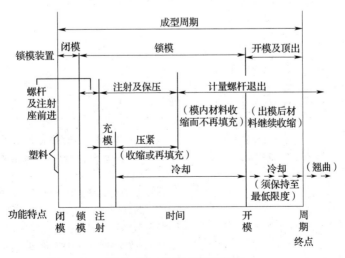

图 9-29　注射成型周期图

　　为了提高劳动生产率和设备利用率，应尽量缩短成型周期中的各个有关时间。但是，成型各阶段的时间与塑料品种、制品性能要求及工艺条件有关，最重要的是注射时间和冷却时间，对制品质量有决定性意义。

　　注射时间中的充模时间与充模速度有关，对熔体在模腔中的流动类型有很大影响，已在前面讨论过。一般充模时间很短，2~5s，大型和厚壁制品充模时间可达10s以上。注射时间中的保压时间依赖于料温、模温以及主流道和浇口的大小，在整个注射时间内所占的比例较大，一般20~100s，大型和厚制品可达2~5min，甚至更多。保压时间对制品尺寸的准确性有较大影响。冷却时间取决于制品的厚度、塑料的热性能、结晶性能以及模具温度等。冷却时间以保证制品脱模时不变形翘曲，而时间又较短为原则，一般为30~120s，大型和厚制品可适当延长。成型过程中应尽可能地缩短其他辅助时间，以提高生产效率，当然这与生产过程的连续化和自动化程度有关。

9.3.3　常见注射制品缺陷及解决方案

　　注射成型已被广泛应用于各个领域，许多注射制品要求具有美观性和舒适性，对其质量的要求则更高，无论是外观方面还是性能方面都不允许出现缺陷。然而，在注射成型过程中产生的缺陷不可避免的会出现在制品中，所以针对注射成型过程出现的缺陷进行研究并寻找其解决措施则变得尤为重要。

　　原材料、注射机、模具和工艺及其条件是与注射成型过程密切相关的四个因素。而在注射成型过程中常出现的缺陷基本由以上四个因素造成，其缺陷的种类主要有：气眼、缩痕、黑点或黑纹、发脆、熔接痕、流痕、欠注、银纹/水花、烧焦/焦痕、飞边/毛边、翘曲等。

　　表9-2为几种常见的注射成型制品缺陷产生的原因及其解决方法。

表9-2　　　　　　　　　　　注射成型制品缺陷产生的原因及其解决方法

缺陷	定义	产生的原因	应对措施
气眼	空气被困在型腔内而使制件产生气泡的现象	困在型腔内气体不能被及时排出；两股熔体前锋交汇时气体无法从分型面、顶杆或排气孔中排出；缺少排气口或排气口尺寸不足；制件设计薄厚不均	结构设计： 减少厚度的不一致，保证壁厚均匀 模具设计： 在最后填充的地方增设排气口；重新设计浇口和流道系统；保证排气口足够大，使气体有足够的时间和空间排走 成型工艺： 降低最后一级注射速度；增加模温；优化注射压力和保压压力
黑点/黑纹	在制件表面存在黑色斑点或条纹，或是棕色条纹	在封闭的料筒内、螺杆表面停留时间过长，塑料过热分解；塑料中存在脏的回收料、异物、其他颜色的材料或易于降解的低分子材料	材料： 采用无污染的原材料；将材料置于相对封闭的储料仓中；增加材料的热稳定性 模具设计： 清洁顶杆和滑块；改进排气系统；清洁和抛光流道内的任何死角，保证不产生积料；注塑前清洁模具表面 注射机： 选择合适的注塑机吨位；检查料筒内表面、螺杆表面是否有可能刮伤积料 成型工艺： 降低料筒和喷嘴的温度；清洁注塑过程的各个环节；避免已经产生黑点/黑纹的物料被重新回收利用

续表

缺陷	定义	产生的原因	应对措施
发脆	制件在某些部位容易出现开裂或折断的现象	干燥条件不适合；注塑温度设置不对；浇口和流道系统设置不恰当；螺杆设计不恰当；熔接痕强度不高	材料： 注射前设置适当的干燥条件；选用高强度的塑料 模具设计： 增大主流道、分流道和浇口尺寸 注射机： 选择设计良好的螺杆 成型工艺： 降低料筒和喷嘴的温度；降低背压、螺杆转速和注射速度
熔接痕	两股料流相遇熔接而产生的表面缺陷	制件中如果存在孔、嵌件或是多浇口注塑模式，或者制件壁厚不均，均可能产生熔接痕	材料： 增加塑料熔体的流动性 模具设计： 改变浇口的位置；增设排气槽 成型工艺： 增加注射压力和保压压力；增加熔体温度；降低脱模剂的使用量
流痕	在浇口附近呈波浪状的表面缺陷	熔体温度过低；模温过低；注射速度过低；注射压力过低；流道和浇口尺寸过小	模具设计： 增大流道中冷料井的尺寸，以吸纳更多的前锋冷料；增大流道和浇口的尺寸；缩短主流道尺寸或改用热流道系统 成型工艺： 增加注塑速度；增加注塑压力和保压压力；延长保压时间；增大模具温度；增大料筒和喷嘴温度
欠注	指模具型腔不能被完全填充满的一种现象	熔体温度、模具温度或注射压力和速度过低；原料塑化不均，流动性不足；排气不良；制件太薄或浇口尺寸太小；聚合物熔体由于结构设计不合理导致过早硬化或是未能及时进行注塑	材料： 增加熔体的流动性 模具设计： 填充薄壁之前先填充厚壁，避免出现滞留现象，导致聚合物熔体过早硬化；增加浇口数量，减少流程比；增加流道尺寸，减少流动阻力；排气口的位置设置适当，避免出现排气不良的现象；增加排气口的数量和尺寸 成型工艺： 增大注射压力；增大注射速度，增强剪切热；增大注射量；增大料筒温度和模具温度
银纹/水花	水分、空气或炭化物顺着流动方向在制件表面呈现放射状分布的一种表面缺陷	原料中水分含量过高；原料中夹有空气；聚合物降解	材料： 干燥原料 模具设计： 增大主流道、分流道和浇口尺寸；检查是否有充足的排气位置 成型工艺： 选择适当的注射机和模具；切换材料时，料筒清洗干净；增大背压；改进排气系统；降低熔体温度、注射压力或速度
缩痕	制件在壁厚处出现表面下凹的现象，通常在加强筋、沉孔处出现	注射压力或保压压力过低；保压时间或冷却时间过短；熔体温度或模温过高；制件结构设计不当	结构设计： 在易出现缩痕的表面进行波纹状处理；减小制件厚壁尺寸，尽量减小厚径比；重新设计加强筋、沉孔和角筋的厚度 成型工艺： 增加注射压力和保压压力；降低熔体温度；增加浇口尺寸或改变浇口位置

9.4 橡胶注射成型

橡胶注射成型是将胶料通过注射机进行加热，然后在压力作用下从机筒注入密闭的模型中，经热压硫化而成为制品的生产方法，其注射过程与塑料注射成型相类似，在橡胶行业也称注压，是一种很有发展前途的先进的橡胶制品生产方法。

橡胶注射是在模压和移模法生产基础上发展起来的。模压法即模型硫化法，移模法与热固性塑料的传递模塑类似，注射成型与移模法有些相似，区别在于注射模具是直接装在注射机上，生产时将带状（或粒状）胶料喂入加料口，经预热、塑化后由注射机的螺杆或柱塞直接注入模型就地硫化，不必像移模法那样再将模型移到硫化罐内。当胶料在模型中硫化时，注射机同时进行另一次注射的进料塑化动作，成型周期较短。图9-30为橡胶模型制品的三种生产方法示意图。

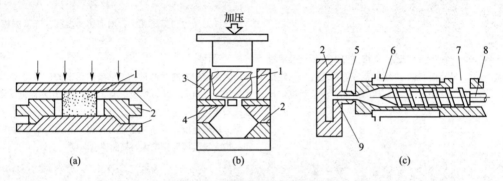

图9-30 橡胶模型制品生产方法
（a）模压法 （b）移模法 （c）注射成型（注压法）
1—橡胶 2—模型 3—料筒 4—浇铸道 5—喷嘴
6—加热或冷却夹套 7—加料口 8—螺杆 9—流胶道

橡胶注射成型具有工序简单，机械化、自动化程度高，劳动强度小，生产效率高，产品质量稳定，废品少，制品机械性能优异等优点。所以注射成型适于生产大批量产品。目前注射成型主要用于生产鞋类和模型制品。

9.4.1 注射成型设备

注射机是橡胶注射成型工艺中的主要设备，其组成结构及工作原理与塑料注射机基本相同，但是根据橡胶加工的特点，橡胶注射成型设备有其特殊性。

橡胶注射机的加热冷却装置的作用是保证机筒和模腔中的胶料达到注射工艺和硫化所要求的温度。由于胶料塑化温度较低，为防止胶料在机筒中停留时间过长而焦烧，通常机筒（夹套式）用水和油作为加热介质，而注射模则用电或蒸汽加热。

橡胶注射成型设备的模型系统包括模台、模具和合模装置，模台是供硫化模具进行合模、注射、硫化、开模等操作之用。单模台注射机的模台是固定的；多模台注射机的模台则有多种形式：一种是模台安装在转台（或转盘）上，注射装置固定；一种是模台固定，扇形地排列在注射装置的前方，注射装置定向旋转注胶。另外，在模台固定的情况下如果模具很多，硫化时间又较长时，可以平行分列于注射装置的两侧，注射装置沿轨道前进，注完一排之后，再注另一排。

单模台注射机在硫化和脱模阶段时停止运转，所以效率不高，但较适合小部件产品和硫化速度非常快的产品。多模台注射机则可做到"连续"注射、硫化和脱模，尤其适合于用胶量大、硫化时间长、脱模时间长、有金属骨架的制品。柱塞式注射机一般为 2 ~ 4 个模台，而移动螺杆式注射机由于胶料预塑化较好，可以有较多的模台，一般可 10 个以上。

近年来，随着橡胶硫化向高温快速方向发展，转盘的模台数有减少的趋势。

橡胶注射用的模具，因要开流胶道，所以结构较复杂，同时，为了控制废胶边量，模具的加工精度很高，所以造价较高。

9.4.2　注射过程及原理

橡胶注射成型一般经过预热、塑化、注射、保压、硫化、出模等几个过程，这与塑料注射成型工艺相似。

在橡胶注射成型过程中，胶料主要经历了塑化注射和热压硫化两个阶段。注射阶段中胶料黏度下降，流动性增加；热压硫化阶段中胶料通过交联而硬化。在这两个阶段，温度条件相当重要。

决定注射顺利与否是由胶料的黏度或流动性决定的，在注射之前，要求胶料的黏度尽可能低，即要求胶料在较低温度下应具有较好的流动性。为了防止焦烧，机筒温度不宜过高，一般控制在 70 ~ 80℃。

胶料通过喷嘴、流胶道、浇口等注入硫化模型之后，便进入热硫化阶段。由于喷嘴狭小，胶料通过时摩擦生热使料温升到 120℃ 以上，再继续加热到 180 ~ 220℃ 的高温，就可使制品在很短时间内完成硫化。

注射硫化的最大特点是内层和外层胶料的温度比较均匀一致，从而保证了产品的质量，提供了高温快速硫化的必要前提，这是模压硫化所欠缺的。

比较普通模压工艺和注射工艺的加热硫化过程可以反映出注射工艺橡胶制品的质量优异。胶料加热硫化过程一般经历四个阶段：① 胶料预热阶段（胶料硫化前的整个升温阶段）；② 交联度增加阶段（胶料开始交联，欠硫阶段）；③ 交联度最高阶段（进入正硫化）；④ 网状结构降解阶段（过硫阶段）。图 9 - 31 为两种工艺的胶料硫化过程。

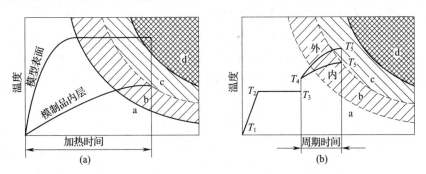

图 9 - 31　胶料硫化过程的四个阶段

（a）模压硫化　（b）注射硫化

$T_1 \sim T_2$：胶料在机筒内塑化预热升温阶段；$T_2 \sim T_3$：胶料停留在机筒内的保温阶段；

$T_3 \sim T_4$：注射阶段的升温过程；$T_4 \sim T_5$：制品内层吸热升温过程；$T_4 \sim T_5'$：制品表面吸热升温过程

从图 9 - 31（a）可见，要获得最佳的硫化性能，内、外层胶料都应处在 c 阶段，即正硫化阶段。在模压工艺中，因为胶料的导热性较差，胶料内外层的温度上升快慢不一，因此，内外层胶温始终存在差距，往往外层胶已到 c 阶段末期，内层胶尚处在欠硫的 b 阶段，而当内层胶进入 c 阶段，外层胶已进入过硫的 d 阶段，所以影响产品质量。注射工艺的情况就完全不同，从图 9-31（b）中可见，胶料在机筒中塑化后，很快就从温度 T_1 升高到规定的塑化温度 T_2。由于机筒的温度基本保持不变，胶料在机筒中停留的温度不变，即 $T_3 = T_2$，当胶料通过喷嘴进入模型的瞬间，由于巨大的摩擦热，料温骤升到 T_4，此温已非常接近硫化温度，胶料进入模腔后进一步加热，在很短的时间就进入硫化阶段，胶料内、外层几乎是同时进入最宜硫化阶段 c 中的 T_5 及 T'_5，但内、外层温度 T_5 和 T'_5 的差异很小。在整个硫化周期中，仅经历了由 T_3 升至 T_5 及 T'_5 的过程，大大缩短了硫化时间。而 $T_1 \sim T_3$ 是在硫化前的塑化注射阶段完成的，在此阶段提供了胶料内外层温度均匀一致的条件，创造了高速硫化的可能性。因此，注射工艺的制品质量均匀、稳定，性能比较好，生产效率高。

由于注射工艺是高温快速硫化，因此要求胶料具有较好的流动性，同时不易焦烧，不易过硫。

9.4.3　注射工艺条件

橡胶注射工艺的中心问题是在怎样的温度和压力下，使胶料获得良好的流动性，并在尽可能短的时间内获得质量合格的产品。

9.4.3.1　温度

橡胶注射工艺的特点是高温快速硫化，必须使胶料在进入模腔时尽可能达到模腔温度，因此要严格控制好各部温度。

（1）机筒温度　由图 9-32 可知，在一定范围内提高机筒温度可以提高注射温度，缩短注射时间和硫化时间，提高硫化胶的硬度（或定伸强度）。所以机筒温度应在焦烧安全性许可的前提下尽量高些。一般柱塞式注射机控制在 70~80℃，移动螺杆式注射机因胶温较均匀，机筒温度可高一些，在 80~100℃，有的可高达 115℃。

（2）注射温度　注射温度是胶料通过喷嘴之后的温度，注射温度低，硫化时间延长，但注射温度过高，则容易产生焦烧。因此注射温度应在焦烧安全许可的前提下，尽可能地控制在模腔温度附近。注射温度除与机筒温度有关外，还与许多因素有关，一般提高螺杆的转速、背压、注射压力和减小喷嘴孔径均可提高注射温度。胶料种类不同，通过喷嘴后的温升情况也不同，各种胶料的平均温升如表 9-3 所示。

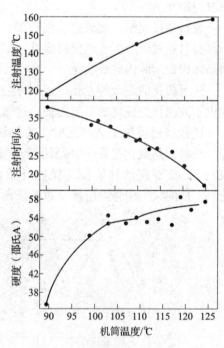

图 9-32　机筒温度对注射温度、注射时间、硬度的影响

表 9-3				各种橡胶胶料经喷嘴后的平均温升				
胶种	异戊橡胶	硅橡胶	氯丁橡胶	充油 丁苯橡胶	丁苯橡胶	天然橡胶	低温 丁苯橡胶	丁腈橡胶
温升/℃	10	18	23	25	26	35	38	60

（3）模型温度　即胶料的硫化温度，模型温度低，硫化时间长，但模型温度过高，在充模时会产生焦烧，反而降低胶料流动性，导致不能充满模腔。所以应尽可能采用充模时不会发生焦烧的最高模型温度，以提高生产效率。安全的最高模温选择是取比出现焦烧现象的温度低 3~5℃。

综上所述，橡胶在注射过程中，各部位的温度从进料到模腔是逐渐升高的。例如，天然橡胶的最高硫化温度为 180~200℃，则各部位温度大致为：

进料（20℃）→机筒（115℃）→注射前（125℃）→注射后（150℃）→模腔（180℃）

9.4.3.2　注射压力

注射压力主要对胶料的充模过程有较大的影响，对于非牛顿流体的橡胶而言，其表观黏度随压力和剪切速率的增加而降低，所以注射压力增大，速度梯度增大，胶料黏度下降，从而可以提高胶料的流动性，缩短注射时间。注射压力的提高使胶料通过喷嘴时的生热量增加，胶料的温度上升，因而硫化周期也大大缩短。图 9-33 表明注射压力对注射时间和注射温度的影响。

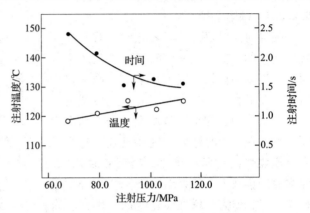

图 9-33　注射压力对注射时间和
注射温度的影响（天然橡胶）

从防止胶料焦烧的观点来看，提高注射压力可以防止焦烧，因为压力的提高虽然使胶料的温度上升，但却缩短了胶料在注射机中的停留时间，因此减少了焦烧的可能性。所以，一般橡胶注射采用较高的注射压力进行。

9.4.3.3　螺杆转速与注射速度

在移动螺杆注射机中，螺杆塑化时的转速对注射温度、硫化时间和塑化能力的影响如图 9-34 和图 9-35 所示，可以看出，随着螺杆转速的提高，机筒内的胶料受到剪切，塑化和

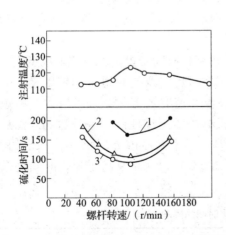

图 9-34　螺杆转速对注射温度和硫化时间的影响
1—中心部　2—底面　3—顶面
注：硫化时间由 2.1cm 厚制品的顶面、
中心和底面三者的硬度来估计

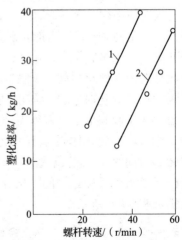

图 9-35　螺杆转速对塑化能力的影响
注：螺杆直径分别为：1—52mm　2—65mm

均化的效果提高，可获得较高的注射温度，缩短注射时间和硫化时间。但是螺杆转速过高时，螺杆表面的橡胶分子链发生拉伸取向，形成多层取向状态，会产生一种收缩力，起到一种钳住作用，使胶料成团抱着螺杆一起转动，产生较严重的"包轴现象"（又称韦森贝尔格效应），不能使胶料很好地受到剪切作用，故胶温反而下降，注射温度降低，硫化时间延长。一般认为螺杆转速以不超过100r/min为宜，螺杆直径大，转速宜低些，黏度高的胶料转速也应低些。

注射速度（注射柱塞或螺杆移动速度）增加，注射温度和硫化速度随之增加，注射时间缩短，有利于提高生产效率。但注射速度过高，会造成摩擦生热大，易烧焦，同时易使制品产生内应力和各向异性。若速度太低则不利于提高生产效率，而且会使胶料在流动过程中产生焦烧，或制品表面出现皱纹或缺胶。

9.4.3.4 喷嘴直径

喷嘴对注射机的许多工艺参数都有着直接或间接的影响，图9-36显示了喷嘴直径对注射温度和注射时间的影响，从图中可以看出，喷嘴直径减少，由于会强化胶料的剪切、节流作用，使生热量增大，胶料的温度要升高一些，同时注射时间要延长，这样就有充模焦烧的危险。反之，喷嘴直径增大，注射时间会减少，注射温度下降，焦烧危险性减少了，但需要增加硫化时间。因此要合

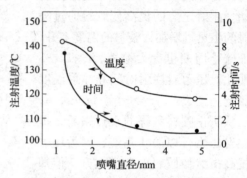

图9-36 喷嘴直径与注射温度和注射时间的关系

理地选择喷嘴直径，以获得较高而又安全的注射温度和较短的注射时间。通常喷嘴直径可在2～10mm范围内选择，其中取2～6mm为佳。

9.4.3.5 时间

在整个注射周期中，硫化时间和充模时间极为重要，它们的计算分配主要根据胶料在一定温度下的焦烧时间 t_{10} 和正硫时间 t_{90}，即要求充模时间小于 t_{10}，硫化时间等于 t_{90}。

充模时间必须小于焦烧时间，否则胶料会在喷嘴和模型流道处硫化，此外还要考虑充模后应留下一定的时间使胶料能在硫化反应开始前完成压力的均化过程，通过分子链的松弛消除物料中流动取向造成的内应力。

硫化时间在整个周期中所占的比例很大，缩短硫化时间是提高橡胶注射成型生产效率的重要手段。硫化时间虽然与前述的喷嘴大小、注射压力及流胶道结构等因素有关，但它主要取决于胶料的配方和制品的厚度。采用高温快速有效硫化体系可以大大缩短硫化时间，而且这种硫化体系在不太高的温度下有很好的防焦烧性能，一旦达到高温后，可在很短的时间内达到正硫化点。对厚制品硫化时，由于制品内外层仍存在一定的温差，因此仍需适当延长硫化时间。硫化温度在180～200℃时，制品厚度与硫化时间关系的实验数据如表9-4所示。

表9-4		橡胶制品厚度对硫化时间的影响		
壁厚/cm	0.16	0.28	1.0	2.1	3.8
硫化时间/s	10	15	45	60	60～150

9.5 热固性塑料注射成型

热固性塑料以其优良的耐热性、电性能和物理性能，广泛应用于各个领域。但是热固性塑料制品长期以来一直依靠压缩模型成型，成型工艺操作复杂，生产效率低，模具易损坏，劳动强度大，产品质量也不稳定，从而满足不了生产发展的需要。1930 年美国针对压缩模型工艺存在的问题首创了热固性塑料注射成型工艺，并在 1963 年投入实用化生产，与压缩模型工艺相比，热固性塑料的注射成型工艺具有一系列的优点，因而近几十年来发展较快，目前在有些先进国家，85% 以上热固性塑料制品是以注射成型方法制得的。

9.5.1 热固性塑料注射成型原理

热固性塑料的主要组分是线型或带有支链的低分子量聚合物，而且聚合物分子链上存在可反应的活性基团，因此，热固性塑料受热成型过程中不仅发生物理状态的变化，而且还发生不可逆的化学变化。加进料筒内的热固性塑料受热转变为黏流态，而成为具有一定流动性的熔体，但有可能因发生化学反应而使黏度升高，甚至交联硬化为固体。所以为了便于注射成型能顺利进行，要求成型物料首先在温度相对较低的料筒内预塑化到半熔融状态，在随后的注射充模过程中进一步塑化，在通过喷嘴时必须达到最佳的黏度状态，注入高温模腔后继续加热，物料就通过自身反应基团或反应活性点与加入的固化剂作用，经一定时间的交联固化反应，使线性树脂逐渐变成体型结构，反应时放出的低分子物（如氨，水等）必须及时排出，以便反应顺利进行，使模内物料的物理机械性能达到最佳，即可成为制品而脱模。

从上述热固性塑料注射成型的基本过程和要求可以看出，热固性塑料注射与热塑性塑料注射有许多不同之处。

9.5.1.1 热固性塑料在料筒内的塑化

料筒的温度必须严格控制，温度低时物料的流动性差，但温度稍高又会使物料发生固化，流动性下降，因此要求料筒的温度尽可能均一，所含的固化产物应尽可能少，流动性应满足物料从料筒中能顺利注出。例如，酚醛树脂一般在 90℃ 左右熔融，超过 100℃ 已能观察到交联反应产生的放热，因此料筒高温加热段的温度取 85 ~ 95℃ 为宜。预塑热固性塑料时的螺杆转速和背压也不宜过高，以免因强烈剪切所引起的温升使物料受热不均和部分物料早期固化。尽量减少熔体在料筒内的停留时间，也是保证塑化后熔体质量的重要措施。

9.5.1.2 热固性塑料熔体在充模过程中的流动

热固性塑料的充模流动过程也是熔体进一步塑化的过程，由于喷嘴和模具均处在加热的高温状态，熔体流过喷嘴和流道时不会像热塑性塑料在通道的壁面上形成不动的固体塑料隔热层，而且由于壁面附近有很大的速度梯度，使靠近壁面的熔体以湍流形式流动，从而提高了热壁面向熔体的传热效果。另外充模时的流速很高，熔体在通过喷嘴和流道时会产生大量的剪切摩擦热而温度迅速升高，使熔体进一步塑化，黏度显著降低，故进入模腔后有良好的充模能力。

对非牛顿型假塑性流体而言，提高剪切应力可使其黏度降低，但对热固性塑料而言，由于剪切应力对交联反应有活化作用，反而会因反应加速使黏度升高。所以应对充模流动阶段进行正确的工艺控制，关键是如何在交联反应显著进行之前将熔体注满模腔。采用高压高速和尽量缩短流道系统长度等措施都有利于在最短的时间内完成充模过程。

9.5.1.3　热固性塑料在模腔内的固化

熔体取得模腔型样后的定型是依靠高温下的固化反应完成的。树脂的交联反应速率随温度的升高而加大，所以只有将模具的温度控制得较高，才能使塑料在较短的时间内充分固化成型。

热固性树脂交联是放热反应，这部分热量可使模腔内的物料升温膨胀，对由交联反应而引起的体积收缩有补偿作用，因此在充模结束后不必保压补料。而且通常浇口内的物料比模腔内的物料更早固化，因而热固性塑料充模后也无法往模内补料，也不会出现倒流。

热固性塑料的交联固化反应实质上是缩聚反应，在固化过程中有低分子物析出，故注射机的合模部分应满足能将这些反应副产物及时排出模腔的要求，以保证缩聚交联反应的充分进行。

9.5.2　注射原料的要求

热固性塑料注射成型工艺性能的基本要求是：在低温料筒内塑化产物能较长时间保持良好流动性，而在高温的模腔内能快速反应固化。在各种热固性塑料中，酚醛塑料最适合注射成型，其次是邻苯二甲酸二烯丙酯（PDAP）塑料、不饱和聚酯塑料和三聚氰胺甲醛塑料，环氧树脂由于固化反应对温度很敏感，注射成型的技术难度较大。

用于注射成型的热固性塑料关键是其流动性和热稳定性，即在料筒温度下加热不会过早发生交联固化，有较高的流动性和较稳定的黏度，且能保持一定的时间。例如：注射用的酚醛压缩粉在 80~95℃ 保持流动状态的时间应大于 10min，在 75~85℃ 则应 1h 以上，熔体在料筒内停留 15~20min，黏度应无大的变化。为了达到这个要求，往往在原料中添加在低温下起阻止交联反应作用的助剂，进入模具中在高温状态下即失去这种作用，熔料充满模腔后能迅速固化。

9.5.3　热固性塑料注射机的结构特征

热固性塑料的注射是在热塑性塑料注射的基础上发展起来的，因此注射机的结构与热塑性塑料注射机基本相同，结构形式也有螺杆式和柱塞式两种，但热固性塑料注射较多的是用螺杆式注射机，柱塞式注射机仅用于不饱和聚酯树脂增强塑料的注射。

为了避免对塑料产生过大的剪切作用以及物料在料筒内长时间滞留，防止因摩擦热太大引起物料固化，要求螺杆的长径比和压缩比较小，一般长径比（L/D）为 14~16 为宜，压缩比 A 为 0.8~1.2。因此通常螺杆几乎无加料段、压缩段和计量段之分，往往是等距等深的无压缩比螺杆，螺杆对塑化物料只起输送作用，不起压缩作用。

喷嘴通常用敞开式，一般孔径较小（2~2.5mm），内表面应精加工，以防阻滞料流而引起硬化。喷嘴要便于拆卸，以便发现硬化物时能及时打开进行清理。

热固性塑料注射机料筒设计、温控装置与热塑性塑料注射机有较大的差异。由于料筒的加热温度相对较低，温控精度要求高，目前较多采用水或油加热循环系统，因此料筒设计成夹套型，这样的加热方式温度均匀稳定，其温度波动可控制在 ±1℃。

注射机的锁模结构应满足能及时放气，排除缩聚交联反应产生的低分子物的操作要求，这就需要具有能迅速降低锁模力的执行机构。

模具结构相对复杂些，必须设置加热装置和温控系统，以利于物料在模内化学反应的顺利进行。针对热固性塑料回用困难的缺陷，现模具已发展到采用冷流道（又称温流道）模具、无浇口（或少浇口）或细流道等结构，可大大减少流道、浇口废料，还可缩短成型周期，提高成本。

9.5.4 注射工艺及成型条件

热固性塑料的注射，在注射机的成型动作、成型步骤和操作方式等方面与热塑性塑料的注射相似，但工艺控制有较大差别。图9-37所示为酚醛塑料在注射成型过程中温度和黏度的变化。由图可见，物料进入料筒后，经过螺杆预热和积料过程，温度逐渐上升，而黏度逐渐下降，积在料筒前端的物料温度并不很高，在这一过程中物料主要发生物理变化（状态变化）；在注射充模时物料是快速通过喷嘴和流道，所以因剪切摩擦生热而使温度很快上升，到达浇口时熔体黏度下降至最低点，熔体呈现出最好的流动性能，并接近于固化的"临界塑性状态"；熔

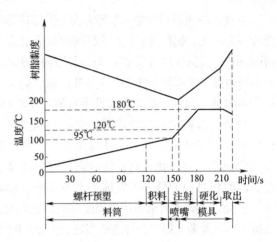

图9-37 热固性塑料在注射成型过程中温度和黏度的变化

体进入模腔后，受到模具的加热使其温度到达最高点，此时交联反应开始快速进行，物料的黏度很快增大；充满模腔的熔体保持在高温状态下使交联反应不断进行，物料黏度不断上升，直至固化为制品。所以热固性塑料的注射过程包括塑化过程、注射充模过程和固化过程三大阶段。

要保证热固性塑料注射成型的顺利进行，必须合理地控制工艺条件。根据前述热固性塑料注射成型原理，塑化过程的工艺条件主要是料筒温度、螺杆转速和螺杆背压；注射充模过程的工艺条件主要是注射压力、充模速度和保压时间；固化过程的工艺条件主要是模具温度和固化时间。表9-5为几种热固性塑料的注射工艺参数。

表9-5 各种热固性塑料的注射工艺条件

	PF	UF	MF	UP	EP	PDAP
料筒温度 /℃（加料侧）	60~70	50~60	50~60	20~40	20~40	40~60
（喷嘴侧）	70~95	80~90	80~90	70~90	70~90	80~90
模具温度 /℃	150~190	120~150	135~160	170~180	170~190	160~170
喷嘴温度 /℃	90~100	75~100	85~100			
螺杆转速 /（r/min）	40~75	45~55	45~55	30~55		
螺杆背压 /MPa	0~7	0~5	2~5			
注射压力 /MPa	98~137	59~78.4	59~78.4			
注射时间 /s	2~10	3~8	3~12	5~10		5~10
保压时间 /s	5~25	5~15	5~20			
固化时间 /s	15~60	15~40	20~70	15~60		15~60

热固性塑料注射时，料筒温度对塑料的流动性、硬化速率均有影响。料筒温度太低，塑料在螺杆与料筒壁之间将承受较大的剪切力，易造成靠近螺槽表面的一层塑料因剧烈摩擦发热而固化，而内部却因温度低，流动性差，使注射困难。但料筒温度过高，又会造成过早交联，失去流动性，同样使注射不能顺利进行。所以塑料进入料筒后要逐步受热塑化，温度宜逐步变化。

黏度大的注射料预塑时摩擦力大，混炼状态不好，螺杆转速应适当降低，使注射料在料筒中充分混炼塑化。螺杆转速低，充模时间相应增长，这样送至料筒前端物料的温度就较高，滞留的时间就长，反应程度可以更完善；反之螺杆转速过高时，料筒与螺杆之间的剪切摩擦热增加，导致塑料过热，使成型条件变差。另外，在注射工艺中热压固化反应与预塑化工序是同时进行的，而前者时间总是大于后者，因此螺杆转速不必很高，通常在 30~70r/min 的范围内。

热固性塑料中所含的填料较多，约占 50% 以上，黏度大，摩擦阻力大，注射压力一般比热塑性塑料注射时要大。注射压力大，则注射速度大，可从喷嘴、流道、浇口等处获得更多的摩擦热，对固化有利；但过高的注射速度会产生过大的摩擦热，易发生制件局部过早固化，同时模具内的低分子气体来不及排出，影响制品质量。

提高模具温度对缩短成型周期有利，但模温过高，硬化太快，低分子物不易排除，影响制品质量。形状复杂和厚壁制件需适当延长固化时间，随着固化时间的增加，制品的力学性能提高。

9.6　反应注射成型

反应注射成型（React Injection Moulding，RIM）是一种将两种具有化学活性的低分子量液体原料在高压下撞击混合，然后注入密闭的模具内进行聚合、交联固化等化学反应而形成制品的工艺方法。这种将液态单体的聚合反应与注射成型结合为一体的新工艺具有混合效率高、节能、产品性能好、成本低等优点，可用来成型发泡制品和增强制品，目前开发的应用领域越来越广泛。

9.6.1　反应注射成型工艺特点

反应注射与塑料注射的不同之处在于：一是直接采用液态单体和各种添加剂作为成型原料而不是用配制好的塑料，而且不经加热塑化即注入模腔，从而省去了聚合、配料和塑化等操作，简化了制品的成型工艺过程；二是由于液体原料黏度低，流动性好，易于输送和混合，充模压力和锁模力低，这不仅有利于降低成型设备和模具的造价，而且适宜生产大型及形状很复杂的制品；另外只要调整化学组分就可得到性能不同的产品，而且反应速度可以很快，生产周期短。因此，反应注射成型受到各国的重视，发展得很快。表 9-6 是反应注射成型与典型的热塑性塑料注射成型的比较。

表 9-6	RIM 与热塑性塑料注射成型的比较	
比较项目	RIM	热塑性塑料注射成型
反应成型物的温度 /℃	~60	200~300
模具温度 /℃	~70	视品种而异
注射压力 /MPa	<14	70~150
锁模力 /（kg/m^2）	0.03	6~13
原料黏度 /Pa·s	0.01~1	10^2~10^5
模型造价	低	高

RIM 在 20 世纪 60 年代初首创，70 年代正式投入生产，随着 RIM 成型机械和反应原料的改进，进入 80 年代得到很快的发展，应用领域也已十分广泛。一般能以加成聚合反应生成树脂的单体都可以作为 RIM 的成型物料基体，工业上已采用的主要包括聚氨酯、不饱和聚酯、环氧树脂、聚酰胺、甲基丙烯酸系共聚物、有机硅等几种树脂的单体，但目前 RIM 产品以聚氨酯体系为多，主要应用在汽车工业、电器制品、民用建筑及其他工业承载零件等方面。

9.6.2 RIM 成型设备

反应注射成型的传统设备是一组带有轴向活塞泵的计量装置，主要由组分储存槽、过滤器、轴向柱塞泵、电动机以及带有混合头的液压系统所组成。

9.6.2.1 RIM 对设备的要求

（1）流量及混合比率要准确，原料各组分的流量及混合比率是保证 RIM 制品的两大因素，只有准确的配比、均匀的混合才能保证 RIM 制品的最终质量。

（2）快速加热或冷却原料，能在较短的时间内达到所需的加热温度，这样不但节省了时间，而且提高了生产能力。

（3）两组分应同时进入混合头，不允许某一组分超前或滞后，两组分在混合头内能获得充分的混合。

（4）混合头内的原料以层流形式注射入模内，入模后固化速度快，能进行快速的成型循环。

9.6.2.2 RIM 设备的工作原理

RIM 设备的工作过程如图 9-38 所示。它包括加料比例的控制、组分的均匀混合及注射入模等。高反应活性的液状单体或预聚物是用计量泵或使用活塞位移来精确控制比例以获得准确的化学计量。两组分反应液体以很高的速度通过喷嘴孔进入混合头进行强烈碰撞以获得充分混合，然后混合物通过流道进入模具，并快速进行化学交联反应而成型为制品。

9.6.2.3 RIM 设备的组成

RIM 设备主要由以下三个系统组成：蓄料系统、计量和注射系统、混合系统。基本结构如图 9-39 所示。

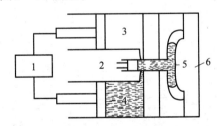

图 9-38 RIM 设备的工作原理
1—比例控制 2—混合头 3—单体 A
4—单体 B 5—聚合物混合物 6—模具

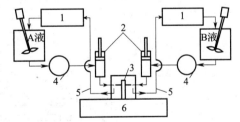

图 9-39 RIM 设备的基本组成
1—换热器 2—置换料筒 3—混合头
4—泵 5—循环回路 6—模具

（1）蓄料系统 主要有蓄料槽和接通惰性气体的管路系统。其作用是分别独立贮存两种原料，同时用惰性气体保护，防止贮存时发生化学反应及空气中的水分进入贮罐与原料发生反应。

（2）计量和输送系统（液压系统） 由泵、阀及辅件组成的控制液体物料的管路系统和控制分配缸工作的油路系统所组成，其作用是使两组分物料能按准确的比例分别输送。

（3）混合系统 即混合头，使两组分物料实现高速均匀混合，并加速混合液从喷嘴流道注射到模具中。混合头的设计应符合流体动力学原理，具有自动清洗作用。混合头的活塞和混合阀芯在油压控制下进行操作，其动作如图 9－40 所示。

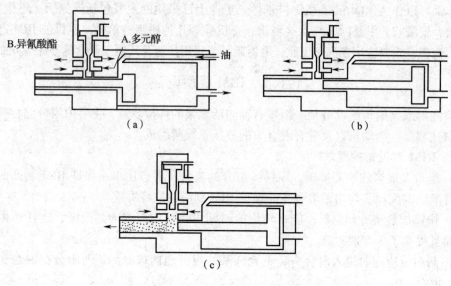

图 9－40　混合头工作示意图
（a）再循环　　（b）调和过程　　（c）调和

① 再循环：柱塞和混合阀芯在前端时，喷嘴被封闭，A、B 两种液体互不干扰，做各自的循环。

② 调和过程：柱塞在油压作用下退至终点，喷嘴通道被打开。

③ 调和：混合阀芯退至最终位置，两种液体被接通，开始按比例撞击混合，混合后的液体从喷嘴高速射出。

图 9－41 是一种典型的混合头结构图。

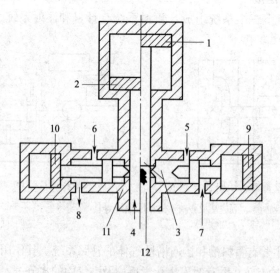

图 9－41　Henneke 混合头结构图
1—注射位置上的液压柱塞　2—循环位置上的液压柱塞　3—注射位置上的清洗柱塞
4—循环位置上的清洗柱塞　5—组分 A 进料口　6—组分 B 进料口　7、8—回路
9、10—柱塞　11—冲击喷嘴　12—A、B 两组分冲击混合流向

9.6.3 反应注射成型工艺流程和控制

反应注射成型工艺过程就是单体或预聚物以液体状态经计量泵按一定的配比输送入混合头均匀混合，混合物注入模具内进行快速聚合、交联固化后，脱模成为制品。工艺流程如图9-42所示。

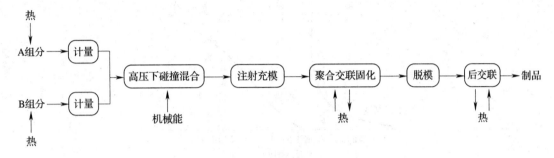

图9-42 反应注射成型工艺流程

精确的化学计量、高效的混合和快速的成型速度是反应注射成型最重要的要求。因此要对反应注射成型工艺进行控制。

9.6.3.1 两组分物料的贮存加热

为了防止贮存时发生化学变化，两组分原料应分别贮存在独立的封闭贮槽内，并用氮气保护。同时用换热器和低压泵，使物料保持恒温及在贮槽、换热器和混合头中不断循环（即使不成型时，也要保持循环），以保证原料中各组分的均匀分布，一般温度维持在20~40℃，在0.2~0.3MPa的低压下进行循环。原料喷出时则经置换装置由低压转换为设定的高压喷出。

9.6.3.2 计量

原料经液压定量泵计量输出，一般选用轴向柱塞高压泵来精确计量和高压输送，其流量为2.3~91kg/min。为严格控制注入混合头各反应组分的正确配比，要求计量精度达到±1.5%。

9.6.3.3 撞击混合

反应注射成型制品的质量直接取决于混合质量。由于反应速度快而分子扩散又较慢，因此必须获得高效的混合，同时混合停留时间要短。反应注射成型的最大特点是撞击混合，即高速高压混合。由于采用的原料是低黏度的液体，因此有条件发生撞击混合。

反应注射成型的混合是通过高压将两种原料液同时注入混合头，在混合头内原料液的压力能转换为动能，各组分单元就具有很高的速度并相互撞击，由此实现强烈的混合。为了保证混合头内物料撞击混合的效果，高压计量泵的出口压力将达到12~24MPa。混合质量一般与原料液的黏度、体积流量、流型及两物料的比例等因素有关。

9.6.3.4 充模

反应注射成型的充模特点是料流的速度很高，因此要求原料液有适当的黏度。过高黏度的物料难以高速流动；而黏度过低，充模时会产生混合料易沿模具分型面泄漏和进入排气槽，或物料易夹带空气进入模腔等问题。一般要求反应物的黏度不小于0.10Pa·s。

在反应注射成型过程中，充模初期物料黏度要求保持在低黏度范围内，以保证实现高速充模和高速撞击式混合，随后由于化学交联反应的进行，黏度逐渐增大而固化。理想的混合物要求在黏度上升达到一定值之前必须完全充满模腔。充满模腔之后尽快凝胶化，模量迅速增加，以缩短成型周期。图9－43为反应注射成型工艺过程的物料流变曲线。

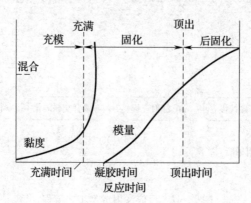

图9－43　RIM生产中物料黏度和模量的变化

9.6.3.5　固化定型

制品的固化是通过化学交联反应或相分离及结晶等物理变化完成的。对化学交联反应固化，一般反应温度必须超过达到完全转换成聚合物网络结构的玻璃化温度 T_g，而且提高模具温度可加快反应速度，缩短固化时间，因此材料在反应末期往往温度仍很高，制品处在弹性状态，应将制品冷却到 T_g 以下才能脱模。

对于相分离固化体系，在聚合反应中，硬化段联结成一些能够结晶的区域，其实际上起着刚性粒子的作用，使反应体系的黏度迅速上升直至凝胶化。必须待制品取得足够的强度后才可脱模。

目前，反应注射成型又发展了用碳纤维、玻璃纤维、木质纤维等短纤维和玻璃织物、玻纤毡等作为增强材料的增强反应注射成型（RRIM）。

习题与思考题

1. 何谓注射成型，它有何特点？请用框图表示一个完整的注射成型工艺过程。

2. 塑料挤出机的螺杆与移动螺杆式注射机的螺杆在结构特点和各自的成型作用上有何异同？

3. 请从加热效率出发，分析柱塞式注射机上必须使用分流梭的原因。

4. 注射机的喷嘴有哪几种类型？各适合何种聚合物材料的注射成型？

5. 以柱塞式注射机成型聚丙烯制品时，注射机料筒的加热效率为0.8，如果聚丙烯预热温度50℃，注射料温230℃，注射机的料筒最高温度应控制在多少度？

6. 试分析注射成型中物料温度和注射压力之间的关系，并绘制成型区域示意图。

7. 保压在热塑性塑料注射成型过程中的作用是什么？保压应有多少时间？何谓凝封？

8. 试述晶态聚合物注射成型时温度（包括料温和模温）对其结晶性能和力学性能的影响。

9．聚丙烯和聚苯乙烯注射成型时，考虑到产品的性能和生产效率，它们的模具温度应分别控制在哪个温度范围最适宜？为什么？（PP：$T_g = -10℃$左右，PS：$T_g = 80℃$左右）

10．试述注射成型制品易产生内应力的原因及解决的办法。

11．试分析注射成型过程中快速充模和慢速充模各有什么利弊。

12．简述热固性塑料和橡胶的注射成型原理。

第 10 章 压 延 成 型

压延成型是生产高分子薄膜和片材的主要方法，它是将接近黏流温度的物料通过一系列相向旋转着的平行辊筒的间隙，使其受到挤压和延展作用，成为具有一定厚度和宽度的薄片状制品的连续成型方法。

压延成型广泛应用于橡胶和热塑性塑料的成型加工中。橡胶的压延是制成胶片或与骨架材料贴合制成胶布半成品的工艺过程，它包括压片、压型、贴胶和擦胶等作业。塑料的压延成型主要适用于热塑性塑料，其中以非晶型的 PVC 及其共聚物最多，其次是 ABS、EVA 以及改性 PS 等塑料，也有压延 PP、PE 等结晶型塑料。

压延成型产品除了薄膜和片材外，还有人造革和其他涂层制品。塑料压延成型一般适用于生产厚度为 0.05 ~ 0.5mm 的软质薄膜和厚度为 0.3 ~ 1.00mm 的硬质片材。当制品厚度小于或大于这个范围时，一般采用吹塑或挤出等其他方法。压延软质塑料薄膜时，如果以布、纸或玻璃布作为增强材料，将其随同塑料通过压延机的最后一对辊筒，把黏流态的塑料薄膜紧覆在增强材料之上，所得的制品即为人造革或涂层布（纸），这种方法通称为压延涂层法。根据同样的原理，压延法也可用于塑料与其他材料（如铝箔、涤纶或尼龙薄膜等）贴合制造复合薄膜。

压延制品应用相当广泛，薄膜制品主要用于农业、工业包装、室内装饰以及各种生活用品等，片材制品常用作地板、软硬唱片基材、传送带以及热成型或层压用片材等。

压延成型具有生产能力大、可自动化连续生产、产品质量好的特点。但压延成型设备庞大，精度要求高，辅助设备多，投资较高，维修也较复杂，而且制品宽度受到压延机辊筒长度的限制。

本章主要论述塑料压延，对橡胶的压延也将作介绍。

10.1 压 延 设 备

压延制品的生产是多工序作业，其生产流程包括供料阶段和压延阶段，是一个从原料混合、塑化、供料，到压延的完整连续生产线。供料阶段所需的设备包括混合机、开炼机、密炼机或塑化挤出机等，在前面各章已有叙述。压延阶段由压延机和牵引、轧花、冷却、卷取、切割等辅助装置组成，其中压延机是压延成型生产中的关键设备。

10.1.1 压延机的分类

压延机主要是由几个平行排列的辊筒组成的。压延机的类型很多，通常是根据辊筒的数目和排列形式进行分类的。

10.1.1.1 按辊筒数目分类

压延机有双辊、三辊、四辊、五辊，甚至六辊。双辊压延机只有一道辊隙，通常用于塑炼和压片，即开放式炼胶机或辊压机。目前以三辊和四辊压延机用得最为普遍，三辊压延机多用于橡胶，而塑料压延较多用四辊压延机，五辊压延机主要用在硬质 PVC 片材的生产。

压延机随着辊筒数目的增加，物料受压延的次数也就增加，因而可生产更薄的制品，而且厚度更均匀，表面更光滑，产品质量提高。而且辊筒数目增加，对于同样的压延效果，辊筒的转速可以大大增加，这样生产率就提高了。

10.1.1.2　按排列形式分类

通常三辊压延机的排列形式有 I 型、三角型等几种，四辊压延机则有 I 型、L 型、倒 L 型、Z 型和斜 Z 型等（见图 10－1）。辊筒排列形式的不同将直接影响压延制品质量和生产操作及设备维修是否方便。一般的原则是尽量避免各辊筒在受力时产生的形变彼此发生干扰，应充分考虑操作的方便和自动供料的需要等。因此目前以倒 L 型和和斜 Z 型应用最广。

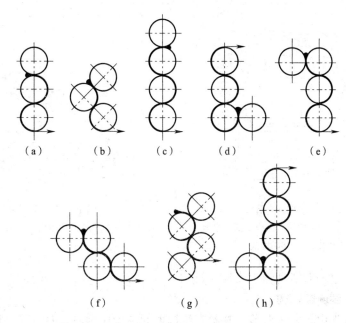

图 10－1　压延机辊筒的排列方式

（a）I 型三辊　（b）三角型三辊　（c）I 型四辊　（d）L 型四辊
（e）倒 L 型四辊　（f）Z 型四辊　（g）斜 Z 型四辊　（h）反 L 型五辊

斜 Z 型排列的压延机，物料与辊筒的接触时间短，可防止塑料过热分解或橡胶焦烧；各辊筒互相独立，操作稳定，四个辊筒之间的距离调节容易；但是物料的包辊程度低，产品的表面光洁度较低，所以主要应用于橡胶薄片制品。倒 L 型压延机辊筒受力不大，挠度小，物料的包辊程度高，制品表面光洁度高，生产薄而透明的薄膜显示出优于斜 Z 型的功能，是生产 PVC 薄膜的主要设备。

10.1.2　压延机的基本结构

各类压延机的基本结构大致相同，主要由压延辊筒及其加热冷却装置、制品厚度调整机构、传动设备及其他辅助装置等组成（见图 10－2）。

10.1.2.1　辊筒

辊筒是压延成型的主要部件，结构和开炼机辊筒的结构大致相同，但由于压延机的辊筒是压延制品的成型面，而且压延的均是薄制品，因此压延辊筒必须具有足够的刚度与强度，以确保辊筒受压产生的弯曲变形不超过许用值；辊筒表面应有足够的硬度和耐磨性及较高的加工精度，以保证制品尺寸的精度。

压延辊筒一般是由冷铸钢或冷硬铸铁制成，也可使用铬钼合金钢。表面最好镀硬铬，并精磨至镜面光洁度。辊筒的长径比一般为 $L/D = 2 \sim 3$，工业生产用压延机的直径通常为 $200 \sim 900$mm，工作面长度为 $500 \sim 2700$mm，辊筒沿长度方向的直径误差要求很小。同一压延机的几个辊筒，其直径和长度都是相同的。近年来发展了异径辊筒压延机。

辊筒内部可通蒸汽、过热水或冷水来控制表面温度，其结构有空心式和钻孔式两种，如图 10-3 所示。相对于空心式辊筒，钻孔式辊筒传热面积大，传热分布均匀，温度控制较准确和稳定，辊筒表面的温度均匀，可有效地提高制品的精度，是目前主要采用的压延辊筒。

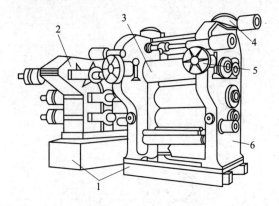

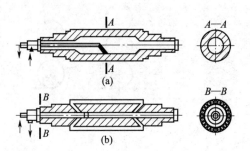

图 10-2 压延机的构造

1—机座 2—传动装置 3—辊筒 4—辊距调节装置
5—轴交叉调节装置 6—机架

图 10-3 压延辊筒的结构

（a）空心式辊筒 （b）钻孔式辊筒

每个辊筒都通过一对滑动轴承支撑在机架上。

10.1.2.2 制品厚度调整机构

制品的厚度首先由辊距来调节。物料在辊筒的间隙受压延时，对辊筒有横向压力，这种企图将辊筒分开的作用力称为分离力，将使两端支撑在轴承上的辊筒产生弹性弯曲，其程度大小以辊筒轴线中央部位偏离原来水平位置的距离表示，称为辊筒的挠度。挠度的产生造成压延制品厚度不均，其横向断面呈现中间部分厚两端部分薄的现象，如图 10-4 所示。

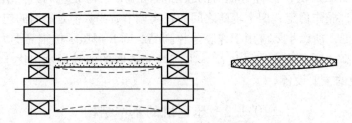

图 10-4 辊筒的弹性弯曲对压延制品的横向断面的影响

为了克服这种现象，通常采用以下三种方法来补偿辊筒弹性变形对薄膜横向厚度分布均匀性的影响。

（1）中高度法 亦称凹凸系数法，即把辊筒的工作表面加工成中部直径大，两端直径小的腰鼓型，沿辊筒的长度方向有一定的弧度（见图 10-5）。辊筒中部突出的高度 h 称为中高度或凹凸系数，这个数值很小，一般仅百分之几到十分之一毫米。由于辊筒的弹性弯曲受物料的性质及压延工艺条件等诸多因素影响，所以固定不变的中高度补偿法有很大的局限性。但此法的应用仍较普遍，特别是橡胶压延机往往采用中高度法。

（2）轴交叉法 将压延机相邻两个平行辊筒的轴线加工成交叉状态（见图 10 - 6），则在两个辊筒之间的中心间隙不变的情况下将增大两端的间隙，这样就弥补了由于弹性弯曲所产生的压延制品的中间厚两端薄的缺陷。该法的优点是可以随产品的品种、规格和工艺条件不同而调节轴交叉角度。

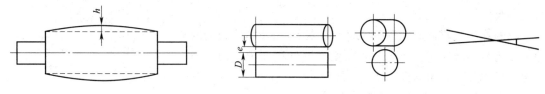

图 10 - 5 中高度凸缘辊筒 图 10 - 6 辊筒轴交叉示意图

（3）预应力法 在辊筒两端的轴颈上预先施加额外的负荷，其作用方向正好与工作负荷相反，使辊筒产生的变形与分离力引起的变形方向正好相反，这样，在压延过程中辊筒所产生的两种变形便可以互相抵消，从而达到补偿的目的。如图 10 - 7 所示。这种方法可以调节预应力的大小，使辊筒弧度有较大变化范围，以适应变形的实际要求，比较容易控制。

在实际生产中往往上述三种补偿方式结合使用。

10.1.2.3 传动机构与辅助装置

为了适应不同压延工艺的要求，辊筒速度和速比应可以在一定范围内调节。压延机辊筒的转动一般由直流电动机通过齿轮联结带动，经人字齿轮减速装置达到所要求的精确速度。

压延辅机主要包括引离辊、轧花装置、冷却装置、卷取或切割装置等以及金属监测器、测厚仪等，压延人造革时则有烘布辊筒、预热辊筒、贴合装置等。

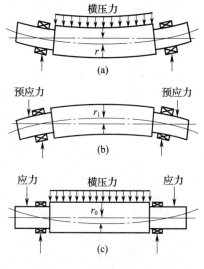

图 10 - 7 预应力装置原理图
(a) 辊筒在工作负荷下的变形
(b) 辊筒在预负荷下的变形
(c) 辊筒在工作负荷和预负荷共同作用下的变形

10.2 压延成型原理

压延成型过程是物料在压延辊筒间隙受压和发生塑性流动变形的过程。本节着重分析物料在压延过程中的受压情况、压缩延伸变形和流动情况。

10.2.1 物料在压延辊筒间隙的压力分布

从流体力学知道，任何流体产生流动，都有动力推动。压延时推动物料流动的动力来自两个方面，一是物料与辊筒之间的摩擦作用产生的辊筒旋转拉力，它把物料带入辊筒间隙；二是辊筒间隙对物料的挤压力，它将物料推向前进。

图 10 - 8 表示物料进入的两个相向旋转辊筒间的挤压情况，压延时，物料是被摩擦力带入辊缝而流动。由于辊缝是逐渐缩小的，因此当物料向前行进时，辊筒对物料的压力越来

大。然后物料快速地流过辊距处，随着物料的流动，压力逐渐下降，至物料离开辊筒时，压力为零。压延中物料受到辊筒的挤压，受到压力的区域称为钳住区，辊筒开始对物料加压的点称为始钳住点，加压终止点为终钳住点，两辊中心（两辊筒圆心连线的中点）称为中心钳住点，钳住区压力最大处为最大压力钳住点。

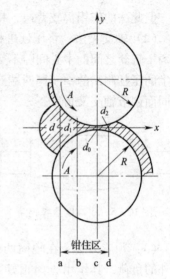

图 10 – 8　物料在两辊筒间
受到挤压时的情况

a—始钳住点　b—最大压力钳住点
c—中心钳住点　d—终钳住点

物料在进入辊筒间隙后的流动、塑性形变等均由辊筒间隙的压力分布所决定。压力分布可由理论计算，为了使分析简单，要作如下几个假设。

① 在压延过程中，物料为不可压缩牛顿流体，作等温、层状、稳定的流动，即物料的温度和黏度是不变的；

② 两辊筒的半径和转速是相等的；

③ 忽略物料的弹性，物料在辊筒表面没有滑动和裂解；

④ 辊筒间隙大大小于辊筒的半径，因此认为在钳住区内的两辊筒表面是互相平行的。

由此根据流体力学黏性流体连续流动方程可推得如下的压力方程式：

$$\frac{\mathrm{d}p}{\mathrm{d}A} = \frac{\eta v}{d_0'} \sqrt{\frac{18R}{d_0'}} \Big[\frac{A^2 - A_1^2}{(1 + A^2)^3} \Big] \qquad (10-1)$$

式中　p——物料的压力

　　　η——物料的黏度

　　　v——辊筒表面的线速度

　　　d_0'——为辊筒间隙 d_0 的一半，即 $d_0' = 0.5 d_0$

　　　R——辊筒的半径

　　　A——量纲为 1 的变量，是横坐标 x 的函数，$A = \frac{x}{\sqrt{2Rd_0}}$，$x$ 为横坐标上的某点

　　　A_1——量纲为 1 的变量，$A_1 = \sqrt{\frac{V}{2vd_0} - 1}$，$V$ 为单位辊筒宽度上的体积，设在终钳住点处 $x = x_1$，即物料在横坐标轴上的 x 值为 x_1 时脱离辊筒表面，此时的 $A = A_1 = \frac{x_1}{\sqrt{2Rd_0}}$，即 A_1 等于终钳住点处的 A 值

物料在钳住区任一点的压力可由式（10-1）积分得到，根据 $A_1 = A$ 时终钳住点处 $p = 0$，可得积分常数近似为 $5A_1^3$，于是得：

$$p = \frac{\eta v}{d_0'} \sqrt{\frac{9R}{32d_0'}} \big[g(A, A_1) + 5A_1^3 \big] \qquad (10-2)$$

式中 $g(A, A_1)$ 是一个 A 和 A_1 的复杂函数，它有两个根，即压力为零的那两点。

前已述及始钳住点为辊筒开始对物料加压的点，因此，在始钳住点处，$p = 0$，假设该点 $A = -A_0$，则从式（10-2）可知：在始钳住点处，$g(-A_0, A_1) = -5A_1^3$；而在终钳住点处，$A = A_1$，加压终止，压力为零，同样由式（10-2）可知，在该处，$g(A_1, A_1) = -5A_1^3$，因而：

$$g(-A_0, A_1) = g(A_1, A_1) \qquad (10-3)$$

式（10-3）反映了 $-A_0$ 和 A_1 之间的关系，即始钳住点和终钳住点之间存在着唯一的关系。$-A_0$ 和 A_1 都与物料性能有关，物料的弹性小，则 $-A_0$ 和 A_1 就靠近中心，即钳住区就小，产品的厚度就接近辊距。当物料完全无弹性时，$-A_0 = A_1 = 0$，物料的入口和出口即在辊隙的中心钳住点重合，制品的厚度就等于辊间距。在实际生产时，这种情况是不可能存在的。

由式（10-1）表明，当 $A = \pm A_1$ 时，$\mathrm{d}p/\mathrm{d}A = 0$，这时 p 分别为极小值和极大值。当 $A = A_1$ 时，$p = 0$，为最小压力点，即为终钳住点；当 $A = -A_1$ 时，$p = p_{max}$，为最大压力点，p_{max} 经推算为：

$$p_{max} = \frac{5A_1^3 \eta v}{d_0} \sqrt{\frac{9R}{8d_0}} \qquad (10-4)$$

把钳住区任一点的压力和最大压力之比定义为相对压力，用 p' 表示，则：从式（10-2）和式（10-4）可得：

$$p' = \frac{p}{p_{max}} = \frac{p(A)}{p(-A_1)} = \frac{1}{2}\left[1 + \frac{g(A, A_1)}{5A_1^3}\right] \qquad (10-5)$$

由此可见钳住区各主要点的 p' 值为：

① 始钳住点：$A = -A_0$，$g(-A_0, A_1) = -5A_1^3$，$p' = 0$，$p = 0$；

② 最大压力点：$A = -A_1$，因为 $g(A, A_1)$ 是个奇函数，则 $g(-A_1, A_1) = 5A_1^3$，$p' = 1$，$p = p_{max}$；

③ 中心钳住点：$A = 0$，$g(0, A_1) = 0$，$p' = 0.5$，$p = 0.5p_{max}$；

④ 终钳住点：$A = A_1$，$g(A_1, A_1) = -5A_1^3$，$p' = 0$，$p = 0$。

压力在钳住区的分布情况如图 10-9 所示。由图可见，物料从进入辊筒到出辊筒，在 x 轴方向上，在不同的位置上压力是变化的。从 a 点开始物料受到的压力从零逐渐上升，到 b 点达到最大值，而辊筒的中心钳住点 c 点并不是最大压力点，其仅为最大压力的一半，到达 d 点压力降到零。比较这种理论计算的压力分布曲线与实测的压力曲线表明，它们的最大压力点相当一致。只是 $A < A_1$ 这一段，理论值比实际值低，主要原因是物料的非牛顿性。

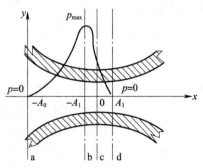

图 10-9 物料在辊筒间隙的压力分布

10.2.2 物料在压延过程中压缩和延伸变形

压延机工作时，两个辊筒以不同的表面速度相向旋转，在两辊间的物料，由于与辊筒表面的摩擦和黏附作用，以及物料之间的黏接作用，被拉入两辊筒间隙之间。此时，在辊隙内的物料受到强烈的挤压与剪切，使物料在辊隙内形成楔形断面的料片。物料能否进入辊隙，取决于物料与辊筒的静摩擦因数和接触角的大小。如图 10-10（a）所示，物料与辊筒的接触角 α 小于其摩擦角 φ 时，物料才能在摩擦力的作用下被带入辊距中。因而能够进入压延机辊距中的物料之最大厚度是有一定限度的。设 $R_1 = R_2 = R$，能够进入辊距的物料的最大厚度为 d'，压延后物料的厚度变为 d_2，压延厚度的变化为 $\Delta d = d' - d_2$，Δd 为物料的直线压缩，它与物料的接触角 α 及辊筒的半径 R 的关系为：

$$\frac{\Delta d}{2} = R - O_2 C_2 = R(1 - \cos\alpha) \qquad (10-6)$$

即

$$\Delta d = 2R(1 - \cos\alpha) \tag{10-7}$$

可见，当辊距为 d_0 时，能够进入辊距中的物料的最大厚度为 $d' = \Delta d + d_0$；当 d_0 值一定时，R 值越大，能够进入辊距中的供料最大厚度，即允许的供料厚度也越大。

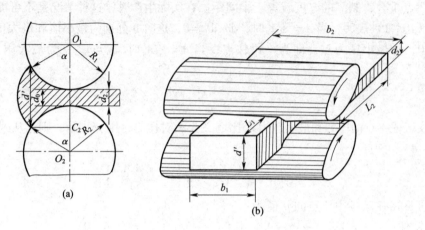

图 10-10　压延时物料的压缩变形和延伸变形

（a）辊筒间物料的压缩变形　（b）压延时物料的延伸变形

在压延过程中，物料是不可压缩的，即压延前后物料的体积保持不变。因此，压延时物料断面厚度的减小必然伴随着断面宽度和物料长度的增大。设压延前和后物料的长度、宽度、厚度分别为 L_1、b_1、d' 和 L_2、b_2、d_2，体积分别为 V_1（$= L_1 b_1 d'$）和 V_2（$= L_2 b_2 d_2$），因 $V_1 = V_2$，故 $L_1 b_1 d' = L_2 b_2 d_2$，

即

$$\frac{V_2}{V_1} = \frac{L_2 b_2 d_2}{L_1 b_1 d'} = \gamma_x \cdot \beta_z \cdot \alpha_y = 1 \tag{10-8}$$

式中　γ_x——物料的延伸系数，$\gamma_x = L_2/L_1$

　　　β_z——物料的展宽系数，$\beta_z = b_2/b_1$

　　　α_y——物料的压缩系数，$\alpha_y = d_2/d'$

物料在压延时沿辊筒轴向，即压延物料的宽度方向受到的阻力很大，流动变形困难，故压延时物料的宽度变化很小，即 $\beta_z \approx 1$。所以压延时的供料宽度应尽可能与压延宽度相接近。这样式（10-8）变为：

$$\frac{V_2}{V_1} = \gamma_x \cdot \beta_z \cdot \alpha_y \approx \gamma_x \cdot \alpha_y = 1，\text{即} \ \alpha_y = \frac{1}{\gamma_x}，\frac{d_2}{d'} = \frac{L_1}{L_2}。$$

可见压延时物料厚度的减小必然伴随着长度的相应增大，当压延厚度要求一定时，在辊筒上的接触角范围内的积料厚度 d' 越大，压延后的物料长度 L_2 也越大。

10.2.3　物料在压延辊筒间隙的流速分布

处于压延辊筒间隙中的物料主要受到辊筒的压力作用而产生流动，辊筒对物料的压力是随辊缝的位置而递变的，因而造成物料的流速也随辊缝的位置而递变。即在等速旋转的两个辊筒之间的物料，其流动不是等速前进的，而是存在一个与压力分布相应的速度分布。

压延过程中物料沿 x 向各点的速度 v_x 与辊筒线速度 v 的比值 v_x/v，可由理论推导得如下方程：

$$\frac{v_x}{v} = \frac{2 + 3A_1^2(1 - B^2) - A^2(1 - 3B^2)}{2(1 + A^2)}$$　　　　　(10 - 9)

式中　B ——量纲为 1 的变量，$B = y/h$

　　　　y ——纵坐标轴上的某点

　　　　h —— x 轴到辊筒表面的距离，它是坐标 x 的函数，其他符号同前

　　由式可知 v_x/v 是变量 A、A_1 和 B 的函数，物料速度分布情况如图 10 - 11 所示。

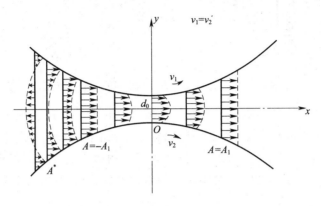

图 10 - 11　物料在压延辊筒间的流速分布

　　① 当 $A = \pm A_1$ 时，$v_x/v = 1$，即 $v_x = v$，这说明在最大压力处和终钳住点的物料流速都等于辊筒表面线速度，无论在 y 轴方向上哪一点都有相同的速度，速度分布为直线。

　　② 当 $-A_1 < A < A_1$ 时，$v_x/v > 1$，即 $v_x > v$，速度分布是凸状曲线。在此区域内，除了与辊筒接触的物料 $v_x = v$ 外，其他各点的 v_x 值都大于辊筒表面的线速度。在 x 轴方向上，从 $A = -A_1$ 的 y 轴上各点速度相等起，在压力的作用下，中间层的速度逐渐加快，但越接近辊筒表面，物料的流速越接近辊筒的线速度。至中心层物料流速增加到最大值，即形成了最大的速度梯度，此即所谓的超前现象，过了中心钳住点后，随着压力递减，中间层物料的流速逐渐减小，最后到达终钳住点 $A = A_1$ 处，y 轴各点物料的流速又都等于辊筒线速度。

　　③ 当 $A < -A_1$ 时，压力梯度为正值，在此区域内，由于辊筒旋转的拉力作用，使沿辊筒表面的物料流速快于中间层物料，速度分布呈凹状曲线，即所谓压延中的滞后现象。

　　④ 在 $A < -A_1$ 区域内，向 x 轴负的方向移动时，在中心面 x 轴上有一点叫停止点：$A = A^*$，此时 $y = 0$ 处，$v_x = 0$，即物料在此处的流动速度为零。

　　⑤ 当 $-A_0 < A < A^*$ 时，物料的流动出现两个方向相反的速度，即在靠近中心面处，流速是负的，物料离开钳住区向负 x 轴方向流动；而靠近辊筒表面处，流速为正值，物料进入钳住区向正 x 方向流动。即在始钳住区点至 A^* 区域内，有一个局部环流存在，这种流动使物料呈现翻转现象。在 $A > A^*$ 的区域内，不管流速分布曲线呈凹状还是凸状，v_x 均为正值，因而不存在循环回流。

　　以上分析是假定两相同直径的辊筒以相同转速相向旋转的，但实际上辊筒大都是同一直径而有不同表面线速度，此时流动速度分布规律基本一样，只是物料的流动状况和流速分布在 y 轴上存在一个与两辊筒表面线速度差相对应的变化，其主要特点是改变速度梯度分布状态。如图 10 - 12 所示，这样就增加了剪切力和剪切变形，使物料的塑化混炼效果更好。

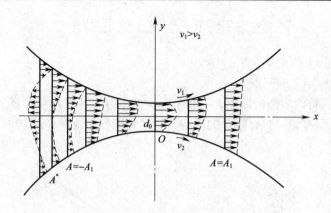

图 10 - 12　物料在异速压延辊筒间的流速分布

由上可知，在中心钳住点 d_0 处，具有最大的速度梯度，而且物料所受到的剪应力和剪切速率与物料在辊筒上的移动速度 v 和物料的黏度 η 成正比，而与二辊中心线上的辊间距 d_0 成反比，当物料流过此处时，受到最大的剪切作用，物料被拉伸、辗延而成薄片。但当物料一旦离开辊距 d_0 后，由于弹性恢复的作用而使料片增厚，最后所得的压延料片的厚度都大于辊距 d_0。

10.3　压延成型工艺

完整的塑料压延成型工艺过程可以分为供料和压延两个阶段。供料阶段是压延前的备料阶段，主要包括塑料的配制、混合、塑化和向压延机传输喂料等几个工序。压延阶段是压延成型的主要阶段，包括压延、牵引、刻花、冷却定型、输送及卷绕或切割等工序。所以压延成型工艺过程实际上是从原料开始经过各种聚合物加工步骤的整套连续生产线。

在各种塑料压延制品中，最典型、最主要的是 PVC 软质薄膜、硬质片材以及人造革。各种制品的配方和品种不同，生产工艺和工艺条件有所不同，但基本原理是相同的。压延成型工艺过程如图 10 - 13 所示。

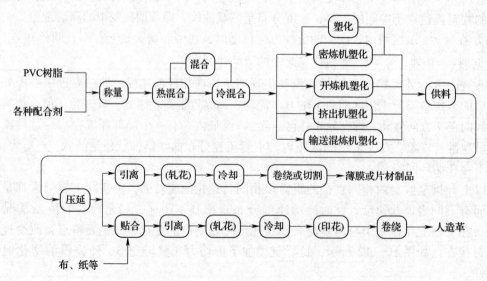

图 10 - 13　塑料压延成型工艺流程

10.3.1 供 料 阶 段

供料阶段各工序实际上是压延成型的准备过程，在第 6 章中已有叙述。对于压延软质 PVC 膜和硬质 PVC 片材，这一阶段的混合和塑化方法有所不同。

为生产 PVC 膜而备料时，首先按配方要求将 PVC 树脂和各种配合剂进行称量后加入高速热混合机，物料在一定温度下高速搅拌一定时间后放入冷混合机进行慢速搅拌并冷却，使物料从 100℃ 左右冷却到 60℃ 以下，以防结块。混合好的物料可以用四种工艺过程进行塑化：密炼机塑化、双辊开炼机塑化、挤出机塑化和输送混炼机塑化。塑化后的熔融物料均匀地向压延机供料，目前连续供料方法已取代间歇喂料操作，连续加料装置通常在加料运输带的末端有一左右摆动装置，以保证物料在压延辊筒的工作面长度上分配均匀。连续供料可以用挤出机，也可以用双辊开炼机，双辊机供料往往配置两台，熔融物料经两次精炼轧片，并切成带状，经过金属探测器监测连续向压延机供料。图 10 - 14 为软质 PVC 薄膜压延工艺流程。

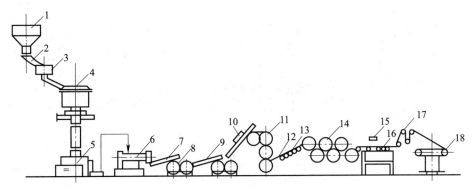

图 10 - 14 软质 PVC 压延薄膜生产流程示意图

1—树脂料仓 2—电磁振动加料器 3—称量器 4—高速热混合机 5—低速冷混合机 6—挤出塑化机
7、9—运输带 8—两辊开炼机 10—金属探测器 11—四辊压延机 12—牵引辊 13—托辊
14—冷却辊 15—测厚仪 16—传送带 17—张力装置 18—中心卷取机

生产硬质 PVC 片材时，对混合料的塑化要求十分严格，特别对透明硬片，应注意避免物料分解而使制品发黄。为了使混合料在较短时间内达到塑化要求以及降低混炼温度，往往采用行星式挤出机进行塑化，然后再经双辊机供料。

10.3.2 压 延 阶 段

送往压延机的物料应该是塑化完全、无杂质、柔软的、处在黏弹态，供料要先经过金属探测器然后加到四辊压延机的第一道辊隙，物料压延成料片，再依次通过第二道和第三道辊隙而逐渐被挤压和延展成厚度均匀的薄层材料，然后由引离辊承托而撤离压延机，并经拉伸，若需制品表面有花纹，则进行轧花处理，再经冷却定型、测厚、切边、输送后，由卷绕装置卷取或切割装置切断成品。

压延成型是连续生产过程，在操作时首先对压延机及各后处理工序装置进行调整，包括辊温、辊速、辊距、供料速度、引离及牵引速度等，直至压延制品符合要求，即可连续压延成型。

轧花装置是由有花纹图案的钢制轧花辊和橡胶辊组成；压延制品的冷却装置常由多个内

部通冷却水的辊筒组成，为使薄膜制品的正反两面都能得到冷却，多采用使薄膜在前进过程中正面和反面交替与冷却辊表面接触的"穿引法冷却"；薄膜的厚度常用 β 射线测厚仪来连续监测，测量的结果可用于反馈控制；冷却定型后的薄膜先用修边刀切去不整齐的两侧毛边，再用橡皮输送带将薄膜平坦而松弛地送至卷绕装置，这一过程薄膜是处于"放松"和自然"收缩"的状态，可消除压延制品从成型、引离、轧花和冷却过程中由于层层牵伸而造成的内应力。

PVC 人造革是以布（或纸）为基材，在其上覆以 PVC 塑料膜层后制得的，其方法主要有刮涂法和压延法等。用压延薄膜与布贴合制得人造革的方法称为压延法。压延法生产 PVC 人造革的工艺流程在贴合之前的各个工序与薄膜压延工艺流程相同，压延成膜后与预先加热的布基通过辊筒的挤压和加热作用进行贴合，再经轧花、冷却、切边和卷取等工序即制得人造革。根据布基与薄膜的贴合方式不同，贴合操作有擦胶法和贴胶法之分，贴胶法又有内贴和外贴两种不同的实施方式（见图 10 - 15）。

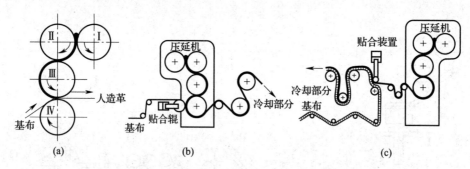

图 10 - 15　四辊压延机生产人造革示意图
（a）擦胶法　（b）内贴法　（c）外贴法

10.3.3　压延操作条件

压延工艺的控制主要是确定压延操作条件，包括辊温、辊速、速比、存料量、辊距等，它们是互相联系和制约的。

10.3.3.1　辊温

温度是使物料熔融塑化、延展的必要条件。物料在压延过程中所需的热量主要来源于压延辊筒的加热和物料通过辊隙时产生的物料与辊筒之间的摩擦热及物料自身的剪切摩擦热。摩擦热的大小，除与辊速和速比有关外，还与物料的黏度有关，亦即与料温和物料的增塑程度有关。因此在确定压延辊筒温度时，应同时考虑物料的配方以及辊速的影响。

物料在压延时都有易黏附于高温和高转速的辊筒上的特点，为了使物料能依次贴合辊筒，防止夹入空气而导致薄膜带有气泡，在操作时辊筒温度应控制为：$T_{辊Ⅲ} \geqslant T_{辊Ⅳ} > T_{辊Ⅱ} > T_{辊Ⅰ}$，辊Ⅲ的温度大于或近似于辊Ⅳ的温度，使物料通过辊Ⅲ和辊Ⅳ之间隙中，不会包住辊Ⅳ，这样有利于薄膜的引离。一般辊间温差控制在 5 ~ 10℃。

由于压延过程物料因摩擦生热，物料的温度将逐步升高，为此要严格控制各辊温度，以防物料因局部过热而出现降解等现象。各辊筒的温度及相邻两辊的温差取决于物料的品种、辊筒的转速、制品的厚度三者之间的关系。通常辊速快，制品厚度薄，则辊温要偏低些。

10.3.3.2　辊速与速比

压延机辊筒最适宜的转速主要由压延物料和制品厚度要求来决定的，一般软质制品压延时的转速要高于硬质制品的压延。压延机相邻两辊筒具有速比的目的在于：使压延物料依次粘辊，受到剪切，能更好地塑化，还可以使压延物取得一定的延伸和定向作用。操作时辊筒的转速一般控制为：$v_{辊Ⅲ} \geqslant v_{辊Ⅳ} > v_{辊Ⅱ} > v_{辊Ⅰ}$。

辊筒速比根据薄膜的厚度和辊速来调节，一般在 1:1.05 ~ 1:1.25 的范围。速比过大会出现包辊现象，而速比过小则薄膜吸辊性差，空气极易夹入使产品出现气泡，对硬质制品来说，会出现"脱壳"现象，塑化不良，质量下降。

10.3.3.3 辊筒间距

压延时各辊筒间距的调节既是为了适应不同厚度制品的要求，也是为了改变各道辊隙之间的存料量。

根据前面讨论，黏流态物料在两辊筒间所受的压力是随辊筒间距的减小而增大的，因此为了使制品结构紧密，压延顺利进行，要求沿物料前进方向各组辊筒间距越来越小，对四辊压延机操作时一般控制为：$d_0^{1-2} > d_0^{2-3} > d_0^{3-4} =$ 压延制品的厚度（d_0^{1-2} 为第一辊筒和第二辊筒中心线间距，其余类推）。辊距逐渐减小就能逐步增大对物料的挤压力，赶走气泡，提高制品密度，同时有利于辊筒对物料的传热塑化，从而提高制品的质量。压延机最后一道辊距控制与制品厚度大致相同，但应留有余量，这是考虑到后续工序牵引和轧花会使制品厚度有所减小。

在两辊的辊隙之间应有少量存料是为了保证在压延过程中压延压力恒定，起到储备补充和继续完善塑化的作用。存料过多，薄膜表面会产生毛糙现象，并易产生气泡，对生产硬质品，还会因容易冷却而造成制品表面出现冷疤及质量不均。但存料过少会因物料受压不足，造成制品表面毛糙无光，还会产生菱状孔洞，严重时边料断裂。存料量应保持旋转运动状态，以保证制品横向厚度均匀和外观质量。

10.3.3.4 引离（拉伸）、冷却、卷取

为了使压延制品拉紧，利于剥离以及不因重力关系而下垂，以保证压延顺利进行，在操作时一般控制的辊速为：$v_{辊（卷取）} \geqslant v_{辊（冷却）} > v_{辊（引离）} > v_{辊Ⅲ}$。这样会引起压延物的大分子在其前进方向上有一定的延伸和定向作用，其大小与各辊之间的速比有关，如果要求薄膜具有较高的单向强度，各辊筒间的速比应增加。但是速比不能太大，否则会产生过多的延伸，薄膜的厚度将会不均，有时还会产生过大的内应力。延伸应主要发生在引离辊和压延机之间，引离辊的线速度一般比压延机第三辊高 10% ~ 35%，主要视压延制品的厚度和软硬程度而定，薄膜冷却后应尽量避免延伸，否则受到冷拉伸后的薄膜存放后收缩量大，也不易展平。

10.4　影响压延制品质量的因素

在压延成型加工中，制品常会发生各种质量问题，其中有属于外观的，也有表现在物理机械性能上的，影响压延制品质量的因素很多。

10.4.1　压 延 效 应

在压延过程中，物料在通过压延辊筒间隙时受到很大的剪切力和一些拉伸应力，聚合物大分子会沿着压延方向作定向排列，以致制品在物理机械性能上出现各向异性，这种现象在压延成型中称为压延效应。

压延效应引起制品的性能发生变化，使压延薄膜（片）的纵向（沿压延方向）拉伸强

度大于横向拉伸强度，横向断裂伸长率大于纵向，在制品使用温度发生较大变化时，各向尺寸会发生不同的变化，纵向出现收缩，甚至出现纵向破裂，而横向与厚度则出现膨胀，即表现出各向异性，制品质量不均。对于要求各向同性的压延制品来说，压延效应需尽可能地消除或控制到适宜的程度；如果压延制品需要这种定向效应，例如要求薄膜具有较高的单向强度，则在生产中应注意压延的方向，促进这种效应，尽量发挥它的作用。

压延效应的大小受到压延温度、辊筒转速与速比、辊隙存料量、制品厚度以及物料的性质等因素的影响。

适当提高料物温度，可增加其塑性，加强大分子的热运动，破坏其定向排列，压延效应可以降低；辊筒的转速与速比增加，压延效应提高，若转速下降，则压延的时间增加，压延效应可降低；辊隙存料量多，压延效应也上升；制品的厚度小，物料所受的剪切作用增加，则压延效应也增加，所以压延制品越薄，质量越难以保证，这也是为何厚度小于 0.05mm 的薄膜很少用压延法生产，而多采用挤出吹塑法的原因；物料中采用针状或片状配合剂，易带来较大的压延效应，物料的表观黏度大，压延效应也大。要消除这些因素而产生的压延效应，应尽量不使用各向异性的配合剂，提高物料的塑性；压延后缓慢冷却，有利于取向分子松弛，也可降低压延效应；此外引离辊、冷却辊和卷取辊等之间的速比，也对压延效应有影响。

10.4.2　影响制品表面质量的因素

压延成型生产的是薄片状制品，其表面质量尤为重要。影响压延制品表面质量的主要因素有原材料、压延工艺条件及冷却定型。

10.4.2.1　原材料因素

相对分子质量高和分子量分布窄的树脂无疑有利于提高制品的物理机械性能、热稳定性和表面质量，但这要求压延温度高，对生产较薄的制品也不利，相对分子质量分布宽的树脂会使薄膜出现鱼眼（晶点）现象，因此树脂牌号的选择既要照顾制品的质量，也要兼顾加工性能。树脂中的灰分、水分和挥发物的含量也会影响薄膜的透明度和质量。

在一定范围内，增塑剂含量越高，物料黏度越低，加工工艺性能越好。但是增塑剂的品种和用量会影响制品的耐热性和光学性能，选用时要特别注意。

稳定剂选用不当，会由于树脂与稳定剂系统相容性不好以及其分子极性基团的正电性高，在压延时易被挤出而包围在辊筒表面形成一层蜡状物，使薄膜表面不光，生产时发生粘辊现象。因此要选用适当的稳定剂或加入润滑体系。

在制备压延物料时，各组分的分散和塑化均匀性不好也会使薄膜出现鱼眼、斑痕等质量缺陷。

10.4.2.2　压延工艺条件

辊温的高低影响物料的塑化情况，温度过低会使薄膜表面毛糙、不透明、有气泡，甚至出现孔洞。辊速及其速比的大小与物料的压延时间和产生的剪切摩擦热有关，也影响物料的塑化。辊距的大小和辊隙存料多少及其旋转状况也是影响制品表面质量的因素。

10.4.2.3　冷却定型

冷却不足，制品易发黏、起皱、收缩率大，成卷后展不平。但如果过分冷却，冷却辊表面会因温度过低而凝结水珠，制品沾上后，时间一长会发霉或起霜。冷却辊的速度太小，会使薄膜定型后发皱，但速度过大，产品受到冷拉伸而在薄膜内引起内应力，导致制品存放后收缩率增大，也不易展平。

10.4.3　影响制品厚度的因素

压延制品质量最突出的问题是薄膜横向厚度不均，导致这种现象的主要原因是辊筒的弹性变形和辊筒表面在轴向上存在温差。

10.4.3.1　辊筒的弹性变形

如前所述，在压延时辊筒受到很大的分离力，分离力使压延辊筒产生弹性弯曲变形，从而导致压延制品的横向断面呈现中间厚两边薄的现象。

在压延过程中，辊筒对物料施加压力，而物料对辊筒又产生反作用力，即分离力。显然物料受到的总压力与辊筒的分离力是彼此相等的，辊筒所受的分离力分布在整个钳住区，而且沿工作面长度均布，因而辊筒的分离力 F 可以由物料所受压力 p 在钳住区积分求得，可用下式表示：

$$F = 2\eta v R b \left(\frac{1}{d_0} - \frac{1}{d} \right) \tag{10 - 10}$$

式中　F——分离力

　　　　η——熔体表观黏度

　　　　v——辊筒表面速度

　　　　R——辊筒半径

　　　　b——辊筒轴向工作面宽度

　　　　d_0——辊筒间距

　　　　d——始钳住点物料开始受压时两辊的间距，亦即辊间存料厚度

由式 10 - 10 可以看到：分离力的大小与辊筒的半径、转速、物料的黏度、存料的多少、薄膜的厚度和宽度等因素有关。压延辊筒的转速越高、薄膜越薄、料幅越宽，则辊筒的分离力就越大，弹性变形就大，制品厚度不均匀性就严重。然而在实际生产中，人们总希望能用最快的压延速度生产出最薄和最宽的薄膜，这样辊筒的分离力必然很大。为了克服这一现象，一方面在工艺操作上进行控制，如提高加工温度使熔体黏度降低，减少辊隙存料的体积均可降低辊筒的分离力，另一方面采用如前所述的中高度法、轴交叉法和预应力法等措施来补偿辊筒的弹性变形对制品厚度分布均匀性的影响。

10.4.3.2　辊筒表面温度的变动

由于辊筒两端比中间部分更易散失热量，从而使辊筒两端的温度比中间低。辊筒表面存在温差必然导致整个辊筒热膨胀的不均匀，会造成薄膜横向上两侧厚度的增大。

为了克服辊筒表面温差而引起的薄膜横向厚度不均匀，工艺上可采用红外或其他专门的电热器对辊筒两端温度偏低的部位进行局部补偿加热，或者在辊筒近中区域两边采用风管冷却，以促进辊筒横向各部分温度的均一。

保证压延制品横向厚度均匀的关键在于中高度法、轴交叉法和预应力法装置的合理设计、制造和组合使用。

10.5　橡胶的压延

橡胶的压延工艺应用很广泛，其工艺包括压片、压型、贴胶、擦胶和贴合等作业。橡胶

的压延是橡胶半成品的成型过程，所得半成品必须经过硫化后才能最终成为制品。

10.5.1　压 延 设 备

橡胶压延的主要设备也是压延机，其结构特点及作用原理与塑料压延机是相似的，但也有不同之处。

根据橡胶压延的不同工艺要求，有各种类型的压延机。

（1）压片压延机　用于压片或纺织物贴胶，一般为三辊或四辊，各辊转速相同。

（2）擦胶压延机　用于纺织物的擦胶，一般为三辊，各辊间有一定的速比。

（3）通用（万能）压延机　兼有上述两种压延机的作用，一般为三辊或四辊，各辊的速比可以改变。

（4）压型压延机　用于制造表面有花纹或有一定断面形状的胶片，有两辊、三辊、四辊，其中一个辊筒表面刻有花纹或沟槽，并可以拆换。

（5）钢丝压延机　用于钢丝帘布的贴胶，一般为四辊。

此外，根据生产用途不同还有一些不同的附属设备，如纺织物的浸胶、干燥装置，帘布压延用的支持布辊、扩布器、布辊支架、干冷却辊、卷取装置等。这些附属设备根据压延连续生产的要求，与压延机共同组成压延联动装置。

10.5.2　压延前的准备工艺

10.5.2.1　胶料的热炼

混炼后的胶料经过长时间的停放又冷又硬，已失去塑性流动性。因此，压延用的胶料首先要在开炼机上进行翻炼，进一步提高胶料的均匀性和可塑性，使胶料柔软易于压延，这一工序叫做热炼或预热。

不同的压延成型对胶料可塑性的要求也不同。擦胶要求胶料渗入纺织物的空隙中去，要求胶料有较高的可塑度；压片和压型要求胶坯有较好的挺性，可塑度要求低一些；贴胶则介于两者之间。

胶料的热炼工艺同橡胶压出前的热炼，见 8.4.2。

开炼机上热炼后的胶料，用圆盘式或平板式切刀从辊筒上切下一定规格的胶条，由运输装置连续向压延机供胶，运输距离不宜太长，以免胶料温度下降，影响可塑性。

10.5.2.2　纺织物的预加工

包括纺织物的浸胶和烘干。

纺织物浸胶的目的在于使胶料与纺织物之间建立起一过渡性的中间层，用以增加胶料与纺织物间的结合强度，提高纤维的耐疲劳性能。浸胶工艺设备一般分为单独的和与压延机联动的两种。浸胶工艺条件主要有浸胶胶乳的组成和浓度、纺织物浸胶时间和纺织物的张力、挤压辊的压力和干燥条件等，对浸胶产品的质量影响很大。

进行挂胶压延的纺织物（包括已浸胶的），在压延前需要烘干，以减少纺织物的含水量，一般含水量应控制在 $1\% \sim 2\%$，含水率过大会降低橡胶与纺织物的附着力，但过分干燥会损伤纺织物，降低其强度。烘干过程也是对纺织物的预热，提高纺织物的温度，使之与胶料温度相适应。纺织物的干燥一般在立式或卧式干燥机上进行，干燥机的温度和牵引速度视纺织物的含水率而定。干燥后的纺织物不宜停放，以免吸湿。因此，生产上纺织物的干燥一般是与压延机组成联动装置。

10.5.3　压 延 工 艺

10.5.3.1　胶片压延（压片）

压片是将预热好的胶料用辊速相同的压延机压制成具有一定厚度和宽度的胶片。胶片应表面光滑、不皱缩、无气泡且厚度均匀。

压片工艺过程如图 10 - 16 所示。其中（c）方法中，中下辊间有积胶，能使胶片光滑，并能减少气泡，同时胶片的致密性好，但会增大压延效应。

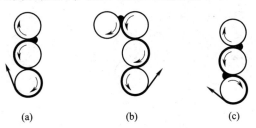

图 10 - 16　压片工艺示意图
（a）中、下辊不积胶　（b）四辊压延机压片　（c）中、下辊有积胶

胶片压延时，各辊筒的温度应根据胶料的性质而定。通常胶料含胶量高或弹性大时，其辊温应较高；反之，辊温宜低。胶料性质不同，其黏附辊筒情况不同。为了使胶片在辊筒间顺利转移，压延机各辊应有一定的温差。例如天然胶会黏附在热辊上，而丁苯胶料易粘冷辊。

要得到光滑的胶片，就要求胶料有一定的可塑度和流动性，但可塑度太大，胶料易粘辊。胶料可塑性小，压延后胶片收缩大，表面不光滑。

辊筒之间有一定的速比，有助于排除气泡，但对出片的光滑度不利。为了解决这一对矛盾，常在三辊压延机中采用中、下辊等速，而中、上辊有较低的速比。

10.5.3.2　压型

压型是指将热炼后的胶料压制成具有一定断面形状或表面具有某种花纹的胶片的工艺。例如制造胶鞋鞋底、力车胎胎面的坯胶等。各类型的压型方法如图 10 - 17 所示。

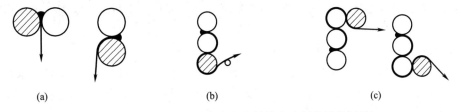

图 10 - 17　压型工艺示意图（有斜线者为刻花纹的辊筒）
（a）二辊压延机压型　（b）三辊压延机压型　（c）四辊压延机压型

压型制品要求花纹清晰，尺寸准确。由于橡胶具有弹性复原性，当含胶率较高时，压延后的花纹易变形，因此在可能的条件下，配方中可多加填充剂和适量的软化剂或者再生胶。压型主要是依靠胶料的流动性来造型的，而不是靠压力，因而要求胶料应具有一定的可塑性。压延操作宜采用提高辊温、降低转速等方法来提高压延胶片的质量。定型胶片一般采用急速冷却的办法，使花纹定型、清晰、防止变形。

10.5.3.3　纺织物挂胶

纺织物的挂胶是用压延机在纺织物上挂上一层薄胶，制成的挂胶帘布或挂胶帆布作为橡胶制品的骨架层，如轮胎外胎的尼龙挂胶帘布。

挂胶的目的是使纺织物线与线、层与层之间紧密地结合成一整体，为此要求橡胶与纺织物有良好的附着力。

纺织物挂胶方法可分为贴胶和擦胶两种。

（1）贴胶　将两层（或一层）薄胶片通过两个等速相对旋转的辊筒间隙，在辊筒的压力作用下，压贴在帘布两面（或一面）。工艺过程如图 10-18 所示。图中（c）方法中，两辊间有适当的积胶，这种也称为压力贴胶。压力贴胶可以利用积胶的压力将胶料挤压到布缝中去，因而胶料与布的附着力提高。

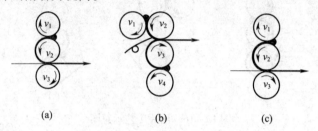

图 10-18　贴胶工艺示意图

(a) 三辊压延机贴胶（$v_2 = v_3 > v_1$）　　(b) 四辊压延机贴胶（$v_2 = v_3 > v_1 = v_4$）
(c) 三辊压延机压力贴胶（$v_2 = v_3 > v_1$）

（2）擦胶　利用压延机辊筒速比不同所产生的剪切力和辊筒的压力将胶料擦入纺织物布纹组织的缝隙中，以提高胶料与纺织物的附着力。如图 10-19 所示。擦胶两辊筒速比越大，搓擦力越大，胶料渗透也越好。图中（a）方法中，中辊全包胶，为厚擦，当纺织物经过中、下辊缝时，部分胶料擦入纺织物中，余胶仍包在中辊上，也称包擦法，此法胶料的渗透好，胶与纺织物附着力大。而（b）方法中，中辊不包胶，为薄擦，当纺织物通过中、下辊时，胶料全部擦入纺织物中，中辊不再包胶，故也称光擦法，此法所得的胶层较厚，附着力较低，用胶量也多。

纺织物的挂胶关键是要求橡胶与纺织物具有良好的附着力。胶料可塑度大，压延辊温适当提高，流动性好，则渗透力大，橡胶与布的附着力就高。压延机辊速和辊距大小也影响胶与布的结合力和压延的质量。

10.5.3.4　贴合

贴合是用压延机将两层薄胶片贴合成一层胶片的工艺，一般用于制造质量要求较高，较厚的胶片的贴合以及两种不同胶料组成的胶片或夹布层胶片的贴合。工艺过程如图 10-20 所示。四辊压延机贴合的工艺包含了压延和贴合两个过程。

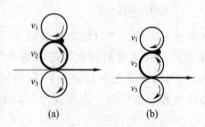

图 10-19　擦胶工艺示意图
(a) 中辊包胶（$v_2 > v_1 = v_3$）
(b) 中辊不包胶（$v_2 > v_1 = v_3$）

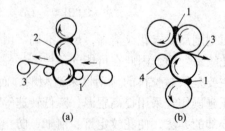

图 10-20　贴合工艺示意图
(a) 三辊压延机贴合　(b) 四辊压延机贴合
1——一次胶片　2——二次胶片　3——贴合胶片　4——压辊

胶片贴合时要求各胶片有一致的可塑度，否则贴合后易产生脱层、起鼓等现象。

习题与思考题

1. 压延成型工艺能生产哪些塑料和橡胶制品？以软质 PVC 薄膜的生产过程为例，画出生产工艺流程。

2. 压延时，压延机的辊筒为什么会产生挠度，对压延质量有何影响？说明对挠度有何补偿方法，并比较其优缺点？

3. 用四辊压延机压延塑料薄膜时各辊的温度和转速应如何控制？为什么？

4. 何谓压延效应？产生的原因及减小的方法是什么？

5. 何谓纺织物的贴胶和擦胶？比较其优缺点。

第11章 二次成型

　　二次成型是指在一定条件下将高分子材料一次成型所得的型材通过再次成型加工，以获得制品的最终型样的技术。二次成型技术与一次成型技术相比，除成型对象不同外，两者的主要区别在于：一次成型是通过材料的流动或塑性形变而成型，成型过程中伴随着聚合物的状态或相态转变，而二次成型是在低于聚合物流动温度或熔融温度的"半熔融"类橡胶态下进行的，一般是通过黏弹形变来实现材料型材或坯件的再成型。二次成型仅适用于热塑性塑料，橡胶和热固性塑料经一次成型以后，发生了交联反应，不适于二次成型。二次成型技术主要包括：中空吹塑成型、薄膜的双向拉伸、热成型以及合成纤维的拉伸。

11.1　二次成型原理

11.1.1　聚合物的物理状态

　　聚合物在不同的温度下分别表现为玻璃态（或结晶态）、高弹态和黏流态三种物理状态。在一定的相对分子质量范围内，温度和相对分子质量与非晶型和部分结晶型聚合物物理状态转变的关系如图11－1所示。

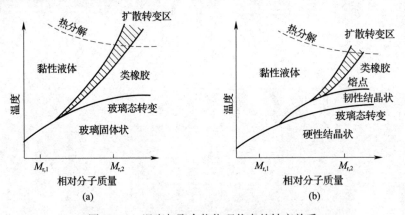

图11－1　温度与聚合物物理状态的转变关系

（a）非晶型　（b）部分结晶型

　　非晶型聚合物在玻璃化温度 T_g 以上呈类橡胶状，显示出橡胶的高弹性，在黏流温度 T_f 以上呈黏性液体状；部分结晶型聚合物在 T_g 以下呈硬性结晶状，在 T_g 以上呈韧性结晶状，在接近熔点 T_m 转变为具有高弹性的类橡胶状，高于 T_m 则呈黏性液体状。

　　聚合物在 $T_g \sim T_{f(m)}$ 间，既表现液体的性质又显示固体的性质。塑料的二次成型加工就是在材料的类橡胶态下进行的，因此在成型过程中塑料既具有黏性又具有弹性，在类橡胶态下，聚合物的模量要比玻璃态时低，形变值大，但由于有弹性性质，聚合物仍具有抵抗形变和恢复形变的能力，要产生不可逆形变必须有较大外力作用。

11.1.2　聚合物的黏弹性形变

根据经典的黏弹性理论，聚合物在加工过程中的总形变（r）是由普弹形变（r_E）、推迟高弹形变（r_H）和黏性形变（r_V）三部分组成的，可由下式表示：

$$r = r_E + r_H + r_V = \frac{\sigma}{E_1} + \frac{\sigma}{E_2}(1 - e^{-\frac{E_2}{\eta_2}t}) + \frac{\sigma}{\eta_3}t \tag{11-1}$$

式中　σ——作用外力

$\quad\quad t$——外力作用时间

E_1、E_2——分别为聚合物普弹形变模量和高弹形变模量

η_2、η_3——分别为聚合物高弹形变和黏性形变时的黏度

聚合物在外力作用下的这三种形变的性质如图11-2所示。在时间 t_1 时，聚合物受外力作用所产生的普弹形变 r_E 值（ab 段）很小，在 t_2 时外力解除，r_E 立即恢复（cd 段）。普弹形变是外力使大分子键长、键角或聚合物晶体中处于平衡状态的粒子间发生形变和位移引起的。推迟高弹形变是由于外力较长时间作用于聚合物，处于无规热运动的大分子链段的形变和位移（构象改变）所贡献的，r_H 值较大，但是可逆的，表现出高弹性。黏

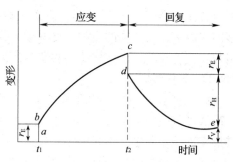

图 11-2　聚合物在外力作用下
的形变-时间曲线

性形变是聚合物在外力作用下沿外力作用方向发生大分子链之间的解缠和相对滑移，表现为宏观流动，形变值大，是不可逆的。

聚合物在外力作用时间 t（$= t_2 - t_1$）内，发生的高弹形变和黏性形变为图中的 bc 段，外力于 t_2 解除后，经一定时间高弹形变 r_H 完全恢复（de 段），而黏性形变 r_V 则可作为永久形变存在于聚合物中。

当加工温度高于聚合物的 $T_{f(m)}$ 时，聚合物处于黏流态，形变以不可逆的黏性形变为主，制品因此稳定性高，所以聚合物的成型加工技术多数是在黏流态下实现的。

当加工温度低于聚合物的 $T_{f(m)}$ 时，聚合物处于高弹态，聚合物形变中的弹性成分增加，黏性成分减少，有效形变值减小。但从式 11-1 中可以看出，若增大作用力 σ 或延长外力作用时间 t，黏性形变 r_V 能迅速增加。可见聚合物在 $T_g \sim T_{f(m)}$ 温度范围内以较大的外力和较长的时间作用下，可逆形变能部分地转变为不可逆形变，即塑性形变，其实质是在高弹态下大分子的强制性流动，增大外力相当于降低了聚合物的流动温度 T_f，迫使大分子间产生解缠和滑移，所产生的塑性形变与黏性形变有相似的性质。

对于玻璃化温度 T_g 比室温高得多的无定形聚合物，其二次成型加工是在 T_g 以上，黏流温度 T_f 以下，受热软化，并受外力（σ）作用而产生形变，此时聚合物的普弹形变很小，通常可以忽略，又因其黏度很大，黏性形变几乎可以忽略，因此在二次加工过程中聚合物的形变省去了普弹形变和黏性形变，由式 11-1 得：

$$r(t) = r_\infty(1 - e^{t/t^*}) \tag{11-2}$$

式中　t^*——为推迟高弹形变的松弛时间，$t^* = \eta_2/E_2$

这种形变近似 Voigt 模型的推迟形变，如图11-3所示。聚合物的高弹形变是一个松弛过

程，若将这种形变充分保持在 $t = t_1$ 时，则形变
近似于 r_∞。同时推迟高弹形变由于是大分子链
段形变和位移（构象改变）的贡献，具有可逆
性，当在时间 t_1 时除去外力（σ），经过一定时
间高弹形变回复，用 $\sigma = 0$，$t = t_1$ 和 $r = r_\infty$ 的边界
条件求解形变回复，为：

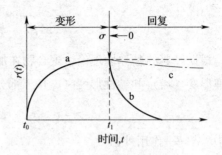

图 11 – 3　二次成型时聚合物
的形变 – 时间曲线
a—成型时变形，温度 $T > T_g$　b—变形的回复，温度

$$r = r_\infty e^{-(t-t_1)/t^*} \qquad (11-3)$$

　　上式给出的形变是以产生形变的相同速度迅
速回复的，形变 r 降到极限形变 r_∞ 的 $1/e$ 所需的
时间 $t - t_1$ 相当于此温度下的平均推迟松弛时间
t^*。但若使其形变至 r_∞ 后，即将它置于比 T_g 低

$T > T_g$　c—变形的回复，温度 $T = $ 室温 $<< T_g$

得多的室温下，聚合物的高弹形变黏度大大上升，链节的运动被完全冻结，式（11 – 3）中
的指数项接近于 1，形变恢复几乎没有，仍被冻结在 $r = r_\infty$ 处，成型物的变形就被固定下来
（见图 11 – 3 曲线 c）。

　　因此，对于 T_g 比室温高得多的无定型聚合物，二次成型的过程是：先将聚合物材料在
$T_g \sim T_f$ 温度范围内加热，使之产生形变并成型为一定形状，然后将其置于接近室温下冷却，
使其形变冻结并固定其形状。

　　对于部分结晶的聚合物，形变过程则是在接近熔点 T_m 的温度下进行，此时黏度很大，
成型形变情况与上述无定形聚合物一样，但其后的冷却定型与无定形聚合物有本质的区别。
结晶聚合物在冷却定型过程中会产生结晶，分子链本身因成为结晶结构的一部分或与结晶区
域相联系而被固定，不可能产生弹性回复，从而达到定型的目的。

11.1.3　成型条件的影响

　　二次成型的温度以聚合物能产生形变且伸长率
最大的温度为宜。一般无定型热塑性塑料的最宜成
型温度比其 T_g 略高，如硬 PVC（$T_g = 83℃$）的最
宜成型温度为 92 ~ 94℃，PMMA（$T_g = 105℃$）成
型温度为 118℃。

　　二次成型产生的形变具有回复性，实际获得
的有效形变（即残余形变）与成型条件有关。冻
结残余形变的温度（即模具温度）低，成型制品
可回复的形变成分就少，可获得的有效形变就大，
因此，模具温度不能过高，一般在聚合物的 T_g 以
下。另外，成型温度升高，材料的弹性形变成分
减少。图 11 – 4 所示硬 PVC 二次成型条件的影响
表明，在 85℃ 以下塑料的收缩很小，塑料所获得
的残余形变几乎为 100%，但在塑料的 T_g 以上加
热使塑料收缩时，随收缩温度的提高，制品的形
变值增大，残余形变减小。制品在相同的收缩温
度下，成型温度高比成型温度低具有更高的残余

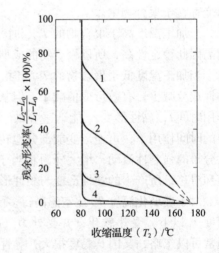

图 11 – 4　硬 PVC 二次成型温度与
收缩温度对残余形变的影响
成型温度 T_p 分别为 1—160℃
2—130℃　3—100℃　4—85℃

形变，因此，在较高温度下成型，可获得形状稳定性较好的制品，且具有较强的抵抗热弹性回复的能力。

11.2 中空吹塑成型

中空吹塑（Blow Molding）是借助气体压力使闭合在模具型腔中的处于类橡胶态的型坯吹胀成为中空制品的二次成型技术。

用于中空成型的热塑性塑料品种很多，最常用的是 PE、PP、PVC 和热塑性聚酯等，也有用 PA、纤维素塑料和 PC 等。生产的吹塑制品主要是用作各种液状货品的包装容器，如各种瓶、壶、桶等。

吹塑工艺按型坯制造方法的不同，可分为注坯吹塑和挤坯吹塑两种。若将所制得的型坯直接在热状态下立即送入吹塑模内吹胀成型，称为热坯吹塑；若不用热的型坯，而是将挤出所制得的管坯和注射所制得的型坯重新加热到类橡胶态后再放入吹塑模内吹胀成型，称为冷坯吹塑。目前工业上以热坯吹塑为多。

11.2.1 注 射 吹 塑

注射吹塑是用注射成型法先将塑料制成有底型坯，再把型坯移入吹塑模内进行吹塑成型。注射吹塑又有无拉伸注坯吹塑和注射－拉伸－吹塑两种方法。

11.2.1.1 无拉伸注坯吹塑

成型过程如图 11－5 所示。先由注射机成型适宜尺寸、形状和重量的管状有底型坯，然后注射模立即开启，通过旋转机构将留在芯模上的热型坯移入吹塑模内，合模后从芯模通道吹入 0.2～0.7MPa 的压缩空气，型坯立即被吹胀而脱离芯模并紧贴到吹塑模的型腔壁上，并在空气压力下进行冷却定型，然后开模取出吹塑制品。

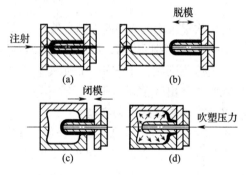

图 11－5 注射吹塑成型过程

(a) 注射   (b) 脱模   (c) 闭模   (d) 吹塑

注射吹塑宜生产批量大的小型精制容器和广口容器，主要用于化妆品、日用品、医药和食品的包装。

注坯吹塑技术的优点是：制品壁厚均匀，不需要后加工；注射制得的型坯能全部进入吹塑模内吹胀，所得中空制品无接缝，对塑料品种的适应范围较宽。但成型需要注塑和吹塑两套模具，故设备投资较大，生产形状复杂、尺寸较大制品时易出现应力开裂现象，因此生产容器的形状和尺寸受限。

11.2.1.2 注坯－拉伸－吹塑

在成型过程中型坯被横向吹胀前受到轴向拉伸，所得制品具有大分子双轴取向结构。用这种方法成型中空制品的原理，与泡管法制取双轴取向薄膜的成型原理基本相同。成型过程如图 11－6 所示。在这一成型过程中，型坯的注射成型与无拉伸注坯吹塑法相同，但所得型坯经适当冷却后先移送到一加热槽内加热到预定的拉伸温度，再转送至拉伸吹胀模内用拉伸棒将型坯进行轴向拉伸，然后再引入压缩空气使之横向胀开并紧贴模壁。

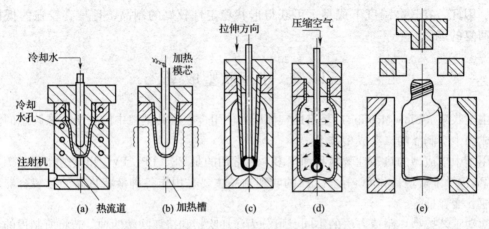

图 11－6　注坯－拉伸－吹塑成型过程

（a）型坯注射成型　（b）型坯加热　（c）型坯拉伸　（d）吹塑成型　（e）脱模

　　成型注坯拉伸吹塑时，通常将不包括瓶口部分的制品长度与相应型坯长度之比定为拉伸比，而将制品主体直径与型坯相应部位直径之比规定为吹胀比。增大拉伸比和吹胀比有利于提高制品强度，但拉伸比和吹胀比都不能过大，二者取值为 2～3 时，可得到综合性能较高的制品。

　　注拉吹制品的透明度、冲击强度、表面硬度和刚度都能有较大的提高，制造同样容量的中空制品，拉伸注坯吹塑可以比无拉伸注坯吹塑的制品壁更薄，因而可节约成型物料 50% 左右。

11.2.2　挤 出 吹 塑

　　挤出吹塑与注射吹塑的不同之处在于其型坯是用挤出机经管机头挤出制得。挤出吹塑法生产效率高，型坯温度均匀，熔接缝少，吹塑制品强度较高；设备简单，投资少，适用性广。

　　为适应不同类型中空制品的成型，挤出吹塑在实际应用中有单层直接挤坯吹塑、多层共挤出吹塑、挤出－蓄料－压坯－吹塑等不同的方法。

11.2.2.1　单层直接挤坯吹塑

　　单层直接挤坯吹塑的基本过程如图 11－7 所示。型坯从一台挤出机供料的管机头挤出后，垂挂在口模下方处在开启状态的两吹塑半模中间，当型坯长度达到预定值之后，吹塑两半模立即闭合，模具的上、下夹口依靠合模力将管坯切断，型坯在吹塑模内的吹胀与冷却过程与无拉伸注坯吹塑相同。这种吹塑成型的型坯仅由一种物料经过挤出机前的管机头挤出制得，故常称为单层直接挤坯吹塑或简称为挤坯吹塑。

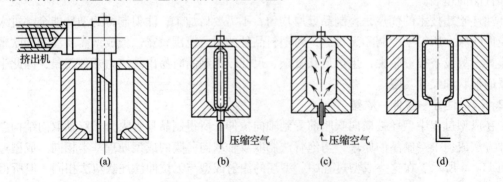

图 11－7　单层直接挤坯吹塑过程

（a）型坯挤出成型　（b）入模　（c）吹塑成型　（d）脱模

11. 2. 2. 2 多层挤出吹塑

多层共挤出吹塑是在单层挤坯吹塑的基础上发展起来的，是利用两台以上的挤出机将不同塑料在不同挤出机内熔融后，在同一个机头内复合、挤出多层结构管状物，然后吹塑制造多层中空制品的技术，其成型过程与单层挤坯吹塑无本质的差别，图 11 – 8 为三层管坯挤出设备示意图。

多层共挤出吹塑的技术关键，是控制各层塑料间相互熔合和粘结质量。熔黏的方法既可以是在各层所用物料中混入有黏结性的组分，也可以在原来各层间增加有黏接功能的材料层。

多层吹塑中空制品的生产主要是为了满足日益增长的化妆品、药品和食品等对塑料包装容器阻透性的更高要求。

11. 2. 2. 3 挤出 – 蓄料 – 压坯 – 吹塑

制造大型中空制品时，由于挤出机直接挤出管状型坯的速度不可能很大，当型坯达到规定长度时常因自重的作用，使其上部接近口模部分壁厚明显减薄而下部壁厚明显增大，而且型坯的上、下部分由于在空气中停留时间的差

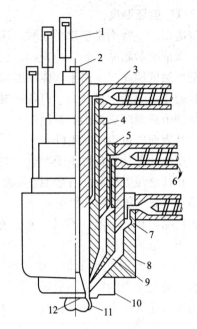

图 11 – 8 三层管坯挤出示意
1—油缸 2—支承杆 3—挤出机 4—环形活塞
5—隔层 6—粘接材料 7—环形通路
8—外壳 9—储存器 10—喷嘴
11—型坯 12—心轴

异较大，致使温度也明显不同。为此发展了带有贮料缸的机头。先将挤出机塑化的熔体蓄积在一个料缸内，在缸内的熔体达到预定量后，用加压柱塞以很高的速率使其经环隙口模压出，成为具有一定长度的管状物。这种按挤出、蓄料、压坯和吹塑方式成型中空制品的工艺过程可用如图 11 – 9 所示的带蓄料缸吹塑机实现。

11.2.3 中空吹塑工艺过程的控制

对吹塑过程和吹塑制品质量有重要影响的工艺因素是型坯温度、吹塑模温度、充气压力与充气速率、吹胀比和冷却时间等，对拉伸吹塑成型的影响因素还有拉伸比。

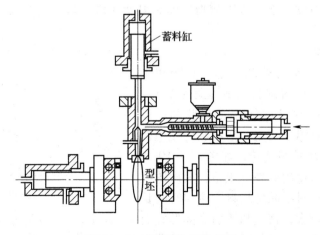

图 11 – 9 带蓄料缸的吹塑机

11.2.3.1　型坯温度

制造型坯，特别是挤出型坯时，应严格控制其温度，使型坯在吹胀之前有良好的形状稳定性，保证吹塑制品有光洁的表面、较高的接缝强度和适宜的冷却时间。

型坯温度偏高时，由于熔体黏度较低，使型坯在挤出、传送和吹塑模闭合过程中因重力等因素的作用而变形量增大。但各种材料对温度的敏感性是不一样的，有些聚合物的黏度对温度特别敏感则应更为小心控制温度。当型坯温度偏低时，会出现型坯长度收缩和壁厚增大现象，其表面质量也明显下降。

在型坯的形状稳定性不受严重影响的条件下，适当提高型坯温度，对改善制品表面光洁度和提高接缝强度有利。一般型坯温度控制在材料的 $T_g \sim T_{f(m)}$ 之间，并偏向 $T_{f(m)}$ 一侧。

11.2.3.2　充气压力和充气速度

塑料品种和成型温度不同，半熔融态型坯的模量值有很大的差别，因而用来使型坯膨胀的空气压力也不一样，一般在 $0.2 \sim 0.7$MPa 的范围内。半熔融态下黏度低、易变形的塑料（如 PA 等）充气压力取低值，半熔融态下黏度大、模量高的塑料（如 PC 等）充气压力应取高值。充气压力的取值高低还与制品的壁厚和容积大小有关，一般来说薄壁和大容积的制品宜用较高充气压力。合适的充气压力可保证所得制品的外形、表面花纹和文字等都足够清晰。

压缩空气的体积流率大，不仅可以缩短吹胀时间，而且有利于制品壁厚均一性的提高和获得较好的表面质量。但充气速度如果过大将会在空气的进口区出现减压，从而使这个区域的型坯内陷。所以充气时的气流速度和体积流率往往难以同时满足吹胀过程的要求，为此需要加大吹管直径，使体积流率一定时不必提高气流的速度。

11.2.3.3　吹胀比

型坯尺寸和重量一定时，制品尺寸越大，型坯的吹胀比越大。虽然增大吹胀比可以节约材料，但制品壁厚变薄，吹胀成型困难，制品的强度和刚度降低。一般吹胀比为 $2 \sim 4$ 倍，吹胀比的大小应根据材料的种类和性质、制品的形状和尺寸以及型坯的尺寸等决定。

11.2.3.4　吹塑模具温度

吹塑模具的温度高低首先决定于成型用塑料的种类，聚合物的玻璃化温度 T_g 或黏流温度 T_f 高者，允许采用较高的模温；相反应尽可能降低吹塑模的温度。模温不能控制过低，否则会使型坯在模内定位到吹胀这段时间内过早冷却，导致型坯吹胀时的形变困难，制品的轮廓和花纹会变得很不清晰。模具温度还应保持均匀分布，以保证制品的均匀冷却。

11.2.3.5　冷却时间

冷却时间影响制品的外观质量、性能和生产效率。冷却时间一般占制品成型周期的 $1/3 \sim 2/3$，视成型用塑料的品种、制品的形状和壁厚以及吹塑模和型坯的温度而定。塑料热传导率较低或厚壁制品，冷却时间延长，如图 $11-10$ 所示。增加冷却时间可使制品外形规整，表面图纹清晰，质量优良，但对结晶型塑料，冷却时间长会使塑料的结晶度增大，韧性和透明度降低，而且生产周期延长。为缩短冷却时间，除对吹塑模

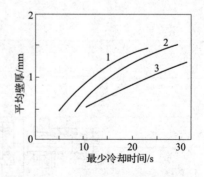

图 $11-10$　制品壁厚与冷却时间的关系
1—PP　2—PP 共聚物　3—HDPE

加强冷却外，还可以向吹胀物的空腔内通入液氮和液态二氧化碳等强冷却介质进行直接冷却。

11.3 拉幅薄膜成型

拉幅薄膜成型是在挤出成型的基础上发展起来的一种塑料薄膜的成型方法，它是将挤出成型所得的厚度为 1～3mm 的厚片或管坯重新加热到材料的高弹态下进行大幅度拉伸而成薄膜。拉幅薄膜的生产既可以将挤出和拉幅两个过程直接联系起来进行连续成型，也可以把挤出厚片坯或管坯与拉幅工序分为两个独立的过程来进行，但在拉伸前必须将已定型的厚片或管坯重新加热到聚合物的 $T_g \sim T_{f(m)}$ 温度范围。薄膜的拉伸是相对独立的二次成型过程。

拉幅成型使聚合物长链在高弹态下受到外力作用沿拉伸作用力的方向伸长和取向，当拉伸作用仅在薄膜的一个方向上进行时，称为单轴拉伸或单轴取向；如拉伸在薄膜平面的两个方向（通常相互垂直）进行时，称为双轴拉伸或双轴取向。取向后聚合物的物理机械性能发生了变化，在取向方向上强度增加。单轴取向在挤出单丝和生产打包带、编织条及捆扎绳时获得应用，双向拉伸薄膜应用范围较大，如成型高强度双轴拉伸膜和热收缩膜等。

目前用于生产拉幅薄膜的聚合物主要有 PET、PP、PS、PVC、PE、PA、PI、PEN、聚偏氯乙烯及其共聚物等。

拉幅薄膜的拉伸取向方法主要分为平膜法和管膜法，两种方法又有不同的拉伸技术，大致划分如下：

```
                        ┌ 单向拉伸
                  平膜法 ┤           ┌ 逐次拉伸 ┬ 先纵后横拉伸
                        └ 双向拉伸 ┤          └ 先横后纵拉伸
薄膜拉伸取向 ┤                      └ 纵横向同时拉伸
                  管膜法–双向同时拉伸 ┬ 泡管法
                                    └ 平板式拉伸法
```

11.3.1 平挤逐次双向拉伸薄膜的成型

平挤逐次双向拉伸有先纵向拉伸后横向拉伸和先横向拉伸后纵向拉伸两种方法，前者生产上用得最多，后者工艺较为复杂。先纵后横的典型工艺过程如图 11－11 所示。

先纵拉后横拉成型 PP 双轴取向薄膜时，挤出机经平缝机头将塑料熔体挤成厚片，厚片立即被送至冷却辊急冷。冷却定型后的厚片经预热辊加热到拉伸温度后，被引入到具有不同转速的一组拉伸辊进行纵向拉伸，达到预定纵向拉伸比后，膜片经过冷却即可直接送至拉幅机（横向拉伸机）。纵拉后的膜片在拉幅机内经过预热、横拉伸、热定型和冷却作用后离开拉幅机，再经切边和卷绕即得到双向拉伸薄膜。

11.3.1.1 厚片急冷

用于双向拉伸的厚片应是无定形的，工艺上为达到这一要求，对 PP、PET 等结晶性聚合物所采取的方法是将离开口模的熔融态厚片实行急冷。急冷装置是冷却转鼓，转鼓温度的控制应力求稳定，分布均一。要将强结晶性聚合物制成完全非晶态的厚片是困难的，工艺上

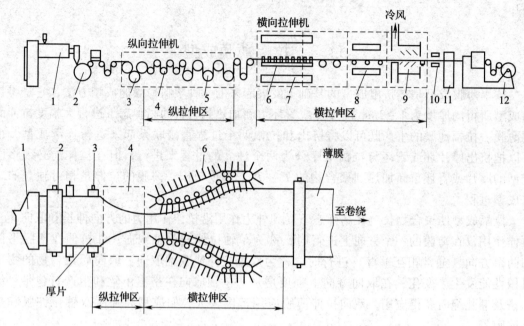

图 11 – 11　平挤逐步双向拉伸薄膜的成型工艺过程示意图

1—挤出机　2—厚片冷却辊　3—预热辊　4—多点拉伸辊　5—冷却辊　6—横向拉幅机夹子

7、8—加热装置　9—风冷装置　10—切边装置　11—测厚装置　12—卷绕机

允许有少量微晶存在，但结晶度应控制在 5% 以下。厚片的厚度大致为拉伸薄膜的 12 ~ 16 倍，横向厚度应保持均匀一致。

11.3.1.2　纵向拉伸

进行纵向拉伸时有多点拉伸和单点拉伸之分，如果加热到类橡胶态的厚片是由两个不同转速的辊筒拉伸时称单点拉伸，两辊筒表面的线速度之比是拉伸比，通常在 3 ~ 9；如果拉伸比是分配至若干个不同转速的辊筒完成时，则称为多点拉伸，这时拉伸辊筒的转速是依次递增的。多点拉伸具有拉伸均匀，拉伸程度大，不易产生细颈现象等优点，实际应用较多。

纵向拉伸装置主要由预热辊、拉伸辊和冷却辊组成。预热辊的作用是将急冷后的厚片重新加热到拉伸所需温度；纵拉后膜片的结晶度可增至 10% ~ 14%。纵拉区冷却辊的作用是使结晶过程迅速停止，固定大分子的取向结构，张紧厚片避免发生回缩。

11.3.1.3　横向拉伸

纵拉后的膜片在进行横向拉伸前需重新预热，预热温度为稍高于玻璃化温度或接近熔点。横向拉伸在拉幅机上进行，拉幅机有两条张开呈一定角度（一般为 10°）的轨道和装有很多夹子的链条。膜片由夹子夹住而沿轨道运行，使加热的膜片在前进的过程中受到强制的横向拉伸作用。横向拉伸后聚合物的结晶度通常增至 20% ~ 25%。

11.3.1.4　热定型和冷却

横拉后的薄膜在进入热定型段之前须先通过缓冲段，其作用是防止热定型段温度对拉伸段产生影响。热定型所控制的温度至少比聚合物最大结晶速率温度高 10℃，对横拉伸后的薄膜在张紧的状态下进行高温处理，即对成型的双向拉伸膜进行热定型过程。

经过热定型，双向拉伸膜的内应力得到消除，收缩率大为降低，机械强度和弹性也得到改善。

热定型后的薄膜温度较高，应将其冷至室温，以免成卷后因热量难以散发而引起薄膜的进一步结晶、解取向和热老化。冷却后的双轴取向薄膜的结晶度一般可达到 40% ~ 42%。

11.3.1.5 切边和卷取

双向拉伸膜冷却后应切去两侧边缘未拉均匀的厚边，切边后的薄膜经导辊引入收卷机卷绕成一定长度或质量的膜卷。

11.3.2 管膜双向拉伸薄膜的成型

管膜双向拉伸薄膜的成型工艺过程分为管坯成型、双向拉伸和热定型三个阶段，如图 11-12 所示。

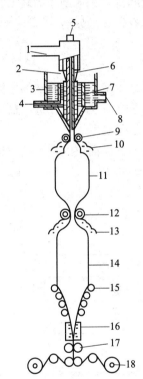

管坯通常由挤出机将熔融塑料经管型机头挤出形成，从机头出来的管坯立刻被冷却夹套的水冷却，冷却的管坯温度控制在 $T_g \sim T_{f(m)}$ 间，经第一对夹辊折叠后进入拉伸区，在此处管坯由从机头和探管通入的压缩空气吹胀，管坯受到横向拉伸并胀大成管形薄膜。由于管膜在胀大的同时受到下端夹辊的牵伸作用，因而在横向拉伸的同时也被纵向拉伸。调节压缩空气的进入量和压力以及牵引速度，就可以控制纵横两向的拉伸比，此法通常可达到纵、横两向接近于平衡的拉伸。拉伸后的管膜经过第二对夹辊再次折叠后，进入热处理区域，再继续保持压力，亦即使管膜在张紧力存在下进行热处理定型，最后经空气冷却、折叠、切边后，成品用卷绕装置卷取。此法设备简单、占地面积小，但薄膜厚度不均匀，强度也较低，主要用于 PET、PS、聚偏氯乙烯等。

平膜法和管膜法成型双向拉伸膜的工艺都可用于制造热收缩膜，但绝大多数热收缩膜是用管膜法生产。用管膜法生产热收缩膜时，除不必进行热定型外，其余工序均与成型一般双向拉伸膜相同。

图 11-12　管膜法拉幅薄膜成型工艺示意图
1—挤出机　2—管坯　3—冷却夹套　4—冷却水进口
5—空气进口　6—探管　7—冷却套管
8—冷却水出口　9、12、17—夹辊
10、13—加热装置　11—双轴取向管膜
14—热处理管膜　15—导辊
16—加热器　18—卷取

11.4　热　成　型

热成型是利用热塑性塑料的片材作为原料来制造塑料制品的一种塑料二次成型方法。首先将裁成一定尺寸和形式的片材夹在模具的框架上，用加热器将其加热到 $T_g \sim T_f$ 间的

适宜温度，片材一边受热，一边延伸，然后凭借施加的压力，使其紧贴模具的型面，从而取得与型面相仿的型样，经冷却定型和修整后即得制品。热成型时，施加的压力主要是靠抽真空和引进压缩空气在片材的两面形成压力差，但也有借助于机械压力和液压力的。

通常用作热成型的塑料品种有纤维素、PS、PVC、PMMA、ABS、HDPE、PA、PC 和 PET 等。作为原料用的片材可用挤出、压延和流涎等方法来制造，厚度一般为 1~2mm，甚至更薄。热成型主要用来生产薄壳制品，一般都是形状较为简单的杯、盘、盖、医用器皿、仪器和仪表以及收音机等外壳和儿童玩具等。制品的壁厚不大，面积可以很大，但深度有一定的限制。

热成型的特点是成型压力较低，因此对模具要求低，工艺较简单，生产率高，设备投资少，近年来有较大的发展。

11.4.1　热成型的基本方法

按照制品类型和操作方法的不同，热成型方法有几十种，但不管其变化形式如何，都是由以下几个基本方法略加改进或适当组合而成的。

11.4.1.1　差压成型

差压成型是最简单的一种热成型。产生差压有两种方法：一种是从模具底部抽空，称为真空成型，如图 11-13 所示；另一种是从片材顶部通入压缩空气，称为加压成型，如图 11-14所示。取得所需形状并随之冷却定型后，即自模具底部气孔通入压缩空气将制品吹出，经修饰后即为成品。

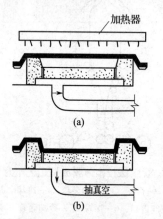

图 11-13　真空成型
（a）加热片材　（b）抽真空成型

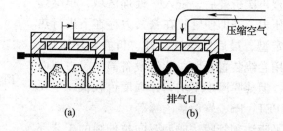

图 11-14　加压成型
（a）预热片材并盖于阴模顶面上　（b）通压缩空气加压成型

差压成型法制品的特点是：

① 制品结构比较鲜明，精细部位是与模具面贴合的一面，而且光洁度也较高；

② 成型时，凡片材与模具面在贴合时间上越靠后的部位，其厚度越小；

③ 制品表面光泽好，并不带任何瑕疵，材料原来的透明性在成型后不发生变化。

差压成型的模具通常都是单个阴模，也有不用模具的，不用模具时，片材就夹持在抽空柜（真空成型时用）或具有通气孔的平板上（加压成型时用），成型时，抽空或加压只进行到一定程度即可停止（见图 11-15 和图 11-16）。这种方法主要形成碗状或拱顶状构型物件，制品特点是表面十分光洁。许多天窗、仪器罩和窗附属装置都用这种方式生产。

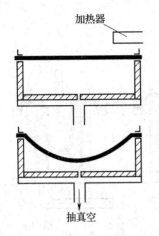

图 11 – 15 不用模型的真空成型

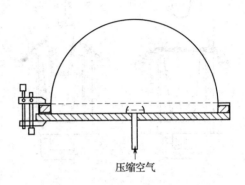

图 11 – 16 不用模型的加压成型

11.4.1.2 覆盖成型

覆盖成型多用于制造厚壁和深度大的制品。其成型过程基本上和真空成型相同，不同的是所用模具只有阳模，成型时借助于液压系统的推力，将阳模顶入由框架夹持且已加热的片材中，也可用机械力移动框架将片材扣覆在模具上，使模具下表面边缘处产生一种密封效应，当软化的塑料与模具表面间达到良好密封时再抽真空，使片材包覆于模具上而成型，整个过程如图 11 – 17 所示。

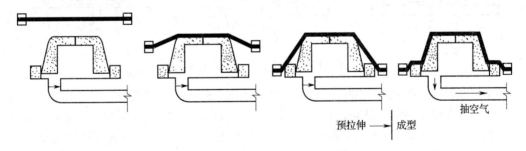

图 11 – 17 覆盖成型

覆盖成型制品的特点是：

① 壁厚的最大部位在模具的顶部，而最薄的部位则在模具侧面与底面的交界区；

② 制品接近模面顶部的侧面上常会出现牵伸和冷却的条纹，这是由于片材各部分贴合模面时间上有先后之分造成的。

11.4.1.3 柱塞助压成型

差压成型的凹形制品底部偏薄，而覆盖成型的凹形制品侧壁偏薄，为了克服这些缺陷，产生了柱塞助压成型的方法。此法又分为柱塞助压真空成型（见图 11 – 18）和柱塞助压气压成型（见图 11 – 19）两种。柱塞压入片材的速度在条件允许的情况下，越快越好。而当片材一经真空抽吸或压缩空气吹压，柱塞立即抽回。成型的片材经冷却、脱模和修整后，即成为制品。

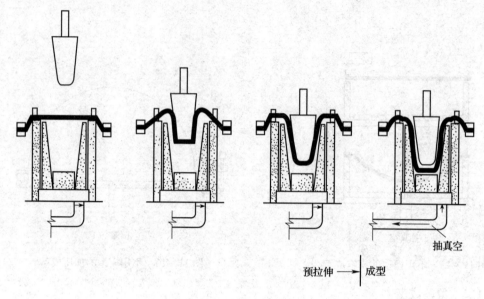

抽真空

预拉伸 —— 成型

图 11 – 18　柱塞助压真空成型

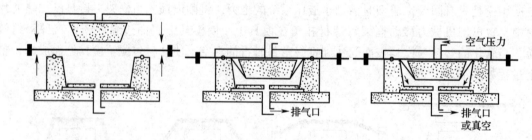

空气压力

排气口　　　　　排气口
　　　　　　　　或真空

图 11 – 19　柱塞助压气压成型

　　为了得到厚度更加均匀的制品，还可在柱塞下降之前，从模底送进压缩空气使热软的片材预先吹塑成上凸适度的泡状物，然后柱塞压下，再真空抽吸或空气压缩使片材紧贴模具型腔而成型，如图 11 –20 所示。前者称气胀柱塞助压真空成型，后者称为气胀柱塞助压气压成型。气胀柱塞助压成型是采用阴模得到厚度分布均匀制品的最好方法，它特别适合于大型深度拉伸制品的制作，如冰箱的内胆等。

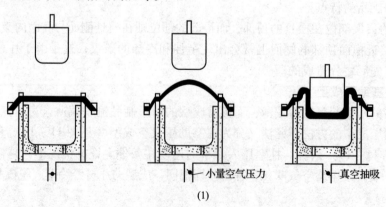

小量空气压力　　　真空抽吸

(1)

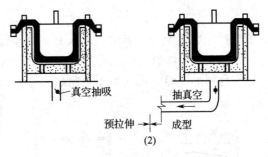

图 11 - 20 气胀柱塞助压真空成型

11.4.1.4 回吸成型

回吸成型有真空回吸成型（见图 11 - 21）、气胀真空回吸成型（见图 11 - 22）和推气真空回吸成型（见图 11 - 23）等。回吸成型可制得壁厚均匀、结构较复杂的制品。

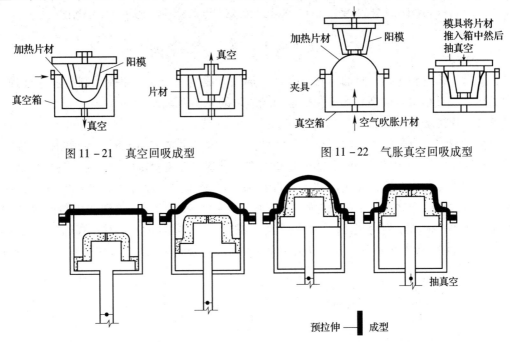

图 11 - 21 真空回吸成型　　　　　　图 11 - 22 气胀真空回吸成型

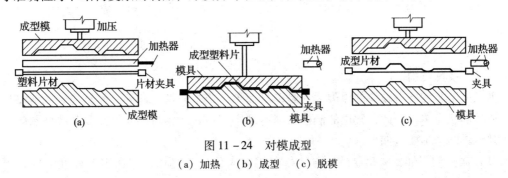

图 11 - 23 推气真空回吸成型

11.4.1.5 对模成型

对模成型是采用两个彼此配对的单模来成型（见图 11 - 24）。对模成型可制得复制性和尺寸准确性好、结构复杂的制品，厚度分布在很大程度上依赖于制品的样式。

图 11 - 24 对模成型

（a）加热　（b）成型　（c）脱模

11.4.1.6　双片热成型

将两片相隔一定距离的塑料片加热至一定温度，放入上下模具的模框上并将其夹紧，一根吹针插入两片材之间，将压缩空气从吹针引入两片材之间的中空区，同时在两闭合模具壁中抽真空，使片材贴合于两闭合模的内腔，可成型中空制品，见图 11 – 25。

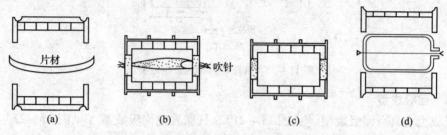

图 11 – 25　双片热成型

（a）两塑料片夹紧在模框上　　（b）压缩空气从吹针中引入　　（c）抽真空　　（d）脱模

11.4.2　热成型工艺及工艺影响因素

热成型工艺过程包括片材的准备、夹持、加热、成型、冷却、脱模和制品的后处理等，其中加热、模具结构、成型和冷却脱模是影响质量的主要因素。

11.4.2.1　片材准备

片材供料方式有分批进料和连续进料两种类型。分批进料多用于生产大型制件，原料一般是不易成卷的厚型片材，工业上常用的分批进料设备是三段轮转机，这种设备按装卸、加热和成型的工序分作三段，加热器和模具设在固定区段内，片材由三个按 120°分隔且可以旋转的夹持框夹持，并在三个区段内轮流转动，如图 11 – 26 所示。连续式进料的设备一般用于大批量生产薄壁小型的制件，如杯、盘等，供料虽属连续性的，但其运移仍然是间歇的，间歇时间自几秒到十几秒不等，设备也是多段式，每段只完成一个工序，如图 11 – 27 所示。

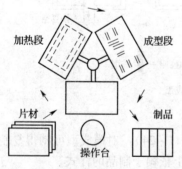

图 11 – 26　三段轮转机操作示意图

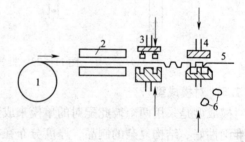

图 11 – 27　连续进料式的设备流程图

1—片料卷　2—加热器　3—模具　4—冲裁模
5—回收片模材料　6—制品

11.4.2.2　模具结构

热成型工艺发展得较快的原因之一是模具简单，成本较低。此外，模具受到的成型压力低，制品形状简单，因此，常用的制模材料有硬木、石膏、铝材和钢材以及某些塑料等。

对模具的基本要求如下：

（1）制品的引伸比　是制品的深度和宽度（或直径）之比，它在很大程度上反映了制品成型的难易程度。引伸比大，成型较难，反之则易。引伸比有一极限，以不超过2:1为原则，极限引伸比与原料品种、片材厚度及模具的形状等有关。实际生产中，很少采用极限引伸比，一般用的引伸比是 0.5:1~1:1。

（2）角隅　为了防止制品的角隅部分发生厚度减薄和应力集中，影响强度。制件的角隅部分不允许有锐角，角的弧度应大些，无论如何不能小于片材的厚度。

（3）斜度　为了便于制品的脱模，模具的四壁应考虑有足够的斜度，斜度范围 0.5°~4°。阴模的斜度可小一些，阳模则要大一些。

（4）加强筋　由于热成型制件通常厚度薄而面积大，为了保证其刚性，制件的适当部位应设置加强筋。

（5）抽气孔直径与位置　抽气孔的位置要均匀分布在制品的各部分，在片材与模型最后接触的地方，抽气孔可适当多些。抽气孔的直径要适中，如果太小，将影响抽气速率；如果太大，则制品表面会残留抽气孔的痕迹。抽气孔的大小，一般不超过片材厚度的1/2，常用直径是 0.5~1mm。

此外，模具设计还要考虑到各种塑料的收缩率。一般热成型制品的收缩率在 0.001~0.04。如果采用多模成型时，要考虑到模型间距。

成型时模具温度一般保持在 45~75℃。金属模具在模内预设的通道通温水循环；非金属模具，由于传热性较差，只能采用时冷时热的方法来保持它的温度，加热时用红外线辐照，而冷却则用风冷。

11.4.2.3　加热

在热成型工艺中，片材是在热塑性塑料高弹态的温度范围内拉伸造型的，故成型前必须将片材加热到规定的温度。加热片材时间一般占整个热成型周期时间的 50%~80%，而加热温度的准确性和片材各处温度分布的均匀性，将直接影响成型操作的难易和制品的质量。

片材经过加热后所达到的温度，应使塑料在此温度下既有很大的伸长率又有适当的拉伸强度，保证片材成型时能经受高速拉伸而不致出现破裂。虽然较低温度可缩短成型物的冷却时间和节省热能，但温度过低时所得制品的轮廓清晰度和因次稳定性都不佳。在加热温度范围内，随着温度提高，塑料的伸长率增大，制品的壁厚减少（见图 11-28），可成型深度较大的制品，但超过一定温度时，伸长率反而降低。

片材加热所必需的时间主要由塑料的品种和片材的厚度确定，通常加热时间随塑料导热性的增大而缩短，随塑料比热和片材厚度的增大而延长，但这种缩短和延长都不是简单的直线关系，见表 11-1。合适的加热时间，通常由实验或参考经验数据决定。

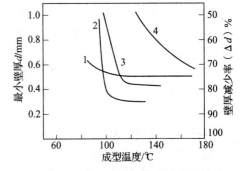

图 11-28　成型温度与最小壁厚的关系

（成型深度 $d/D=0.5$，板厚 2mm）

1—ABS　2—PE　3—PVC　4—PMMA

表 11-1　　加热时间与聚乙烯片材厚度的关系

项　目	数　量		
片材的厚度 /mm	0.5	1.5	2.5
加热到121℃需要的时间 /s	18	36	48
单位厚度加热时间 /（s/mm）	36	24	19.2

实验条件：加热器的温度510℃，加热功率4.3W/cm²，加热器与片材间的距离125mm。

片材的加热通常用电热或红外线辐照，较厚的片材还须配备烘箱进行预热。加热器的温度一般为 350 ~ 650℃，为了适应不同塑料片材的成型，加热系统应附有加热器温度控制和加热器与片材距离的调节装置。加热器与片材的距离变化范围为 8 ~ 30cm。

11.4.2.4　成型

各种热成型方法的成型操作主要是通过施力，使已预热的片材按预定的要求进行弯曲与拉伸变形。对成型最基本的要求是使所得制品的壁厚尽可能均匀。造成制品壁厚不均的主要原因是成型片材各部分被拉伸的程度不同以及拉伸速度大小不一。一般来说，高的拉伸速度对成型本身和缩短周期时间都比较有利，但快速拉伸常会因为流动的不足而使制品的凹、凸部位出现壁厚过薄现象；而拉伸过慢又会因片材过度降温引起的变形能力下降，使制品出现裂纹。拉伸速度的大小与片材成型时的温度有密切关系，温度低，片材变形能力小，应慢速拉伸，若要采用高的拉伸速度，就必须提高拉伸时的温度。由于成型时片材仍会散热降温，所以薄型片材的拉伸速度一般应大于厚型的。

压力的作用是使片材产生形变，但材料有抵抗形变的能力，其弹性模量随温度升高而降低。在成型温度下，只有当压力在材料中引起的应力大于材料在该温度时的弹性模量时，才能使材料产生形变。由于各种材料的弹性模量不一样，且对温度有不同的依赖性，故成型压力随聚合物品种（包括相对分子质量）、片材厚度和成型温度而变化，一般分子的刚性大、相对分子质量高、存在极性基团的聚合物需要较高的成型压力。

11.4.2.5　冷却脱模

为了缩短成型周期，成型完成后对初制品的冷却，应越快越好。冷却方法有内冷与外冷两种，内冷是通过模具的冷却来使制品冷却的，外冷是用风冷法或空气 - 水雾法，内冷和外冷既可单独使用也可组合使用。成型好的制品必须冷却到变形温度以下才能脱模，否则脱模后会变形。冷却降温速率与塑料的导热性和成型物壁厚有关。合适的降温速率，不致因造成过大的温度梯度而在制品中产生大的内应力，否则在制品的高度拉伸区域，会由于降温过快而出现微裂纹。

除因片材加热过度出现聚合物分解或因模具成型面过于粗糙而引起脱模困难外，热成型制品很少有粘模倾向，如果偶有粘模现象，也可在模具的成型面上涂抹脱模剂。脱模剂的用量不宜过多，以免影响制品的光洁度和透明度。热成型常用的脱模剂是硬脂酸锌、二硫化钼和有机硅油的甲苯溶液等。

11.5　合成纤维的拉伸

合成纤维的成型普遍采用熔融纺丝和溶液纺丝法，其生产流程包括纺丝熔体和溶液的制备、纺丝，以及初生纤维的后加工过程。

合成纤维的熔融纺丝工艺已在第 8 章介绍，溶液纺丝工艺将在第 12 章作介绍。在纤维成型过程中液体从喷丝板的小孔流出后，通过周围的介质进行传热、传质、冷却、凝固的同时，纺丝细流受到拉力作用，纤维的外形、粗细发生连续的变化，使纺成的纤维具有一定的初步结构和性能，所以称为初生纤维。初生纤维必须经过一系列的后加工工序，才能成为纤维成品，其中拉伸是后加工过程中最主要的工序。

11.5.1　拉伸的目的和作用

不同纺丝法制成的初生纤维，虽然具有纤维的基本结构和性能，特别是经过纺丝过程中的初步拉伸和定向后，纤维已具有一定的结晶度和取向度，但是纤维的物理机械性能还不适宜作纤维成品。这是由于其取向度和结晶度还比较低，结晶和结构也不稳定，它的强度和模数都不够高，伸长率大，这种初生纤维易变形，因此需要进一步加工处理。

在初生纤维后加工过程中，最主要的并对纤维的结构与性能影响最大的是拉伸和热定型两道工序。拉伸又称为合成纤维的二次成型，它是提高纤维物理 - 机械性能必不可少的手段。

拉伸过程是纺丝中丝线受力后的延伸过程，在拉伸过程中，纤维的大分子链或聚集态结构单元发生舒展，并沿纤维轴向排列取向。在取向的同时，通常伴随着相态的变化，以及其他结构特征的变化。

各种初生纤维在拉伸过程中所发生的结构和性能的变化并不相同，但有一个共同点，即纤维的低序区（对结晶聚合物来说即为非晶区）的大分子沿纤维轴向的取向度大大提高，同时伴有密度、结晶度等其他结构方面的变化。由于纤维内大分子沿纤维轴取向，形成并增加了氢键、偶极键以及其他类型的分子间力，纤维承受外加张力的分子链数目增加了，从而使纤维的断裂强度显著提高，延伸度下降，耐磨性和对各种不同类型形变的疲劳强度亦明显提高。

11.5.2　拉伸的方式

拉伸作用的产生是由于喷丝孔流出的细流速度小于卷绕装置的运动速度，即拉伸速度大于喷丝的速度，使初生纤维的直径小于喷丝孔的直径。

在化学纤维生产中，拉伸可以紧接着纺丝工序而连续地进行，也可以与纺丝工序分开，以预先卷装在筒子上或盛丝桶中的卷绕丝或初生纤维来进行拉伸。

初生纤维的拉伸可一次完成，也有的必须进行分段拉伸。纤维的总拉伸倍数是各段拉伸倍数的乘积。一般熔纺纤维的总拉伸倍数约为 3.0 ~ 7.0；湿纺纤维拉伸倍数可达 8 ~ 12 倍；某些高强高模纤维，采用冻胶纺丝法，拉伸倍数达几十到上百倍。

纤维的品种和纺丝方法不同，初生纤维的结构和性质不一样，拉伸的条件和方式就不相同。按拉伸时纤维所处的介质来分，纤维拉伸的方式一般有干拉伸、蒸汽浴拉伸和湿拉伸三种。

（1）干拉伸　拉伸时初生纤维处于空气包围之中，纤维与空气介质及加热器之间有热量传递。干拉伸又可分为室温拉伸和热拉伸。室温拉伸一般适用于玻璃化温度（T_g）在室温附近的初生纤维；热拉伸是用热盘、热板或热箱加热，适用于 T_g 较高、拉伸应力较大或纤维较粗的纤维，通过加热使纤维的温度升高到 T_g 以上，促进分子链段运动，降低拉伸应力，有利于拉伸顺利进行。

（2）蒸汽浴拉伸　拉伸时纤维被包围在饱和蒸汽或过热蒸汽之中，由于加热和水分子的增塑作用，使纤维的拉伸应力有较大的下降。

（3）湿拉伸　拉伸时纤维被液体介质所包围，有热量传递，在拉伸成型过程中还可能有传质过程甚至有化学反应。由于拉伸时纤维完全浸在溶液中，纤维与介质之间的传热、传质过程进行得较快且较均匀。此外，还有将热水或热油剂喷淋到纤维上，边加热边拉伸的喷淋法，亦是湿拉伸的一种。

近年来，有采用熔法高速纺丝（见8.5.3），所得的部分取向丝（POY）接近于完全取向丝（FOY）可省去后拉伸工序，直接用于变形纱加工。还有高速纺丝与拉伸联合制得的全拉伸丝（FDY），纺丝与拉伸一步进行。

11.5.3　合成纤维的后加工

合成纤维的后加工过程包括从拉伸到成品包装等一系列工序，其流程随纤维品种和类型（长丝、短纤维、切段状、长束状或帘子线）而异。在后加工工序中，拉伸和热定型是生产任何合成纤维都不可缺少的工序，对成品纤维的结构和性能有十分重要的影响。这里主要介绍短纤维的后加工。

短纤维的后加工通常在一条相当长的流水作业线上完成，它包括集束、拉伸、水洗、上油、干燥、卷曲、热定型、切断和打包等一系列工序。纤维品种不同，后加工工序的内容（或目的）和顺序可能有所变化。图 11 - 29 为熔融纺丝短纤维后加工工艺流程图。

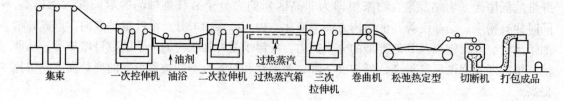

图 11 - 29　熔融纺丝短纤维后加工工艺流程图

11.5.3.1　集束

熔融纺丝时，由于纺丝速度与集束、拉伸速度相差悬殊，故纺丝与集束、拉伸难以连续进行。故一般把初生纤维先堆放在盛丝桶内，排列在集束架上，然后将若干盛丝桶内的丝束集中起来，合并成一定纤度的大股丝束。湿法纺丝（第 12 章将介绍）时，往往将整台纺丝机（或双面纺丝机的一面）上各纺丝部位所形成的丝条集中成一束，直接而连续地进入后加工，因此没有专门的集束工序。

11.5.3.2　拉伸

集束后的大股丝束被导入拉伸机进行拉伸。拉伸作用是一种强迫高弹形变，同时也是一个松弛过程，与大分子的不对称性、热运动及取向过程的力场作用和取向速度都有很大的关系。

拉伸操作是使纤维绕经前后两组辊筒，利用前后两组辊筒的速度差，使纤维受到拉力而伸长。短纤维拉伸通常采用三台五辊拉伸机以不同转速进行两次拉伸，总的拉伸倍数是第三台辊筒与第一台辊筒速度之比，涤纶短纤维要求拉伸 4 ~ 5 倍。

涤纶纤维拉伸必须在加热下进行。拉伸温度要高于聚酯的玻璃化温度，因为纤维成型后是无定型的玻璃态，必须在 80 ~ 100℃下拉伸，纤维的分子取向与结晶同时发生，获得高质量的纤维。涤纶的第一道拉伸一般是用 60 ~ 70℃热水喷淋或油浴，第二道拉伸采用 150℃左右的过热蒸汽，第一次拉伸后，纤维分子已有一定程度的取向排列，第二次拉伸时，纤维是在紧张下通过过热蒸汽套筒，起到取向和定型作用。

在拉伸时还要上油，在第二道拉伸辊前设有油浴。上油是使纤维表面覆上一层油膜，赋予纤维平滑柔软的手感，并增加其湿度，相应改善了纤维的抗静电性能。上油后可降低纤维与纤维之间及纤维与金属之间的摩擦，使加工过程得以顺利进行。在合成纤维生产中，要经过二次或多次上油，不同品种和规格的纤维要采用不同的专门油剂。纺丝油剂一般是用油脂和表面活性剂配制而成的。

11.5.3.3 卷曲

涤纶纤维在拉伸后尚处于光滑挺直状态，相互间无抱合力，可纺性能较差，为了赋予合成纤维类似天然纤维那样的表面卷曲，增加合成纤维以及合成纤维与棉或羊毛混纺时的抱合力，同时起到消光、改善手感、增加弹性等作用，必须进行卷曲。

卷曲采用热空气、热水、蒸汽、化学药品和机械方法等。化学卷曲法是利用特殊的纤维成型条件，造成纤维截面的不对称性，是一种较为稳定的卷曲。机械卷曲法得到的是纤维外观的卷曲，而且是折叠式的，卷曲稳定性较差。

涤纶纤维的杨氏模数较高，在常温下很难卷曲，卷曲度不稳定，经过拉伸的丝束尚有40~50℃的温度，马上进行卷曲较为适宜。

11.5.3.4 热定型

热定型是合成纤维生产中特有的工序，其目的是消除纤维的内应力，提高纤维的尺寸稳定性，并且进一步改善其物理－机械性能。热定型可使拉伸、卷曲效果固定并使成品纤维符合使用要求。

热定型可以在张力下进行，也可以在无张力下进行，前者称为紧张热定型（包括定张力热定型和定长热定型），后者称为松弛热定型。热定型方式不同，所应采用的工艺条件也不一样，纤维在热定型后的结构和性能也就不同。

涤纶短纤维的热定型设备分区控制温度，通常是120~130℃，时间为15~20min。

11.5.3.5 切断

将纤维切割成规定长度的短段，以使合成纤维在纺丝加工过程中适应混纺的棉、毛等天然纤维的长度和纺丝加工设备的特殊要求。例如用棉纺机械加工毛型织物时，需将合成纤维切断成中长纤维。

长纤维的纺丝过程与短纤维大致相同，只是后加工不同。长丝的后加工，无论工艺还是设备结构都比短纤维后加工复杂，这主要是由于长丝后加工不能以大股丝束进行，而需以一根丝条在各工序中分别加工。因此，各根丝条是否都能经受相同条件的加工处理，是工艺和设备必须解决的问题。此外，由于织物性能所规定，长丝在各项指标均匀性方面的要求也比短纤维更为严格。

长丝后加工过程包括初捻、拉伸－加捻、复捻、热定型、络丝、分级、包装等工序，如果卷绕丝系由湿纺或干纺制得，则后加工中要有水洗和干燥工序。图11－30为直接纺丝法的锦纶长丝后加工流程，其中压洗工序是为了除去纤维中带有的单体和齐聚物。

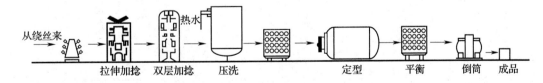

图 11－30　锦纶长丝后加工流程

长丝后加工中，拉伸和热定型的目的与短纤维后加工基本相同，而设备型式和结构则很不一样。

加捻是长丝后加工的特有工序。加捻的目的主要是使复丝中各根单纤维紧密地抱合，避免在纺织加工时发生断头或紊乱现象，并使纤维的断裂强度提高。

初捻是将未拉伸的纤维加工至适当的捻度；拉伸－加捻是将纤维杂乱的分子加工至有规

则的定向排列，增加纤维的强度；复捻是再进行一次补充加捻，使纤维具有规定的捻度，提高纺织加工的质量；热定型是将复捻的有孔的丝筒放在加热容器内，通入蒸汽、热水或热空气，在 80～120℃下处理 0.5～2h；络丝是将经过压洗、定型后的纤维在络丝机上由有孔的丝筒退绕至锥形筒管，形成双斜面宝塔形式，以便运输和纺织加工。络丝过程中需上油，以使丝条表面润滑，减少纺织加工时的静电效应，改善手感。络丝后的宝塔筒子经分级检验即可包装出厂。

习题与思考题

1. 简述二次成型的粘弹性原理。

2. 根据型坯生产特征，中空吹塑成型可分为哪两大类型？请用框图表示这两种成型方法的工艺过程。

3. 用平挤逐次双向拉伸法成型 PP 薄膜时，挤出的厚片为何要急冷？冷却后的厚片在拉伸前为什么又要预热？

4. 简述影响双向拉伸薄膜成型的工艺因素。

5. 塑料片材热成型的工艺原理是什么？列出五种具体方法，说明其成型过程。

6. 简述热成型的影响因素。

7. 试述化学纤维的纺丝方法及其对成纤聚合物的适应性。

8. 纤维拉伸中聚合物结构发生什么变化？对纤维性能产生什么影响？

第12章　其他成型工艺

在高分子材料成型加工中，前面介绍的压制、挤出、注射、压延和二次成型等是应用最广泛的主要成型加工方法，绝大多数高分子材料制品都是通过这些成型加工方法制得的。但在实际生产中，由于某些材料的性能具有特殊性，或某些制品有特别的性能要求，上述这些成型加工方法难以适应，或者缺乏一定的经济性。因此在高分子材料成型技术中，还有一些其他成型加工方法用来制造高分子材料制品。本章主要介绍铸塑成型、泡沫材料成型、冷压烧结成型、胶乳制品成型、合成纤维溶液纺丝和静电纺丝成型。

12.1　铸　塑　成　型

塑料的铸塑成型是从金属的浇铸技术演变而来的一种成型方法。铸塑是将聚合物的单体、预聚体、塑料的熔融体、高聚物的溶液、分散体等倾倒到一定形状规格的模具里，而后使其固化定型从而得到一定形状的制品的一种方法。

铸塑工艺一般包括如下过程：

原料 → 浇铸液的配制 → 过滤和脱泡 → 浇注 → 硬化 → 脱模 → 后处理 → 制品

与注射成型或模压成型相比，塑料在铸塑过程中一般不需加压，故不需要加压设备，对塑模的强度要求也较低，且由于塑料流动温度一般不是很高，因而各种模具材科都较容易适应，可以直接用金属或合金、玻璃、木材、石膏、塑料和橡胶等材料制造。所得制品大分子取向低，内应力小，质量较均匀。此外，对制品的尺寸限制也较少。但是铸塑也存在生产周期长及制品尺寸准确性较差的缺点。

根据浇铸液的性质及制品硬化的特点，铸塑成型既可以是一个物理过程，也可以是一个物理 – 化学过程。

铸塑技术包括静态铸塑、嵌铸、离心浇铸以及流延铸塑、搪塑和滚塑等。

12.1.1　静　态　浇　铸

静态浇铸是铸塑成型中较简便和使用较广泛的成型工艺。用这种方法生产的塑料品种主要有：PMMA、PS、PA、PU、PF、UP、环氧树脂、有机硅树脂等，可生产各种型材和制品。良好的静态浇铸料在成型工艺性上应满足如下三个方面的要求：一是流动性好，在浇灌时容易填满模具的型腔；二是液态料在硬化时生成的低分子副产物应尽可能少，以避免制品内出现气泡，而且硬化的交联反应或结晶凝固过程应在各处以相近的速率同时开始进行，以免因各处硬化收缩不均而使制品出现缩孔和产生大的残余应力；三是经聚合所得冷却凝固产物的熔融温度，应明显高于成型物料的熔点或流动温度。任何一种树脂的静态浇铸工艺过程都可以分解为下列几个步骤。

12.1.1.1　模具准备

包括模具的清洁、涂脱模剂、嵌件准备与安放及预热等步骤。某些浇铸过程（如己内酰胺单体的浇铸）首先应将模具预热到固化温度（如 160℃）。

12.1.1.2　浇铸液的配制和处理

按一定的配方将单体或预聚体等与引发剂或固化剂、促进剂及其他助剂（如色料、稳定剂等）配制成混合物。不同的原料，其浇铸液的配制过程也不同。配制过程应使各组分完全混合均匀，排除料液中的空气和挥发物，控制好固化剂、催化剂等的加入温度。配制好的浇铸原料，经过滤除去机械杂物和抽真空或常压下放置脱泡后即可浇铸。

12.1.1.3　浇铸及固化

将经处理过的浇铸液用人工或机械的方法灌注入模具。注意不要使空气卷入，必要时还须进行排除气泡的操作。

原料在模中完成聚合反应或固化反应而硬化即成为制品。硬化过程通常需要加热，升温要逐步进行。升温过速，会使制品出现大量气泡或制品收缩不均匀，产生内应力。硬化的温度和时间随塑料的种类、配方及制品的厚度而异。通常硬化是在常压或在接触压力下进行的。

12.1.1.4　制品脱模及后处理

制品固化后即可脱模，然后通过适当的后处理，包括热处理、机械加工、修饰、装配和检验等，后处理的目的和意义与注射成型制品相同。

12.1.2　嵌　铸

又称封入成型，是将各种非塑料物件包封在塑料中的一种成型技术。它是在模型内预先安放经过处理的嵌件，然后将浇铸原料倾入模中，在一定条件下固化成型，嵌件便包裹在塑料中。

嵌铸成型常用于各种生物和医用标本、商品、样品、纪念品的包封，以利长期保存，所用的塑料主要是 PMMA、UP 及 UF 等透明塑料；也有用于包埋某些电气元件及电子零件，使之与外界隔离，起到绝缘、防腐、防震等作用，所用的塑料主要是环氧树脂等。

嵌铸所用的模具与浇铸用模具相似，塑料的浇铸及固化也与前述的静态浇铸过程相同，但其有本身的特点。

为了使塑料与嵌件之间有良好的紧密黏合，避免出现在嵌件上带有气泡等不良情况，需对嵌件进行干燥和表面预处理。表面处理包括：表面浸润单体，以提高嵌件与塑料的黏合力；表面涂上一层惰性物质，以防嵌件对树脂的硬化产生不良影响；表面糙化，以提高嵌件与塑料的黏合力。

嵌件应以合适的方法固定，以免浇铸时位置移动。也可采用分次浇铸的方法，以便嵌件能固定在制品的中央或其他规定的位置。

UP 及环氧树脂等的浇铸工艺与静态浇铸基本相同，但 PMMA 的嵌铸一定要用预聚体，否则会因大量的聚合热无法逸散而引起爆聚，为此可采用在高压釜内惰性气体下进行聚合的方法。

12.1.3　离心浇铸

离心浇铸是将原料加入到高速旋转的模具中，在离心力的作用下，使原料充满模具，而后使之硬化定型为制品。与静态铸塑的区别仅在于模具要转动。

离心浇铸生产的制品大多数为圆柱形或近似圆柱形，如大直径的管制品、空心制品、轴套等，也用于齿轮、滑轮、转子、垫圈的生产。离心浇铸常用于熔体黏度小、热稳定性好的塑料，如 PA、聚烯烃（PO）等。

与静态铸塑相比较，离心浇铸的优点是宜生产薄壁或厚壁的大型制品，制品无内应力或内应力很小，力学性能高，制品的精度较高，机械加工量少。但缺点是成型设备较为复杂，生产周期长，难以成型外形较为复杂的制品。

离心浇铸的设备根据制品的形状和尺寸可分为卧式和立式两种。当制品轴线方向尺寸很大时，宜采用卧式设备；当制品的直径较大而轴线方向尺寸较小时，宜采用立式设备。单方向旋转的离心浇铸设备一般用来生产空心制品；当制造实心制品时，除需单方向旋转外还需在紧压机上进行旋转，以保证产品质量。立式离心浇铸实心制品的过程如图 12 - 1 所示。

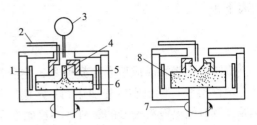

图 12 - 1　立式离心铸塑示意图
1—红外线灯或电阻丝　2—惰性气体送入管
3—挤出机　4—贮备塑料部分
5—绝热层　6—塑料　7—转动轴　8—模具

12.1.4　流 延 铸 塑

流延法常用来生产薄膜。将热塑性塑料配成一定浓度的溶液，然后以一定的速度流布在连续回转的基材上（一般为无接缝的不锈钢带），通过加热使溶剂蒸发而使塑料硬化成膜，从基材上剥离即为制品。

某些高聚物在高温下容易降解或熔融黏度较高，不易用前面介绍的成型方法加工成膜，可用流延成膜的方法。适用的塑料有醋酸纤维素，PVA 和 EVA 共聚物等。目前 PC 和 PET 等工程塑料也可采用流延铸塑来生产薄膜。

流延铸塑薄膜的宽度取决于不锈钢带的宽度，薄膜的长度则可连续。薄膜的厚度取决于溶液浓度、钢带回转速度、胶液的流布速度及次数等。流延法得到的薄膜薄而均匀，最薄可达 0.05 ~ 0.1 mm，与挤出或吹塑薄膜比较，其透明度高，内应力小，因此更多地用在光学性能要求高的场合，如电影胶片、安全玻璃的中间夹层等。其缺点是生产速度慢，要考虑溶剂的回收及安全等问题，制品的成本较高。

流延铸塑成型过程包括：塑料溶液的配制、溶液的流延铸塑成膜、薄膜的干燥和溶剂的回收等操作。图 12 - 2 为目前产量最大，也是最成熟的三醋酸纤维素流延薄膜的生产流程。

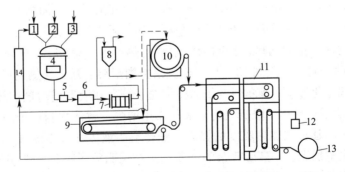

图 12 - 2　三醋酸纤维素薄膜生产流程示意图
1—溶剂贮槽　2—增塑剂贮槽　3—三醋酸纤维素贮槽　4—混合器　5—泵　6—加热器
7—过滤器　8—脱泡器　9—带式机的烘房　10—转鼓机的烘房　11—干燥室
12—平衡用的重体　13—卷取辊　14—溶剂回收系统

生产中常用的流延铸塑设备主要是带式流延机。脱泡后的溶液加到在前转动辊筒所载钢带上方的流延嘴内，并从其下面的开缝处流布于不锈钢带上。从不锈钢带下面逆向吹入热空气使流布在不锈钢带上的溶液层在随其回转过程中逐渐干燥成膜，然后从钢带上剥离下来。

12.1.5　搪　　塑

搪塑又称为涂凝成型或涂凝模塑，主要用于溶胶塑料（糊塑料）的成型。它是将糊塑料（塑性溶胶）倾倒在预先加热到一定温度的模具（阴模）中，接近模壁的塑料因受热而胶凝，及时倒出没有胶凝的塑料并将已附在阴模壁上的一层塑料进行热处理，冷却固化后可得中空制品。目前较多的是以 PVC 糊用该法生产空心软制品（如玩具等）。搪塑的主要优点是设备费用低，易高效连续化生产，工艺控制也较简单，但制品的壁厚和质量的准确性比较差。

糊塑料的配制在第 6 章已叙述。糊塑料的搪塑成型过程如图 12 - 3 所示。其操作步骤是：先将糊塑料由贮槽灌入已加热到规定温度（一般为 130℃左右）的模型，使整个模型壁为糊塑料所润湿，待糊塑料完全灌满模腔后停放一段时间，再将模具倒置使未胶凝的糊塑料排入贮料槽，这时模腔壁上附有一定厚度已部分胶凝的料层；随后需将排尽未胶凝糊塑料的模具放入 165℃左右的加热装置中使胶凝料层塑化，塑化完毕后从加热装置中移出模具，用风冷或用水喷淋冷却后将制品从模内取出。制品的厚度取决于糊塑料的黏度、灌注时模具的加热温度和糊塑料在模具中停留的时间。

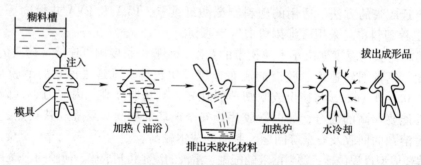

图 12 - 3　搪塑成型过程示意图

搪塑工艺可以用恒温烘箱进行间歇生产，也可以采用通道式的加热方式进行连续生产。

糊塑料成为制品的过程是借助加热使糊塑料经历一系列物理变化过程，工艺上常将这一促使糊塑料发生物理变化的加热过程称为糊塑料的热处理（烘熔）。热处理一般分为"胶凝"和"熔化"两个阶段（见图 12 - 4）。胶凝是指糊塑料从开始受热到形成具有一定机械性能固体物的物理变化过程。糊塑料开始为微细粒子分散在液态增塑剂连续相中的悬乳液，如图 12 - 4（a）所示；受热使增塑剂的溶剂化作用增强，致使树脂粒子因吸收增塑剂而体积胀大，随受热时间延长和加热温度的提高，糊塑料中液体部分逐渐减少，因体积不断增大，树脂粒子间也愈加靠近，最后残余的增塑剂会被树脂粒子吸收，糊塑料变成一种表面无光且干而易碎的胶凝物料，如图 12 - 4（b）所示。熔化是胶凝物在连续加热下，其机械性能渐趋最佳值的物理变化。在这一阶段，充分膨胀的树脂粒子先在界面之间发生黏结，即开始熔融，树脂粒子间的界面变得越来越模糊，如图 12 - 4（c）所示；随之界面越来越小直至完全消失，树脂也逐渐由颗粒形式变成连续的透明体或半透明体，形成十分均匀的单一相,如图 12-4 (d) 所示,而且在冷却后能长久地保持这种状态,并且有较高的机械性能。

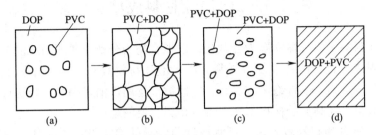

图 12-4 糊塑料的胶凝与熔化

(a) 增塑剂   (b) 凝胶化阶段   (c) 未完全熔融   (d) 完全熔融

12.1.6 滚   塑

滚塑成型工艺也称旋转成型、回转成型,可生产大型的容器。该成型方法是先将塑料加入到模具中,然后模具沿两垂直轴不断旋转并被加热,模内的塑料在重力和热的作用下,逐渐均匀地涂布、熔融黏附于模腔的整个表面上,成型为所需要的形状,经冷却定型而制得塑料制品。

回转成型与离心浇铸生产的制品是类似的,但由于回转成型的转速不高,故设备简单,有利于小批量生产大型的中空制品。回转成型制品的厚度比挤出吹塑制品均匀,废料少,产品几乎无内应力,因而不易发生变形、凹陷等缺陷。回转成型工艺最初主要用于 PVC 糊塑料生产小型制品,近年来在大型制品生产上也有较多的应用。目前粉状塑料常代替液状或糊状塑料用于回转成型,如 PE 粉状料。

用滚塑法成型 PE 大型制品的设备如图 12-5 所示的单模式旋转成型机,成型工艺通常由装料、加热滚塑、冷却、脱模、模具清理等几个工序组成。

先将树脂及所需加入的各种助剂预混均匀,经准确计量加入到滚塑模具中,然后锁紧模具,送入加热炉,模具一边不停地转动,一边加热。由于模具是沿着两相互垂直的轴转动的,模具中的物料在重力的作用下,向着模具转动的反方向向下滑动,得以与模腔壁上的各点逐一接触,同时由于从模壁传入热量使塑料逐渐塑化并黏附于整个模具内表面上,形成所需要的形状。经充分塑化以后,通过冷却使已成型的塑料

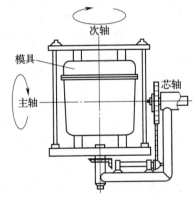

图 12-5 单模旋转成型机

的形状固定下来。多数情况下,在冷却过程中需要防止物料向下流动(下淌),在冷却时滚塑机应继续带动模具沿两垂直轴向旋转,直到"冷透"(物料失去流动性)为止。然后机器停止转动,打开模具,取出塑料件。

滚塑成型过程需控制的主要工艺参数是模具加热温度、旋转成型机主、副轴的转速和速比、加热时间和冷却时间等。

在成型特大尺寸塑料中空制品时,可使滚塑技术的优点得到充分发挥。近年来这一成型技术已广泛用于成型容量从几百立升到数万立升的 PE 大型贮罐和汽车与小船的壳体等,这

些大型制品既具有足够的强度和刚性及耐汽油性，又具有质量轻和隔热性好的优点。

12.2 泡沫材料成型

高分子泡沫材料是以气体物质为分散相，以聚合物为分散介质所组成的分散体，也可以看作是气体与固体聚合物的共混复合材料。由于泡沫材料具有质轻、导热系数低、吸湿性小、弹性好、比强度高、隔音绝热等优点，因此被广泛用作消音隔热、防冻保温、缓冲防震以及轻质结构材料，在高分子材料制品中占有相当重要的地位。

采用不同的聚合物和发泡方法，可制成性能各异的泡沫材料。高分子泡沫材料主要是泡沫塑料和海绵橡胶，它们的共同特点是材料中均匀分布着大量的气孔，气孔的大小、数量、结构形态和分布状况与材料的性能关系极大。孔与孔之间相通的泡沫结构称为开孔，孔与孔之间不通的称为闭孔，孔的直径很小的称为微孔。根据发泡倍数或泡沫材料的密度又可分为低发泡、中发泡和高发泡。根据软硬程度不同，又有软质、半硬质和硬质泡沫材料之分。

12.2.1 泡沫材料成型原理

大多数高分子泡沫材料的生产都是在树脂和生胶中加入化学发泡剂或物理发泡剂，在生产工艺条件下，让发泡剂分解或汽化产生气体并在高分子材料中形成气孔。

12.2.1.1 气体的产生

大多数高分子泡沫材料中气孔里的气体是由发泡剂产生的。各种发泡剂产生气体都需要有一定的条件，并遵循各自的规律。

（1）物理发泡剂　多是些低沸点液体，靠蒸发而产生气体。所产生气体的饱和蒸汽压随温度而变，如图12-6所示。所以要使物理发泡剂蒸发产生气体，就得供给热量，温度越高，蒸发成气体的数量越多，饱和蒸汽压越高。

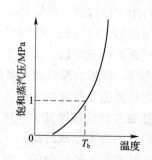

图 12-6　液体的饱和蒸汽压与温度的关系

氮气、二氧化碳等气体常靠压力作用溶解在聚合物中作为物理发泡剂。这些气体在聚合物中的溶解度与温度、压力有关。在加工温度范围内，温度越高，压力越低则溶解度越小。所以在发泡时，可以采用升高温度、降低压力来使原来溶解在聚合物中的气体释放出来。

（2）化学发泡剂　是靠化学反应产生气体的，包括化学发泡剂自身分解，化学发泡剂与助发泡剂相互作用和与聚合物反应产生气体。化学反应的速度随温度升高而加快，所分解产生的气体量也与反应温度和反应时间有关。在这些化学反应中有一些是可逆反应，比如：碳酸铵的分解反应：

$$(NH_4)_2CO_3 \longleftrightarrow 2NH_3 + CO_2 + H_2O$$

当可逆反应达到化学平衡时，分解产生的气体量就不再增加。这种化学平衡的状态主要受反应温度和压力控制，与反应时间无关，要增加气体量可以升高温度或者降低压力。这些化学反应都有热效应，比如：碳酸氢钠分解时要吸热；偶氮二甲酰胺分解时放出大量的热，这就会改变周围的温度。

应该指出，化学发泡剂的分解是复杂的，往往伴随着多种副反应。塑料和橡胶中的其他配合剂、杂质和反应产物都可能参加反应，放出或吸收气体。

12.2.1.2　气孔的产生

发泡剂产生的气体，先是以溶解状态分散在塑料或橡胶中。当气体的量越来越多，超过了溶解度而达到过饱和状态后，气体就要析出来。被析出的气体聚集起来，占有一定的空间而产生气孔。

气孔的形成要靠成核作用，一般被析出的气体容易在下列地方聚集起来：

（1）分散在液态物料中的固体小颗粒（填充剂、补强剂、着色剂和其他低溶解度配合剂、杂质）的周围。

（2）物料中比周围温度高的热点，这些地方溶解度低、气体过饱和程度高，容易析出。析出后压力较高，容易占领空间。这些地方物料的黏度和表面张力都比较低，容易变形。这都有利于产生气孔。

（3）结晶聚合物中，微晶不均匀的晶核中心。

（4）聚合物交联密度较高的地方。

12.2.1.3　气孔的增大

初始产生的气孔比较小，小气孔出现后，溶解在物料中的气体就会迁移到气孔中去，直到物料中的气体量减少到饱和状态以下。如果发泡剂还在继续产生气体，物料中的气体仍处于过饱和状态，就会不断有气体向气孔输送，使气孔内的气体量增加、压力增高。

气孔内气体压力增高就要向外膨胀，使孔壁变形。物料的变形能力与物料的表面张力、黏度和弹性模量有关，取决于聚合物、配方、温度和压力等。一般聚合物的相对分子质量较低，配方中填充剂较少，增塑（软化、润滑）剂较多，温度较高，压力较低，物料就较易变形。在这些情况下，气孔容易增大。

气孔碰撞而合并也会使气孔增大。气孔内气体的压力与气孔半径成反比，即小气孔内压力大，大气孔内压力小。所以当两个气孔合并时，总是小气孔内的气体合并到大气孔中去而使大气孔进一步增大。

12.2.1.4　气孔的稳定

气孔不能无限增大，合理的泡沫结构要求气孔增大到一定程度后稳定。但在塑料和橡胶中产生的气孔并不稳定，由于重力作用气孔壁的物料会向下流动，使气孔壁变得薄弱，气孔容易合并增大。气体比重小要向上运动，如果不能有效地稳定气孔，气孔会体积增大，数量减少，进而集中在上层，甚至从顶部逸出而破坏泡沫结构。

要控制气孔的增大，使气孔稳定，可以采用下列措施：

（1）选用适当的聚合物、发泡剂和其他配合剂。

（2）通过控制工艺过程的温度和各温度范围的时间来控制物料的表面张力、黏度和弹性模数。当气孔增大到一定程度后，及时冷却使发泡物料的黏度和弹性模数高一些，流动性差一些，气孔就难以运动和合并而被稳定下来。

（3）对于橡胶和热固性塑料可以控制交联速度。当物料中气孔增大到一定程度后，及时使交联度达到足够高，从而大大提高黏度，降低流动性，使气孔稳定下来。

（4）对于某些热塑性塑料，适当加入一些表面活性剂（如：硅油），降低树脂与气孔界面张力，也有利于稳定气孔。

12.2.2　泡沫材料成型方法

根据泡沫材料成型中气体的来源，一般可将泡沫材料的发泡方法分为三种：化学发泡法、物理发泡法和机械发泡法。

12.2.2.1　化学发泡法

如果发泡的气体是由混合原料的某些组分在制造过程中的化学作用产生的，这种方法即为化学发泡法。

（1）使用化学发泡剂发泡　这种方法的工艺和设备都较简单，而且对聚合物无多大限制，是最重要的一种泡沫材料的成型方法，广泛用于生产各类泡沫橡胶和泡沫塑料。

在制定配方时应选择在成型工艺温度下具有适当分解速度的发泡剂（发泡体系），发泡剂的用量可按泡沫材料的密度来选用。生产工艺主要是控制各段时间的温度和压力，让混炼胶或塑料在具有一定流动性时，发泡剂分解放出大量气体，产生许多气孔，并通过交联或冷却使气孔稳定下来。前面讨论过的模压、挤出、注射和压延等成型方法都可以使用。

（2）利用聚合物原料各组分反应产生气体发泡　这种方法用得最多的是 PU 泡沫材料的生产。PU 泡沫材料是由含有羟基的聚醚或聚酯树脂、异氰酸酯、水以及其他助剂共同反应生产的，按生产时反应控制的步骤不同又可分为一步法和二步法。

一步法是把所有原料混在一起，树脂的生成、交联及发泡同时进行，泡沫材料的形成一步完成，是目前普遍采用的发泡工艺。二步法是先用聚醚树脂与多元异氰酸酯混合反应生成含有一定游离异氰酸酯的预聚体，然后再加入其他组分，进一步混合，让预聚体与水反应，聚合成 PU，同时放出二氧化碳气体。由于聚合过程伴随着发泡过程，所以要严格控制生产工艺过程的温度和停留时间。为了改善制品的性能，常加入有机锡等催化剂、硅油等表面活性剂和其他发泡剂，用以调节聚合反应和气孔的形成。

12.2.2.2　物理发泡法

加入低沸点液体、惰性气体而发泡，或加入中空微球等细小固体物质而发泡成泡沫材料的方法即为物理发泡法。在生产中以前两种方法占重要位置。

（1）加低沸点液体　可发性 PS 泡沫塑料是使用低沸点液体发泡最典型的例子。关键在于所选用的低沸点液体在树脂软化温度下，蒸发成为具有一定压力的气体，在树脂内部产生气孔。其生产工艺如图 12-7 所示。

图 12-7　可发性聚苯乙烯泡沫生产工艺流程图

选用一定相对分子质量的 PS 珠粒，使用低沸点碳氢化合物或卤代烃，放入肥皂水中，在一定温度、压力下将低沸点液体溶胀到 PS 珠粒内，制成可发性 PS 珠粒；停放一段时间，靠分子运动使低沸点液体在珠粒内分散均匀；预发泡是通过加热软化珠粒，低沸点液体气化产生压力，在珠粒内部形成气孔，珠粒膨胀，使泡孔均匀并达到要求的密度；预发泡的珠粒冷却后，气孔内的气体、水蒸气要冷凝成为液体，气孔内出现负压，暴露在空气中，空气会渗透到泡孔中去，直到气孔内外压力平衡，这叫熟化；熟化后的可发性 PS 珠粒可以用模压法生产各种制品。

（2）加惰性气体　靠压力作用让氮气、二氧化碳等化学惰性的气体扩散到高分子材料中去，然后减压、升温让气体在里面形成气孔。此法的优点是发泡后不会留下发泡剂的残渣，不会对制品的性能产生不良影响。但此法需要使用高压设备，又不能制成所需要的几何形状。该法大多用来生产软 PVC 泡沫塑料。

（3）加中空微球　在配方中加入一些中空微球作为填充剂，使用一般的成型工艺，生产出来的制品中含有中空微球，自然就是泡沫结构，通常称组合泡沫材料。此法适用于各种塑料和橡胶，也是一种物理发泡方法。

12.2.2.3　机械发泡法

机械发泡法又称气体混入法，是借助强烈的机械搅拌作用，将空气卷入有足够流动性的聚合物液中，使其成为均匀的泡沫物，而后再通过物理变化（冷却）或化学变化（聚合或交联）使之稳定而形成泡沫结构。此法以空气为发泡剂，没有毒性。工艺过程简单，成本低廉。

脲甲醛泡沫塑料常用此法生产。将尿素和甲醛按比例混合，在弱酸中反应生成脲甲醛树脂溶液，加入表面活性剂二丁基萘磺酸钠和催化剂磷酸，经强烈机械搅拌和鼓入空气，形成密集的气孔，树脂进一步缩聚，将气孔固定下来成为泡沫材料。

12.3　冷压烧结成型

冷压烧结成型主要用于 PTFE、超高分子量 PE 和 PI 等难熔树脂的成型，其中以 PTFE 最早采用，而且成型工艺也最为成熟。PTFE 虽是热塑性塑料，但由于分子中有碳氟键的存在，其链的刚性很大，晶区熔点很高（约 327℃），而且相对分子质量很大，分子链堆砌紧密，使得 PTFE 熔融黏度很大，甚至加热到分解温度（415℃）时仍不能变为黏流态，因此不能用一般热塑性塑料的成型方法来加工，只能采用类似于粉末冶金烧结的方法，即冷压烧结的方法来成型。

冷压烧结成型是将一定量的成型物料（如 PTFE 悬浮树脂粉料）加入常温的模具中，在高压下压制成密实的型坯（又称锭料、冷坯或毛坯），然后送至高温炉中烧结一定时间，从烧结炉中取出，冷却后即得到制品的塑料成型技术。

12.3.1　冷　压　制　坯

PTFE 及其与各种填充剂的混合物有良好的压锭性，在常温下可用高压制成各种形状的型坯。通常选用的是悬浮法 PTFE，这是一种纤维状的细粉末。

PTFE 冷压制坯时，粉料在模内压实的程度越小，烧结后制品的收缩率就越大；如果坯件各处的密度不等，烧结后的制品会因各处收缩不同而产生翘曲变形，严重时会出现制品开裂。因此，冷压制坯时应严格控制装料量、所施压力和施压与卸压的方式，以保证坯件的密度和各部分的密度均一性达到预定的要求。

冷压制坯时，将过筛的树脂按制品所需量均匀地加入模腔内。对施压方向和壁厚完全相同的制品，料应一次全部加入；形状较复杂的制品，可将所需粉料分成几份分次加入模腔，每次加进的粉料量应与其填充的部分模腔容积相适应，而且应用几个阳模分层次地对粉料施压。PTFE 法兰套筒制品冷压制坯时的装料压制过程如图 12 - 8 所示。

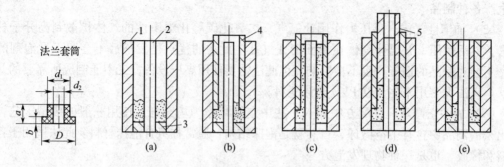

图 12-8　分次加料的 PTFE 坯件压制步骤

1—模套　2—芯棒　3—底模　4—阳模（1）　5—阳模（2）

（a）第一次加料　（b）插入阳模（1）　（c）第二次加料　（d）插入阳模（2）　（e）施压

加料完毕后应立即加压成型，所施压力宜缓慢上升，严防冲击。升压速率多用阳模下移的速度控制，视制品的高度和形状而定。冷压大型和形状复杂的坯件时，升压速度应慢，反之则快。为使坯件的压实程度一致，高度较高的制品应从型腔的上、下两个方向同时加压为宜。如果坯件的截面积较大，在加压的过程中可进行几次卸压排气，以避免制品产生夹层和气泡。当施加的压力达到规定值以后，需在此压力下保压一段时间，使压力传递均匀，各处受压一致。一般成型压力为 30～50MPa，保压时间为 3～5min（直径较大或高度较高的制品可达 10～15min）。保压结束后应缓慢卸压，以防压力解除后锭料由于回弹作用而产生裂纹。卸压后应小心脱模，以免碰撞损坏。

12.3.2　烧　结

烧结是将坯件加热到 PTFE 的熔点以上，并在该温度下保持一段时间，以使坯件内紧密接触的单颗粒树脂相互扩散而熔结成密实整体。PTFE 烧结过程伴随有树脂的相变，当升温至高于熔点的烧结温度时，大分子结构中的晶相全部转变为非晶相，这时坯件由白色不透明体转变为胶状的弹性透明体。烧结过程大体分为升温和保温两个阶段。

12.3.2.1　升温阶段

将坯件由室温加热至烧结温度的阶段为升温阶段。坯件受热后体积显著膨胀，同时由于PTFE 的导热性差，若升温太快会导致坯件内外的温差加大，引起内外膨胀程度不同，使制品产生较大的内应力。但升温速度太慢将延长总的烧结时间，生产效率下降，所以加热应按一定的升温速度进行。一般采用较慢的升温方式：低于 300℃ 以 30～40℃/h 升温，高于 300℃ 以后以 10～20℃/h 升温。升温过程中应在 PTFE 结晶速率最大的温度区间（315～320℃）保温一段时间，以保证坯件内外温度的均匀一致。

PTFE 的烧结温度主要由树脂的热稳定性来确定，热稳定性高者可定为 380～400℃，热稳定性差者取 365～375℃。烧结温度的高低对制品性能影响很大，在允许的烧结温度范围内，提高烧结温度可使制品的结晶度增大，相对密度和成型收缩率也增大。

12.3.2.2　保温阶段

晶区的熔解与分子的扩散需要一定的时间，因此在达到烧结温度后，将坯件在此温度下保持一定时间，使坯件的结晶结构完全消失。保温时间的长短取决于烧结温度、树脂的热稳定性、粉末树脂的粒径和坯件的厚度等因素。烧结温度高、树脂的热稳定性差时应缩短保温时间，以免造成树脂的热分解；粒径小的树脂粉料经冷压后，坯件中孔隙含量低，导热性好,升温时坯件内外的温差小,可适当缩短保温时间;对大型厚壁坯件,为使其中心区也升温到烧结温度,应适当延长保温时间,一般大型制品应用热稳定性好的树脂,保温时间为5~10h,小型制品保温时间为 1 h 左右。

12.3.3 冷 却

完成烧结过程后的成型物应随即从烧结温度冷至室温。冷却过程是使 PTFE 从无定型相转变为结晶相的过程,在此过程中烧结物有明显的体积收缩,外观也由弹性透明体逐渐转变为白色不透明体。

冷却的快慢决定了制品的结晶度,也直接影响到制品的机械性能。快速冷却时,处于烧结温度的烧结物以最快的降温速度通过 PTFE 的最大结晶速率温度范围,所得制品的结晶度低。慢速冷却时,制品的结晶过程能充分进行,所得制品的结晶度大,拉伸强度较大,表面硬度高,断裂伸长率小,但收缩率大。冷却速度对 PTFE 制品的结晶度和物理机械性能的影响如表 12-1 所示。

表 12-1 不同冷却速度对 PTFE 烧结制品的结晶性能和物理机械性能的影响

性能	慢速冷却 (空气冷却)	快速冷却 (液体淬火)	炉内缓慢 冷却	性能	慢速冷却 (空气冷却)	快速冷却 (液体淬火)	炉内缓慢 冷却
物料密度/(g/cm^3)	2~2.45	2.195	2.250	断裂伸长率/%	345~395	355~365	340~370
结晶度/%	65~80	65	85	抗张强度/MPa	350~360	305~315	350~365
成型收缩率/%	4~7	0.5~1	3~7				

实际上冷却速度受到制品尺寸的限制,由于 PTFE 导热性差,对大型制品,若冷却速度过快,会造成其内外冷却不均,引起不均匀的收缩,使制品存在较大的内应力,甚至出现裂缝。因此,大型制品一般不淬火,中小型制品可以较快速度冷却。

12.4 胶乳制品的加工

胶乳制品属橡胶制品的一种,其应用相当广泛。由于橡胶胶乳是一种胶体—水分散体系,其加工工艺与橡胶干胶的加工工艺截然不同。

12.4.1 胶乳工艺基本原理

胶乳制品的加工过程是使流动状态的胶乳转化为固态制品的过程,其间包括胶乳的配合、熟成、胶凝、成膜、硫化等工序。

12.4.1.1 胶乳的配合

胶乳的配合与干胶一样,通常要在其中加入各种配合剂,以改进工艺,降低成本,提高制品的性能。所不同的是要加入一些胶乳专用配合剂,如分散剂、稳定剂等。有关胶乳的配制工艺已在第 6 章中叙述。

12.4.1.2 胶乳的熟成

胶乳配入各种配合剂之后叫做配合胶乳。配合胶乳在使用前需要在适当的温度下放置一定时间,这种处理叫做熟成。胶乳的熟成能使胶乳胶体性质的变化逐步趋于稳定,凝胶、成膜等加工性能得到改善。另一方面，助剂在胶乳放置过程中必然逐步扩散进入胶乳粒子内部，它们能引起胶乳粒子内部的交联反应，同时可以缩短下一阶段硫化的过程。各种配合胶乳的熟成时间应根据具体情况而定。

12.4.1.3　胶乳的胶凝

胶乳从流动状态转化为凝胶状态使胶乳粒子之间相互结合形成疏松但不可逆的结构，这一过程称为胶凝。胶乳工艺中，根据产品的不同要求其胶凝方法也各不相同。最常用的胶凝方法有以下几种：

（1）离子沉积法（又称凝固剂法）　胶乳中的橡胶粒子一般带有负电荷，因此，可利用多价金属盐类和酸类溶液中离子的正电荷去中和，使橡胶粒子在模具上均匀沉积而胶凝。常用的凝固剂有氯化钙、氯化钡、硝酸钙、醋酸钙和醋酸、盐酸等。

（2）热敏化法　在胶乳中加入一种热敏化物质，使胶乳在常温下稳定，当温度升高到 $80 \sim 90℃$ 时，胶乳很快凝固。这类方法中，历史最久应用最广的是锌铵络合物法，即在胶乳中加入一定量的氧化锌与铵盐，使其在胶乳中产生锌铵络合物。此外，常用作热敏剂的有聚乙烯甲基醚、聚醚硫醚及聚乙二醇等。

（3）迟缓胶凝法（又称硅氟酸钠法）　将硅氟酸钠（Na_2SiF_6）的分散体加入胶乳中，水解生成氢氟酸（HF）和四氢氧化硅 $[Si(OH)_4]$，前者由于氢离子的中和作用而降低胶乳 pH，后者能吸附胶乳稳定剂，从而使胶乳凝固。硅氟酸钠在水中的溶解度较小，且水解速度缓慢，是缓凝固剂，加氧化锌可以加快胶凝作用。

（4）电沉积法　由于胶乳粒子带负电，在胶乳中设置两个与直流电源正负极相连的电极，通电后，胶乳粒子因被吸引即向阳极移动，并失去电荷而沉积在阳极表面，形成胶膜。

12.4.1.4　胶乳的成膜

胶乳的成膜一般有两种途径：一是胶乳受热后，水分逐渐蒸发，胶乳粒子逐渐相互直接接触与熔合，最终形成完整的胶膜；二是胶乳通过胶凝阶段产生凝胶，然后进一步脱水干燥形成胶膜，胶乳胶凝的方法如上所述。前者用于制造薄膜制品，后者用于制备较厚的胶乳制品。

胶乳的干燥直接成膜分为四个阶段：第一阶段水分不断蒸发，分散体浓度不断增加，胶乳粒子之间紧密排列并产生直接接触。第二阶段中，水继续从粒子间的空隙蒸发，球形胶乳粒子在相互接触后开始逐步变形，它们之间的接触变得越来越紧密。第三阶段中，胶乳粒子表面的保护层破裂，胶乳粒子的接触部位产生了聚合物与聚合物接触，最终形成膜。第四阶段，粒子内部的大分子链节与链段的运动导致了粒子之间高聚物的进一步自黏，从而保证了完整的胶膜形成。

12.4.1.5　胶乳的硫化

胶乳的硫化指橡胶在胶乳状态下进行硫化，硫化后的胶乳仍然保持胶体分散体系，其性质不稳定，需停留一定时间后才能使用。很多胶乳制品如浸渍制品、胶管、胶丝、注模制品及刮胶胶布等用硫化胶乳制造，其工艺性能和制品性能都比较好。

胶乳的硫化方法有硫磺硫化法、无硫硫化法、有机过氧化物硫化法和辐射硫化法。

胶乳工艺中有相当一部分制品不是通过硫化胶乳而是由配合胶乳直接成膜后再硫化，即使是硫化胶乳的成膜也往往需要成膜后再适当补硫。

12.4.2　胶乳制品的制造工艺

胶乳制品按制造工艺及性能分类主要有：浸渍制品、海绵制品、注模制品、压出制品、胶布制品、浸渗制品等。其中浸渍制品、压出制品、注模制品用得最多。

12.4.2.1 浸渍制品

胶乳浸渍制品是胶乳应用最早的一项技术，远在 18 世纪以前，就已用天然胶乳浸渍方法制造日用品。随着科学技术的发展，胶乳浸渍技术不断得到改进。

（1）浸渍用胶乳 浸渍用胶乳主要要求成膜性好。胶乳的浓度和黏度直接影响到浸渍胶膜的厚度和操作条件，应根据制品特点、工艺操作、温湿度等情况，适当加入稳定剂或增稠剂等。为改善胶乳的流动性和制品的柔软性，通常加入少量软化剂。

（2）浸渍方法 主要有直浸法、凝固剂法、热敏化法和电沉积法四种。直浸法是将模型直接浸入配合胶乳中，然后把模型上提、翻转、干燥。该法操作简便，每浸一次形成的胶膜很薄，可浸多次，减少针孔，适于生产避孕套等薄膜制品。凝固剂法（又叫离子沉积法）有两种，一种是在模型外层先浸上一层凝固剂，待凝固剂干燥后浸入胶乳中，胶乳迅速凝固在凝固剂的表面而形成胶膜；另一种是将模型先浸胶乳，然后再浸凝固剂，使模型上的胶乳很快凝固成膜，干燥后洗去凝固剂，再浸胶乳，反复几次达到所要求厚度为止。热敏化法即采用热敏化胶乳，模型先预热再浸入胶乳，然后在热空气中凝固定型。电沉积法所得胶膜致密，强度高，耐撕裂，伸长小，定伸强度高，工艺简便，适用于金属表面挂胶。

（3）基本工艺过程 浸渍制品生产工艺过程包括浸渍操作、沥滤、卷边、脱模、干燥和硫化、制品的表面加工等几个工序。

12.4.2.2 压出制品

胶乳压出制品是利用高位槽静压力或者在外加压力的作用下，使胶乳通过压出喷嘴得到实心或空心的凝胶，再经加工而成为制品。利用这种方法生产的制品主要有胶乳胶丝和医用输血胶管等。

生产胶丝的胶乳经配合后制成硫化胶乳，目的主要是降低凝胶的自黏性，便于操作，并改善物理性能。硫化胶乳在使用前应进行过滤，以防堵塞喷嘴。其工艺流程如下：

配合胶乳 → 硫化胶乳 → 压出 → 凝固 → 水洗 → 干燥 → 硫化 → 涂粉 → 盘卷 → 成品

胶丝的凝固过程不断消耗凝固剂，同时凝固过程又不断脱水稀释凝固剂，因此，必须不断补充凝固剂。

医用输血（液）胶管是用天然胶乳采取热敏化压出法制成。其工艺流程如下：

原料胶乳 → 硫化胶乳 → 热敏化胶乳 → 压出 → 沥滤 → 冲洗 → 预干燥 → 硫化 → 表面处理 → 干燥 → 成品

为了增加制品表面光滑程度，可对成品施以氯化处理。经氯化处理的胶管透明度较高，使用寿命延长。

12.4.2.3 注模制品

注模法的应用较广，如鞋靴、玩具、气象气球等都可用此法制造。它和浸渍法相反，浸渍制品成型于模型的外面，注模制品则成型于模型里面，模型内壁即产品的外部形状。

注模法适宜于加工表面形状复杂的制品，可大量使用填充剂，制造各种硬度的中空、实心制品，也可用来生产硬质胶制品。

制造空心注模制品时，可以将胶乳装满模型，待沉积到一定厚度时，将剩余胶乳倒出。也可以装入一定量的胶乳，旋转模型，使胶乳沉积成均匀厚度的胶膜。根据胶乳和模型的不同可分为两种方法：一是用热敏化胶乳倒入加热的金属模中，胶乳受热即凝固于模型内表面上；二是利用石膏模型能吸收配合胶乳的水分，而使胶乳凝固形成胶膜。

实心制品可用热敏化胶乳，或在胶乳中加缓凝固剂（硅氟酸钠），在模型内凝固，然后取出缓缓干燥，最后硫化成制品。

12.5　合成纤维的溶液纺丝

某些聚合物（如 PAN）在加热条件下，既不软化亦不熔融，只是在 280～300℃时才进行分解，所以不能以熔融状态来成型纤维，只能用溶液纺丝法（干法或湿法）来成型纤维。干法纺丝主要生产长纤维，湿法纺丝主要生产短纤维。目前，国内外大多采用湿法纺丝来生产 PAN 纤维（腈纶）、PVA 纤维（维尼纶）和 PVC 纤维（氯纶）的短纤维。

不论干法或湿法纺丝，都要先将高聚物溶解于溶剂中，配制成溶液，或者由均相溶液聚合直接制成高聚物溶液，然后进行纺丝。本节以 PAN 纤维生产为例来介绍溶液纺丝工艺。

12.5.1　腈纶短纤维的生产工艺

PAN 纤维可以用不同的溶剂来溶液纺丝，最常见的有机溶剂是二甲基甲酰胺、二甲基亚砜、碳酸乙烯酯等，也有用无机溶剂来溶液纺丝的，如硫氰酸钠、硝酸等。

以二甲基甲酰胺为溶剂的 PAN 的湿法纺丝工艺应用较多，此法的优点是溶剂的溶解能力优良，能制得浓度高的纺丝溶液，而且溶剂的回收也较简单。

虽然以硫氰酸钠水溶液为溶剂时的溶解能力较低，对设备腐蚀严重，溶剂回收工艺也较为复杂，但因为纺丝溶液是由丙烯腈在硫氰酸钠溶液中进行溶液缩合而直接获得的，这样可以简化工艺过程，实现聚合和纺丝连续化，降低成本。此外，硫氰酸钠价廉易得，消耗量低，因此，目前普遍采用。下面简单讨论采用硫氰酸钠为溶剂的腈纶湿法纺丝工艺。

以硫氰酸钠为溶剂湿法纺丝生产腈纶短纤维分为两个阶段，即聚合工段和纺丝工段。这里主要讨论纺丝部分。腈纶湿法纺丝工艺如图 12-9 所示。

由聚合釜所得的 PAN 硫氰酸钠水溶液，经过脱单体、混合、脱泡、过滤等纺前准备后，制得纺丝溶液，然后由纺丝计量泵定量压入烛形过滤器，并由喷丝头喷出。喷出的浆液细流在凝固浴中凝固成型为丝条，以成型的丝条在预热浴中进一步凝固脱水，并给予适当的拉伸，再在蒸汽加热下高倍拉伸，后经水洗、干燥、定型、卷曲、切断、打包等工序，制得纤维供纺织用。

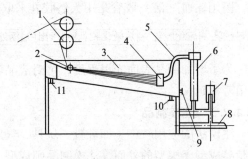

图 12-9　湿法纺丝工艺流程图

1—第一导辊　2—导丝辊　3—凝固浴槽　4—喷丝头
5—鹅颈管　6—烛形过滤器　7—计量泵
8—进浆管　9—凝固浴进口
10—液体放空管　11—凝固浴出口

12.5.1.1　腈纶湿法纺丝的主要设备

一般采用水平浴式纺丝机，其主要部件有以下几种。

（1）纺丝计量泵　其作用是定量地把纺丝溶液压入烛形过滤器，以保证纺成一定规格而且纤度均匀的纤维。常用的是齿轮泵，其结构原理同熔融纺丝泵相似。使用时转速不宜过高，一般为 20～25r/min，工作压力为 1.5～2.0MPa。

（2）喷丝头　喷丝头的作用是将准确计量过的纺丝溶液的总流，分成许多股细流，形成一定纤度的多根单纤维。这种分配是借助于分布在喷丝头上的许多孔眼来完成的，孔数和孔径的大小对纺丝的条件以及对纤维的物理机械性能等有很大的影响。腈纶短纤维生产用的喷丝头一般为圆形组合型喷丝头，即由 12 个2000 孔的小喷丝头组合而成 24000 孔的一个大喷丝头（见图 12－10）。喷丝头孔径大小决定于纺丝的方法、纺丝溶液的组成和黏度以及单纤维所要求的纤度，通常湿法纺丝所用的喷丝头孔径是 0.06～0.12mm，腈纶生产上常用 0.08～0.1mm，随纤维的纤度（旦数）增加，孔径增大。

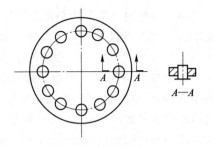

图 12－10　组合喷丝头组装示意图

（3）烛形过滤器　在纺丝泵和喷丝头之间连接有烛形过滤器，其作用是在纺丝溶液流向喷丝头之前再进行一道纺前过滤。它的结构如图 12－11 所示。纺丝溶液由纺丝泵压入烛形过滤器的内芯，并通过过滤材料，滤液集中于过滤器的外壳，然后沿鹅颈管进入喷丝头。

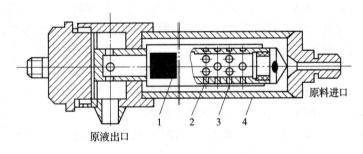

原料进口

原液出口

图 12－11　烛形过滤器（切面图）

1—滤布　2—通液小孔　3—滤芯　4—烛形过滤器外壳

12.5.1.2　纤维的成型

纺丝原液经喷丝孔压出而成细流，并在一定介质中凝固成细条。纤维的凝固成型是一个较为复杂的过程，如图 12－12 所示。

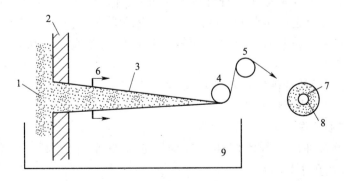

图 12－12　湿纺成型示意图

1—纺丝溶液　2—喷丝孔处截面　3—凝固的单纤维　4、5—绕丝导轮

6—截面线　7—截面 6 处纤维内层　8—截面 6 处纤维外层　9—凝固浴

　　湿法纺丝时一般都用制备纺丝原液时所用溶剂的水溶液作为凝固浴。从喷丝头喷出的细流中，NaSCN 含量为 44% ~ 45%，而凝固浴中 NaSCN 含量一般为 10% ~ 12%，这一浓度的差异就导致了"双扩散"现象的进行，即纺丝溶液细流中的 NaSCN 不断地向凝固浴内扩散，同时凝固浴中的 NaSCN 也会向细流中扩散，由于纺丝溶液细流中的 NaSCN 浓度远高于凝固浴中 NaSCN 的浓度，所以 NaSCN 分子由细流向外扩散进入凝固浴中的机会远远多于从凝固浴向细流内部扩散的机会。"双扩散"的结果是使纺丝溶液细流内的 NaSCN 浓度不断降低，这就使原来溶解在硫氰酸钠中的 PAN 失去了溶解性能，大分子逐渐相互凝聚靠拢，并将部分水分排挤出体系之外，细流变成纤维。

12.5.1.3　影响纺丝的因素

　　影响纺丝过程及纤维质量的因素是多方面的，主要有如下几种。

　　（1）纺丝溶液　纺丝溶液对纺丝有重大的影响，这里涉及"可纺性"问题。影响"可纺性"最主要的因素是纺丝溶液的黏度，溶液的黏度与聚合物的相对分子质量及溶液中聚合物的浓度有关，溶液必须在一个适当的黏度范围内才具有"可纺性"。纺丝溶液的均匀性也会影响"可纺性"，若不均匀，会引起喷丝头堵塞和纺丝断头。过滤不好，有机械杂质，也有同样影响。另外，纺丝溶液脱泡程度不高则会引起成型中的单丝断裂，从而产生毛丝等。

　　（2）凝固浴　纤维的成型过程实际上是纺丝原液的凝固，所以凝固液的性质直接影响纺丝过程。凝固浴中 NaSCN 的浓度影响纤维的凝固速度及纤维的质量。凝固浴浓度太低时，由于增加了纺丝溶液细流内外的浓度差，溶剂扩散速度很快，凝固过程激烈，使细流表面溶剂迅速扩散而形成很厚的皮层，会成为丝条内部溶剂继续向外扩散的阻力，影响纤维的凝固成型；如凝固浴浓度太高，则影响 NaSCN 的"双扩散"速度。凝固浴温度过高时，凝固作用过于剧烈，会造成纤维结构疏松；温度太低，成型太慢，易产生并丝和断头。凝固浴的浸长太短，丝条不能充分凝固，浸长太长，则纤维凝固"过头"。

　　（3）纺丝速度　湿法纺丝的喷丝速度是很缓慢的，而且要求喷丝速度大于纤维凝固后出凝固浴的速度，即丝条在凝固浴中是松弛前进的，这样能使大分子在凝固过程中少受干扰，自由凝聚，可得结构紧密、排列均匀的纤维。

12.5.1.4　纤维的拉伸

　　腈纶短纤维的拉伸一般分两步进行。第一步是预热拉伸，纤维凝固后，自凝固浴出来进入预热浴，纤维在预热浴中进行预热拉伸。预热浴是含 3% ~ 4% NaSCN 的水溶液，浴温为 50 ~ 55℃。在这个阶段里，纤维在受热和湿的作用下拉伸，大分子增加了活动性，取向度有所提高，并且进一步脱盐、脱水，发生体积收缩，丝条直径变小，结构也变得紧密一些。第二步是蒸汽拉伸，纤维在蒸汽拉伸器内（蒸汽压为 0.2MPa）受到较大的拉伸。

　　生产上一般要求总拉伸倍数为 7 ~ 10 倍，其中蒸汽拉伸 4.5 ~ 6.5 倍。通过二次拉伸后，纤维的成型结束，接着进行后处理。

12.5.1.5　纤维的后处理

　　经凝固成型及拉伸后的纤维内还含有少量的 NaSCN，必须进行水洗，除去残留的 NaSCN，其量应控制在 0.1% 以下。

　　为了增加纤维的柔软性，同时消除静电，水洗之后的纤维要上油处理，而后进入干燥室定型。通过干燥，纤维的湿含量大大降低，纤维结构中的空洞消失，长度和直径都有所收缩，从本质上改善了纤维的物理机械性能。

但是，干燥后的纤维，其收缩还不够充分，在沸水中还有 6% ~8% 的收缩。因此还要用热板定型机进行热定型。定型后的纤维在沸水中的收缩可降到 4% 以下，纤维的勾结强度、延伸度有所提高，弹性有所改善，从而大大提高了实用价值。

此外，为了使腈纶纤维具有羊毛的卷曲形状，以增加纤维的抱合力，定型后的纤维还需进行卷曲，最后切断成短纤维。

12.5.2 腈纶长纤维的生产工艺

合成纤维的干法纺丝，主要用来制造长纤维。在干纺过程中，高聚物溶液在空气中（或惰性气体中）蒸发去除溶剂而成丝，要求溶剂有适宜的沸点。采用沸点较低的溶剂时，由于溶剂挥发太快，造成纤维成型不良；采用沸点较高的溶剂则不易蒸发，若提高纺丝套筒的温度，纤维易发生热变形，也是不适宜的。

干纺的主要优点是纤维的柔性、弹性、耐磨性较好，脆性较小，溶剂回收过程较为简单，可用冷凝法来回收。

纺丝溶液的制备同湿法纺丝相同，但干法纺丝溶液浓度较湿法纺丝溶液浓度高，如 PAN 湿纺浓度一般是 15% ~20% ，而其干纺浓度为 26% ~30% ，浓度高的纺丝溶液在溶剂挥发时便立即硬化成为纤维，不再发生黏结现象。高浓度的纺丝溶液只能用相对分子质量较低的聚合物来制成。

PAN 纤维长丝干法纺丝的工艺流程见图 12 -13。采用相对分子质量 5 万以下的 PAN 树脂，以二甲基甲酰胺为溶剂，配制成 30% 的纺丝溶液，干纺在干法纺丝机里进行（图 12 - 14）。纺丝溶液经齿轮泵压送至纺丝机的顶部，经过烛形过滤器进行最后一次过滤后，进入电加热器，在此升高纺丝溶液的温度以降低其黏度，然后进入喷丝头。由喷丝头喷出的细丝进入有夹套加热的纺丝套筒，加热介质用联苯 - 联苯醚或高压蒸汽，使套筒内的温度控制在 165 ~180℃ ，由喷丝头四周吹入的热空气将细丝吹送下行，细丝中的二甲基甲酰胺受热挥发，被气流带走，细丝则干燥而成纤维。

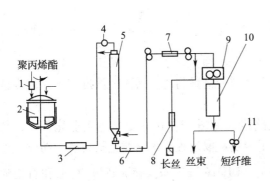

图 12 -13 干法纺丝工艺流程图
1—储槽 2—溶解釜 3—过滤器 4—计量泵
5—纺丝甬道 6—洗涤槽 7—拉伸浴槽
8—干燥热定型（长丝） 9—卷曲机
10—干燥热定型（丝束） 11—切断机

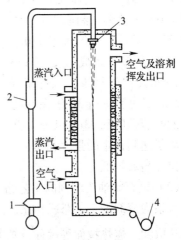

图 12 -14 干法纺丝示意图
1—纺丝泵 2—过滤器 3—喷丝头
4—卷绕筒

纤维由套筒出来后，即在蒸汽或热空气中拉伸，而后进行上油、加捻、热定型、卷绕而成长丝。

12.5.3　合成纤维的冻胶纺丝法

合成纤维冻胶纺丝是先制备 2% ~ 15%（质量分数）浓度的聚合物溶液，然后将该溶液经喷丝头挤入温度不高于室温的气体或液体介质中冷却，生成冻胶状初生纤维；初生纤维先经萃取再进行高倍热拉伸，或者不经萃取而直接进行高倍热拉伸，最终得到含有伸直链晶体结构的超高强纤维。这种纺丝法的关键是：要有超高分子量的高聚物（如要求 PE 的 $\overline{M}_w \geqslant 10^6$）；以大分子链缠结作用最少的稀溶液纺制成具有大分子链缠结作用最少的未取向冻胶初生纤维；用较大的温度梯度，大量地除去溶剂和减少自由体积的热拉伸工艺，使冻胶纤维内的大分子链缠结网络结构转变为高度取向、充分伸直的结晶结构。冻胶纺丝法是 Zwick 在 1967年首先提出，用于解决拉伸高分子量化学纤维时产生的大分子链缠结问题的一种纺丝方法。1979 年被 Smith 和 Lemstra 用于超高分子量聚乙烯（UHMWPE）纺丝，并获得超高强纤维。

12.5.3.1　冻胶纺丝加工技术

冻胶纺丝法类似于干湿纺丝法，但两者仍有差别。与湿纺相比，冻胶纺丝的不同之处在于：冻胶纺丝时，纺丝原液中溶剂的作用是为了减少大分子链之间的缠结作用，所以溶液的浓度不宜太高；冻胶纺丝时，挤出的丝条在冷却介质中只发生热量交换，而不像湿纺时那样发生质量交换，纤维中的溶剂主要是通过萃取和热拉伸过程除去。根据使用的溶剂不同，可以将冻胶纺丝 - 热拉伸法分为两种工艺路线。

（1）以十氢化萘为溶剂的工艺路线　本工艺简要流程如图 12 - 15 所示。将 UHMWPE（$\overline{M}_w = 1.5 \times 10^6$）粉末、十氢化萘溶剂和 0.1%（质量分数）抗氧剂（如 2，6 - 二特丁基 - 对甲酚）一同加入溶解釜中，在 N_2 保护和 150℃下溶解，制成 2%（质量分数）浓度的 PE 纺丝液，该溶液于 130℃下，被挤入室温水浴冷却，制成含溶剂 98%（质量分数）的冻胶初生纤维，该纤维在 120℃下以 $1s^{-1}$ 的应变速率进行 30 倍左右的拉伸，成品

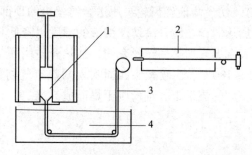

图 12 - 15　冻胶纺丝 - 热拉伸法流程图
1—高聚物溶液　2—热箱
3—湿纤维（初生纤维）　4—冷却水浴

纤维的断裂强度约 33cN/dtex、模量约 1000cN/dtex，断裂伸长率 6%，熔点 145.5℃。

为了达到预定的强度和模量，冻胶纤维所需的拉伸倍数与纺丝溶液的浓度有关。浓度越大，拉伸倍数越低。

（2）以石蜡油为溶剂的工艺路线　本工艺路线（见图 12 - 16）更接近工业化生产，与以十氢萘为溶剂的工艺路线相比，流程中增加了溶剂萃取过程。该路线包括溶解、纺丝、冷却、萃取和二道热拉伸等过程，基本生产过程是：UHMWPE（$\overline{M}_w \geqslant 5 \times 10^5$）粉末和石蜡油按一定比例加入第一混合釜中，边搅拌边升温至足够的温度后，形成一种浆液，然后输送入第二混合釜中继续溶解，形成浓度为 6% ~ 10% 的均匀溶液。纺丝液脱泡后，经螺杆挤压机、计量泵、喷丝头和一段空气层而进入冷却水槽，形成冻胶状初生纤维。冻胶纤维经过溶剂萃取、干燥和二道热拉伸后成为成品纤维。

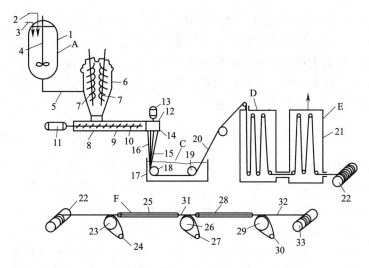

图 12 - 16　高膜高强 PE 纤维生产工艺流程图

1—第一混合釜　2—UHMWPE 粉末加入　3—石蜡油加入　4—搅拌桨　5—输送管　6—第二混合釜
7—搅拌器（带有螺旋桨片）　8 ~ 10—旋杆挤压机　11—马达　12、13—计量泵　14—喷丝板
15—空气层　16—丝束　17—冷却槽　18, 19, 22 ~ 24, 26, 27, 29, 30—导丝辊
20—冻胶纤维　21—干燥装置　25—第一热拉伸管　28—第二热拉伸管
31, 32—拉伸纤维　33—卷绕筒

在上面介绍的两种工艺路线中，纺丝速度都比较低，一般只有 1 ~ 7.5m/min，当纺丝速度提高到 10m/min 时，强度和模量都大幅度下降。

12.5.3.2　冻胶纺丝纤维的结构与性能

采用冻胶纺丝 - 热拉伸法纺制的 PE 纤维具有很高的强度和模量，这主要归功于冻胶纤维内的串晶（Shish - Kebab）结构和高倍热拉伸工艺。

Shish - Kebab 结构具有伸直链晶体的中心线，中心线周围间隔地生长着折叠链晶片，同时具有伸直链和折叠链两种结构单元的多晶体。因此，冻胶纤维具有熔点和强度高的特点，可以承受高倍热拉伸时较大的应力作用。冻胶纤维从 10 倍以上的拉伸起，结构中开始出现稳定的伸直链晶体结构，并随着拉伸倍数的进一步提高，纤维中的伸直链晶体含量增加，当拉伸 30 倍以上时伸直链晶体的含量已相当可观了，此时成品纤维的强度可达 30cN/detx 左右。除了具有非常突出的力学性能以外，由于其化学结构上的特点，超高强 PE 纤维还有优良的化学稳定性、抗磨损性、抗紫外线等辐射性和耐低温性。几种高强纤维的物理性能列于表 12 - 2。

表 12 - 2　　　　　　　　　　几种高强度纤维的基本物理性能

纤维品种	超高强 PE	芳香族聚酰胺	碳纤维		帘子布纤维	钢纤维	玻璃纤维
			高强型	高模型			
密度/（g/cm³）	~0.98	1.4 ~ 1.5	1.7 ~ 1.9	1.7 ~ 1.9	1.1 ~ 1.4	~ 8	2.5
拉伸强度/（N/tex）	2.64 ~ 4.84	~ 1.76	1.36 ~ 1.76	0.96 ~ 1.2	0.72 ~ 0.8	~ 0.32	1.28 ~ 1.68
材料拉伸强度/GPa	2.55 ~ 4.71	~ 2.84	2.75 ~ 3.43	1.96 ~ 2.45	0.98 ~ 1.08	~ 2.75	3.43 ~ 4.61
材料拉伸模量/GPa	68.7 ~ 127.5	58.9 ~ 127.5	196.2 ~ 245.3	343.4 ~ 392.4	4.91 ~ 11.77	~186.4	72.6 ~ 85.3
伸长/%	2 ~ 5	2 ~ 4	1 ~ 1.5	0.5	13 ~ 19	~ 2	5 ~ 5.5

　　用冻胶纺丝－热拉伸技术纺制的超高强 PE 纤维，具有独特的力学性能、化学稳定性和耐低温性，由于它不需要采用任何化学反应和复杂的加工方式，只需经过简单的冻胶纺丝方法，即可大幅度地改善柔性分子链合成纤维的力学性能，所以已充分显示出了优越性，越来越受到人们的重视。随着某些工艺问题的逐步解决，冻胶纺丝－热拉伸技术将会有突破性的进展，超高强纤维的需求量也将日益增长。

12.5.4　合成纤维的干－湿法纺丝

　　干纺是化学纤维溶液纺丝法的一种，将某些高分子化合物用沸点低而易挥发的溶剂制成纺丝溶液，由喷丝头的细孔压入热空气中，因溶剂急速挥发而凝固成纤维。将干法纺丝与湿法纺丝的特点结合起来的化学纤维纺丝方法，又称干－湿法纺丝，简称干湿纺。纺丝原液从喷丝头压出后先经过一段空间（3～30mm），空间内的气体可以是空气或其他惰性气体，然后进入凝固浴。采用干湿纺时，原液细流能在空气中经受显著的喷丝头拉伸，拉伸区长度远超过液流胀大区的长度。在这样长距离内发生的液流轴向形变，速度梯度不大，实际上在胀大区没有很大的形变。因此，采用干湿纺时可提高喷头拉伸倍数和卷纱速度。干湿纺的纺丝速度可达 600～1200m/min，远比湿纺为高，而且可以使用孔径较大（$\varphi = 0.15～0.3mm$）的喷丝头。而纺丝原液的浓度和黏度则可以像干纺时那样高，采用干湿纺还能较有效地控制纤维的结构形成过程。干纺时，因受溶剂的挥发速度所限，液流的凝固速度往往很慢。干湿纺时，正在被拉伸中的液流进入凝固浴，凝固速度和纤维结构可借调节凝固浴组成和温度而在很宽的范围内改变。干湿纺虽兼具干纺和湿纺的优点，但液流容易沿喷丝头表面漫流，这种现象与高聚物溶液的黏弹性、表面张力、喷丝孔几何形状和挤出液流的形变速度有关。干湿纺现已用在聚对苯二甲酰对苯二胺纤维、聚间苯二甲酰间苯二胺纤维、聚对苯撑苯并二噁唑纤维等生产中。

12.5.4.1　聚对苯二甲酰对苯二胺（PPTA）纤维成型

　　PPTA 不溶于有机溶剂，但可溶解于浓硫酸。在 $PPTA/H_2SO_4$ 溶液体系中，质量分数为20% 的溶液在 80℃ 下从固相向列型液晶相转变，到 140℃ 时又向各向同性溶液相转变。因此，PPTA 的液晶纺丝喷丝板的温度必须控制在 80～100℃，而且为了使液晶分子链通过拉伸流动沿纤维轴向取向，必须具有足够高的纺丝速度。要满足这两个要求，采用在喷丝板与凝固浴之间设置空气层的干湿法纺丝最为有利，如图 12－17 所示。凝固浴的凝固剂（水）温度希望控制得较低（0～4℃），以利于 PPTA 大分子取向状态的保留和凝固期间纤维内部孔洞的减少，空气层的存在允许高温原液和低温凝固浴的独立控制，可以使水温与纺丝温度之间保持较大的温差，同时也有利于提高纺丝速度。利用这一工艺制造出的纤维强度和初始模量比传统纺丝法高 2～4 倍。

　　干湿法纺丝中聚合物分子取向机理如图 12－18 所示。各向异性的液晶溶液从喷丝板的细孔中挤出时，由于细孔的剪切作用，液晶区在流动的方向上取向，因为溶液的出口膨胀，细孔中出口处液晶区的取向略有散乱，然而这种散乱在空气层隔层随纺丝张力引起的长丝变细而迅速恢复正常。变细的长丝保持高取向分子结构被凝固，从而形成高结晶、高取向性的纤维结构，使纤维具有优良的力学性能，而不需要对其进行后拉伸就可使用。PPTA 卷绕丝经过高温紧张热处理，可以进一步提高结晶度。

12.5.4.2　聚间苯二甲酰间苯二胺（PMIA）纤维成型

　　PMIA 的纺丝成型可以采用干法纺丝、湿法纺丝、干湿纺和热塑挤压法。前两种方法已

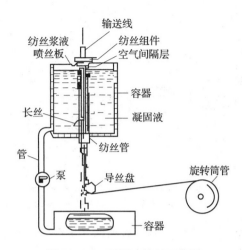

图 12 - 17　干湿法纺丝工艺图

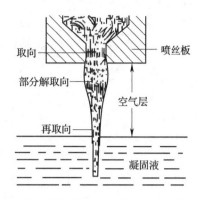

图 12 - 18　干湿法纺丝过程中的分子取向模型

实现工业化，Nomex 是按干法制得的，Conex 是由湿纺法生产的，苏联的 Fenilin 是用热塑挤压法生产的，干湿纺由美国孟山都公司申请了专利。

（1）干法纺丝　干法纺丝的流程为将低温溶液缩聚，然后用氢氧化钙中和，得到约含 20% 聚合物及 9% $CaCl_2$ 的黏稠液，经过滤后加热到 150 ~ 160℃ 进行干法纺丝，得到的初生纤维因带有大量无机盐，需经多次水洗后在 300℃ 左右进行 4 ~ 5 倍的拉伸，或经卷绕后的纤维先进入沸水浴进行拉伸、干燥，再于 300℃ 下紧张处理 1.1 倍。干法纺丝产品有长丝和短纤维两种。

（2）湿法纺丝　湿法纺丝的纺丝原液由界面聚合得到的聚合物粉末再重新溶解于溶剂或由溶液聚合直接取得，此纺丝原液的助溶剂盐的含量通常在 3% 以下，纺丝原液温度控制在 22℃ 左右，原液进入密度为 1.366 g/cm^3 的含二甲基乙酰胺和 $CaCl_2$ 的凝固浴中，浴温保持 60℃，得到的初生纤维经水洗后在热水浴中拉伸 2 ~ 3 倍，接着再进行干燥，干燥温度为 130℃，然后在 320℃ 的热板上再拉伸约 1.5 倍而制得成品。产品主要为短纤维，有以下几个品种：普通短纤维、原液染色短纤维、毛条短切纤维和高强度长丝。高强 PMIA 纤维的湿法纺丝流程为：

浆液──→凝固浴──→洗涤──→第一次湿拉伸──→第二次湿拉伸──→干燥──→干拉伸──→后处理

这样制得的纤维抗张强度最高可达 8.4 ~ 9.2cN/dtex，伸长率 25% ~ 28%，300℃ 时的热收缩为 5.6% ~ 6.0%。高强 Nomex 的纤维性质与其超分子结构中的高结晶以及高取向是分不开的。高强 Nomex 的结晶度高达 50% ~ 53%，结晶尺寸较小为 37 ~ 41 埃，结晶取向度为 92% ~ 94%，而普通纺纤维的结晶度为 41%，结晶尺寸为 48 埃，结晶取向度为 88%。

（3）干湿法纺丝　美国孟山都公司综合干纺和湿纺的优点，提出了干湿纺的工艺概念，其流程如图 12 - 19 所示。采用这种工艺，纺丝拉伸倍数大，定向效果好，耐热性高。如湿纺纤维在 400℃ 以下热收缩率为 80%，而干湿纺纤维小于 10%，湿纺的零强温度为 440℃，干纺为 470℃，而干湿纺可提高到 515℃。

12.5.4.3　聚对苯撑苯并二噁唑（PBO）纤维成型

PBO 与 PPTA 同属于溶致性液晶高分子聚合物，PBO 纤维的纺制方法原则上类似于对位芳纶（Kevlar 纤维）的液晶纺丝技术 - 干湿纺。

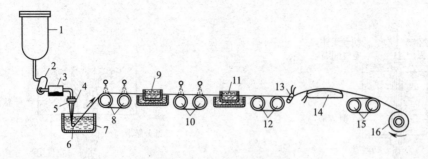

图 12 – 19　干湿法纺丝流程图

1—浆液储桶　2—计量泵　3—过滤器　4—喷丝组件　5—喷丝帽　6—导丝辊　7—凝固浴　8—第一导辊
9—热水拉伸浴　10—喷淋拉伸辊　11—整理浴　12—干燥辊　13—加热销　14—热管　15—拉伸辊　16—绕丝筒

　　纺丝可选用的溶剂有多聚磷酸（PPA）、甲磺酸（MSA）、MSA/氯磺酸、硫酸、三氯化铝和二氯化钙/硝基甲烷等，一般多选用 PPA 为纺丝溶剂。PBO 在 PPA 溶剂中的质量分数通常调整在 15% 以上，采用干喷湿纺液晶纺丝装置。80～180℃的纺丝浆液通过喷丝孔进入空气层中形成长丝条，干纺区空气层高度随纺丝孔数不同而不同，通常约 1m。空气层温度为50～100℃，空气层的流速应足以均匀地降低液晶细流的温度。喷丝孔径为 0.13～0.2mm（多孔纺丝，孔密度应大于 2 孔/cm^2）或 0.25 mm（单孔纺丝）。纺丝过程中，当丝束在稍有拉伸时，纺丝浆液在纺丝的挤出应力下很容易实现高度的沿应力及纤维长轴的分子链取向，形成刚性伸长原纤结构。挤出丝条进入 PPA 水溶液凝固浴中再凝固成型、水洗，在一定的张力下干燥并经 500～600℃的高温热处理，以定性微纤结构，并消除微纤间的空隙，使结构更加紧密，结晶更趋于完整。纤维的卷绕速度一般为 100～200 m/min，拉伸比控制在 11～20（多孔纺丝）或 20～40（单孔纺丝）。如此可得到强度为 37cN/dtex，模量约为1370cN/dtex，表面呈金黄色金属光泽的 PBO 纤维。

12.6　静 电 纺 丝

　　随着纳米技术的发展，有关纳米纤维的报道近几年来迅速增加。纳米纤维的人工制造在近十年才开始得到了科学界和产业界的广泛重视，成为纳米材料研究的热点之一。近年来，发展了许多制备纳米纤维的方法，如牵伸、模板聚合、相分离、自组装、静电纺丝等。牵伸工艺类似于纤维工业中的干法纺丝，该法能制得很长的单根纳米纤维长丝。可是，只有那些能够承受巨大的应力牵引形变的黏弹性材料才可能拉伸成纳米纤维。模板聚合，顾名思义是用纳米多孔膜作为模板，制备纳米纤维或中空纳米纤维，这种方法的主要特点在于可仿制不同原料，如导电聚合物、金属、半导体、碳素纳米管和原纤，然而，采用该方法不能制备连续的纳米长纤维。相分离过程包括溶解、凝胶化、溶剂萃取、冷凝和干燥，最终得到纳米多孔泡沫，该方法需要花费相当长的时间使固体聚合物转化成纳米多孔泡沫。自组装是一种过程，将已有的组分自发地组装成一种预想图案和功能。可是，与相转移方法相似，自组装过程非常耗时。而静电纺丝工艺是目前唯一能够直接连续制备聚合物纳米纤维的方法。

　　静电纺丝的简单装置如图 12 – 20 所示，主要由四个部分组成：高压静电输出设备、施加压力的注射器、喷射装置和接地收集板。高压电源一般采用输出电压范围为 0～50kV 的直流高压静电发生器来产生静电场。溶液储存装置可以是专门的储液管或使用一次性注射器，当溶液储存装置是储液管时，则需要在溶液或熔融液中插入一个金属电极，该电极与高压电源相连，使液体带电。当溶液储存装置是注射器时，喷射装置一般选用内径为 0.5 ~ 2mm 的一次性注射针头或毛细管，其前端的针头与高压电源正极相连作为阳极，接地的接收装置与负极相连作为阴极。

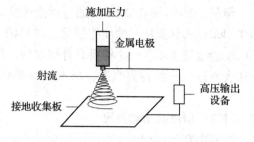

图 12 - 20　静电纺丝装置示意图

对静电纺丝的深入分析涉及物理学、电流体动力学、流变学、空气动力学、湍流、固液表面的电荷运输、质量运输和热量传递等学科领域。但其影响因素主要包括以下几个方面。

① 纺丝液的性质：黏度、表面张力、电导率、溶剂挥发性等；

② 加工参数：溶液浓度、进料速度、电场强度、喷针直径、接受距离等；

③ 环境参数：温度、湿度以及空气的流动等。

大量的研究表明，影响纤维直径的最直接因素是纺丝液的黏度，黏度越高，纤维直径越大。另外，电场强度也是主要因素之一。当外加电场较小时，纺丝液大部分都是球形液滴，含少量的小纤维，电场强度增大时，可以获得完整的纤维型结构，电场强度进一步增大后纤维的尺寸逐步变小，排列更加紧密。因此在电纺过程中，电场强度的提高使得喷射流表面电荷密度增加、经典排斥力提高、喷射流获得更大的速度，从而纤维承受了更大的拉伸应变速度，纤维直径随之减小。电场强度主要靠外加电压和接收距离来控制。

目前，静电纺丝工艺也是制备生物支架材料的最有效方法之一，许多生物材料都已经被纺成了纳米纤维，包括合成聚合物如聚左旋乳酸（PLLA）、聚己内酯（PCL）和它们的共聚物（PLLACL）；天然聚合物如胶原蛋白（Collagen）、甲壳素（Chitin）。

12.6.1　静电纺丝成型分析

12.6.1.1　流体充电及泰勒锥的形成

在静电纺丝中，流体由于接触功效和流过一个高电压（正或负）的电极而产生电荷，这种电荷称为感应电荷，且在静电纺丝过程中这些感应电荷集中在聚合物射流的表面。依靠流体的本性和所加电压的极性，自由电子、离子或离子对都可能在流体中产生电荷携带者，电荷携带者对溶液中的杂质很敏感。

由感应效应产生的离子及离子对造成了一个双电层的产生。在没有流动时，双层的厚度取决于离子在流体中的移动性，在有流动时，流体的对流可能把离子带离电极，而双层则不断地得到补充。静电纺丝中的流体电荷是典型的射场控制，感应电荷通常适合导电率在 10 ~ 2S/m 的流体，因此静电纺丝的液体必须具有带电的离子。对于绝缘流体如碳氢化合物和高聚物流体，通过使用两个电极，其中一个状如针头，将电荷直接注入流体，就像静电推进器一样。

液滴受挤出胀大效应和电场力等作用形成泰勒锥。由静电纺丝过程中液滴的最初形状可知，在毛细管顶端的液滴为凸形的半球状。Taylor 在 1964 年通过大量关于流体力学与动力学的相关计算以及高分子溶液的实验研究，得出了在静电纺丝过程中，对这种半球状的液滴施加电压，液滴表面的曲率半径将慢慢变化，当施加的电压达到临界值时，液滴转变为圆锥形，理论上的锥形半角为 49.3°。

　　但是，Yarin 等在 2001 年通过理论计算和实验验证，发现 Taylor 锥具有自相似性，且得出 Taylor 锥形状服从双曲线的形状。同样的，Suvorov 等利用带电金属液体流在静电场作用下的实验也证实了 Taylor 锥具有自相似性，从而得到了不同的结果，随着电压的不断加强，流体表面达到一种临界状态，虽然该临界状态轮廓仍为锥形，但是锥角为 33.5°，而不是 49.3°。

12.6.1.2　射流的运动情况

　　在静电纺丝过程中，射流的运动受到的力主要有电场力、表面张力、重力、内部黏滞力等。实际上喷丝过程还有空气阻力、电荷互斥力等较弱的影响因素。随着喷丝的进行，溶剂挥发或熔融体固化，其中部分因素不断发生变化，喷丝表现出非稳定性，它们会弯曲然后变成一系列环形，并且越接近接收板，环形的直径越大，喷丝越细。

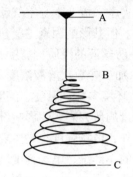

　　在静电纺丝时，固定其他条件，随着电压的升高，液滴受到的电场力增大，Taylor 锥的形状发生变化，并且有不稳定的脉动出现，形成射流。在喷头和接收板之间，射流的运动有稳定和不稳定两种形态，如图 12－21 所示。当带电射流从 Taylor 锥喷出后，在强电场中加速运动，因而逐渐细化，一定条件下，可能形成比较稳定的射流（图 12－21 中 AB 段）。但是飞行一段距离后，也可能出现不稳定现象（图 12－21 中 BC 区域）。

图 12－21　静电纺丝过程中
射流的运动形态

12.6.2　纤维的收集

　　静电纺丝纤维的收集是一个比较复杂的过程，由于在收集之前，纺丝射流处于三维运动（图 12－21 中 BC 区域），因此收集到的纤维大部分不具有特定的纺织结构。因为只有单根的或者同轴向的纤维才具有广泛的工业价值，所以研究者就通过改变纤维的收集装置来不同程度地解决这个问题。

　　最早的静电纺丝接收装置主要采用简单的带有导电纸（一般为铝纸）的平板接收，由于接收装置固定，所以仅能得到无序排列的微/纳米纤维毡的产品，加上纤维的直径太小，性能和结构都比较差，大大地限制了纳米纤维的应用，仅适用于加工类似无纺毡的材料。为了实现静电纺丝纳米纤维特定取向结构和形态的可调控性，世界各国的科学研究者对接收装置进行了很多的改进，从而为进一步推广静电纺丝纳米纤维的应用提供了坚实可靠的依据。目前，一般有四种类型的静电纺丝接收装置可以得到具有一定形态的纳米纤维聚集体。

　　（1）平行电极接收装置　利用可操控的电场来控制静电纺丝喷射流的运动方向［图 12－22（a）所示］。这种装置是利用两个平行的电极来收集到有序排列的纳米纤维，装置简单，可以比较容易地得到高度取向排列的纤维，且收集的取向纤维也比较容易转移到其他基板上，缺点就是收集到的纤维长度比较短，并且一个纺丝过程只能得到一个长度的纤维，还有一点就是收集纤维的厚度难以控制。利用这个原理，将接收装置改用十字架的电极［图 12－22（b）所示］可以得到按照预先设计图案排列的纤维，但是在整个纤维聚集体上收集到的纤维排列形式并不一样，而是随着电极位置距离的不同而不同，限制了纳米纤维的应用。

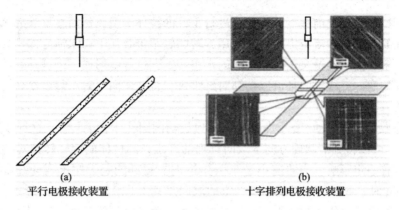

| (a) | (b) |
| 平行电极接收装置 | 十字排列电极接收装置 |

图 12 - 22　可操控静电纺丝喷射射流运动方向的收集装置

（2）水浴收集装置　水浴装置（图 12 - 23 所示）一改传统的用固体在空气中收集纤维的方式，而是用水等液体来收集静电纺纤维，这是一个很大的改进。这种收集方式是静电纺纳米纤维毡首先沉积到水浴的表面，然后把纤维毡拉到水槽的边沿，用旋转圆滚来接收纱线，装置不仅简单，而且可以收集到比较长的纱线，纤维在纱线里一般有很好的排列。

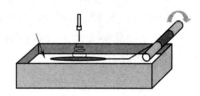

图 12 - 23　水浴收集纱线装置

也有采用水相沉积的方法制备连续的静电纺纳米单纤维。纳米单纤维的成形原理是：从喷丝头出来的溶液射流在电场的作用下形成纤维，继而落到水面并沉积到水中，然后通过拉伸、卷绕到以一定速度旋转的辊筒上，如果辊筒的转速控制合适便可获得单纤维。采用这种方法所得纤维一般具有传统纺丝技术所制备的纤维化结构。

还有一种动态水浴的接收装置（如图 12 - 24 所示），作为接收装置中的水是流动的，在上面的水浴装置中插入一根导线，用来转移走水表面的残留电荷，且底部有个直径约为 5mm 的洞，里面的水经过这个小洞可以流到下面与其垂直的水浴中，这样在上面的水浴装置内形成旋涡，这种旋涡能够带动落于表面的纤维一同旋转，在旋转离心力和水流牵引的作用

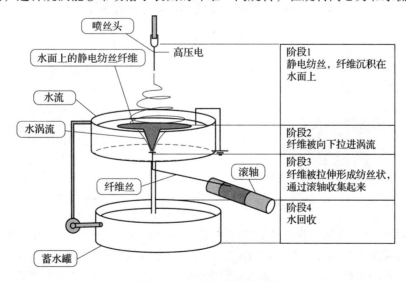

图 12 - 24　动态水浴装置

下，可以在不拉断纤维的前提下，对纤维进行很好的拉伸牵引，然后在旋涡底部汇集成一条纱线，从池底的洞里随水流流出，下面则用旋转的辊子接收从上面水池底部出来的纱线。而下面的水浴装置中的水又被泵送回到上面的水浴装置，这样就形成一个循环系统。这种方法能够制得连续的取向纤维，而且可以自动对纤维进行拉伸取向，对于静电纺丝纱线的制取是一种比较好的方法。

（3）动态收集装置　动态的收集装置有高速旋转的圆柱体收集装置，这种装置［图12-25（a）所示］可以得到沿圆周方向上取向排列的纤维。圆柱体的旋转转速对收集到的胶原质纤维的排列有一定影响，当转速小于500r/min时，得到的是无序排列的纤维，当转速增加到4500r/min时，收集的纤维就呈现一定的取向排列［图12-25（b）所示］。但是真正高度有序排列的纤维聚集体很难得到，并且转速太快就会使纤维断裂。但利用按照一定的距离将铜丝排列为圆柱状的接收装置（图12-26所示）来收集聚合物纳米纤维，转速仅为1r/min时就可以得到有序排列的纤维。并且已对不同纺丝时间得到的纤维形态进行了研究。但是尼龙-6样品随着纺丝时间的增加，可能是由于沉积纤维上累积残余电荷的增加，有序排列程度有所降低。

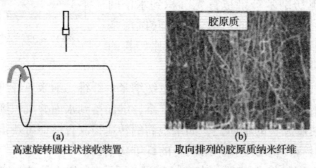

(a)　　　　　　　　　　　　　(b)
高速旋转圆柱状接收装置　　　取向排列的胶原质纳米纤维

图12-25　高速旋转圆柱接收装置和收集纳米纤维的SEM图

用尖针作为辅助电极放到旋转的圆柱体里来制成收集装置（图12-27所示），可以得到大面积的有序排列的纤维。尖针的作用是增加静电纺丝射流的集中沉积点，但是由于存在累积的残余电荷，得不到厚的有序排列的纤维沉积层，且装置复杂。

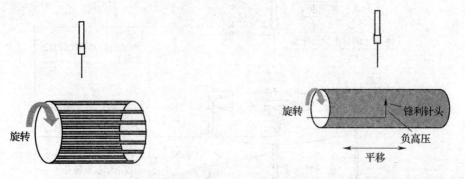

图12-26　金属丝制的圆柱状接收装置　　　图12-27　内部带尖针的圆柱体收集装置

图12-28是一个锥形、线轴状的接收装置，以一定的速率旋转。其边缘非常尖锐，能够极大地将电场集中在此处，喷出的纳米纤维几乎全部被吸引至其尖端，然后连续缠绕在旋转的线轴上。采用该装置得到了平行排列规整的聚环氧乙烷（PEO）纳米纤维，尺寸范围在100～400nm，纤维的间距为1～2μm，如图12-28右中的SEM所示。纤维之间产生间距的

原因就是在纤维沉积到线轴尖端之前，纺出的纤维带有残余的电荷，当前一个纤维沉积在线轴尖端后，就会对下一个纤维产生排斥作用，从而使纤维和纤维之间产生了一定的间距。间距的大小与纤维尺寸以及残余电荷量有关。

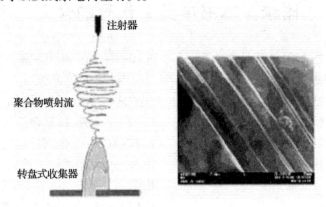

图 12 - 28　旋转的锥形线轴状收集装置

（4）附加磁场接收装置　附加磁场的接收装置是目前比较适合磁化静电纺丝（MES）的简单接收装置（如图 12 - 29 所示），能够生产高度取向的纤维。在磁化静电纺丝（MES）方法中，最重要的是要在纺丝溶液中加入极少量的磁性纳米粒子（根据以往的经验，细小的磁性粒子在磁场中往往会依照磁场来显示出磁场线的分布。带有许多微小磁性粒子的纤维，在磁场的作用下，能够进行横向上的拉伸，并分别被两磁铁吸引而悬挂于两磁铁之间，表征出磁场的分布），对溶液进行磁化（粒子浓度一般小于 0.15wt%），然后在喷丝方向即一张接地的带与喷丝头相反电荷的铝箔接收装置上平行放置两块永久磁铁用来产生磁场，从而使纺丝能顺利进行。MES

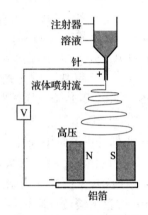

图 12 - 29　辅助磁场装置

有着以下的优点：磁场可以比较准确地操作，设备简单，比其他方法得到更大面积的取向纤维。得到的纤维能被转移到其他基质上而完全保持其原有的结构。因此，MES 是目前制备取向纳米纤维最具有发展前景的方法。

此外，还有很多种纤维接收装置，比如下面带有道口点击的高速旋转管接收装置、圆盘接收装置和有金属丝缠绕的圆柱体接收装置等。这些收集装置一般都是上面所列出的装置的改进，基本没有什么大的变化，所以就不再详细列举了。

习题与思考题

1. 铸塑成型包括哪几种方法？有哪些工艺特点？
2. 简述静态浇铸成型工艺的生产步骤。
3. 简述气发泡沫塑料的成型原理。
4. 聚四氟乙烯冷压烧结成型由哪三个基本过程组成？分析影响制品质量的因素。

附录 本书中英文代号的含义

ABS——丙烯腈/丁二烯/苯乙烯共聚物

AC——偶氮二甲酰胺（发泡剂）

ACR——丙烯酸酯共聚物（包括加工助剂和抗冲改性剂）

ACM——丙烯酸酯橡胶

AD——2，5-二甲基-2，5-二（叔丁过氧基）己烷（交联剂）

AF——氨基树脂

AIBN——偶氮二异丁腈（发泡剂）

Al（OH）$_3$——氢氧化铝（阻燃剂、填料）

AlSt——硬脂酸铝（润滑剂、热稳定剂）

AM-101——2，2′-硫代双（4-叔辛基酚氧基）镍（光稳定剂）

AMS——α-甲基苯乙烯低聚物（PVC、LLDPE加工助剂）

AP——偶氮甲酰胺甲酸钾（发泡剂）

APE——羧化聚乙烯（树脂）

APP——无规聚丙烯（树脂）

APP——聚磷酸铵（阻燃剂）

AS——丙烯腈/苯乙烯共聚物

ATH——氢氧化铝（阻燃剂、填料）

ATP——脲苷三磷酸（抗氧剂）

A-143——γ-氯丙基三甲氧基硅烷（偶联剂）

A-150——乙烯基三氯硅烷（偶联剂）

A-151——乙烯基三乙氧基硅烷（偶联剂）

A-171——乙烯基三甲氧基硅烷（偶联剂）

A-172——乙烯基三（β-甲氧基乙氧基）硅烷（偶联剂）

A-174——γ-（甲基丙烯酰氧基）丙基三甲氧基硅烷（偶联剂）

A-187——γ-（2，3-环氧丙氧基）丙基三甲氧基硅烷（偶联剂）

A-1000——γ-氨丙基三乙氧基硅烷（偶联剂）

BAD——对，对′-异亚丙基双酚双水杨酸（光稳定剂）

Ba/Cd——钡/镉复合稳定剂

Ba/Zn——钡/锌复合稳定剂

Ba/Zn/Cd——钡/锌/镉复合稳定剂

BaSt——硬脂酸钡（热稳定剂）

BBP——邻苯二甲酸丁苄酯（增塑剂）

BHH——1，2-双（2-羧基甲酰）酐（金属离子钝化剂）

BiO$_2$——氧气铋（阻燃剂）

BMC——预制整体模塑料

BPO——过氧化苯二甲酰（交联剂）

BPS——溴化聚苯乙烯（阻燃剂）

BR——顺丁橡胶

BSH——苯磺酰肼（发泡剂）

BTPAE——1，2-双（四溴邻苯甲酰亚胺）乙烷（阻燃剂）

BTPE——1，2-双（2，4，6-三溴苯氧基）乙烷（阻燃剂）

CA——1，1，3-三（2-甲基-4-羟基-5-叔丁基苯基）丁烷（抗氧剂）

CA——醋酸纤维素

CaCO$_3$——碳酸钙（填料）

Ca/Zn——钙/锌复合稳定剂

CaSt——硬脂酸钙（热稳定剂、润滑剂）

CdSt——硬脂酸镉（热稳定剂、润滑剂）

CF——碳纤维（增强材料）

CFCs——氯氟烃烷（发泡剂）

CMC——接枝化纤维素吸水材料（树脂）

CN——硝酸纤维素

CPAE——脂肪族聚酯/聚酰胺共聚物

CPE——脂肪族聚酯/芳香族聚酯共聚物

CPE（PE-C）——氯化聚乙烯（树脂）

CPP（PP-C）——氯化聚丙烯（树脂）

CR——氯丁橡胶

CR－39——双烯丙基二甘醇碳酸酯聚合物

CSM——氯磺化聚乙烯

CuCN——氰化铜（阻燃剂）

CuO——氧化铜（阻燃剂）

DBDPO——十溴二（联）苯醚（阻燃剂）

DBP——邻苯二甲酸二丁酯（增塑剂）

DBTL——二月桂酸二正丁基锡（热稳定剂）

DBTM——马来酸二（正）丁基锡（热稳定剂）

DCHP——邻苯二甲酸二环己酯（增塑剂）

DCP——过氧化二异丙苯（交联剂）

DEP——邻苯二甲酸二乙酯（增塑剂）

DHP——邻苯二甲酸二庚酯（增塑剂）

DIBP——邻苯二甲酸二异丁酯（增塑剂）

DIDP——邻苯二甲酸二异癸酯（增塑剂）

DIOP——邻苯二甲酸二异辛酯（增塑剂）

DL——二盐基亚磷酸铅（热稳定剂）

DLS——二盐基硬脂酸铅（热稳定剂）

DMP——邻苯二甲酸二甲酯（增塑剂）

DMTTG——二甲基二巯基乙酸异辛酯锡（热稳定剂）

DNOP——邻苯二甲酸二正辛酯（增塑剂）

DNP——邻苯二甲酸二壬酯（增塑剂）

DNP——N，N′－二（β－萘基）对苯二胺（抗氧剂）

DNTA——对苯二甲酰胺（发泡剂）

DOA——己二酸二辛酯（增塑剂）

DOP——邻苯二甲酸二辛酯（增塑剂）

DOS——癸二酸二辛酯（增塑剂）

DOTL——二月桂酸二正辛基锡（热稳定剂）

DOTP——对苯二甲酸二辛酯（增塑剂）

DOTTG——二巯基乙酸异辛酯二正辛基锡（热稳定剂）

DOZ——壬二酸二辛酯（增塑剂）

DPK——二苯甲酮（光敏剂）

DPOP——磷酸三甲苯酯（增塑剂）

DPT——亚硝基五亚甲基四胺（发泡剂）

DSTP——硫代二丙酸十八酯（抗氧剂）

DTA——二亚乙基二胺（固化剂）

DTBP——二叔丁基过氧化物（交联剂）

DTDP——邻苯二甲酸二（十三酯）（增塑剂）

EAA——乙烯/丙烯酸共聚物

E/VA/BA——乙烯/乙酸乙烯/丙烯酸丁酯共聚物

EBS——N，N′－亚乙基双硬脂酰胺（润滑剂、光亮剂）

ECO——氯醚橡胶

ED_3——环氧硬脂酸辛酯（增塑剂）

EEA——乙烯/丙烯酸乙酯共聚物（树脂）

EGDMA——二甲基丙烯酸乙二醇酯（交联剂）

EP——环氧树脂

EPDM——三元乙丙橡胶

EPM——二元乙丙橡胶

EPR——乙丙橡胶

EPS——可发性聚苯乙烯（树脂）

EPS——4，5－环氧四氢邻苯二甲酸二（2－乙基）己酯（增塑剂）

ESBO——环氧大豆油酸二（2－乙基）己酯（增塑剂）

ESO——环氧大豆油（增塑剂）

EVA——乙烯/乙酸乙烯共聚物

EVOH——乙烯/乙烯醇共聚物

FEP——聚六氟乙烯（树脂）

F－11——三氯氟甲烷（发泡剂）

F－12——二氯二氟甲烷（发泡剂）

FeAcAc——乙酰丙酮铁（光敏剂）

FeDBC——二丁基二硫代氨基甲酸铁（光敏剂）

FeDEC——二乙基二硫代氨基甲酸铁（光敏剂）

FeDRC——二烷基二硫代氨基甲酸铁（光敏剂）

Fe_2O_3——三氧化二铁（阻燃剂、着色剂）

FPM——氟橡胶

GF——玻璃纤维（增强材料）

GW－310——4－（对甲基磺酰胺）－2，2，6，6－（四甲基哌啶）酯（光稳定剂）

GW－508——双（1，2，2，6，6－五甲基

哌啶）癸二酸酯（光稳定剂）

GW－540——亚磷酸三（1，2，2，6，6－五甲基哌啶）酯（光稳定剂）

H——N，N′－二芳基对苯二胺（抗氧剂）

HALS——受阻胺类光稳定剂

HBCD——六溴环十二烷（阻燃剂）

HCFCs——氢氯氟烃烷（发泡剂）

HCFC－22——CHClF$_2$（发泡剂）

HCFC－123——CHCl$_2$CF$_3$（发泡剂）

HCFC－1411——CCl$_2$FCH$_3$（发泡剂）

HDPE——高密度聚乙烯（树脂）

HEMA——聚甲基丙烯酸羟乙酯（透明树脂）

HIPS——高抗冲聚苯乙烯树脂

HFC——氢氟烃（发泡剂）

HFC－32——CH$_2$F$_2$（发泡剂）

HFC－125——CHF$_2$CF$_3$（发泡剂）

HFC－134a——CH$_2$FCF$_3$（发泡剂）

HFC－152a——CHF$_2$CH$_3$（发泡剂）

HFC－356——C$_4$H$_4$F$_6$（发泡剂）

HPVC——硬质聚氯乙烯（树脂）

HSt——硬脂酸（润滑剂、活性剂）

IBR——聚异丁烯（树脂）

IIR——丁基橡胶

IPN——互穿网络聚合物

IR——异戊橡胶

J. D 树脂——PES 衍生共聚物

K——苯乙烯/丁二烯（72/25）共聚物

KH－550——γ－氨丙基三乙氧基硅烷（偶联剂）

KH－560——γ－（2，3－环氧丙氧基）丙基三甲氧基硅烷（偶联剂）

KH－570——γ－（甲基丙烯酰氧基）丙基三甲氧基硅烷（偶联剂）

KR－TTS ⎫
KR－39DS ⎪
KR－44 ⎬ 单烷氧型钛酸酯偶联剂
KR－12 ⎪
KR－38s ⎭

KR－138s ⎫
KR－212 ⎬ 螯合型钛酸酯偶联剂
KR－238s ⎭

KR－41B ⎫
KR－55 ⎬ 配位型钛酸酯偶联剂

KR－238M ⎫
KR－262M ⎬ 季铵盐型钛酸酯偶联剂

LCP——液晶聚合物

LDPE——低密度聚乙烯（树脂）

LICA－01 ⎫
LICA－12 ⎪
LICA－38 ⎬ 新烷氧型钛酸酯偶联剂
LICA－44 ⎭

LiSt——硬脂酸锂（润滑剂）

LLDPE——线性低密度聚乙烯（树脂）

M－50 ⎫
M－70 ⎬ 石油磺酸苯酯（增塑剂）

MA——顺丁二烯酸酐

MAA——丙烯酸酯

MAH——马来酸酐

MB——2－巯基苯丙咪唑（抗氧剂）

MBS——甲基丙烯酸甲酯/丁二烯/苯乙烯共聚物

MF——三聚氰胺甲醛树脂（蜜胺）

MgO——氧化镁（阻燃剂）

Mg（OH）$_2$——氢氧化镁（阻燃剂）

MMA/AN——甲基丙烯酸甲酯/丙烯腈共聚物

MoO$_3$——三氧化钼（阻燃剂）

MPD——间苯二胺（固化剂）

MPP——双磷酸季戊四醇酯蜜胺盐（阻燃剂）

MPS——甲基三乙氧基硅烷

MQ——硅橡胶

MTC——氧杂环化物（树脂）

MTCA——大分子型钛酸酯类偶联剂

NaBH$_4$——硼氢化钠（发泡剂）

NaHCO$_3$——碳酸氢钠（发泡剂）

NaNO$_2$——亚硝酸钠（发泡剂）

（NH$_4$）CO$_3$——碳酸胺（发泡剂）

NH$_4$HCO$_3$——碳酸氢铵（发泡剂）

NBR——丁腈橡胶

NBS——苯乙烯/丙烯酸酯共聚物

NiDBC——二丁基硫代氨基甲酸镍（助剂）

NiDEC——二乙基硫代氨基甲酸镍（助剂）

NPA——LLDPE 加工助剂

NPDE——非预定弹性体

NR——天然橡胶

NTA——对苯二甲酰胺（发泡剂）

N – 539——2 – 氰基 – 3，3 – 二苯基丙烯酸 – 2 – 乙基己酯（光稳定剂）

OBCD——六溴环十二烷（阻燃剂）

OBSH——4，4′ – 氧代双苯磺酸肼（发泡剂）

OI——氧指数

OL – ART2760
OL – AT1618 } 铝钛复合偶联剂

OPP——双向拉伸聚丙烯

PA——聚酰胺（树脂）

PA6——聚己内酰胺（树脂）

PA66——聚己二胺己二酸（树脂）

PA610——聚己二胺癸二酸（树脂）

PA1010——聚癸二胺癸二酸（树脂）

PA$_1$——有机硅类加工助剂

PA$_2$——有机含氟弹性体加工助剂

PA$_3$——专用蜡类加工助剂

PAE——邻苯二甲酸酯类（增塑剂）

PAN——聚丙烯腈（树脂）

PAn——聚苯胺（树脂）

PAPI——多苯基多亚甲基多异氰酸酯（PU 反应单体）

PAR——聚芳酯（树脂）

PB——聚丁二烯（树脂）

PB – 460——磷酸三（2，4 – 二溴苯基）酯（阻燃剂）

PBA——聚丙烯酸丁酯

PBB – PA——聚五溴苄基丙烯酸酯（阻燃剂）

PBI——聚苯并咪唑（树脂）

PBMA——聚甲基丙烯酸丁酯（树脂）

PBS——聚琥珀丁二酯（树脂）

PbSt——硬脂酸铅（热稳定剂）

PBT——聚对苯二甲酸丁二醇酯（树脂）

PC——聚碳酸酯（树脂）

PCL——聚 ε – 己内酯（树脂）

PCL – 50——氯化石蜡（含 Cl 50%）

PCL – 70——氯化石蜡（含 Cl 70%）

PCTFE——聚三氟乙烯（树脂）

PDAP——烯丙基树脂

PDBS——聚二溴苯乙烯（阻燃剂）

PDE——预定弹性体

PDMS——聚二甲基硅氧烷

PE——聚乙烯（树脂）

PEA——聚丙烯酸乙酯

PEEK——聚醚醚酮（树脂）

PEMA——聚甲基丙烯酸乙酯

PEO——聚氧乙烷，聚氧化乙烯

PES——聚醚砜（树脂）

PET——聚对苯二甲酸乙二醇酯（树脂）

PF——酚醛树脂

PFA——四氟乙烯/全氟烷基乙烯基醚共聚物

PGA——聚乙烯醇酸树脂

PHB——聚羧基丁酸酯（树脂）

PI——聚酰亚胺（树脂）

PLA——聚乳酸（树脂）

PMA——聚丙烯酸甲酯

PMMA——聚甲基丙烯酸甲酯（树脂）

PMMA – g – PF——聚甲基丙烯酸甲酯/酚醛接枝共聚物

PMMA – g – EPDM——聚甲基丙烯酸甲酯/三元乙丙橡胶接枝共聚物

PMS——聚甲基苯乙烯

PO——聚烯烃（树脂）

POM——聚甲醛（树脂）

PP——聚丙烯（树脂）

PP – g – PA6——聚丙烯/聚己内酰胺接枝共聚物

PP – g – PMMA——聚丙烯/聚甲基丙烯酸甲酯共聚物

PPO（PPE）——聚苯醚（树脂）

PPO——聚氧化丙烯

PPP——聚对苯撑（树脂）

PPS——聚苯硫醚（树脂）

PPy——聚吡咯（树脂）

PS——聚苯乙烯（树脂）

PS－g－PP——聚苯乙烯/聚丙烯接枝共聚物

PS－b－PE——聚苯乙烯/聚乙烯嵌段共聚物

PS－g－PE——聚苯乙烯/聚乙烯接枝共聚物

PS－b－PP——聚苯乙烯/聚丙烯嵌段共聚物

PS－g－PA——聚苯乙烯/聚酰胺接枝共聚物

PS－g－PPO——聚苯乙烯/聚苯醚接枝共聚物

PS－g－PC——聚苯乙烯/聚碳酸酯接枝共聚物

PS－g－PF——聚苯乙烯/酚醛树脂接枝共聚物

PSF——聚砜（树脂）

PTFE——聚四氟乙烯（树脂）

PTh——聚噻吩（树脂）

PTT——聚对苯二甲酸丙二醇酯（树脂）

PU（R）——聚氨酯（树脂）

PUDF——压电塑料

PVA——聚乙烯醇（树脂）

PVC——聚氯乙烯（树脂）

PVDC——聚偏氯乙烯（树脂）

P（3HB/3HV）——3－羧基丁酯/3－羟基戊酯共聚物

P（3HB/3HP）——3－羟基丁酯/3－羟基戊酸共聚物

P（3HB/4HV）——3－羟基丁酯/3－羟基丁酯共聚物

RIM——反应注塑成型

RD——2，2，4－三甲基－1，2－二氢喹啉聚合物

SAN
S/AN ｝苯乙烯/丙烯腈共聚物

SBS——苯乙烯/丁二烯/苯乙烯嵌段共聚物

SEBS——苯乙烯/乙烯/丁二烯/苯乙烯共聚物

SBR——丁苯橡胶

Sb_2O_3——三氧化二锑（阻燃剂）

Sb_2O_5——五氧化二锑（阻燃剂）

SI——有机硅（树脂）

SiO_2——二氧化硅（填料）

SMA——苯乙烯/顺丁烯二酸酐共聚物

SMMA——苯乙烯/甲基丙烯酸酯共聚物

SMC——片状模塑料（树脂）

SnO_2——二氧化锡（阻燃剂）

$SnCl_4$——四氯化锡（阻燃剂）

$SnBr_4$——四溴化锡（阻燃剂）

SnI_4——四碘化锡（阻燃剂）

SPVC——软质聚氯乙烯（树脂）

TBBPA——四溴双酚 A 及其衍生物（阻燃剂）

TBP——磷酸三丁酯（增塑剂、阻燃剂）

TBS——水杨酸－4－叔丁基苯酯（光稳定剂）

TBTD——二硫化四丁基秋芝酮（光敏剂）

TCA——同 CA

TCEP——三（氯乙基）磷酸酯（阻燃剂）

TCP——磷酸三甲苯酯（增塑剂、阻燃剂）

TCPP——三（氯丙基）磷酸酯（阻燃剂）

TDI——甲苯二异氰酸酯（PU 反应单体）

TDI－80——TDI 的 2，4－和 2，6－异构体80/20 混合物

TDI－65——TDI 的 2，4－和 2，6－异构体65/35 混合物

THT——三肼基均三嗪（发泡剂）

TiO_2——二氧化钛（着色剂）

TIOTM——偏苯三酸三异辛酯（增塑剂）

TLS——三盐基硫酸铅（热稳定剂）

TOP——磷酸三辛酯（增塑剂、阻燃剂）

TOTM——偏苯三酸三辛酯（增塑剂、阻燃剂）

TPE——热塑性弹性体

TPP——磷酸三苯酯（增塑剂、阻燃剂）

TPU——聚氨酯热塑性弹性体

TPX——聚甲基戊烯（树脂）

TS——热固性树脂

TSH——对甲苯磺酰肼（发泡剂）

TTA——三亚乙基四胺（固化剂）

TTP——磷酸三甲苯酯（增塑剂、阻燃剂）

TVS－8813、8831——有机锡热稳定剂

T－50——烷基磺酸苯酯（增塑剂）

UF——脲甲醛树脂（脲醛树脂）

UHMWPE——超高分子量聚乙烯（树脂）

ULDPE——超低密度聚乙烯（树脂）

UP——不饱和聚酯树脂

UV - 0——2，4 - 二羟基二苯甲酮（光稳定剂）

UV - 9——2 - 羟基 - 4 - 甲氧基二苯甲酮（光稳定剂）

UV - P——2 - （2 - 羟基 - 5 - 甲基苯基）苯并三唑（光稳定剂）

UV - 24——2，2′- 二羟基 - 4 - 甲氧基二苯甲酮（光稳定剂）

UV - 326——2 - （2 - 羟基 - 3 - 叔丁基 - 5 - 甲基苯基）- 5 - 氯代苯并三唑（光稳定剂）

UV - 327——2 - （2 - 羟基 - 3，5 - 二叔丁基苯基）- 5 - 氯代苯并三唑（光稳定剂）

UV - 531——2 - 羟基 - 4 - 正辛氧基三苯甲酮（光稳定剂）

VLDPE——很低密度聚乙烯（树脂）

XJG - 1——LLDPE 加工助剂

ZnDBC——二丁基硫代氨基甲酸锌（助剂）

ZnO——氧化锌（活性剂）

ZnSt——硬脂酸锌（热稳定剂、润滑剂）

$ZnSnO_3$——锡酸锌（阻燃剂）

911P——邻苯二酸 $C_9 \sim C_{11}$ 醇酯（增塑剂）

812P——邻苯二酸 $C_8 \sim C_{12}$ 醇酯（增塑剂）

820 - G——加工助剂

参 考 文 献

1. 钱知勉等编. 塑料成型加工手册 [M]. 上海：上海科学技术文献出版社，1995.
2. 吴培煦，张留城. 聚合物共混改性 [M]. 北京：中国轻工业出版社，1998.
3. 赵德仁，张慰盛. 高聚物合成工艺学（第二版）[M]. 北京：化学工业出版社，2004.
4. 丁浩主编. 塑料工业实用手册（第二版）[M]. 北京：化学工业出版社，2004.
5. 吴培煦，王祖玉，张玉霞，等. 塑料制品生产工艺手册 [M]. 北京：化学工业出版社，2004.
6. 李祖德主编. 塑料加工技术应用手册 [M]. 北京：中国物资出版社，1997.
7. 邓本诚等. 橡胶并用与橡胶共混技术 [M]. 北京：化学工业出版社，2003.
8. 山西省化工研究所. 塑料橡胶加工助剂（第二版）[M]. 北京：化学工业出版社，2002.
9. 石万聪，司俊杰，刘文国主编. 增塑剂实用手册 [M]. 北京：化学工业出版社，2009.
10. 耿孝正. 塑料混合及连续混合设备 [M]. 北京：中国轻工业出版社，2008.
11. 王贵恒. 高分子材料成型加工原理 [M]. 北京：化学工业出版社，2004.
12. [苏] E. T. 沃斯特罗克努托夫等，周彦豪等译. 生胶和混炼胶的加工 [M]. 北京：化学工业出版社，1985.
13. 陈耀庭. 橡胶加工工艺 [M]. 北京：化学工业出版社，1995.
14. 邓本诚. 橡胶工艺原理 [M]. 北京：化学工业出版社，1995.
15. 黄锐. 塑料成型工艺学（第二版）[M]. 北京：中国轻工业出版社，2005.
16. Richard C. Progelhof, James L. Throne. Polymer Engineering Principles. Cincinnati：Hanser/Gardner Publications, Inc, 1993.
17. 北京化工大学，华南理工大学合编. 塑料机械设计（第二版）[M]. 北京：中国轻工业出版社，1999.
18. [德] C. 劳温代尔，陈文瑛，韦华，赵红玉译. 塑料挤出（第二版）[M]. 北京：轻工业出版社，1996.
19. 耿考正编著. 双螺杆挤出机及其应用 [M]. 北京：轻工业出版社，2003.
20. 王天兴. 注射成型技术 [M]. 北京：化学工业出版社，1991.
21. [德] D. 菲恩费尔特等，徐定宇，夏廷文译. 注射模塑技术 [M]. 北京：中国轻工业出版社，1990.
22. 黄汉雄. 塑料吹塑技术 [M]. 北京：化学工业出版社，2001.
23. [美] David B. Todd，詹茂盛等译. 塑料混合工艺及设备 [M]. 北京：化学工业出版社，2002.
24. 梁国正，顾嫒娟. 模压成型技术 [M]. 北京：化学工业出版社，2000.
25. 张丽叶. 挤出成型 [M]. 北京：化学工业出版社，2002.
26. 刘敏江. 塑料加工技术大全 [M]. 北京：轻工业出版社，2001.
27. 赵素合. 聚合物加工工程 [M]. 北京：轻工业出版社，2006.
28. 瞿金平，胡汉杰. 聚合物成型原理及成型技术 [M]. 北京：化学工业出版社，2001.
29. 周达飞主编. 材料概论（第二版）[M]. 北京：化学工业出版社，2009.

30. 王澜，王佩璋，陆晓中. 高分子材料 [M]. 北京：中国轻工业出版社，2009.

31. 励航泉，张晨，张帆. 高分子物理 [M]. 北京：中国轻工业出版社，2009.

32. 张邦华，朱常英，郭天瑛. 近代高分子科学 [M]. 北京：化学工业出版社，2006.

33. 王国全，王秀芬. 聚合物改性 [M]. 北京：中国轻工业出版社，2008.

34. ［美］杰克·埃弗里. 信春玲，杨小平译. 塑料成型方案选择 - 设计和制品工程师指南 [M]. 北京：化学工业出版社，2004.

35. ［美］M. J. 戈登（小）. 苑会林译. 塑料制品工业设计 [M]. 北京：化学工业出版社，2005.

36. Li D, Wang Y, Xia Y. Electrospinning of Nanofibers：Reinventing the Wheel [J]. Advanced Materials, 2004, 16（14）：1151 - 1170.

37. Katta P, Alessandro M, Ramsier R D, Chase G C. Continuous electrospinning of aligned polymer nanofibers onto a wire drum collector [J]. Nano Letters, 2004, 4（11）：2215 - 2218.

38. Sundary B, Subramanian V, Natarajan T S, et al. Electrospinning of continuous aligned polymer fibers [J]. Applied Physics Letters, 2004, 84：1222.

39. 金许翔，张全超，牛鹏飞，唐山，陈璟. 等. 取向静电纺丝纳米纤维的制备及应用研究进展 [J]. 高分子通报，2009，2：42 - 47.

40. 沈新元. 高分子材料加工原理 [M]. 北京：中国纺织出版社，2009.

41. 吴其晔，巫静安. 高分子材料流变学 [M]. 北京：高等教育出版社，2002.

42. 梁基照. 聚合物材料加工流变学 [M]. 北京：国防工业出版社，2008.

43. ［德］Gebhard Schramm. 朱怀江译. 实用流变测量学 [M]. 北京：石油工业出版社，2009.

44. 方海林. 高分子材料加工助剂 [M]. 北京：化学工业出版社，2007.

45. 周达飞，唐颂超. 高分子材料成型加工（第二版）[M]. 北京：中国轻工业出版社，2005.

高分子材料与工程专业系列教材

1. 高分子材料与加工——高分子材料与工程专业系列教材，温变英主编，16 开，定价：38.00 元，2011 年出版

2. 塑料成型 CAE 技术——高分子材料与工程专业系列教材，钱欣主编，16 开，定价：29.00 元，2011 年出版

3. INTRODUCTION TO POLYMER SCIENCE AND ENGINEERING 聚合物科学与工程导论（英汉双语）——高分子材料与工程专业系列教材，揣成智主编，16 开，定价：32.00 元，2010 年出版

4. 高分子物理——高分子材料与工程专业系列教材，励杭泉，张晨，张帆编著，16 开，定价：22.00 元，2009 年出版

5. 聚合物共混改性原理及应用（普通高等教育"十一五"国家级规划教材）（高校教材），王国全编著，16 开，定价：28.00 元，2007 年出版

6. 高分子材料——普通高等教育"十一五"国家级教材，王澜，王佩璋主编，16 开，定价：52.00 元，2009 年出版

7. 聚合物材料表征与测试——普通高等教育"十一五"国家级规划教材，杨万泰主编，16 开，定价：30.00 元，2008 年出版

8. 聚合物改性（第二版）——高分子材料与工程专业系列教材，王国全，王秀芬编著，16 开，定价：20.00 元，2008 年出版

9. 聚合物成型机械（高校教材），刘廷华主编，16 开，定价：50.00 元，2005 年出版

10. 聚合物研究方法（高校教材），张美珍主编，16 开，定价：26.00 元，2006 年出版

11. 高分子材料成型加工（第二版）（高校教材），周达飞，唐颂超主编，16 开，定价 52.00 元，2005 年出版

12. 塑料成型工艺学（第二版）（高校教材），黄锐主编，16 开，定价：45.00 元，2007 年出版

13. 聚合物改性（高校教材），王国全主编，16 开，定价：18.00 元，2006 年出版

14. 高分子物理及化学（高校教材）（适用于非化工类专业），武军主编，16 开，定价：28.00 元，2006 年出版

15. 聚合物材料（高校教材），凌绳主编，16 开，定价：28.00 元，2006 年出版

16. 塑料成型模具（第二版）（高校教材），申开智主编，16 开，定价：45.00 元，2006 年出版

17. 聚合物加工工程（高校教材），赵素合主编，16 开，定价：50.00 元，2006 年出版

18. 塑料制品与模具设计（高校教材），徐佩弦主编，16 开，定价：45.00 元，2006 年出版

19. 模具 CAD/CAE/CAM 教程（高校教材），吴崇峰主编，16 开，定价：45.00 元，2005 年出版

20. 高分子材料工程专业英语（高校教材），揣成智主编，16 开，定价：30.00 元，2006 年出版

21. 聚合物复合材料（高校教材），黄丽主编，16 开，定价：35.00 元，2006 年出版

22. 材料导论（高校教材），励杭泉主编，16 开，定价：30.00 元，2006 年出版

购书办法：

各地新华书店，本社网站（http//www.chlip.com.cn）、当当网（http://www.dangdang.com）、卓越网（http://www.joyo.com）

我社邮购（联系电话：010 - 65241695）

高分子材料专业编辑联系方式：010 - 85119815　lyuan64@yahoo.com.cn